加賀藩改作法の地域的展開

地域多様性と藩アイデンティティー

木越隆三

桂書房

目次

第三章　能登奥郡の改作法と十村改革……73

第四章　能登口郡の改作法と十村……176

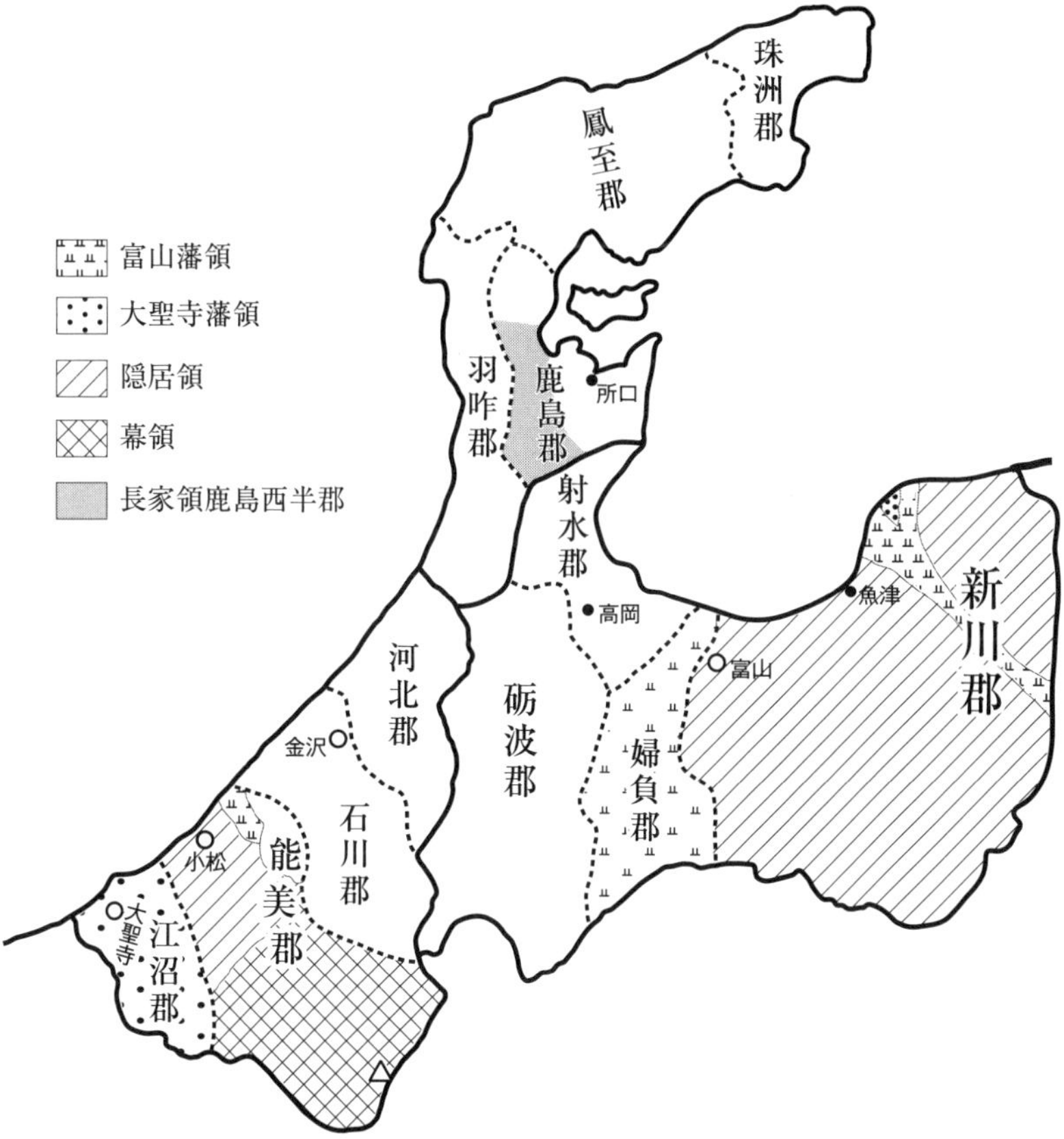

改作法期（1651－57）の前田領支配区分図

加賀藩改作法の地域的展開

―地域多様性と藩アイデンティティー―

序論

「改作法」とはなにか。戦前から戦後にかけ、じつに多くの改作法研究が行われ、多くの成果が蓄積された。詳細は第一章で詳しく述べるが、その研究足跡のなかで看過できない問題が二つあると考えている。一つは「改作法」という学術用語と史料上にみえる「御開作」「改作御法」「改作方」といった用語との関係について、これまで深く考慮せず議論を重ねてきたという点である。もう一つは、加賀藩領一〇郡（加賀三郡・能登四郡・越中三郡）で実施された改作法の実施過程を、郡ごとまたは数郡単位の地域別に丹念にみていくと様々な違いがあるのに、特段の注意を払ってこなかった点である。本書のタイトルを「地域的展開」としたのは、これまで加賀藩領一〇郡で実施された改作法は、一個の揺るぎない農政改革という統一イメージで理解され、そのように考察されてきたことに異議を唱えるためである。改作法の実態を詳細にみていけば、地域ごと郡ごとにかなりの相違があり、その点を考慮した改作法論が必要であることを、本書でうったえたい。

これまで改作法とは一般に、慶安四年（一六五一）から明暦二年（一六五六）に実施された利常による藩政改革もしくは農政改革のこととされ、六年に及ぶ改作法のなかで、次のような政策が実施されたと認識されてきた(1)。

1 「知行制改革」 家臣知行地で家臣（給人）が直接徴税支配を行うことを全面的に禁じ、家臣による地方知行制を形式だけのものとし、藩が公定した平均免（加州知四つ一歩、越中・能登知三つ六歩）で年貢収入を固定化。これにより窮乏する給人経済を救済するとともに、藩権力の集権化、藩財政の強化を実現した。その結果、兵農分離の体制も

確固たるものとなった。(2)

2［税制改革］改作法が実施されたすべての村に下付された村御印によって、(3)御印高・御印免が定まり村単位の定免制（一村平均免）が確立、また村方への課税額の公定と限定がなされ恣意的課税は一切禁止された。御印高・御印免は、検地を実施せず村が自主的に申請した手上免・手上高による増税を盛り込み実現された点で画期的な増徴であり、改作法の本質あるいは目的を示すものとされている。

3［統一的農政機構の整備］従来の郡奉行・代官・十村による農村支配機構とは別に改作奉行（開作地裁許人）(4)を新設し、開作地の村々での困窮百姓救済と農事指導の責任者とした。改作奉行は十村とともに疲弊した村と農業経営再建に尽し、年貢皆済の責務を負った。また、十村の中からも代官や開作地裁許人を取り立て、勧農の役人、徴税代官として活躍させた。その結果、改作奉行・郡奉行が行う村支配の根幹を担う農政機関としての十村制度が確立、寛文年間に完成する統一的農政機構の基礎が固まった。

4［百姓の助成と選別］困窮百姓に作食米・改作入用銀を貸与し、凶作・飢饉にも耐え年貢皆済できる強き百姓育成を目指した。しかし、藩の救済にもかかわらず年貢を未進すれば「徒《いたずら》百姓」とされ、追出等の処罰をうけ、勤勉百姓を入植させた。逆に節倹勤勉につとめ年貢皆済すれば律儀百姓と称賛された。

5［高利貸支配の排除］百姓経営の破綻原因となる高利貸支配から百姓を守るため、高の質入・売買を厳禁し、藩以外からの違法な高利貸付を厳禁（脇借禁止）した。脇借禁止を徹底するため、百姓債務を藩が肩代わりする敷借米制度が拡充され、改作法成就とともに敷借米は元利とも免除され、商業資本の村内流入を厳しく制限した。

こうした政策が隠居利常によって前田領一〇郡で実施されたというのが、藩政史上の大事件といってよい「利常の改作法」（一六五一～五六年）に対する統一的な認識（理解）であろう。

戦後の改作法研究では、改作法は小農自立に促進的であったか阻止的であったかをめぐり議論が展開し、綱紀時代の元禄六年（一六九三）に発令された切高仕法で、条件付きだが百姓の土地売買が容認されたことで、前田領の小農自立は決定的に促進されたという主張が広く論じられた。その結果、改作法に関しては小農自立を促すものではなく、たんに藩政成立の画期とするだけであった[5]。また改作法段階は、新田開発を原動力とする農業生産の拡大に依拠しており、手上免政策で集約化を促す面があったが実質的に小農経営を促進する策は打ち出せていないとも評価された[6]。しかし、一九七〇～八〇年代になると国家論を標榜した加賀藩研究がつぎつぎ公表され、改作法は初期藩政改革の代表であると指摘され、藩政の深刻な危機を救うための政治改革だという指摘や兵農分離制や石高制という幕藩制国家の支配原理が藩政に貫徹する画期として評価されたが[7]、小農自立に関する改作法評価を明確に否定したうえでの議論ではなかった。小農自立に関する議論は曖昧にされたまま、初期藩政改革としての改作法の政治史的意義の解明に向かったという印象がつよい。こうした点の詳細は第一章で述べたが、その間に「改作法」概念の拡散と揺らぎがあったことも指摘している。

「改作法」という用語

利常死後、五代綱紀のもとで改作法は継承・拡充された。とくに法制面の整備が著しく、利常が明暦二年に一旦廃止した改作奉行が寛文元年（一六六一）に再設置されると、改作奉行の詰める改作所は算用場の主要機関として、また改作法の継承推進機関として明治まで藩政の重要機関たり続けた。その結果、綱紀が主導した寛文農政から明治までの加賀藩農政の基本政策は改作法を祖法とし、これに依拠して遂行されたと認識されたので、改作法とは綱紀時代以後の加賀藩農政の別名のごとく理解されることにもなった。その結果、「改作法」とは、そもそも利常が実施した農政改革であるのに、利常死後の農政も「改作法」であるという用語法や理解も広く流布することになった[8]。また若林喜三郎は、利常の改作法は綱紀による切高仕法によってその本質が貫徹すると指摘し、改作法から切高仕法までが

「広義の改作法」で、これを改作体制の確立とみて論点整理したので、[9]「利常の改作法」「承応・明暦の改作法」という限定された用語理解のほかに、元禄六年の切高仕法で確立した改作体制までも「改作法」という用語で広く理解された。

その結果、改作法について①慶安四年～明暦二年に利常の強い権力の下で実行された改作法、②改作法を継承した綱紀の寛文農政[10]あるいは元禄六年切高仕法によって改作体制として安定した頃までの藩農政、③綱紀以後明治に至るまでの藩農政（改作方農政）もしくはその基本理念、という三つの語義によって流通することになったが、このような用語理解の区別をきちんと認識し、「改作法」という言葉を批判的に検証しないと議論に混乱や誤解が生ずる。「改作法」語義に固執するのは、利常以後、藩内で使用された「御開作」「改作御法」等の当時の史料用語それ自体、語義に若干の違いを含むことについて、これまで厳密な検証がされてこなかったからである。明治以後の改作法研究のなかで作られた多義的な「改作法」理解を一旦リセットし、あらためて近世に使用された「改作」という用語の語義を点検し、「改作法」とは何であったか根本にかえって再考すべきと考えている。

再検討の第一歩は、史料用語としての「御開作」「御改作」という言葉に即し、利常配下の藩士や十村は改作法について当初どう認識していたか確認すべきと考え、できるだけ良質の一次史料を使い、第二章から第六章で再検討を行った。のちの農政家・改作奉行・十村が利常の改作法を回顧し評論する中で使用された「改作法」でなく、利常と同時代の人々の改作法認識を把握することから、改作法の実態や意義を考えることが、いま求められている。

歴史用語の混乱を正すには、時代による史料用語の意味の違い、変遷を明確にする必要がある。これを略すると議論の土台が定まらず、議論の空回りは避けられない。改作法研究でも、用語に関し語義の肥大化と混乱が内包されており、これが研究史上の第一の問題だと考えている。第三章では能登奥郡を対象に「御開作」語義を検証し、わずか一年余の「御開作」期間に限定し使われた「御開作」は、百姓経営の救済策に限定した使い方であったことが鮮明にわかった。第二章で指摘した「御開作」の第一段階では、「御開作」という言葉は百姓救済策という意味が主であったが、村御印税制の確立期である第二段階になると増税策もふくめた利常の改革全体の呼び名となり、「御開作」語義は拡散していくと想定している。

地域ごとに異なる「改作法」

もう一つの問題は、改作法が前田領一〇郡で同一の体制・条件で実施されたわけでないことに、これまであまり留意してこなかったことである。というのは、寛永十六年（一六三九）の利常隠居で前田家一一九万石の領国は四つに分割されたが、この一一九万石を治める四人の前田家領主が同じ様に改作法を実施したわけでないし、綱紀領九郡（八〇万石）に限定しても、九郡それぞれの歴史や農業環境・土地慣行の違いに規定され、改作法の基本政策の進め方や効果において若干の差異があった。最も大きな違いが出た地域は、藩年寄衆の一人長連頼の一円所領であった鹿島西半郡三万一千石の村々である。ここは「長家領鹿島半郡」と呼ばれ、この三万一千石（約六〇ヵ村）では長連龍が独立的に支配できる特権を前田利家から認められたので、改作法期においても長家領鹿島半郡に対し改作法を強制できなかった。つまり綱紀領八〇万石の中に一部であれ、改作法が実施できない給人領（三万一千石）があったことは注意しなければならない。(11) そこで第五章では長家領鹿島半郡に特化した考察を試みたが、それとの関連で長家領鹿島半郡を除いた能登口郡（羽咋郡と鹿島東半郡）の「御開作」の実情を、第四章で検証した。

長家領鹿島半郡で改作法が実施できたのは利常死後のことで、第五章で論じたように寛文十二年のことであった。寛文七年に浦野事件という御家騒動が長家でおき、長家内部で解決できず綱紀の藩権力を背景に騒動の首謀者を処罰し、長家当主連頼の危機を救った。そのあと当主連頼が寛文十一年に死去し、長家領鹿島半郡が藩に接収され全村蔵入地となった鹿島半郡において、寛文十二年に改作法がようやく実施された。その後、延宝七年（一六七九）に旧長家領鹿島半郡で下付された村御印には手上高・手上免が記されず、他の綱紀領の村御印と異なる特徴があった。長家領として約一世紀、鹿島半郡を独自に支配してきた歴史や伝統、あるいは綱紀時代に実施された改作法という特質をそこにみることができる。

また寛永十六年に前田本藩領から分かれていった大聖寺藩・富山藩では、改作法が実施されたのであろうか。この点についても、これまで十分検討されてはいない。大聖寺藩については、明暦二年に大聖寺二代藩主利明が改作法に着手しようと動いた形跡はあるが、実行できなかったか、あるいは村御印を発行するほど中味のある政策が展開できないまま終わったようである。確認できたのは、隠居領に属する能美郡十村が明暦二年、江沼郡の村々（大聖寺藩領）に派遣され、改作法の効用を村人に宣撫し、改作法実施を受け入れる請書を取り付けたということまでで、これをうけ明暦二年から万治元年（一六五八）の間に改作法といえるほどの政策が実施されたか確証がとれていない[12]。このように、利常在世中に改作法が実施された形跡は未だ確認されていない。

しかし、利常死後の寛文二年・三年に、大聖寺藩は前田宗家にあたる綱紀から百姓助成の銀子を借用し、手上免を実施し、家臣団の反対を押し切り改作法に類似した改革政治を行ったことがわかった。この時も綱紀領に属する能美郡十村瀬領村文兵衛が江沼郡に派遣され、大聖寺藩の組付十村を助け、農事指導や分割納期通りの年貢皆済の実現に邁進し、給人による知行所支配の形骸化がある程度進んだ[13]。だが、これらは綱紀の寛文農政の一環であり、これをもって「利常の改作法」と同じ改作法とみることはできない。大聖寺藩では寛文期になってようやく改作法類似の政策が実施されたと評価してよいが、「利常の改作法」と似て非なる点を明確にしておくことも重要であろう。寛文期の改作法と「利常の改作法」を同列にみることは、加賀藩政治の展開過程を厳密に検討するとき弊害が大きいと考えている。

富山藩領では、承応四年（一六五五）四月に発給された村御印が婦負郡（九〇点余）と能美郡（一点）で確認されており、これを唯一の根拠とし、改作法が実施されたと指摘されている。この村御印以外、富山藩領での改作法の実態を窺える確実な史料は得ていない。第六章で新川郡の考察を行ったが、あわせて富山藩主前田利次が発給した承応四年（明暦元年）村御印に関する所見も掲げた[14]。第六章の考察の限りでいえば、綱紀領・隠居領と同様の政策がなされたと到底いえない。富山藩領の改作法史料は乏しいが本藩とは別個に独自に改作法実施を進めていたことは確実なので、こうした視点で史料発掘をさらに進める必要がある。

このように利常在世中に、事情があって改作法が実施されなかった地域、もしくは改作法と呼ばれるにふさわしい政策実施が疑わしい地域があった。このほか第三章で詳細な考察を試みた能登奥郡（鳳至郡・珠洲郡）では、寛永四年から二郡全部（約八万石）が藩直轄地つまり蔵入地となっており[15]、ここでの改作法は、給人地・蔵入地が混在する他の綱紀領七郡と改作法執行体制が異なり、かつ全郡蔵入地であったため給人知行の弊害を除去するという改作法の主要目的の一つはそもそも不要であった。むしろ寛永四年以来の強力な増徴政策によって疲弊した村々を救うことが実施要因となり、同時に藩による塩専売制と年貢米地払の体制をおおむね堅持することも意図しており、そのために必要な改革を進めたものであった。前田領で費消される塩の大半を奥郡の揚浜式製塩で賄ったという経済・流通構造は加賀藩財政の一特徴であり、奥郡に対する独自の収奪体制によって維持されたもので、他郡に見られない特質であった。奥郡の「御開作」でも、この特質を無視した政策がなされたわけではない。奥郡の製塩業収奪の再編整備が「御開作」期間およびその後の奥郡改革のなかで進められた。また、利常死後の寛文農政のなかでも再編整備は展開され、奥郡の全郡蔵入地政策は廃され、他の綱紀領と同じ改作法体制へと移行した。それゆえ能登奥郡は改作法によって、過酷な収奪に晒されていた全郡蔵入地体制から解放され、他の綱紀領と同レベルの支配に平準化されたという印象をうける。冒頭に掲げた改作法理解の公約数ともいえる[1]～[5]は能登奥郡にもおおむね通用するが、[1]の給人による直接徴税禁止は、そもそも達成されており、[5]脇借禁止は例外を設けないと塩専売制の継続は困難であった。

つまり[1]～[5]の大原則だけに固執していては説明しきれない面を内包していたのが奥郡の改作法であった。その意味で奥郡「御開作」は、北加賀・越中川西二郡の「御開作」とは相当異なる改作法といわざるを得ない。したがって第三章の考察では、従来の理解の軛から離れて検討することになった。

利常隠居領での「御開作」

前田本藩領一〇郡のなかで能美郡と新川郡における改作法の実態もよくわかっていない。利常在世中は、この両郡に利常隠居領がそれぞれ配置されていたので、改作法の権力主体である利常自身が自分の領地で、どういう先駆的な改作法を実施したのか、すこぶる興味をそそる課題がこの両郡に存在するが、十分検証されたことがなく実態は不明のままである。能美郡の利常隠居領一七〇ヵ村と新川郡の利常隠居領七八四ヵ村については、明暦二年村御印の写留帳は残っているが、これに関連した「御開作」実施にかかわる達書や村からの上申・願書などが少なく、長い間まともな検証がされてこなかった。しかし、第六章で改作法研究にとって未開拓分野の隠居領での「御開作」の実態究明に取り組んだ。

新川郡で改作法研究を進めるとき、新川郡における正確な所領構成の変遷を確認しておくことが重要な前提となろう。というのは、万治元年の利常死去後、「御開作」が終わって間もなく隠居領の解体再編があったからである。つまり万治三年に能美郡と新川郡で大きな領替があり、綱紀領と富山・大聖寺両支藩との村分けが改められ、利常時代の隠居領・綱紀領を合わせた前田本藩領が万治三年領替以後かなり変動したため、隠居領の「御開作」を考えるうえで大きな制約を被った。とくに新川郡では、万治三年領替までの利常隠居領と富山藩（利次）領の配置は相当複雑に入り組み、領替後の富山藩領のなかに相当数の旧隠居領が含まれ、それらの村では利常の「御開作」継承という点で断絶が生じた。逆に利常の「御開作」を経験していない旧富山藩領の村々では万治三年領替以後、「綱紀の改作法」

の洗礼をうけることになるが、寛文農政の展開によって、その違いがよくわからないという問題もおきている。

このように利常死後の万治三年領替で、新川郡における綱紀領の所領構成が利常時代と大きく変化したため、明暦二年村御印の写留帳に掲載する七八四ヵ村について、寛文十年に改訂発給された綱紀領八四六ヵ村の村御印と比較するとき、所属変動の照合に難問が多く対等な比較ができないという問題を抱えてしまった[16]。つまり、万治三年の隠居領解体再編で、新川郡では利常が「御開作」を実施した村がそのまま綱紀領として継承されず、一〇〇ヵ村以上で領主交代がおきたのである。それゆえ、①利常時代から一貫し利常・綱紀領であった村、②利常時代は富山藩領であったが万治三年以後綱紀領となった村、③利常時代は隠居領だったが万治三年以後は富山藩領になった村、などの区別をしなければ信頼できる考察ができない状態に陥ったのであった。

能美郡も新川郡と同じ課題を抱えているが、近年の研究で村々の四分領構成はより明確となり、能美郡の綱紀領は郡北部の十村山上村次右衛門組四〇ヵ村余が該当し、富山藩領は郡北西部の四つの十村組が該当し合わせて三九ヵ村であった。また大聖寺藩領は串村の一村だけで、改作法期の利常隠居領一七〇ヵ村は明暦二年村御印写留でしっかり把握できる。前田家の四人の領主によって四分割された能美郡で、それぞれどのような改作法が承応〜明暦期になされたのか第六章で所見を示した。また隠居領が大半を占める新川郡では、利常から厚い信頼を得た扶持人十村嶋尻村刑部の書き残した旧記・覚書などを手がかりに、明暦二年の新川郡での「御開作」の様相をようやく一部分解明できた。

第一章の研究史総括に続く第二章は、上述した改作法研究の第一の課題に気付くきっかけとなった論稿（『北陸史学』五五号、二〇〇六年）である。「御開作」という語義の本質は困窮する村の救済にあったことを予測し、そこに視点を絞って論証を進めたが、今回新たに解明に取り組んだ能登奥郡の「御開作」の検証（第三章）で、その予測はより鮮明なものとなり、冒頭で行ったような問題提起も可能となった。第二章は本来第一章と一体のものであったが、改作法研究史上の陥穽や課題をより明確に訴えるため、別の章として掲げた。

第三章で「御開作」という用語の本来の意味を明確にできただけでなく、上述のとおり、改作法が地域的な独自課題にも対応し遂行されたことに気付いた。それをバネに第四章・第五章で能登口郡・長家領鹿島半郡を対象に同様の視点から検証をすすめた。さらに第六章で「御開作」の発案者である利常の隠居領にターゲットを絞った改作法研究にも挑んだ。以上が本書のおよその構成である。

その検証過程で地域ごとの「御開作」の実態究明にとって有益な新史料の発掘につとめ、別表Ⅰ～Ⅳを作成した。四つの別表は第三章～第六章の章末に掲げたが、新史料も含まれる。三〇年前、改作法に関する編年史料集を計画したが、今回ようやく地域ごと四つの史料リストを示すところにまできた。これを土台に改作法に関する一次史料（同時代の古文書・記録等）中心の編年史料集成も可能となるであろう。

北加賀や能登口郡での改作法の実態は、若林喜三郎『加賀藩農政史の研究 上巻』に詳しく、多数の基本史料が紹介される。また越中川西二郡の改作法史料については、『富山県史 史料編Ⅲ 近世上』ほか坂井誠一『加賀藩改作法の研究』から多くの基礎史料を得ることができる。その結果、従来の改作法研究は主として北加賀・越中川西を対象に考察されたといって過言でない。それゆえ本書では越中川西と北加賀の個別分析はほとんど除外したが、今後、あらためて若林・坂井らの研究成果をベースに北加賀・川西二郡でも信頼のおける一次史料の収集をすすめ、改作法史料リストを整えたい。それをもとに冒頭で述べた二つの視点から、あらためて北加賀・越中川西の「御開作」の実態を究明すべきと認識している。

若林喜三郎・坂井誠一・原昭午らが掘り起こした多くの一次史料を精査し、史料学的検討を深め[17]、利常がとくに力をいれた加賀二郡（石川・河北）・川西二郡（砺波・射水）の改作法の検証を深化させることは今後の大きな課題である。

そのための視点は本書で主張できた。北加賀・越中川西の十村のなかに、利常から信頼を得た有力な扶持人十村が数名おり、利常や綱紀が「領主のつとめ」を果たすうえで、彼らがどういう役割を果たしたのか[18]、十村の主体性、村の役割に肉迫する検証も課題であり、本書がこうした課題解決に向け重要な一歩となることを願っている。

注

(1) 戦後の代表的な改作法研究の成果である若林喜三郎『加賀藩農政史の研究 上巻』（吉川弘文館、一九七〇年）、坂井誠一『加賀藩改作仕法の研究』（清文堂、一九七八年）などから帰納した主な政策を五点にまとめた。なお、『地方史事典』（弘文堂、一九九七年）に改作法が立項され簡潔に要点をまとめている。

(2) これと並行して行われた禄制改革（給人平均免を基軸にした家臣団の知行・俸禄に関する改革）の実態についてはなお課題を残す。綱紀による「高免」廃止の実態解明などとあわせ長らく懸案となっている。

(3) 本書では改作法が実施された村、百姓地のことを、当時の史料表現に依拠し「御開作地」と称する。御開作地にはすべて村御印が発給された。逆に村御印が発給された村はすべて御開作地といえるかというと、問題がある。村御印は発給されたが「御開作」というにふさわしい政策がなされていないケースもあったからである。これらも改作法の範疇に入れると、「利常の改作法」に該当しないものも改作法といわねばならなくなる。利常死後初めて村御印発給をうけた村も相当数あり、これらは「利常の改作法」範疇に入れるべきではない。

(4) 荒木澄子「『改作地裁許人』の役割について」（『市史かなざわ』二号、一九九六年）、拙稿「改作奉行再考―伊藤内膳と改作法―」（加賀藩研究ネットワーク編『加賀藩武家社会と学問・情報』岩田書院、二〇一五年）で開作地裁許人について検証した。改作法の執行体制に関する研究は近年進展したが、ここでは旧来の理解と整合するようまとめた。この点は終章でも言及した。

(5) 佐々木潤之介『大名と百姓』（中央公論社、一九六六年）、同『幕藩権力の基礎構造』（御茶の水書房、一九六四年）。

(6) 高澤裕一「改作仕法と農業生産」（『小葉田淳教授退官記念国史論集』一九七〇年、高澤『加賀藩の社会と政治』吉川弘文館、二〇一七年に再掲）。この中で高澤は、十七世紀加賀前田領の農業構造を特徴付ける三つの農業経営類型を掲げ、下人雇傭経営は主力形態であったが発展性はなかったと論じた。また、改作法の政策に小農自立を促進する面がないとし否定的な見方を示した。筆者の小農自立問題についての所見は拙著『織豊期検地と石高の研究』第十章（桂書房、二〇〇〇年）で不十分ながら示したが、改作法は自立軌道に乗りつつあった小農経営にとって促進的であったと考えている。小百姓に対しても厳しく経営努力を求め、勤倹力行によって自立すべきことを自覚させたことや、小百姓にまで経営才覚の発揮を要求したことを評価したい。これは集約化、新田開発いずれの生産力拡大にも重要な要因であり、総じて百姓全般に合理的経営態度を促した点で小農経営自立に益したといえる。阻止的な面としては手上免などの増税が過酷であり自立の足かせになった。

（7）吉武佳一郎「『初期藩政改革』の歴史的位置」（『駿台史学』三四号、一九七四年）、原昭午『加賀藩にみる幕藩制国家成立史論』（東京大学出版会、一九八一年）など。

（8）この点は第一章参照。

（9）注1若林著書。

（10）「寛文農政」とは、綱紀が最初に取り組んだ寛文・延宝期農政という意味である。なお「改作方農政」というのは、基本的には寛文農政以後明治までの藩農政全体を意味する言葉であるが、綱紀以後の歴代藩主や時期を区切っての改作方農政を表記するときは「綱紀時代の」「斉広時代の」「近世中期の」などの形容詞を付す。したがって、「元禄六年までの改作方農政」というのは、綱紀時代前期の農政というほどの意味であり、若林喜三郎のいう「改作体制」とほぼ同じといってよい。

（11）本書第五章、注6拙著第七章〜第九章。

（12）（13）拙稿「大聖寺藩における改作法実施」（『北陸史学』六二号、二〇一四年）。

（14）第六章二節で詳しく述べた。

（15）見瀬和雄『幕藩制市場と藩財政』（厳南堂書店、一九九八年）第二編第一章。

（16）第六章二節で詳しく考察する。

（17）本書では注1坂井著書が主張した、一次史料つまり同時代の古文書・記録を優先した考証をさらに徹底し、近世中期以後の多くの改作法考証や著作等に頼らない考察をめざした。やむを得ず「三壺聞書」「御夜話集」など後年編纂された二次史料に拠るときは、他の確実な史料による検証や批判的吟味を可能な限り行ったつもりである。

(18) 拙稿「新しい十村研究のために」(『加賀藩研究』二号、二〇一二年)で「領主のつとめ」という視点について説明しているので参照されたい。

第一章　改作法研究の軌跡

はじめに

改作法と前田利常の農政に関する考証は、江戸中期より農政に精通した改作奉行・十村などによってすでになされていた。十八世紀後半に改作奉行を勤めた高沢忠順の「改作枢要記録」[1]、河合祐之が弘化三、四年に著した「河合録」[2]、砺波郡の十村五十嵐之義（内嶋村孫作）の「御改作根元旧記」[3]、武部敏行（三清村与三之助）の「御改作始末聞書」[4]などはその代表である。六代藩主吉徳が就封早々に実施した「古格復帰仕法」や一二代藩主斉広の「改作方復古」政策、一三代藩主斉泰の「天保改革」で、改作法が藩の祖法と認識され祖法への復帰が政治目標になったのは、寛文元年（一六六一）に始まる改作所と改作方農政[5]が改作法以後、藩政の重要部門たりつづけたことが背景にあり、その結果、藩末に至るまで勧農のプロである改作奉行・十村による精緻な「改作法」考証がなされたのだといえよう。

しかし、明治以後の改作法研究を概観したとき、「改作法」という用語使用に混乱が起きていたことに気付く。それは、慶安四年（一六五一）～明暦期に利常が直接主導した改作法だけでなく、それ以前の利常農政や利常死後、綱紀時代（寛文～元禄期）に行われた改作方農政の中に改作法と同質の政策があるとみて、改作法は寛永期にすでに始まっていた[6]、あるいは改作法は寛文十年の村御印調替や元禄六年（一六九三）の切高仕法によって完成した[7]という言い方に象徴され、そのような混用は無意識に広く定着している。近世中・後期の歴代藩主が、改作法を藩の「祖法」とし御親翰や触書で「御改作」への準拠を説いたので、改作法は藩政期を通して実施されたと説明されることもあった。(8)

つまり、「利常の改作法」の影響は極めて大きく、利常死後、改作所や改作方農政のもとで推進された施策までも、「利常の改作法」と同一視することが多く、そのことが「利常の改作法」を正しく認識する上で弊害となっていることをここで強調したい。同じことは、正保以前の利常政治についてもいえ、安易に「改作試行」などという指摘が蔓延すると、「利常の改作法」の正確な認識にマイナス面が大きかろう。利常の隠居以前に行った施策のなかに改作法に通底する政策やその萌芽が存在するのは、当然予見されることで、その点を過大に評価し、慶安以前に改作法が実施されたと誇張すると、利常が最晩年に決意をもって行った改作法七年間（慶安四年〜明暦三年）の独自の歴史的意義が曖昧なものとなる。そこで、改作法の再検討を行う前提として、以上のような視点から改作法研究の足跡をいま一度確認する。と同時に、そこに含まれていた意外な落とし穴や課題を指摘し、本書が目指す改作法再検証の視点を提示する。それを指針とし、改作法研究の是正と新たな展望に挑みたい。

高沢忠順の「改作枢要記録」は、綱紀時代に城下町の華美・奢侈の風俗が郡方に広まるなか、改作奉行・郡奉行・十村は「利常の改作法」の趣旨をはきちがえ、御仁政の本旨、あるいは強き百姓を育成するという改作法の理念を忘れ、目先の年貢皆済や枝葉末節の行政事務に終始していると、綱紀時代の改作方農政を批判した。(9)寛文元年に改作奉行が再び設置され、法制も整備されていったが、忠順は「御改作」の精神は形骸化し堕落したと改作方農政を批判する文脈のなかで「さて今の世、改作御法といへば、皆承応・明暦中の御格とのみおもへとも、寛文以来園田・山本（改作奉行）等の増補したる品多し」と述べ、寛文以後の改作奉行が追加増強した改作方農政は、必ずしも利常の改作法の本旨が継承されたものではなかったと批判し、寛文初期まで改作法継承の責任者であった伊藤内膳の施策に疑問を投げかけた。忠順が利常の改作法とそれ以後の改作方農政を異なるものと認識し、綱紀以後の改作方農政を批判し改作法の本旨に戻れと主張した点[10]は、改作法の再検証を目指す本書にとって重要な指摘であり、いまも傾聴すべき点があると考えている。

しかし、享保年間以後の改作方農政のなかで、政策理念や藩主の意向を説明するため「御改作」「改作御法」の用語が、十村中や村方宛の法令・触書などで頻繁に使われた[11]ので、その時代の農政も改作法の一環であり、その流れのなかにあるとの認識が十村や村方に定着していたことも見逃すべきではない。高沢忠順は現状批判の意図があったから、自ら担当した農政と「利常の改作法」との違いに気付き是正を主張したが、多くの奉行や十村・村役人たちは、その淵源は「利常の改作法」だと想起しながら、いま行われている農政も改作法の一環だと理解していた[12]。「改作法」という用語が近世を通して多様な意味を背負ってしまったことが以上から了解されよう。この点に留意し以下では明治以後の改作法研究の足跡を振り返るが、本書の立場は、慶安四年から明暦三年（一六五七）に利常が主導した改作法を「改作法」概念の中核に置くべきという一点に尽きる。この本来の語義がなぜ、多様な意味を背負うことになったのか、研究史を振り返ることで自ずと明らかになるであろう。

一節　戦前期の改作法研究

明治以後の改作法研究でも、「利常の改作法」と利常死後の改作方農政を対峙させ区別する意識は決して明確ではなかった。利常が始めた改作法は綱紀以後の歴代藩主に継承され概ね原則が維持されたと解し、両者を同質なものとみる傾向は戦前期の研究でも広汎に確認できる。

明治四十四年（一九一一）に公表された栃内礼次『旧加賀藩田地割制度』[13]は、加賀藩農政に関する社会科学的な実証研究の嚆矢であり論理構成は明晰であった。しかし、研究主題はあくまで田地割制度という近世日本固有の土地制度にあり、田地割制度実施の基盤となった加賀藩農政の特質を探求し、村御印に書かれた村高とこれを分有する高持百姓の所持高の性質、あるいは村御印で実現された加賀藩独自の定免制と一村平均免制のうちに田地割制度を成り立たせる重要な要因を発見し、改作法に注目するものであった。それゆえ栃内の考察は、「利常の改作法」のみに止まらず、利常以後の村御印や高方政策にも及び「万治寛文の改作法は第二期・第三期に属す」などと述べ、改作法と村御印によって基本が定まった藩農政の土地所有制と用益権に関わる法制を体系的かつ論理的に通観した点に特徴があった。そして、加賀藩農政は利常が創始し、綱紀が大成させた改作法が基本であり、綱紀以後の藩主は改作法を墨守するのみであったと総括した。

昭和五年（一九三〇）の小早川欣吾「加賀藩の改作法に就いて」[14]は、「改作法とは、加賀藩独特の農業並びに財政政策であって、三代の藩主利常が慶安四年春此れを封内に実施し、五代の藩主綱紀の明暦三年四月に至り殆ど成就し、廃藩置県に至る迄実行され来たるもの」と述べ、栃内の主張を受け継いだが、税制（平均免・手上免等）・禄制（給人知行制）の改正を基軸に改作法の原因・施行・結果を論じ、改作法によって農民は藩政時代を通し手上免を自主申告し、走百姓が減少し、藩財政の増収や給人収入の安定が実現されたと評価した点が独自の主張であった。しかし、改作法は廃藩まで実施されたという理解のもと、改作法以後の禄制（貸銀制度・除知）・改作方法令なども広く論じた。利常の改作法と利常死後の改作方農政、この両者を一体に論ずる小早川論文は戦前における典型的な「広義の改作法」論といってよかろう。

法制史の小早川のあと、社会経済史の松好貞夫・新谷九郎が、中世封建制から近世封建制への転換の画期として加賀藩改作法を考察した。まず松好は、士農分離という中世と近世の画期は改作法によって達成されたとし、「改作仕法の本体を為すものは、所謂作食米の貸付仕法でしかあり得ない」と述べ、土地制度改革としての改作法に本質をみる栃内説に異議を唱え、勧農策としての作食米貸与に注目したが、その本質は士農分離を徹底させ、百姓への誅求を強化するものとした。さらに、利常死後も改作法は「特別の機関を設けて施行せられ、全時代を通じて藩政の一断面を形成する」と述べる[15]。また別稿「加賀藩の百姓助成策[16]」で、改作法は決して「一時的の仕法でなく」藩政期を通して必要に応じて種々の「時救策として実施せられ、結局加賀藩に於ける農政の別名たるに過ぎざることとなった」と指摘し、寛文以後に展開した百姓助成策を改作法の発展線上で検討し、加賀藩中期の改作仕法は、結局無力なる百姓助成策に終わり、「第一期改作仕法の如く名実を伴はなかった」とし、天保改革での徳政類似仕法は「同藩の改作史上正に第三期に属する」とした。松好は作食米（敷借米・改作入用銀も含む）貸与と脇借禁止の役割を給人・百姓間の貸借関係を完全否定する方策として高く評価し、これを士農分離のための百姓助成策とした点に特徴があったが、「利常の改作法」は全時代にわたる改作法の第一期にすぎず、藩政中期の百姓助成策や天保改革期の借財仕法・高方仕法を第二期・第三期の改作法と位置付けており、小早川の「広義の改作法」と同様の視点から、藩農政の特質を作食米等の助成と脇借禁止策に求めたものであった。

新谷は中世・近世の封建制の転換問題をより深化させ、室町時代における守護の大名化過程は鎌倉時代の地頭領主制に規定された「古典的封建制」の崩壊過程であり、近世の集権的封建制成立の過渡期と評価したうえで、大名と百姓が基本的な対立関係を形成する集権的封建制の確立過程を、加賀藩を対象に検証する。その結果、給人知行制にみられる中世的遺制が改作法によって明確に一掃され、給人の百姓直支配や徴税権が否定され集権的な農政機関が整備されたと指摘する。また、定免制を実現した税制改革で物納地代制が確立したと評価し、改作法の社会経済史的意義は、中世的残滓である給人知行制を否定し、集権的封建制を確立させたことにあったと論ずる[17]。

新谷は中世的遺制としての給人知行制を否定した改作法に焦点を絞って立論するので、利常以後の改作法の展開に立ち入って言及はしていない。むしろ新谷においては、利常以後の農政も改作法とみる小早川や松好の見方に対し、それは「広義の改作法」であり、自分が研究対象とした「利常の改作法」については「狭義の改作法」であると自覚的に区別し、「狭義の改作法」すなわち「利常の改作法」は、その最終目的を百姓の貢租負担力の強化（強き百姓の育成）においており、それが藩財政健全化の最重要課題となったから、利常以後の藩農政でも改作法が標榜され「御家の大法」にされたのだと、「広義の改作法」と「狭義の改作法」の関係性を鮮やかに指摘した。この点は私見にとって極めて心強い所見である。これにより「広義の改作法」と「狭義の改作法」の関係性が初めて論理的に整理され、集権的封建制確立の画期を改作法にもとめた所論とともに戦前の社会経済史学の到達点といえる。

戦前の改作法研究のもう一つの成果として、小田吉之丈による昭和四年の『加賀藩農政史考』『改作と精神的農業』があり(18)、在地史料を数多く拾い上げた系統的農政史料集として定評がある。『加賀藩農政史考』の第三編「改作法」では、改作法以前の百姓保護と取締法令、改作法以後の改作方法令等を広汎に採録し、改作法を「利常の改作法」に限定しながらも、藩農政の基幹に改作法があったとの認識が濃厚に反映された史料集であった。その「農政概説」のなかで、正保・慶安年間に改作法を試行したが、断行されたのは承応年間で、明暦元年まで改作法の主要施策が英断により決行され、利常死後これを継承した綱紀は、寛文十年に村御印を再発給し「久しき改作法も之にて一段落を告げた」と述べる。『改作と精神的農業』では、農村再建の先駆、農本思想の具現者として利常の「御開作」精神を称賛し、利常の寛永以来の百姓救済策と勤倹節約の鼓吹に共感し、改作法精神の具現として加賀藩農政全体を概観する姿勢が濃厚であった。

みてきたように明治～昭和戦前期の改作法研究で、改作法の主要施策が議論の俎上にほぼ出そろい、「利常の改作法」は中世封建制から近世封建制へ転換する重要画期であったことが共通認識となり、戦後の加賀藩研究に継承された。一方で加賀藩農政の多くが改作法を継承した政策であり、その影響下にあったことから、それも「改作法」の用語を用いて説明されたので、「利常の改作法」に限定した「狭義の改作法」論と同時に「広義の改作法」認識が広く定着し、両者混同する傾向をつよめたといえ、そこに研究史上の陥穽（落とし穴）が潜んでいた。

二節　戦後の改作法研究

戦後の改作法研究は、昭和二十六年（一九五一）の岩井忠熊「初期加賀藩の農政について」[19]で始まった。岩井は、近世社会を生産物地代が支配的な純粋封建制に照応するものとの認識を前提に改作法の意義を検討した。在地に展開する農奴主経営と小農経営のあり方を具体的に検証し、改作法自体こうした経営形態のいずれも敵とすることなく「そのまま是認していった」と論じ、また改作法は加賀藩における中世と近世の切れ目をなす改革で、きわめて徳川封建制的な政策だと指摘した。結論だけみれば戦前の新谷の所説の再来という印象をうけるが、藤田五郎や松本新八郎の所説を背景に、下部構造に規定された藩政のあり方をマルクス主義的方法で検討した点に戦後的な新しさがあった。改作法によって給人による直接支配が排除された結果、十村の支配権が強まり、領主対農民の基本的階級対立が十村対農民の対立にすり変わったと指摘した点も戦後的な視点であり、注目される。

岩井の所説に見られた農村の経済構造（下部構造）から藩権力の性格や藩政治の展開を考察するというのが、戦後歴史学の基本スタイルであったが、そのことを幕藩制構造論[20]の議論をリードした佐々木潤之介・山口啓二が加賀藩成立期を対象に、より鮮明に打ち出し、戦後の改作法研究に大きな影響を与えた。

まず佐々木の所説からみていくが、多岐にわたる論点を簡潔にいえば、改作法は「いまだ支配的経営であった複合家族経営の維持を計る方向に働き」、切高を阻止し下百姓の自立を阻止したが、元禄六年の切高仕法は寛文期における小農自立の動向を後押しし、家父長制的経営と絶縁させる政策であり、その後の高方政策に引き継がれたということが第一点である。この見解は十七世紀中葉の加賀藩前田領において、砺波型（労働生産性重視の粗放大経営）と能美型（土地生産性重視の集約小経営）という二つの農業生産力発展の類型をみつけ、小農生産発展の具体像を砺波型から能美型への転換のうちに確認し、元禄期における小農満面開花を論じたなかで主張されたものであった[21]。

改作法の具体的展開過程については、その前に指摘しており、改作法の主要な内容を四点に整理したうえで、開始は「一般的藩政の動向から、これを寛永末年より始まる」と断言し、寛永十四年の敷借米の開始と「半徳政」実施、寛永十二年の十村組再編（大組化）をその論拠とした[22]。改作法の内容の一つに、明暦三年「草高百石開作入用図」などの農業経営実態調査を加えた点が注目されるが、改作法の始期を寛永末年としたのは、改作法概念の拡張であり、のちの改作法論に少なくない混乱を与えた。

また佐々木の改作法論では「城下町の経済的確定」という考察があり、改作法は小農自立が基底にあるなかで、給人財政の困窮を契機に行われた藩政改革であると評価し、「城下町を領国経済の商品流通の中核たらしめ」藩財政と藩領域経済の成立を促したと論じたことも、戦後の改作法論に大きな影響を与えた。これを契機に、その後の商業・流通史研究で、全国的商品流通から相対的に自立した藩アウタルキー成立をめぐる議論が起こり、幕藩制的市場構造のなかでの藩領域経済圏の独自の意義が主張されるようになった[23]。こうして本来、困窮武士救済・農村再建政策であった改作法が、商業・流通面や城下町など領内諸都市に与えた影響までも検討の俎上に上がることとなり、改作法議論の枠は大きく広がった。

山口啓二の加賀藩政成立史の理解[24]は、佐々木の所説と重なる点もあるが、織豊取立大名であった前田権力が統一政権の分肢として藩体制を形成してゆく過程を独自に構想したもので、佐々木と異なる視点があり、藩制成立史の道筋を個別大名領ごとの個性に則し、類型提示も行い多面的に論じた。藩制成立史を省察するとき、いまなお参照すべき重要な指摘が多数含まれる。

山口によれば関ヶ原以後、織豊取立大名の前田権力は、豊臣政権の衰退により統一権力から派生・分岐した有利性を失うとともに領土拡大で内部矛盾を緩和できなくなり、徳川将軍からの上洛・参勤・普請役の重課に晒されるという環境変化の中で、幕府過重軍役に応える常備軍保持を藩政の主要課題とし、これに対応した。その結果、藩と給人と役屋百姓との間の矛盾が激化、百姓逃散を惹起させたが、十村制度創設、夫役銀納化、代官・給人の不正排除と厳罰化などで対応し、百姓「保護」政策を時々に発し均衡を取るしかなかった。しかし、大坂冬陣後、藩政に変化がおき、郡奉行の地方支配権限強化、元和検地、算用場・郡奉行・代官職務規定改定等がなされた。これら元和初期の諸改革について、山口は常備軍的家臣団と一揆体制（役屋百姓が基盤）との妥協の上に動揺を繰り返してきた加賀藩が、幕藩制的な地方支配の上にのる画期的転回と評価し、そこに藩制成立の画期をおいた。しかし、その改革は地方の体制を一挙に変えるものでなく、生産力・社会的分業の展開をまって寛永期に、鍬役米制、夫役・諸役廃止令など漸進的な施策が遂行されたとする。さらに一向一揆の伝統をおそれ漸進主義をとった加賀藩で寛永飢饉が起きると、加賀藩の個別特殊事情から説明できない幕藩制成立期の全般的な階級矛盾が表面化し、初期藩政改革が求められていたと改作法実施の必然性を展望した。山口自身、改作法そのものを具体的に論じていないが、改作法を初期藩政改革と位置付け、「領主相互間の戦争を前提として成立してきた藩体制を、農民支配を基軸とした藩体制に転回する」画期と意義付けた点が重要で、以後の改作法研究では山口説に刺激され、初期藩政改革としての改作法論が広がってゆく。

山口説で注目したいのは、改作法は「藩制」成立の画期ではなく、藩政が農民支配を基軸にしたものに転回した画期とした点である。「藩制」成立は元和の改革で達成されたという理解である。改作法を「藩政」確立の画期とみる主張との間に微妙な食い違いがあることに注意したい。「藩制」の成立・確立という論述のほかに「藩政」の成立・確立という論述も多くの論著でなされており、これらの用語いずれも学界共通の研究上の概念として共通認識になっておらず、諸説乱立といった感が深い[25]。その後、山口や佐々木が意図的に使用した「藩制」の成立・確立という視点は棚上げされ、近年は藩内の諸階層・諸地域・諸分野を包括的に研究対象とし「藩世界」「藩地域」「藩社会」というキーワードで藩政を多面的に考察する潮流が主流となっており、藩研究に「断絶」ともいうべき様相がみえる。今後、論点整理が必要であろう。

戦後の地方史研究と自治体史編纂隆盛の機運のなか、戦前と比較にならないぐらい多くの農村史料（村方文書）が加賀・能登・越中でも発掘された。佐々木の論拠も、そうした農村史料とくに越中の十村文書（菊池文書・川合文書など）にあったが、同じ頃、率先して史料採集に携ってきた若林喜三郎・坂井誠一らも改作法はじめ藩農政について実証研究を重ねていた。佐々木・山口両氏の見解は、こうした地元で実証研究を積み上げていた研究者に大きな影響を与えた。とくに佐々木説のインパクトは強く、独自の小農満面開花論と切高仕法評価については高澤裕一の批判を招き(26)、佐々木の生産力発展の二類型論（砺波型から能美型へ）は実証的論拠を失うことになった。高澤は佐々木の提唱した二類型の論拠となった「草高百石改作入用図」等について綿密な史料批判と新史料も加えた再検証を行い佐々木説の論拠を突き崩したが、利常は明暦三年になぜ「草高百石改作入用図」という経営調査に踏み切ったのか、その真意は未だ解明されたといえない。改作奉行が明暦二年六月に廃止され、同年八月に村御印が一斉交付されたあとも執拗に、免率査定の妥当性を傍証する経営費調査を実施した利常の意図は、改めて検証すべき課題といえよう(27)。

若林喜三郎は、昭和四十五年に『加賀藩農政史の研究 上巻』を上梓し改作法研究を集大成。また、昭和五十二年には坂井誠一が『加賀藩改作法の研究』を公刊し、越中西二郡をフィールドにした詳細な改作法の実証成果を世に問うた。両氏とも佐々木説を意識しながらも、実証研究に裏付けられた独自の改作法理解を提起した(28)。

両氏のうち若林は、戦後一貫し能登・加賀で農村史料を悉皆的に調査しており、『加賀藩農政史の研究』史料編に重要史料を数多く付載し後学の者に便宜を与えてくれた。同氏の『加賀藩農政史の研究 上・下巻』は、戦後の藩政史研究を代表する名著であり、加賀藩政を概観するときも個別テーマを論ずるにときも参照しなければならない重要文献である。戦前の日置謙著『石川県史 第二編』に匹敵する基本文献といって過言ではない。とくに『加賀藩農政史の研究 上巻』は元禄六年の切高仕法までの藩農政を詳細に論ずるが、主題は改作法に象徴される藩政確立の解明にあった。標題を「農政史」とした点に限界を指摘する論者もいたが、改作法にもとづく藩体制を「改作体制」とし、その確立過程を藩政史の基軸に据えたので農政史としたのであり、そこに加賀藩の特質がよく出ているともいえる。明治以来、「広義の改作法」認識が定着しており、加賀藩政とは改作法に規定された農政の展開であるという伝統的な理解があったからである。しかし、若林の考察は多岐にわたり、初期家臣団の特徴、初期の村落構造、初期扶持百姓論などを論じ、十村制度の形成過程も詳細に考察した。しかし、中心課題はやはり改作法にあり、その前史として元和期の初期農政、寛永の危機と田地割制度、給人知行制の弊害などを新発見の在地史料をふんだんに使い詳述した。

若林は「改作法の成果」という章でようやく、戦前からの膨大な研究蓄積を踏まえ「狭義の改作法」七年間の施策を論ずる。その冒頭で役屋制の変貌を改作法の成果とし、役屋の細分化、形骸化過程を追跡し、元禄六年の切高仕法で役屋制は消滅したと論じた。(29) 政策内容の考察でも新たな在地史料を駆使し、論証は従来以上に豊かとなった。とくに「宗教政策」という一項をたて、改作法と宗教問題(一向宗対策)を論じた点は刮目すべき論点であった。総じて若林は、改作法の本質は過酷な搾取にあったとみており、綱紀時代に整備された改作体制について詳細な考察を加え、切高仕法によって「改作法の趣旨が貫徹する」と述べたのも、それが理由の一つである。若林は佐々木の切高仕法論を実証面から批判し、高澤と異なる視点から佐々木の所説を退けたが、他方で佐々木説に拘泥した面もあり、改作法に含まれていた小農自立を促す政策意図は、切高仕法によって実現されたとも述べ、利常の改作法は、綱紀時代の改作体制の枠の中に組み込まれ、その枠に関連付けられた。そのメリットはあるが「利常の改作法」の独自性が見えにくい論述となった点は弱点であり、そこに若林説の問題点があった。つまり綱紀時代の改作体制と「利常の改作法」の関係を順接的連続で若林は把握し、「利常の改作法」を綱紀の改作方農政と一体的に論じるので、戦後の「広義の改作法論」の代表例といえる。それは、戦前の「広義の改作法」論と異なり、両者は明確に区別されるが、順接的に接合したことで両者混同の様相をみせるものであった。

坂井『加賀藩改作法の研究』は、一五〇頁に及ぶ新稿「加賀藩の改作法について」（第二編第二章）を中心に、前田初期検地、「免」の語義転換、役屋設定と形骸化、給人知経営の実態、小物成・新田開発と改作法の関係、城端町商人と五箇山農民、切高仕法等に関し考察した、昭和三十年代以来の旧稿を加えた三編構成の論文集である。利常時代の改作法分析をテーマとした第二編が中心であり、新稿が核心をなすが、第二編第一章では、給人知支配は改作法実施前にすでに形骸化し藩の奉行・代官・十村による統制・関与を強く受けていたので、給人知行制の形骸化は改作法の課題ではなかったと、その意義を相対化した点は注目される。それは給人知行制の否定と集権的封建制（士農分離）の確立が改作法の重要な意義だと論じてきた、戦前期以来の改作法研究に疑問を投げかけるもので、給人知行制を中世的残滓とみる戦前の理解から、兵農分離と石高制の規定をうけた近世的知行の一種という戦後的な理解を促すうえで重要な論証であった。[30]

同書の核心をなす第二編第二章では、藩政時代の農政家による改作法考証を検討し、彼らの主張の要点を総括したあと、改作法の施行体制・施行時期、施策内容を詳細に検証するが、検討した史料の多くは越中川西二郡（砺波・射水）の在地史料であり、藩農政家の著述や記録類など二次史料依存に陥らないよう意識した点が注目され、本書もその姿勢を堅持し発展させたいと思う。また、『富山県史』編纂に伴う史料調査を通して確認された在地史料を駆使し多くの新事実を指摘したので、「狭義の改作法」論は坂井によって実証的蓄積を充実させたといってよい。

ただし論旨を子細にみていくと課題や疑問がいくつかあり、「狭義の改作法」論に徹していない面も一部あった。たとえば、現存する約二千通の明暦村御印写留を対象に村高・年貢高の集計を敢行し、手上高・手上免で、どれだけ年貢増徴されたか具体的な数字を推計した点は画期的であったが、結論として「改作法の目的は手上高・手上免による年貢の増徴にあった」と指摘するにとどまった点はやや常識的で、改作法独自の意義を多面的に考えてきた戦後の改作法研究の流れに逆行する面があった[31]。

しかし、第二編結語で切高仕法は改作法の延長上にある施策でなく、改作法と異なる施策で政策転換があったといい、若林説を批判した点は評価したい。綱紀時代の改作方農政は「利常の改作法」の単なる継承でなく異なる面もあり、安易に同一視すべきでないという私の視点からみて、切高仕法と改作法を連続的に理解した若林説を批判した点は同意できる。

坂井は村御印による年貢増徴を改作法の本質と考えるので、寛文十年村御印調替も増徴政策の延長にあるものと解し、寛文の村御印調替をもって「改作法の完結」と評価した。つまり、綱紀の改作方農政のうち寛文十年村御印調替までが、「利常の改作法」の本旨（年貢増徴）に則った政策で、切高仕法は「改作法の変更ないしは手直し」であり、切高仕法によって増徴年貢の負担に堪えうる本百姓育成原則が崩壊したとする。さらに、切高仕法の弊害を除去するため、六代吉徳が再び改作法への復古を提唱したのは、切高仕法で変更された改作法を本来の姿に戻すものであったと主張した点も重要である。しかし、切高に関する施策の変化に絞った議論に止めることなく、藩農政全体が「利常の改作法」の趣旨をどこまで継承発展させたかという視点からの検証も不可欠である。改作法への復古を唱える政策の多くが「利常の改作法」ではなく、切高仕法以前の綱紀時代の改作方農政に模範を求めていることが多い。綱紀の改作方農政は切高仕法を契機に「大転換」したというなら、その点をさらに具体的かつ総合的に検証し、享保九年（一七二四）以降に六代吉徳が行った「古格復帰」仕法は単なる復古なのか、新しい要素も含む再生なのか、総合的に検証されるべきであろう。

今後「狭義の改作法」論を発展させるには、坂井の実証研究、若林の該博な史料紹介を踏まえて、より総合的な藩政の検討作業が必須となってきた。

三節　初期藩政改革論と国家史的視点

地元研究者の実証研究の成果が次つぎ公刊された一九七〇年代、幕藩制構造論に対する批判や議論のなかから幕藩制国家論が提唱された。このような学界動向を反映し、早稲田大学大学院の近世史ゼミで改作法の共同研究がすすめられ、その成果が『民衆史研究』一二号に紹介されたが[32]、その後、この共同研究を担った宮沢誠一・吉武佳一郎が改作法を検討した労作を公表し、改作法研究は新たな段階を迎える。宮沢の改作法研究は仁政イデオロギー論として知られ[33]、深谷克己の御仁政・御百姓論の所説[34]とあいまって、その後の近世史研究に大きな影響を与えた。最近では、若尾政希の「太平記読み」に関する研究で、前田利常・光高とその家臣が「太平記読み」に傾倒していたことが改めて注目され[35]、近世初期領主の政治思想を読み解くうえで改作法が注目されている。この点は、改作法研究の新しい課題として別に検討をすすめるので、ここでは深入りしない。

吉武は、幕藩制構造論における個別藩政史把握の問題点を検討し、国家論の一環として個別藩政史を論ずるとき、①個別藩独自の歴史展開を重視しながらも不可避的に「国家的集中」を遂げざるを得ない個別藩の構造的特質解明、②階級闘争史の観点を強化するため藩政の展開と諸階級の動向を相互規定的に把握する、③個別藩の再生産構造を幕藩制固有の市場・流通構造との関連のなかで解明する、という三つの視点を掲げ、この視点から加賀藩の改作法を分析することで、初期藩政改革の歴史性格を解明し幕藩制国家論に寄与せんとした[36]。むろん、この視点通り論証が十分なされたわけではないが、当時の藩政史の課題を鋭く衝いた意欲作であった。

吉武の改作法論の特徴は、給人の経済困窮や村・百姓の飢饉・「かつえ」に対処した改作法直前の諸政策はすべて破綻し、給人経済と農村は「危機」に瀕していたと把握した点にある。その危機の深刻さゆえ、給人自身も藩からの知行権否定を受け容れざるを得なかったとし、改作法による村・百姓の抜本的救済と全剰余労働搾取へ道を開く村御印（手上高・手上免）による収奪強化が領主階級全体で取り組まれたと指摘、そこに初期藩政改革の本質をみる。改作法実施直前における「危機」の深刻さのうちに、幕藩領主と百姓の間の基本的階級矛盾の激化を看取し、その国家的対応として初期藩政改革（改作法）が要請されたと把握、階級闘争史的観点を導入した国家史のなかに初期藩政改革を位置付けた。吉武の所論は、こうした論点提示において功績があったが、理論先行の面があり個別の論点について、きちんと実証することが課題として残った。ただ「狭義の改作法」論の立場からいえば、「利常の改作法」を初期藩政改革と把握し、そこを拠点に個別藩政史の国家史的意義を追究し、綱紀時代に展開した改作方農政を検討対象から外したので議論としてシャープであった。ただし個別藩政史を正しく展望するには、綱紀時代以後のポスト改作法問題について、より具体的な検証も必要であった。その点は原昭午によって果たされた。

原昭午『加賀藩にみる幕藩制国家成立史論』[37]は、吉武論文で提起された国家史的視点を深化させた労作で、国家史を標榜した個別藩政史として完成度の高いものであった。幕藩制構造論における加賀藩制成立史研究の問題点を深く認識し、若林・坂井らの実証研究の成果もよく咀嚼し、加賀藩成立期の政治史研究としても先端をいく面があった。改作法を専論にしたものではないが、改作法を幕藩政治史の中に位置付けた点も特筆できる。

原はまず、加賀藩では寛永期に兵農分離制が確立され、幕藩領主に対抗する存在としての百姓身分が成立したとし、改作法はこの百姓身分をさらに律儀百姓と徒百姓に選別、幕藩制国家に適合した百姓像の鋳型にはめ込む政治的矯正を行うものと把握した。慶安四年「百姓之仕置」六ヵ条に、その本質が示されると主張するが、改作法が要求した近世百姓像を、国家史の観点から意義付けしたのは重要な成果である。深谷克己の「百姓成立」・民間社会・明君に関する一連の研究[38]や仁政イデオロギー論[39]などとリンクさせ、政治文化史として深化させることも課題となろう。

「狭義の改作法」論の立場からみても、経済構造や社会経済史の分析に偏っていた改作法研究に政治史の分析を加え、下部構造の規定をうけつつ兵農分離制・石高制という幕藩制国家特有の支配原理が加賀藩の藩体制のうちに貫徹してゆく様を「利常の改作法」についても追究し、綱紀期の藩政との違いを明確にした。さらに、改作法期を幕藩制の構造的矛盾が胚胎された始まりとしたことも重要な着眼であった。吉武は改作法前後における領主・農民の基本的階級対立の激化を直截に指摘したが、原は政治史の複雑な要因の絡まりに目配りし、百姓自身が律儀百姓と徒百姓に分断され前者が後者を排斥する動向に注目し考察した点で深みがあった。幕藩制支配は民衆分断を徹底して行う面があり、在地社会に差別と分断を絶えず持ち込むものであることに注目したい。禁教という宗教弾圧にみられる分断・差別政策は、改作法でも画策されていたのである。

原の藩政治史分析では、「利常の改作法」と綱紀の農政が明瞭に区別されており、そこに「広義の改作法」認識をみることはできない。新たな加賀藩政治史の登場といってよい。切高仕法については史料批判を徹底し、従来の十二月十二日令のみに依拠した主張に疑義を表明、あとで撤回された十一月朔日令も含めた政策背景を検証し、政治改革としての稚拙さを指摘した。さらに改作法の趣旨から外れた法であり、改作法を「逆転させるもの」とまで評価したのは画期的であった。坂井の所説とともに、今後の検討の土台になろう。

原以後では、見瀬和雄が藩財政確立史のなかに改作法を位置付ける考察[40]を行い、寛永期の能登奥郡蔵入地化政策等の実証研究を踏まえ、寛永末飢饉時の対応策や、知行制改革が藩主財政に多大の収益増をもたらしたこと等を論証した。その際、改作法の用語について新たな提起をした。見瀬によれば、これまでの改作法研究では、利常自身「改作法」という用語を「百姓共之仕置」に限定して使っており、結果として「百姓共之仕置」が考察の中心を占めていたと評し、そこから脱却するため、利常が目指していた知行制改革や「侍中之御仕置」も含む、初期藩政改革としての改作法概念が必要であると論じ、この初期藩政改革としての「利常の改作法」は『改作法』と表記し、従来の「利常の改作法」研究は「狭義の改作法」であり、「広義の改作法」としての『改作法』＝初期藩政改革と区別した。さらに、狭義の「利常の改作法」の実施期は従来通り慶安四年～明暦三年とみればよいが、『改作法』＝初期藩政改革は正保四年（一六四七）の給人借銀調査に始まり、最終局面は利常死後の万治年間の藩法制の整備期をあてるべきと主張した。

これまでの改作法研究における「改作法」用語使用に関する疑問は、本書の主張と重なる所があるが、見瀬は利常が発した言葉や史料用語に拘束されず、新たな歴史概念（用語）として『改作法』という表記を積極的に提案した。だが『　』付きの用語では、広く使っていくには難しかろう。しかし、われわれが改作法を論ずるとき、安易に史料用語を歴史概念のごとく使うべきでないことに警鐘を鳴らした点は重要であり、貴重な提案であった。

史料用語に依拠し新たな歴史概念（用語）を提唱するとき、歴史用語という専門的現代語と史料用語が担う意味は、そもそも一致させることは難しく、多くの場合、何らかの齟齬をもつ。史料用語もその当時から多義的に使われるケースが多く、地域的な相違もあるからである。史料用語そのものの語義や語義変容の基礎研究を欠いたまま、史料用語を歴史概念として使用すると混乱をきたすことが多い。語義の多様性、語義の時代的変遷について基礎研究を積み重ねないと精緻な議論はできない。そればかりか議論そのものが基盤を失い、研究の進展にとって弊害となる。

改作法についても同じ問題があるので、本書では史料用語「御開作」を基本にすえ、「広義の改作法」論の弊害を克服せんと、「御開作」仰付の実態究明と「御開作」語義を追究した。また、語義の変遷と多様性についても不十分ながら論ずる予定である。それゆえ歴史概念（用語）としては「利常の改作法」「綱紀の改作法」「改作方農政」などの用語を使い、従来の用語と重なる場合はどういう意味か注記するようつとめた[41]。

こうして改作法研究の研究視点は、一九七〇年代以後、構造論から国家論へ、また政治思想史、仁政イデオロギー論、初期藩政改革、藩領域市場、藩財政なども射程に入れ議論の枠は大きく広がった。史実の検証が個別具体的になるにつれ、「広義の改作法」認識の問題点が自覚され、個別研究レベルでは払拭される傾向にある。

「加賀藩農政は幕末まで改作法を基本原理に進められた」という小早川欣吾の言葉に象徴される「広義の改作法」認識は、一九七〇年代の幕藩制国家論の藩政治史研究のなかでようやく終息したが、こんどは初期藩政改革という視点からの改作法論が台頭した。「初期藩政改革としての改作法」論については、本書に掲げた課題がある程度整理されたあと取り組む予定である。というのは「初期藩政改革」という歴史用語それ自体、やや薄弱な根拠のもとで流通しているように思うからである。初期藩政改革という用語にふさわしい事象が、全国諸藩でどの程度解明されているのか比較検証する必要があり、(42)また諸藩の改革と加賀藩の改作法がどういう意味で同じ範疇たりうるかの議論も不足している。また寛永末飢饉後の幕政改革についても実態解明が尽くされたと思われないので、この方面の研究深化も課題といえよう。(43)

注

（1）刊本『改作所旧記』下編（石川県図書館協会、一九七〇年再刊、初刊一九三九年）収録。底本は森田文庫本（石川県立図書館蔵）。

（2）『藩法集6 続金沢藩』（創文社、一九六五年）に収録。河合（一八一三～六一）は三〇〇石取の平士で、天保十年～嘉永五年（一八三九～一八五二）、嘉永六年～文久元年（一八五三～一八六一）に改作奉行を勤めた農政通である。

（3）菊池文書（富山大学中央図書館蔵）に写本がある。「御改作根元旧記」に掲載された古文書写等は『富山県史 史料編Ⅲ 近世上』（一九八〇年）や坂井誠一『加賀藩改作法の研究』（清文堂、一九七八年）に引用されるが、五十嵐之義の土張部分も含め全面的な翻刻はまだみていない。

（4）若林喜三郎『加賀藩農政史の研究 上巻』（吉川弘文館、一九七〇年）に全文翻刻。十村武部氏については飛見丈繁『越中の十村』（一九五八年）、武部保人『加賀藩十村ノート』（桂書房、二〇〇一年）に詳しい。

（5）改作方農政の推移や展開過程は、若林喜三郎『加賀藩農政史の研究 下巻』（吉川弘文館、一九七二年）、高澤裕一「加賀藩中・後期の改作方農政」（『金沢大学法文学部論集』史学編二三、一九七六年）が詳しい。なお、本書では寛文元年五月の改作奉行再設置によって改作所ができたと考えており、それ以後、改作所に勤務した改作奉行が中心になって進めた政策・法令等を改作方農政と呼び、「利常の改作法」と区別してゆく（序論・第三章・終章参照）。

（6）佐々木潤之介「加賀藩制成立に関する考察」（『社会経済史学』二四の二、一九五八年。『増補改訂 幕藩権力の基礎構造』（御茶の水書房、一九八五年）の「6．第二段階移行の必然性」の中に再録）、田川捷一「奥能登両郡における改作法への試行」（『加賀藩と能登天領の研究』北国新聞社、二〇一二年、初出一九七七年）。

（7）注3坂井著書、注4若林著書。

（8）後述する栃内礼次・小早川欣吾の所論が代表的である。なお戦後の通史では、若林喜三郎監修『石川県の歴史』（北国出版社、一九七〇年）は、「利常の改作法」の説明のあと「後世の藩政担当者達は、利常の行った農政上の改革を改作御法または改作仕法と称して、永く農政一般の語として使用」と注記する。また若林喜三郎編著『加賀・能登の歴史』（講談社、一九七八年）で、若林は「かくして、改作法は加賀藩農政の祖法となった。綱紀は、やがてこれを継承・整備して行くのであるが、基本的にはこの祖法が不変のものとして受取られ、それ以後経済情勢の変化によって、いろいろと改革が企図されることがあっても、大義名分は「改作法復帰」に求められた」と改作法を総括し、切高仕法については「どこにも類例のない農地制度」とし「藩制が崩壊するまで維持され、明治の近代的農政制度へ引継がれた」と評し、「改作法の土地制度はこういう形で完成され、改作体制はそれを基礎として成立した」と自説を繰り返すとともに、切高仕法は「むしろ修正・後退ないし変質で、完成というのはおかしいという反論もあるが、それは文字面だけの形式論のように思われる」と批判を退けている。また高澤裕一等共著『石川県の歴史』（山川出版社、二〇〇〇年）は周到に利常の改作法を解説したあと、綱紀政治の説明のなかで「寛文元年に改作奉行を再置したが、それは改作仕法を体制化したことを意味する。この時点で、改作「仕法」は普遍化されて加賀藩の基本法、祖法となったといえ、これを改作法とよぶべきであろう」とする。つまり「利常の改作法」を「改作仕法」と称し、それが普遍化された綱紀の改作方農政こそが「改作法」と呼ぶにふさわしいと主張するのである。

六代藩主以後の藩農政を「改作法」を基準に評価するにあたり、綱紀時代に普遍化された改作法（改作方農政）を基準にするか、「利常の改作法」を厳密に措定し対置するかで、異なる評価が出てくるのではないか、というのが本書の立場であり、「利常の改作法」と綱紀が体制化した改作方農政は区別して考察したほうが、歴史研究として緻密な議論ができる。どちらも祖法としての「改作法」という鋳型に押し込めてしまうと「利常の改作法」独自の意義あるいは後期の藩主や藩政担当者の理念・政治思想を正しく認識できないと考えている。

（9）高沢忠順は農政に堪能な加賀藩士（一七三一〜九九）である。四五〇石取の平士で能登口郡の郡奉行を勤めたあと安永九年（一七八〇）より改作奉行となり、天明五年（一七八五）九月に財政に関する建議を行い閉門・免職となったが、翌年許され物頭並作事奉行に復活。「改作所旧記」の編纂者であり、代表著作の「改作枢要記録」「老婆餅の煮物」は、刊本『改作所旧記』下編に附録として掲載。

（10）拙稿「前田利常と「御開作」仰付」（『北陸史学』五五号、二〇〇六年）一節で高沢忠順の所説を紹介したとき、「利常の改作法」と綱紀時代の改作方農政を混同した論者として紹介し「広義の改作法」論の例としたが、これは「改作枢要記録」の内容精査を怠ったための誤解であり、ここで撤回する。

（11）六代藩主吉徳の「古格復帰仕法」から改作法復帰を主張する改革が登場し、享保十一年（一七二六）六月の改作奉行達書や同年八月の算用場達書（「司農典」、『加賀藩史料　六編』）などで「改作方御法」「御改作御法」の用語がみられ、その準拠を説く。「改作の御法」の早い使用例として享保六年七月の改作入精達書（改作奉行↓扶持人十村宛：注18『加賀藩農政史考』一七〇頁）がある。続いて一二代斉広による「改作方復古仕法」（文化八年・九年）でも「御改作御法」への復帰が強く唱えられ、文政二年（一八一九）十村断獄を契機に、改作法の「修補」・改訂という主張が前面に出てくる（『加賀藩史料　一二編』）。文政四年の「改作方修補」（郡方仕法）では改作奉行と十村が廃止されるという大転換がおき（『加賀藩史料　一三編』）、天保十年（一八三九）の「復元潤色」で再度の復活へと藩農政は変転を遂げるが、その都度「改作御法」という用語が使用された（『加賀藩史料　一五編』）。

（12）祖法としての「改作御法」を不変のものとして維持せんとする意識が藩主や藩執行部にあったから、領民もその時代の農政をそれぞれ「改作法」と認識したのである。この点は終章で藩アイデンティティーの問題として論ずる。

（13）栃内『旧加賀藩田地割制度』（東北帝国大学農科大学内カメラ会、一九一一年。壬生書院、一九三六年再刊）。
（14）小早川「加賀藩の改作法について」（『歴史と地理』二六の四・五・六、一九三〇年）。その論拠に近藤磐雄『加賀松雲公』（一九〇九年）、日置謙『石川県史 第二編』（一九二九年）、小田吉之丈『加賀藩農政史考』（注18）を掲げる。
（15）松好貞夫「加賀藩の改作仕法と士農の分離」（『経済史研究』一三の四、一九三五年）。
（16）松好「加賀藩の百姓助成策」（『経済史研究』一三の六、一九三五年）。
（17）新谷九郎「加賀藩に於ける集権的封建制の確立」（『社会経済史学』六の一、一九三六年）。
（18）小田『加賀藩農政史考』（一九二九年、刀江書院。国書刊行会、一九七六年復刊）、同『前田利常公の理想信念　改作と精神的農業』（一九二九年）。ほかに『自力更生と前田利常卿』（一九三三年）もある。
（19）岩井「初期加賀藩の農政について」（『立命館文学』七九号、一九五一年）。
（20）安良城盛昭の太閤検地論が契機となり、佐々木潤之介によって一九六〇年前後に主張された。その中心論者であった佐々木の『幕藩権力の基礎構造』（御茶の水書房、一九六四年。増補改訂版一九八五年刊）の所説は軍役論とも呼ばれる。山口啓二の所説は佐々木と異なる面が多いが、両氏共著の『体系・日本歴史4 幕藩体制』（日本評論社、一九七一年）は、幕藩制構造論に依拠した通史として広く周知された。また佐々木『日本の歴史15 大名と百姓』（中央公論社、一九六六年）も、佐々木軍役論に依拠した通史として定評がある。
なお幕藩制構造論の概要を知るには、髙澤裕一「幕藩制構造論の軌跡―佐々木説を中心に―」（『歴史評論』三二三号、一九七七年）や『シンポジウム日本歴史11 幕藩体制論』（学生社、一九七四年）、佐々木潤之助「軍役論」（『日本史の問題点』吉川弘文館、一九六五年。初出『日本歴史』二〇〇号、一九六五年）などが有益である。
（21）「所謂『近世本百姓』＝封建小農民自立の経済的条件」（『史学雑誌』六八の九、一九五八年）、注6佐々木著書一九八五の個別分析B「一七世紀における農業生産力発展の様相」に改訂再掲。
（22）注6佐々木論文。改作法の内容として、①脇借関係破棄と敷借米による救済、②給人・代官・十村の徴税制度改革、③一村平均免と村御印、④農業経営実態調査、の四つをあげ初期藩政改革としての意義を究明する。なお、注20佐々木著書一九六六の改作法論では多少意義付けが変化したので注意したい。

(23) 注20高澤論文に詳しい指摘がある。なお、小野正雄「寛文・延宝期の流通機構」・山口徹「初期豪商の性格」(『日本経済史大系3』東京大学出版会、一九六五年)などが同時期の代表論文で、加賀前田領も分析対象としていた。
(24) 山口「藩体制の成立」(『岩波講座 日本歴史10』岩波書店、一九六三年。同『幕藩制成立史の研究』校倉書房、一九七四年再録)。
(25) 藩政確立の指標として、①小農自立の一定の達成、②家臣団の地方知行制が形骸化(もしくは俸禄制移行)、③統一的領民支配機構の整備、などを掲げることが多い。これと兵農分離・石高制、鎖国制に依拠した市場・流通構造(藩アウタルキー)の形成と連動させ、④領内市場の自立と幕藩制市場・流通機構へのリンク、⑤徴租法や徴税システムにおける石高制原理の貫徹、などの指標が追加されることもある。また藩政治史研究に依拠し、家老制度でおきた変化(仕置家老の登場、家老合議制の充実)も藩政確立の指標とされるようになり、こうした点も含め、初期藩政改革とみて藩政確立を論ずることもある。
(26) 高澤裕一「多肥集約化と小農民経営の自立」(『史林』五〇巻一号・二号、一九六七年。『加賀藩の社会と政治』吉川弘文館、二〇一七年再録)。同「改作仕法と農業生産」(『小葉田淳教授退官記念・国史論集』一九七〇年)で補説する。
(27) 若林喜三郎は「草高百石改作入用図」の史料価値に疑問を表明し、「六公四民」の取り分比を合理化するための作為的調査とみた(注4若林著書)。当然の指摘であり今後さらに史料批判を徹底する必要がある。
(28) 注4若林著書。注3坂井著書。
(29) 拙著『日本近世の村夫役と領主のつとめ』(校倉書房、二〇〇八年)で若林の役屋体制の論拠について異説を唱えた。
(30) 戦後の近世知行制研究は、鈴木壽『近世知行制の研究』(日本学術振興会、一九七一年)で一つの画期を迎え、このあと高野信治、J・F・モリスらの研究へと展開する。
(31) 四〇年前、坂井『加賀藩改作法の研究』の書評(『日本史研究』二〇七号、一九七九年)を行ったが、今回新たに気付いたことや学び直した点も多かった。
(32) 早稲田大学大学院近世史ゼミ「共同研究『加賀藩改作法』」(『民衆史研究』一二号、一九七四年)。ほかに紙屋敦之「加賀藩の改作法について」(『歴史手帖』二 - 五、一九七四年)なども注目される。

（33）宮沢「幕藩制イデオロギーの成立と構造―初期藩政改革との関連を中心に―」（『歴史における民俗と民主主義・一九七三年度歴史学研究会大会報告』一九七三年）。

（34）深谷克己「百姓一揆の思想」（『思想』五八四号、一九七三年。『深谷克己近世史論集』第五巻、校倉書房、二〇一〇年再掲）。

（35）若尾政希『太平記読みの時代』（平凡社、一九九八年）。なお、若林は注4若林著書で太平記読みと改作法の関連に言及し、同「近世の農政論と『太平記』の秘伝」（『日本歴史』二二七号、一九六七年）でもふれる。

（36）吉武佳一郎「『初期藩政改革』の歴史的位置」（『駿台史学』三四号、一九七四年）、同「改作法農政下の追出し百姓と村請制」（『歴史科学と教育』一号、一九八二年）。

（37）原『加賀藩にみる幕藩制国家成立史論』東京大学出版会、一九八一年。筆者は書評（『加能地域史』七号、一九八二年）で課題に言及した。

（38）『深谷克己近世史論集』一巻・同二巻（校倉書房、二〇〇九年）収載論文。

（39）注33宮沢論文・注34深谷論文。

（40）見瀬和雄「改作法と加賀藩財政の確立」（『幕藩制市場と藩財政』第三編第二章、巌南堂書店、一九九八年。初出は高澤裕一編『北陸社会の歴史的展開』能登印刷、一九九二年）。なお、同じ頃に拙稿「加賀藩改作仕法の基礎的研究（慶安編）」（『金沢錦丘高校研究紀要』二二号、一九九四年）を公表し、藩年寄連署状の様式面で改作法期特有の特徴があることを指摘した。

（41）管見の限り「改作仕法」「改作法」という用語は明暦三年までの同時代史料に見出せない。「御開作」を「御改作」と表記することはあったが、言葉の意味からは「御開作」が適当と考え本書では「御開作」に統一した。なお「開作」とは農耕、耕作する、という意味であり、この意味での使用は天正期から江戸後期まで幅広くみられる。「御開作」は単なる「開作」でなく藩主が勧奨する農業振興であるから「御」がついたのであり、そこが原点なのであろう。十七世紀後半になると、改作奉行および改作所という役所の活動が定着し、これに伴い「改作御法」「改作方」といった言葉が広く流布する。

（42）原昭午は「一七世紀中葉の一定時期に、全国諸藩における藩制改革が、殆ど同時に遂行された」（注37原著書、一六一頁）

とし、米沢・津・岡山・長州等の諸藩のほか「尾張・彦根・紀州等の大藩において、一斉に同内容の政策が実施される」と述べ、これまでの初期藩政改革の評価に加賀藩改作法で確認された問題を加えて理解すべきことを提起した。今後加賀藩の事例等をもとに概念化した「初期藩政改革」の語義を、さらに充実した専門用語として普遍化するには、原が列挙した藩での初期藩政改革の実態把握と独自意義を個別に検証することが課題である。

(43)　藤田覚「寛永飢饉と幕政」（『歴史』五九輯・六〇輯、一九八二年・一九八三年。『近世史料論の世界』校倉書房、二〇一二年再掲）。

第二章　前田利常による「御開作」仰付

はじめに

小松城に隠居中の前田利常が、慶安四年（一六五一）に始めた改作法は、明暦二年（一六五六）の村御印に基づく年貢皆済が実現された明暦三年春に成就したとひろく理解されているが、[1]新川郡では明暦三年まで御開作地指定が続くので（表2-1）、明暦三年末までを「利常の改作法」の実施期とみて、慶安四年から明暦三年まで七年に及ぶ改作法の具体的な展開を、二時期に分け、より具体的に考察することが本章の目的である。

第一章でみた、明治以後の膨大な改作法研究によって、利常の改作法の実態はほぼ論じ尽くされたようにみえるが見落された点もあった。坂井誠一が意図したように、出来るだけ後年の記録・旧記や夜話の類（いわゆる二次史料）に依拠せず、同時期の古文書・記録を優先し、[2]改作法七年間の実態を再検証することは極めて重要な課題だと考えている。同時期の古文書を媒介に、近世中期以後の藩農政官僚や十村らによる改作法考証を批判的に読み込むことで、従来の研究に欠けていた所を補ってゆく必要がある。その結果、利常が「御開作」と称し陣頭指揮した農政改革の実態がより正確となれば、綱紀時代の改作方農政との違いも自ずと明確になろう。「利常の改作法」と綱紀が継承した改作法も、どちらも大きな意味で「改作法」とみてきた研究史の淵源は、近世後期の藩内に蔓延していた曖昧な改作法認識にあった。近世後期に定着していた曖昧な改作法認識を批判的に検証するには、「利常の改作法」と綱紀時代に継承され変容した改作方農政、あるいは六代吉徳時代の古格復帰仕法、一二代斉広の改作方復古などの藩政改革で標榜された「改作法」が、正しく「利常の改作法」を認識していたのか個別に検証していく必要がある(3)。しかし、そうした検証を行うにあたり、改作法認識の根幹に存在する「利常の改作法」の実態、あるいは利常が「改作法」と称した事柄の範囲を確定しておかねばならない。

近年は初期藩政改革としての改作法という視点からの研究が進展したが(4)、利常の標榜した「御開作」仰付という政策そのものは、藩政のどの分野、どの範囲を改革するものであったのか厳密に検証する必要もある。それには改作法の構想者であり実施主体であった利常が標榜した「御開作」という史料用語に即し(5)、御開作地での政策群をまずは正確に把握し、これをもとに藩政のなかの何をどう改革したのか示す必要がある。

初期藩政改革という用語は広く使われているわりに、政策実態に即した内実の検討はなおざりになっているという印象をうける。加賀藩の改作法は初期藩政改革の代表例のようにいわれることもあるが、利常が慶安～明暦期に実施したのは「御開作」仰付であり、その史料用語の範囲を超え、改作法の内容は広汎に理解されてきた恐れはないのか。その点を検証するため、本章では、利常が「御開作」あるいは「御改作」という文言を使って、領民に果敢に働きかけた政策の全体像を確認することにつとめる。

一節　「御開作」仰付は一村ごと

改作法の実施期間については、従来「御郡中段々改作被仰付年月之事(6)」という旧記が利用されてきた。表2-1は

表２－１　郡別「御開作」実施期間（前田領三ヵ国10郡）

郡＼年次	慶安４年（1651）	承応元年（1652）	承応２年（1653）	承応３年（1654）	明暦元年（1655）	明暦２年（1656）	明暦３年（1657）
能美郡（隠居領）		10月←―――	―――	＊―――	―――	＊→10月	
石川郡	←―――	―――	―――	＊―――	＊→	＊	
河北郡	←―――	―――	―――	―――	＊→	＊	
砺波郡	←―――	―――	―――	―――	＊→	＊	
射水郡	２月←―――	―――	―――	―――	―――→	＊	
新川郡（隠居領）	←―――	―――	―――	―――	＊―――	＊―――	―――→
羽咋郡			２月←―――	―――	―――→	＊	
鹿島東半郡			２月←―――	＊―――	＊→	＊	
鳳至郡		10月←―――	―――→	＊		＊	
珠洲郡		10月←―――	―――→	＊		＊	

（注１）「御郡中段々改作被仰付年月之事」（『加賀藩御定書 後編』429頁）による。なお、富山藩領（婦負郡と新川郡の一部）・大聖寺藩領（江沼郡と能美郡の１村）および長家領鹿島西半郡を除いた10郡について表示する。

（注２）承応３年、明暦元年、明暦２年に村御印が発給されたが、村御印発給が確認された郡に＊印を付した（本書第三章100頁、第六章307・308・358・377頁）。

それを図示したものだが、一見して郡ごとに「御開作」実施期間が異なるので、「御開作」は郡単位に実施されたと理解されている。加賀藩領（綱紀領八〇万石と利常隠居領合わせた一〇二万石余）一〇郡全体でみると、早い郡では慶安四年から始まり、終了は最も遅い新川郡で明暦三年となっている。しかし、「御開作」の実施期間に関する北加賀や越中川西の同時代史料をみてゆくと、「御開作」は郡ごとに実施という従来の理解と異なり、一村ごとであったことがまず判明する。

延宝三年（一六七五）五月十五日付の「砺波郡御改作被仰付候村々段々年付并敷借御城米御赦免年書上申帳」[7]は、宮丸村二郎四郎・戸出村又右衛門ら一二名の砺波郡十村が改作奉行の尋問に「砺波郡敷借御城米御赦免年并村々御改作ニ被仰付年付如斯ニ御座候」と答えたものだが、内容は「敷借御城米御赦免年、明暦弐年ニて御座候」という一箇条のほかは「砺波郡御開作地年付」という標題のもと砺波郡五三三ヵ村の「御開作」仰付年を年次別に書き上げる。年次別に整理すれば、次のようであった。

①「慶安四年ニ被仰付御開作村々」………立野町など一二村
②「承応元年ニ被仰付御開作村々」………吉住村など二六村
③「承応二年ニ被仰付御開作村々」………石丸村など五八村

④「承応三年ニ被仰付御開作村々」………小山村など三四三村
⑤「明暦元年ニ被仰付御開作村々」………上和田村など九四村

この合計五三三ヵ村は、砺波郡で明暦村御印が発給された村数とほぼ一致する。[8] 村名の重複はないので、砺波郡の「御開作」期間である慶安四年から明暦元年の五年間、どの村も連年にわたり「御開作」がなされたわけではなく、慶安四年は一二村、翌年は別の二六村と明暦元年までに全村が順次御開作を経験するという実施方法であった。標題から「御開作」仰付のあった村・地域を「御開作地」と呼んだことも分かるが、御開作地となった年次は村ごとに違うのである。

延宝三年五月付の「射水郡御改作被仰付候村々年付并敷借御城米御赦免年書上申帳[9]」も右の砺波郡の回答書と同じ様式の文書で、射水郡の十村五人が改作奉行の御尋に回答したものである。年次別の村数は以下の通りであった。

①「慶安四年二月御改作ニ被仰付村々」………………………………四村
②「承応元年御改作知村々、但慶安四年十二月ヨリ被仰付候」…………一九村
③「承応二年御改作知村々、但承応元年十月ヨリ被仰付候」…………二七村
④「承応三年御改作知村々、但承応二年十二月より同三年迄段々ニ被仰付候」……六二村
⑤「明暦元年御改作知村々、但承応三年十一月ヨリ被仰付候」………一五九村

この合計二七一村も相互に重複はなく、射水郡の明暦二年村御印発給数二八一村[10]と近似し、各年の前年十～十二月から御開作地指定がなされた点が注意される。

承応二年（一六五三）に扶持人十村に抜擢された田井村五兵衛家（石川郡）にも、同種の答書写[11]があり、石川郡三一二ヵ村について「御開作」仰付の年次別に村名を書き上げるので、これを表2-2に整理して掲げた。末尾に「右村附等相しらへ、延宝三年六月四日御算用場へ上ル帳面之写也」とあるので、砺波郡・射水郡と同じ年に同様の調査が

表２－２　石川郡における「御開作」仰付パターン

パターンNo.	慶安4年	承応元年	承応2年	承応3年	明暦元年	パターン別　村名・村数（計312村）
1	○	×	×	×	×	位川村・寺地村・円光寺村以下10ヵ村
2	○	○	×	×	×	野々市村・馬替村・額谷村以下19ヵ村
3	○	○	○	×	×	二日市村・御供田村の２ヵ村
4	○	×	○	×	×	入江村・道法寺村・村井村以下11ヵ村
5	○	○	×	○	×	下安原村・宮丸村・成村以下７ヵ村
6	○	×	×	○	×	上林村・中林村・普正寺村以下10ヵ村
7	○	×	○	○	×	向嶋村・木津村・堀内村以下９ヵ村
8	○	×	×	○	○	泉村の１ヵ村
9	×	○	×	×	×	四十万村・中村・森戸村以下11ヵ村
10	×	○	○	×	×	矢木村・矢作村の２ヵ村
11	×	×	○	×	×	清金村・押越村・長池村以下55ヵ村
12	×	○	×	○	×	熱野村・柴木村・井口村以下21ヵ村
13	×	○	○	○	×	森嶋村・大額村・有松村以下４ヵ村
14	×	×	○	○	×	月橋村・渕上村・下林村以下28ヵ村
15	×	×	○	○	○	増泉村の１ヵ村
16	×	×	○	×	○	上新庄村・笠間村・須崎村以下４ヵ村
17	×	×	×	○	×	坂尻村・行町村・三十刈村以下65ヵ村
18	×	×	×	○	○	長田村の１ヵ村
19	×	×	×	×	○	日向村・大竹村・藤木村以下51ヵ村
合計	69	66	116	147	58	（年次別村数集計）

（注）田辺家文書193号「御郡方旧記」に拠る。○印が御開作実施年。

北加賀でも実施されたことがわかる。改作法成就から二〇年ほどたった延宝三年、こうした「御開作」実施年次の調査が行われたことは注目されるが、実施の理由は不明である。

表２－２に示したごとく石川郡の「御開作」仰付年次は一九通りに分かれ、わずか五通りに区分された砺波郡・射水郡と比べ、「御開作」実施期間は村ごと区々であった。慶安四年から明暦元年までの五年間に石川郡全村で連続して「御開作」が実施されたと従来思いこんできたが、三年連続または隔年で三回の「御開作」仰付があった村もあれば、二年連続や隔年二回実施、また一年だけの村もあったというように多彩であった。(12)砺波郡・射水郡の場合、「御開作」仰付はすべて一回限りなのに、石川郡では複数回にまたがる村が一二〇村もあった（表２－３）。

石川郡の場合、五年連続して御開作地になった村はなく、最長で三年または三回実施で、合わせて二四ヵ村が該当するが、全三一二村の一割にも満たない。表2－3は、表2－2に示した一九の実施期間パターンを、五年のうちどれか一年だけ御開作になった単年度型をはじめ、三年連続型・二年連続型・隔年三回型・隔年二回型の五類型に分けて集計し直したものである。この分類でみると、単年度型が全体の六二％（一九二ヵ村）を占め、二年連続型と隔年二回型は九六ヵ村で三一％を占めた。砺波郡・射水郡の事例を勘案すれば、「御開作」期間は単年限りというのが基本で、特例として二回・二年にわたる「御開作」仰付があったとみられ、三回三年というケースは特異なものといえよう。

表2－3　「御開作」仰付パターン別村数

パターン		No.	村数	村数合計	備　　考
御開作指定期間の型	単年度型	1	10	192	慶安4年のみ
		9	11		承応元年のみ
		11	55		承応2年のみ
		17	65		承応3年のみ
		19	51		明暦元年のみ
	三年連続型	3	2	7	慶安4年から
		13	4		承応元年から
		15	1		承応2年から
	二年連続型	2	19	50	慶応4年・承応元年
		10	2		承応元・2年
		14	28		承応2・3年
		18	1		承応3年・明暦元年
	隔年三回型	5	7	17	慶安4年から
		7	9		〃
		8	1		〃
	隔年二回型	4	11	46	慶安4年から
		6	10		〃
		12	21		承応元年から
		16	4		承応2年から

慶安四年から明暦元年までの五年にわたる石川郡の「御開作」実施期間は村レベルでみると、このように一村ごとに仰付時期は異なったが、このことを「御国御改作之起本」は「石川郡四五ケ村、白山之麓山之内尾添・中宮・中の峠、御改作被仰付御覧被遊候処、隣村百姓共勝手に宜き儀を承、我先にと望申に付、何も任望而、先此村と一ケ村宛被仰付、其後追々加州四郡悉く御改作に被仰付」[13]と記す。「御開作」は一村一村からの願い出をうけ、一村ごとに指定されたことは明らかであろう。

［1］　承応二年正月　鳳至郡漆原村御開作仰付願(14)

乍恐三居与之内漆原村百姓共御なけき申上候

一、私共ノ御田地細谷両やちニ而土目悪敷、毎年むし喰白かれニ罷成ル悪所ニ而御座候ニ、御公領地ニ罷成、度々ノ御上ケ免故、百姓ひしと行詰可仕様無御座、何共迷惑仕候御事、

一、毎年御裏判米・質代、御未進仕候へ共、そう木山も御座候得共、今程ハ左様之山も伐あらし、商売もかつて無御座、其上浦はた江三里御座候、殊ニ牛馬ハ持不申、御納所ノた足ニ可仕様無御座候処ニ、何共迷惑仕候間、御慈悲を以御開作ニ被為成被下候者、以来百姓ニ罷成可申候御事、

右之通被為聞召被下候ハヽ、有難忝可奉存候、以上、

承応弐年正月廿六日

漆原村右衛門（印）

彦十郎（印）

又右衛門（印）

相川七助様

西坂伊助様

吉村山三郎様

伊予田五郎右衛門様

右の史料は、鳳至郡の漆原村からの「御開作」仰付の願書である。鳳至郡の「御開作」期間は承応元年十月～二年末までと短期間であったが（表2‐1）、以前から困窮著しい漆原村では「御開作」実施の報せを聞き正月早々、村柄の見分に来た相川ら四人の横目衆(15)に、「御開作」仰付と百姓助成を願い出たのである。漆原村では前年九月にも助成を歎願しており、村高五九石に対し能登奥郡蔵入地化（寛永四年（一六二七））以前の本免二つ五歩が、蔵入地になっ

てからの相次ぐ増免政策で四つ一歩まで増え、村に五軒あった百姓家が二軒にまで減り、毎年商人から質借りして年貢を納め、百姓として成り立たないと訴えているが、「御開作」の文字はみえない[16]。雑木は切り払われ牛馬もなく農外諸稼すら出来ない極貧状態にあったことがわかるが、「御開作」仰付の願い出を受け付ける体制が出来上がったのは承応元年十月以後であったからである。このような極貧村を救うのが「御開作」の目的であり、この村は御開作地に指定されたあと開作入用銀や作食米などの貸与をうけたものと推察される。

次に掲げた河北郡清水村の「改作請書」は、村として「御開作」仰付を願い出た結果、御開作地となり、改作入用銀・作食米等の助成をうけたことに対する誓約書である。

［2］　承応二年二月　河北郡清水村改作請書[17]

一、清水村御開作ニ被仰付、何れ茂百姓中作食米并御開作之入用銀、望次第ニ御借シ被為成、百姓共難有奉存候、就其、清水村二郎左衛門手前之義ハ、私罷出慥ニ御請合申上候、御年貢米・諸役銀之義ハ不及申、作食・入用銀・御敷借シ御利足共ニ急度御皆済、可為銀候、其外あまり米、かせき之銀子も有様ニ申上させ、少シもわたかまり申儀いさゝか為致申間敷候、若相違之義御座候者、何分ニも私ニ御かゝり可被成候、為其御請合申上ル所、如件、

承応弐年二月廿二日　　かゝ爪村久右衛門（印）

大熊村兵右衛門殿

清水村の開作地裁許人[18]は、組裁許十村でもある大熊村兵右衛門で、御開作地に指定された清水村の隣村の加賀爪村久右衛門が寄肝煎（兼帯肝煎）として代わりに誓約しているが、御開作地に指定された清水村は、作食米・改作入用銀の貸与を歓迎し、年貢皆済と借用米や諸役を銀で納付すること、村内の稼ぎによる現銀収入を包み隠さず上申し「わだかまり」なく皆済に尽くすことを請け合った。

次に掲げたのは、砺波郡三清村百姓中が御開作地に仰せ付けられたのを機に、村中として「御開作」の政策に忠実に対処すると誓約したものである。表題に「村中堅目書」とあり、御公儀様（藩）への言上は「村中として」申し上げ、年貢米・作食米・開作入用銀を暮れになり滞納する百姓が出たら「村中として急度御納所」するとした点が注目され、村中一統三〇名が連署し村肝煎に誓約する形式から村掟だと確認できる。

［3］　承応三年六月　砺波郡三清村御開作につき村掟(19)

此村御開作地ニ罷成申ニ付、村中堅目書事

一、此在所百姓中三つニわけ、与合頭三人相立申候間、与合下之者共、与合頭被申付候事少も背申間敷候、其与切ニしまり可申事相調可申候、御公儀様表へ御理り申上ル事御座候者、村中として可申上候、御年貢米・作喰米・入用銀之分、当暮ニ相滞御無沙汰仕者御座候者、村中として吟味仕、急度御納所為致可申候、其上ニも相滞申もの御座候者、村中として急度御納所仕、御公儀様へも御理り可申上候、

右之通り少も相違御座有間敷候、自然相違仕申もの御座候者、与合頭衆より何様ニも御きンミ可被成候、其上村中としてきンミ可仕候、為其証文如件、

承応三年六月廿六日

五郎兵衛　（略押）

六右衛門　（略押）

（中略　百姓二五名）

与頭　長右衛門　（花押）

与頭　五郎左衛門　（印）

与頭　兵々衛　（印）

三清村
九左右衛門殿

このような改作請書や村掟が一村ごと個別に作成されたのは、「御開作」が一村ごとに仰せ付けられたことによるものであり、村が「御開作」に期待したのは、何よりも改作入用銀・作食米に代表される百姓救済策であった。延宝六年十二月の田井村次郎吉覚書に「御改作被仰付候儀ハ、御郡中御公領百姓之内、高未進仕、五歩入にも御納所不仕者共、御えり出被成、御改作被仰付候、是より段々かしけ百姓御えり出被成被仰付候、明暦元年善悪共御郡中不残御改作被仰付候[20]」とあり、かじけ（困窮）百姓と年貢滞納百姓の救済を対象に「御開作」が企画されたことが明瞭である。また、明暦元年をもって健全百姓・困窮百姓ともに郡内残らず「御開作」仰付が終わったと述べている点も注目される。こうした指摘はこれ以外にも多く、「改作方覚書」では「明暦元年迄に三ケ国御改作不残被仰付候」、武部敏行の「安政中御改作始末聞書」では「慶安中より御改作之義専ら被仰付候、同四年より明暦元年迄五ケ年ニ御座候」と明瞭に語り、高沢忠順の「改作枢要記録」も「承応三年・明暦元未年迄に、能登・越中懸て始終、四五ケ年に村々一遍改作、定免御請いたし」と述べたあと、明暦元年の村御印発給をもって改作法の画期とみた[21]。前述の延宝三年になされた「御開作」仰付年調査（砺波郡・射水郡・石川郡）をみても、慶安四年から明暦元年の間に最初の「御開作」仰付がなされ、明暦二年以後綱紀領では確認されない。

石川郡・河北郡、砺波郡・新川郡、能登口郡で明暦元年に村御印発行があった[22]が、同時に知行割のあったことも、すでに指摘されているところである[23]。このように「御開作」仰付、開作入用銀等による助成、村御印発行という改作法の基本政策の三つまでが執行されているので、明暦元年に「御開作」はある画期に到達したとみてよい。したがって、明暦二年・三年は、承応三年・明暦元年に発行された村御印の改訂と免詮議に政策の主題が移っていたと考えられ、明暦元年までは貧困村・困窮百姓救済をスローガンにした「御開作」の第一段階であり、明暦二年～万治元年（一六五八）は、百姓救済策の一定の達成にもとづき、増税強化を模索した第二段階であった。後者は郡の全村が「御開作」となった段階で実施されるべき施策であり、同時に明暦二年八月の手上免・手上高による増徴で知られる村御印成替ほか、石坂出村での坪苅調査（明暦二年正月）、「草高百石改作入用図」（明暦三年三月）、「能美郡里方田所之図り」（明暦三年三月十三日）など[24]増税の合理的根拠となる資料作成が行われた。

狭義の改作法七年間は、このように明暦元年の前後で様相が大きく異なっており、困窮せる村と百姓を救済する姿勢を喧伝し勤勉を強制した段階から、それを梃子に強引な増徴を納得させてゆく段階とがあった。これまでは後者の政策効果に力点をおいて改作法の意義を論じたため「御開作」独自の意義が見過ごされた。

表２－２で石川郡の「御開作」村数を年次別に集計したが、年を追って御開作地が増え承応三年の一四七ヵ村でピークに達する。砺波郡でも同じであり、一年一年、「御開作」（村の再建）の効果を確かめながら実施してゆく利常の慎重な姿勢がみてとれる。承応三年が御開作のピーク年であり、慶安四年からの「御開作」に自信をふかめた結果といえよう。明暦元年の「御開作」は仕上げの段階であり、「御開作」の趣旨からすると助成がさほど必要のない村つまり比較的裕福な村も、ともかく「善悪ともに」御開作が実施されたといえる。これに対し慶安四年に御開作地となった村は、村柄の良くない貧窮村とみられる。石川郡では慶安三年に困窮のひどい一四村を対象に免の再吟味がなされ

村名	御開作高	御開作年	御開作裁許人
糸田	130.58	承応３年	伊藤内膳
	234.42	承応２年	富田内蔵丞
矢木荒屋	209.304	承応２年	富田内蔵丞
	417.696	承応４年	伊藤内膳
入江	104.472	慶安４年	江守半兵衛・脇田平之丞
	402.528	承応２年	富田内蔵丞
米泉	26.761	慶安４年	川嶋長三郎・小泉少兵衛
	848.239	承応元年	江守半兵衛
矢木	315.185	承応元年	江守半兵衛
	52.814	承応２年	富田内蔵丞
押野	230.999	承応２年	富田内蔵丞
	1,157.000	承応３年	江守半兵衛
太郎田	98.195	慶安４年	有滝彦右衛門・伴弥市郎
	590.805	承応元年	江守半兵衛
東力	53.089	承応２年	（不記）
	447.911	承応３年	富田内蔵丞

（注１）「貞享元年高免品々帳等綴」（十村後藤家文書）による。『金沢市史　通史編２ 近世』591頁所収の表３「石川郡押野組各村の改作法実施状況」も同一典拠によるが、ここでは「御開作」実施期が複数回に及ぶ16ヵ村に限定し表示した。

（注２）表の「御開作高」は明暦元年の村御印高（「諸事留書」十村後藤家文書）と一致する。

表2-4　石川郡押野組の御開作年次と御開作地裁許人一覧

村名	御開作高	御開作年	御開作裁許人
八日市	73.207	慶安4年	有滝彦右衛門・伴弥市郎
	240.820	承応元年	川嶋長三郎・小泉少兵衛
	295.526	承応3年	伊藤内膳
	211.947	承応3年暮	江守半兵衛
泉	151.465	慶安4年	川嶋長三郎・小泉少兵衛
	7.000	（不記）	（不記）
	121.863	承応3年春	伊藤内膳
	1,034.670	承応3年秋	江守半兵衛
増泉	85.620	承応2年	富田内蔵丞
	89.335	承応3年	伊藤内膳
	712.043	承応3年暮	伊藤内膳
二日市	98.232	慶安4年	有滝彦右衛門・伴弥市郎
	381.108	承応元年	江守半兵衛
	55.660	承応2年	富田内蔵丞
御供田	251.248	慶安4年	有滝彦右衛門・伴弥市郎
	326.545	承応元年	江守半兵衛
	179.207	承応2年	富田内蔵丞
保古	139.380	慶安4年	有滝彦右衛門・伴弥市郎
	219.620	承応元年	江守半兵衛
野村	399.066	承応元年	江守半兵衛・脇田平之丞
	117.934	承応3年	欠
下福増	231.635	承応元年	御供田村勘四郎
	922.365	承応3年	伊藤内膳

たが、一四村中一三村までが慶安四年に「御開作」仰付があった[25]ことは、その証左となろう。

次に石川郡において御開作実施が二回以上にまたがる村について、なぜ「御開作」仰付が複数回にまたがったのか、その理由を考えてみたい。表2-4は石川郡押野組三八村のうち複数回指定がみられた一六村について、その内訳を表示したものだ[26]が、いずれも村高を二〜四分割（二分割は一一村、三分割以上は五村）したため、「御開作」実施が複数年にわたることになったことが窺える。村高をあえて二〜四分割した理由として、まず考えられるのは、百姓の困窮状態によって高持百姓を二〜三階層に分け、貧窮著しい階層を優先して救済するためであったことが想定できる。延宝六年正月の新しい十村誓詞の中で「御改作之御法者、百姓一人宛善悪見届、耕作成程情を為出、米多く取、一粒も脇へちらさせ不申」[27]と記し、御開作地百姓の経営状態を一軒ずつ吟味していたことがわかる。困窮百姓の救済を標榜した「御開作」である以上、困窮者と健全百姓で「御開作」期間に差を付けるのは、ある意味当然であり、在地掌握がきめ細かい石川郡にあっては、あえてこうした区別を行って「御開作」仰付がなされたものと考える[28]。

「御開作」の最初は石川郡からという説が流布しているが、最後にこの問題を検証しておく。改作法は石川郡の四、五村と白山麓の村々で始まった[29]、また「石川河北難渋之村々」や「白山下山之内三十壱ケ村」に奉行が派遣され始まったなどと旧記類は記す[30]。しかし、表2－1によれば慶安四年に「御開作」仰付のあったのは、北加賀二郡（石川・河北）と越中三郡（砺波・射水・新川）の五郡であり、前述のごとく砺波・射水郡でも慶安四年から「御開作」仰付があった。新川郡でも十村嶋尻村刑部の由緒書で「慶安四年より御郡段々御開作地ニ被仰付候砌、図り等被仰付候所ニ仕様宜旨被仰出、同年四月伊藤内膳殿・山本清三郎殿御取次」にて切米一〇俵の扶持を拝領したと主張する[31]ので、慶安四年からの「御開作」着手は間違いない。ならば、ことさら石川郡だけを御開作の最初としたのは何故なのだろう。

その理由は、おそらく慶安元年の石川郡総検地での苛酷な上げ免・上げ高が原因とみられる。この慶安検地を、多くの旧記は「御領国惣御検地」とみており、中には検地による上げ高・上げ免に苦しんだ困窮百姓を救済すべく「御開作」が実施されたという文脈で改作創始をもの語る[32]。しかし、領国全体の惣検地というのは全くの誤解で、慶安元年の総検地は石川郡においてのみ実施され他郡では実施されていない。慶安元年十二月付の検地打渡状が現在まで石川郡で五点確認され[33]、他郡では発見されてないからである。しかし、若林喜三郎はじめ多くの研究書では、これを領国全体の総検地とする旧記類や利常言行録の記述を採用するので、今後訂正されるべきであろう。したがって、領国全体で行われたと誤解された誅求著しい慶安元年総検地の是正の動向は、じつは石川郡でしか確認されないのであり、慶安検地の是正としての「御開作」実施は、石川郡でしか語れないのであった。「御開作」創始の動因は、石川郡の慶安検地を直接要因とする困窮状態だけでなく、領内全体にみられた村と百姓の困窮状態であり、その結果顕著となった不作地と年貢未進等の増大であった[34]。だから五郡で一斉に着手されたが、上記の誤解により、「御開作」創始は石川郡を素材に語るという結果になったものと推測する。

二節　敷借米・開作入用銀・作食米

「御開作」をキーワードとして改作法の実施過程をみてきたが、「御開作」は一村ごと「かじけ百姓」を選び、順次御開作地（村）を増やし、明暦元年に至りようやく郡全体が御開作地になったことが明らかとなった。このことから、明暦元年以前は一郡の中に御開作地と非開作地があったこととなるので[35]、慶安四年～明暦元年の郡村向け法令を分析する際、御開作地・非開作地いずれを対象としたものか、両者ともが対象なのか等に注意し考察することが求められる。たとえば「諸給人の下代を知行所に遣はすを禁ず」という綱文が掲げられる承応三年七月二十九日付藩年寄連署奉書[36]には明確に「三ケ国改作地村々江」とあるので、御開作地が対象であり非開作地は対象としなかったと読まねばならない。したがって、この法は明暦元年に一郡全体が御開作地になって初めて郡全体の給人地で効力を発し、執行されたのである。また「越中砺波郡に一作五歩の平均免上を命ず」という綱文のある承応三年九月十一日付藩年寄連署奉書[37]は、「利波郡在々」とあることや法令趣旨、差出・宛名等から判断して、御開作地・非開作地双方を対象としたと理解できる。改作法期の法令等はすべて、このような視点で慎重に読み直す必要がある。

御開作地での百姓助成策として、すでに若林・坂井両氏の研究で①困窮百姓の債務整理と敷借米貸与、②開作入用銀の貸与、③作食米の貸与、④脇借の禁止、⑤給人による直接の徴税を禁止、⑥怠惰な百姓の追放と入替、などが挙げられているが、これらすべてに関説する紙数はないので、本節では①敷借米、②改作入用銀、③作食米の三つの助成策に限り、御開作地と非開作地の違いに着眼し、御開作地の広まりと共に「御開作」政策がどう変化したのか明確にする。

御開作地に開作入用銀・作食米が貸与助成されたことは周知のことであり、前掲の承応二年清水村改作請書（史料2）

で「作食米並びに御開作の入用銀、望み次第に御借しなさせられ」と願い出、承応二年の砺波郡「御開作」五千石の開作地裁許人（戸出・宮丸両十村）の一二か条書上「私共裁許仕品々書上申御事」(38)でも「右七ケ村御開作地作食米并入用銀、其村々十村ニ相談仕」と報告したことから、承応二年の御開作地での実施が明瞭である。本章では「御開作」仰付の実態に注意を向けるので、周知の承応元年十二月の藩年寄衆連署奉書を重視する。煩を厭わず左に全文掲げよう。

［4］

覚

一、御開作地百姓、寛永廿年よりこのかた、未進改帳面ニしるし置可申候、付、同百姓跡々御城銀・御城米、開作入用之内ニ成候条、其通ニ意得可申候、右近年之間ニ出し可申ためニてハ無之、百姓力付候以後、奉行人江申談、少つゝも出し可申与存より候時のために候条、左様ニ意得可申事、

一、開作地入用銀、死絶人於有之者、其者之当り分者引すて可申候、然者百姓之手前へハかゝる間敷事、

一、開作地作食米并敷借米者、田地ニ付候条、死絶人有之候共、跡田地請取作候百姓出し候様ニ可相意得事、

右之通、百姓中江急度可申聞旨被仰出者也、

承応元年十二月廿日（御印）

津田玄番判

奥村因幡判

石川郡十村肝煎中

河北郡十村肝煎中

本令は、御開作地の作食米・入用銀のほか御開作地での敷借米にも触れ、前記三つの助成策が同一書面上に列記された点で注目すべき文書で(39)、文書様式は三代利常発案の御印付の年寄衆連署奉書(40)であるが、同年六月二十九日に石川

郡十村衆が「百姓迷惑条々」を歎願したことに応えた面があり、翌年からの御開作に備え年末に御開作地での助成の基本指針（御城銀等の返済猶予、開作入用銀等の返済原則）を十村に明示したものであった。[41]

(一)　敷借米

最初に敷借米についてみていくが、敷借米は「御開作」以前からの助成策であり、寛永十四年のいわゆる「半徳政」がその濫觴とされる。しかし、敷借米の始まりに関する著名な事件であるにもかかわらず、浅薄な理解や安易な孫引きのため、誤解された点が多い。敷借米はいつ始まり、どのような点が百姓にとって恩恵・救済となったのか、御開作地での債務肩代わりの実態が総合的に理解されていないと感じたので前もって課題を整理する。

従来の敷借米の始まりに関する説明は、『加賀藩史料』や『加能郷土辞彙』に拠るが、両書の典拠は結局のところ「三壺聞書」の「在々貸方御吟味之事」という記録に帰着する。[42]数年前から、もっと確実に寛永十四年の半徳政を証する法令など関連古文書がないか捜してきたが、いまだ確認できない。寛永十四年に算用場や蔵入地の年貢収納に関する改革的法令が連続して発布されたという事実が、半徳政に関連ある背景と見うけられただけであった。[43]同年閏三月三日令の「諸代官残銀米、在々手前々々利足定之事」で米の利足は二割半と規定している点は、[44]むしろ「三壺聞書」と矛盾し、「三壺聞書」の記述だけに頼った敷借米開始の事情説明は、じつは、はなはだ不安定な根拠に頼ったものである点に、まず注意を払っておかなければならない。

これに対し「三壺聞書」の主張で積極的に採用できるのは、「敷借米」という用語に対する理解である。「三壺聞書」の著者（宰領足軽山田四郎右衛門）は「敷借米」を生きた言葉として使用した世代に属し、「敷借」の語義を推測するに適した文献であるからである。「三壺聞書」における「敷借」を説明する主文脈は、代官の不正、とくに代官による未進年貢を逆手にとった高持百姓に対する高利貸収奪を糾弾するなかで実施された藩の救済策という点にあった。

百姓救済の半徳政の要点は、①代官支配地における寛永十一年以前の負債は元利とも帳消し、②十一年以後の負債元本（未進年貢）は返済すべきであるが、十二、三年分の利足は帳消し（高利否定）、③十四年以後は二割の利足にするというもので、「十四年より始而二割に被仰付、敷借に成る事、忝儀尤」と記すので、「敷借」とされた藩貸米は、当分は二割の利足米のみ返納義務があり、本米の返済は猶予されたがゆえに百姓から歓迎される救済米だったと解釈できる。

このような徳政的な救済が間違いなく寛永十四年に実施されたかどうか、前述の通り留保せざるを得ないが、「敷借」用語の理解としては妥当であり、敷借米に関し、①奉行・代官の貸付米を私的なものとして禁止・排除し藩からの御貸米に転換、②貸米の利足を二割と限定した点、③貸米利足の返納のみが義務化され、本米返済は長期的に猶予されたことが確認できたが、以上三点を要件とする恩恵的百姓救済制度が敷借米の基本的性格であった。この点は「改作枢要記録」で「本米は幾年も其侭に御貸置、二割之利足米を毎歳取立る約束なり」、武部敏行が「敷借米とは一旦御貸付被成候へハ、年々御取立無之、二割之利足迄蔵納仕候分[45]」と説明していることが傍証となる。問題は、「御開作」以前の敷借米は、どのような債務の肩代わりなのかである。寛永十四年の半徳政は、「三壺聞書」の限りでは、専ら代官地つまり蔵入地を対象にしたものであって、給人地は対象となっていない。奉行・代官・十村による職権を濫用した私的高利貸を制肘することが、敷借米創始時の主たる目的であった[46]。

管見によれば古文書における「敷借米」という用語の初見は、寛永二十一年十一月「新川郡十村肝煎役之御定[47]」で、「敷借米利足御代官より触れ次第、早速百姓共に申渡し、はからせ申すべき事」とある。ここにみえる「敷借米利足」とは、おそらく寛永十四年半徳政で藩が肩代わりした敷借米の利足であろう。寛永十四年から正保期にかけ、利常および加賀藩は多様な名目で村・町に利足二割の銀・米を貸し付けたが、その名称は「分領諸百姓前、此跡々借米・借銀[48]」、「三合宛御貸米[49]」、「御借米」、「公儀御米御かし」「当城御借米[50]」、「小松様御借米」「中納言様御借米[51]」、「御城米[52]」

など多様であるが、敷借米とは別の新規の御貸米と考えなければならない。寛永十四年の敷借本米は、ある時点で免除されたのか、その後も引き継がれ、こうした新規の御貸米残高と共に「御開作」で一本化されたのか明確ではない。しかし、敷借米免除の意義を考えるとき、この問題を無視するわけにいかない。承応年間に能登口郡で「御開作」が始まると、「小松様御城銀」「加賀守様御城米」という表現が「敷御城銀」「敷御城米」「犬千代様御分敷借米」に変化するので[53]、寛永十四年の敷借本米は、その後の御借米・御城米・御城銀と共に引き継がれ、「御開作」仰付と承応元年十二月令（史料4）を契機になされた村方諸債務の調査にあたり、敷借米に一本化されたとするのが妥当であろう。いずれも藩からの借用だからである。

敷借米の意義は、藩以外からの借銀・借米の肩代わりという点に特徴があったから、藩以外の給人・商人等からの債務は、どの程度含まれていたのだろうか。寛永末期より藩自体がじつに多くの御貸米を行っているので、寛永十四年以前に比べれば、藩以外からの債務総額は相当小さいように推察される。

明暦二年八月一日に発給された村御印に記載された敷借米利足は、小物成の一つとされ、毎年利足のみ徴収するものであったが、周知の通り明暦二年から万治二年にかけ郡ごとにすべて元利とも免除され、その一〇郡全体の元本総額は七万二千石余にのぼった。若林喜三郎は、この敷借本米を御開作地において行われた「改作以前跡貸物」「改作以前跡未進」の調査で掌握した村方の借銀・借米であったとみている[54]。合計すれば米八万三千石余、銀約三四〇貫匁（米で約一万石）に及ぶ「跡貸物」「跡未進」の内訳は不明ながら、「跡貸物」の大半は、寛永十四年の敷借米残高に、その後の藩御貸米銀を加えたものが大半を占めるのではないか。給人からの御貸米は、次に見るように寛永十四年以後は作食米という形でもっぱら展開し、原資は藩から貸し出していたからである。「跡未進」高のほうは、年貢未進額であるから、給人分の比率が一定の比率を占めたと推定される。

このように御開作地で一本化された村方債務の内訳は、主に寛永十四年以来の敷借米・藩御貸米と給人年貢・代官年貢の未進分から成り、商人・地主などからの私的債務はさほど含まれていないと思われる。延宝六年十二月の田井村次郎吉の覚書に「御改作ニ被仰付候刻、諸御給人作食等御貸物、其外脇かり物利足御定ニ背不申分、御公儀様より御取替、かし方御済被成候、百姓前ハ入用銀又者作食米ニ成申候、利かしハすたり申候」と記す。[55]つまり、藩が肩代わり（御取替・かし方御済）したのは、給人作食米の未納分、および規定以上の利足を貪る私的債務を除いた脇借物などであり、この結果、高利貸は廃れたと述べる。ここから、規定通りの利足二割までの脇借物は藩による肩代わりがあり敷借米に継承されたが、二割以上の高利の脇借物は藩から不法とされ敷借米の対象とならなかったばかりか、債務そのものが破棄された可能性がある。だから、「利かしハすたり」となったと理解できるのである。

「拾纂名言記」は、蔵入地・給人地両者の年貢未進のほか私的な借銀・質物などすべて詮索・調査し、その貸主を御城に召還し「奉行前にて証文為致御済被下候」と述べるが、[56]これは敷借米を象徴的に語るため誇張した面がある。敷借米に一本化された「跡貸物」「跡未進」の中で、藩貸物や蔵入地の未進分が相当の比重を占めていたことを、ここでは注目したい。

敷借米について、その用語の意味するところを検討した結果、敷借米は徳政的な債務代替を基軸とする救済策であったことが明らかとなったが、寛永十四年に実施されたとされる「半徳政」は御開作を契機に再興され、敷借米への一本化が始まったが、その大半は藩からの御貸物の再編であった。しかし、明暦元年の全郡御開作地化で敷借米一本化が完了、次いで翌年八月の村御印発給で大増税が実現し、その年貢皆済が達成されつつあった中で敷借米は元利とも免除された。[57]この敷借米の元利免除は従来にない画期的な徳政的救済であり、徹底性において以前のそれを凌ぐ。他藩でも、まずはみられない空前の救済策であったと評価できる。だから、敷借米による債務肩代わり、およびその元利共帳消しのもつ徳政的意義はもっと注目されてよいが、それ以上の増税を村御印に盛り込んだため、増税策にもっぱら注意を喚起する従来の研究では、その評価はつねに相殺されてきた。

(二) 開作入用銀

次に開作入用銀について検討する。従来の研究成果によれば、開作入用銀は、飯米助成である作食米とは別に、耕作に必要な農具はじめ種籾・肥料代、人馬仕入銀などへの助成として貸与された救済銀である[58]。しかし、敷借米による救済が寛永十四年以来の徳政再興であり、次にみる作食米も寛永末期から行われた助成策であるのに対し、開作入用銀は「御開作」と同時に始まった新型の救済策であった。極言すれば、「御開作」仰付とは畢竟、開作入用銀貸与のことであり、これを基軸に作食米・敷借米の助成制度と脇借禁止政策が再編強化されたといえる。開作入用銀の目的は、不作地解消と耕作励行に必要な生産手段の補助にあるが、それは「御開作」の趣旨に直截に一致する。個々の経営能力を査定し、初春の用水修理から荒起し、田植え、草取り、収穫、俵詰め、年貢上納までの農事を、十村などの開作地裁許人にきめ細かく指導・監督させたこととも合致する助成である。まさに農業と農村の再建を直接にねらった施策といえる。

利足は作食米と同じ二割であるが、夏の諸稼ぎによって返済することを求めている点[59]が注目され、本田畠以外での稼ぎをしないと百姓経営は成り立たないことを示唆している。なお、砺波郡太田村の高持百姓への貸与状況は高に比例せず、貸与されない高持がランダムに散見されるから[60]、機械的な高割貸与を行ったわけではなく、申請した貸与希望額をそれぞれの経営規模に応じ査定した結果であると推定される。前掲の承応元年十二月令（史料4）二条目で、「開作地入用銀」は本人が死ねば免除し「残る百姓手前」に肩代わりを求めないとされ、高（土地）を継承した者に債務が引き継がれる敷借米・作食米とは異なる扱いをうけた。この法文から、開作入用銀は高（土地）に対する助成ではなく、経営者である百姓個人への助成であった。だから経営者である百姓が死ねば債務は消滅、家族や親類に返済を求めないという画期的な内容となったのである。

しかし、坂井誠一によれば、実際の開作入用銀の借用証文に、本人が死去したら請人が弁済するという一札を取っており、必ずしも法文どおりではなかった(61)。このような法運用時の限界は内包していたが、本人死去によって債務が消えるという原理からみると、本銀の満額返済を当初より期待していない面があった。だから承応元年十二月に「新川郡開作地入用銀并作食米、改作の内は利なしに取立てるべき事(62)」という利足免除令まで発布されたのである。

表2-5　寛永18年分作食米の返済状況

給　　人	未進作食米高等	貸付方法	返済状況
宮崎太左衛門分	8斗	石に54匁払	内18匁11月20日返済
春日善兵衛分	3石6斗 4石 4石5斗 2斗7升	石に付50匁払貸し 米4割御貸し 石に付57匁払貸し 石に付60匁払貸し	内105匁10月返済 未済 内139匁10月返済 10月返済
西尾隼人分	5石5斗 160匁 4石	石に付52匁払貸し 利足月1歩8厘 石に付48匁払貸し	10月返済 10月返済 10月返済
大川原助右衛門分	14石4斗3合 19石	利足2割 石に付50匁払貸し	10月返済 10月返済
前田志摩守分	70匁 40匁	利足月2歩 利足月1歩半	10月返済 10月返済
高畠杢分	8斗3升7合 40匁	石に付54匁払貸し 利足2割半貸し	内14匁7分11月返済 未済
中川八郎右衛門分	1石3斗8升	石に付60匁払貸し	10月返済
平田三郎右衛門分	1石2斗	石に付63匁6分払	閏9月返済

（注）武部保人『加賀藩十村ノート』（67～75頁）掲載史料による。

明暦二年・三年の「御開作」成就のあと開作入用銀の残額徴収などが問題となっていないので、明暦二年頃までに夏稼ぎで得た現銀や麦・菜種、あるいは手上免のうち村に還元された五分一や口米のうち村に還元された分などを返済に充当し(63)、大半は「御開作」成就までに返済されたと推定される。なお、開作入用銀の貸与額は、一〇郡合計で六九五貫匁余というデータが広く紹介されているが、郡ごとの貸与記録をみていると、周知のデータとの間に齟齬もある(64)ので再整理が必要であろう。

(三)　作食米

最後に作食米について検討する。作食米と開作入用銀は史料上、連記されることがあり、ともに利足が二割で年初に貸与し秋に返納するので、揃って御開作地助成の代表のように見られているが、作食米はむしろ敷借米に近い「御開作」以前からの救済米であった。すでに坂井誠一は、寛永十九～二十年に給人地で困窮百姓を救済するため作食米貸与が実施されたことを詳細に解明したが[65]、「御開作」に伴う作食米とそれ以前との相違について明確な言及がないので、本論ではこの点に絞り検討する。

「御開作」以前の作食米は、坂井が指摘した通り、主に給人地で広汎に実施され、余力のない給人には藩から作食米を貸与するほどであった。作食米の初見例と見られる「寛永拾九年御年貢御納所方并作食未進ノ帳[66]」に「去未進作喰」とあるので、寛永十八年に作食米が貸与され返済が滞ったことがわかるが、その作食米未進と返済状況を整理し表2－5に掲げた。作食米のほか作食銀が給人から貸与され代銀での返納をせまられたうえ、返済代銀の石代は四八匁～六三匁という高値に設定され[67]、百姓にとって不当で不利益なものであった。また、作食銀の利足は年二割（月一分七厘）が原則なのに、二割半や月一歩八厘～二歩の高利の例がみえる。これが給人による作食米貸与の実態であり、救済米であるべき作食米が新たな搾取源になっており、救済策として疑問の残るものであった。

慶安二年に新川郡十村、嶋尻村刑部・宮津村幸善がまとめた「寛永拾九年ヨリ正保三年迄作食米代銀未進人々負分之御帳[68]」も、作食米を代銀で返済させていた。作食米といっても「現銀払い付け米」と同じ米穀強制貸し付けによる代銀搾取の面[69]があったといわざるを得ない。

次に掲げた三清村に領地をもつ給人中川八郎右衛門の作食米借用願[70]をみると、給人は藩の御城米を借り知行地農民に貸与したことが明らかで、百姓から返済されないときは給人の責任において藩に弁済するとしており、藩の取り立て姿勢も厳しい。

［5］　私知行所借用申当作食米之事

越中利波郡三清村

高

一、五拾石者　　五郎左衛門

久右衛門
久　内
理右衛門

合　壱石五斗者　斗切作食借米

右在々作食無御座候ニ付而、当田畠不作仕候旨相断申候へ共、私手前ニ米無御座候而、御城米御借被成可被下候、当暮ニ相立候様ニ可申付候、若滞申候ハヽ、私方より相済可申所、如件、

寛永弐拾年二月廿日　　中川八郎右衛門（花押）

篠嶋豊前殿

寛永二十年十一月十三日の藩年寄連署書状で「越中百姓むけの作食米八千石の代銀のうち四十貫匁が小松の利常に返済された[71]」と述べるので、光高領内の代官地・給人地の作食米の原資の出所は小松城の利常であり、利常が作食米返納を藩士たちに厳しく迫ったがゆえに、給人らは利足を増やしたうえで厳しく村方を催促したという構図が見えてくる。このように、この時期の作食米は給人を利用した藩（隠居利常）の利足稼ぎといった面があり、さらに給人は藩の利足より高い利足をつけ利ざやを稼ぐという、およそ救済米らしからぬ阿漕な運用が、寛永末の飢饉の最中になされていたのである。

寛永末から慶安期にかけ、潰れ百姓・追出し百姓・走り百姓の跡地や百姓間の係争中の田畑が不耕作となり大量に放置されていた[72]。それゆえ作食米貸与の目的に、不耕作地の解消を掲げるものが多い[73]が、前述のような運用方法では、給人の誅求を惹起しただけで不耕作地解消に役立ったようにみえない。寛永二十一年十一月の「新川郡十村肝煎役之御定[74]」で作食奉行が初めて登場、作食米貸与の厳正な運用を担ったが、効果のほどは疑問で、この時期の作食米制度は百姓救済ではなく収奪強化に加担した面が濃厚であった。

慶安三年二月、三清村百姓一一人は春耕前に「私共村中当御田地・田畠共に少もあらし申間敷御請之御事」という

作食米借用に関する請書を奉行衆に提出した[75]。そのなかで、①分際に応じた作食米を貸与された以上「百姓中互に吟味仕り」田畑を荒らさず耕作に精進する、もし違反したら「村中曲言」となる、②借用した作食米は他に転用（借金や未進返済に充当）しない、作食を借りながら飯米がなく不耕作となった者は「曲言」、③作食は飯米に必ず使用する、④分を超えた作食米を借り成り立たないという百姓は「徒百姓」であり急度吟味する、などの点を誓約した。また、作食米の助成をうけた田地が耕作されないときは「村中」の連帯責任で耕すとも誓約しており、作食米貸与を梃子に不耕作地の削減を意図したことが読み取れる。「田畠随分開作仕る」ことと「急度皆済」を誓約することは、正保期の作食米借用証文の常套文言であった[76]が、不耕作地の解消がいかに緊喫の課題かわかる。

慶安四年二月二日、「急度申遣候、当年作食米、草高百石ニ付而六石宛御貸可被成事」と題する六ヵ条の申渡書[77]を三郡十村中に触れ、作食米は持高百石当たり六石までを貸与限度とし「当年より作食米多く貸申すまじ」という利常の意向が下達された。作食米に貸付限度を設け、借り過ぎや他への流用を吟味させたのは、その方が収奪的な側面が緩和される効果があったと解される。「御開作」仰付の最初の年の作食米は、多く貸し出さないことが逆に救済となるという皮肉な面をもっていた。しかし、この法令は御開作地向けの法令ではなく、非開作地を含む郡全体を対象とする法令であった。当時は非開作地が多いから、むしろ主眼は非開作地におかれたと見てもよい。

そののち慶安五年八月二十七日の「作食米貸渡御印」によって、作食米貸与の新しい方針が示された[78]。内容は、①利足は二割とし十村の見計らいで貸し渡す（十村管理）、②作食米は切米とし個々の百姓の名札を付けて蔵に保管し、秋に返納されると、それと同じ現物を翌年その百姓が借り受けるが、利足分は堂形の上奉行に納める（同一現物の借受）、③作食蔵に保管した米が損じた時は、米質が原因なら納めた百姓の責任、「蔵の難」による損米は作食利足で弁済（作食蔵が保管責任を負う）、④作食米は十村に催促されなくても納める（百姓の自発性重視）、といった原則が示された。「御開作」以前の給人任せとは異なる新たな作食米制度がここに確立したといってよい。それは、現物の作食米を個別百姓の名前ごとに蔵に保管し、毎年預けた百姓自身が借り受けるという点に特徴があり、給人を介在させず十村にその運用を任せた点が画期的であった。百姓側からすると、所定の作食米が準備できなかった時は、雑穀などを代わりに納め誤魔化すことができた。納めた現物をそのまま翌年借り受けるシステムだからである。しかし、こうした誤魔化しが横行すれば、深刻な飢饉に襲われたとき被害を受けるのは百姓自身であり、生存の危機と経営破綻を招くリスクがあった。

藩としては、新しい作食米制度の始まりにより、保存した作食米に虫損などがでないよう作食蔵を整備する必要に迫られた。同年十月五日、石川郡松任に新設された作食蔵に関し十村の請書が提出されたが(79)、明暦元年までに北加賀に九ヵ所の作食蔵が設置された。「作食米貸渡御印」で新たな作食米制度がスタートしたが、「作食米貸渡御印」も郡全体を対象とする一般令であり、御開作地だけの下達ではなかった。したがって、新しい作食米制度は非開作地でも実施されたのであり、御開作地だけに施行された開作入用銀と好対照をなしていた。

慶安五年八月の「作食米貸渡御印」の前年十一月の法令で(80)、石川郡の村々への飯米貸出しを奉行人の厳格な管理下において制限したのは年貢米を飯米として食い尽くすような百姓の怠惰を警戒したためであったが、それでは窮屈すぎ百姓助成にならぬから今後は百姓と相封を付け置くことにするので「百姓安堵いたし候よう」申し聞かせよと奉行中に指示している。この延長上に「作食米貸渡御印」が発布されたのであり、その直前の段階では、作食の自己管理ができない百姓に対する不信があったことがわかる。しかし、この不信感は十村を抜擢することで緩和され新制度に移ったことがわかる。

以上から作食米制度は御開作地専用の救済制度ではなく、非開作地も含む郡全体で実施された制度であったことが確認できた。明暦元年にすべてが御開作地になったので両者をあえて区別する意味はなくなったが、明暦元年は御開作地での百姓救済策と非開作地でのそれとが統合された年であり、それゆえ「御開作」七年間を二つに分かつ転換期であったといえるのである。

むすび

慶安四年から明暦三年までの狭義の改作法七年間を「御開作」仰付の時期に注意し考察した結果、明暦元年までの五年間は、貧村と困窮百姓の救済を第一の目的とし、一村ごと御開作地に指定し開作入用銀の貸与に着手、これに従来の作食米を改めた新型の作食米貸与を加え、その成果を確認しつつ健全な村までも御開作地に指定し、明暦元年には郡の全村が御開作地となったことを明らかにした。その過程で承応元年〜二年の御開作地向けの法令を契機に、敷借米による債務肩代わりと一本化のための債務調査が進められ、承応三年には給人下代の知行地派遣を禁止、明暦元年までに給人による直接徴税は完全に禁止された。ここまでの施策は村の救済に力点が置かれ、しかも開作入用銀・作食米・敷借米による救済内容は他藩に例をみない徹底性があり、勧農・種貸策として先駆的かつ画期的といえるが、この段階の御開作地での施策について、利常と藩執行部は「御開作」仰付という文言を用いており、御開作地指定が一〇郡全域に及んだ明暦二年頃、とくに明暦二年の村御印成替以後は、「御開作」仰付という文言は使用されていない。知行割や村御印成替までは「御開作」仰付の範疇に入っていない点に注意したい。

それゆえ、明暦元年を境に「御開作」の様相が変化したことを強調したい。つまり、狭義の改作法七年間といえども、御開作地が全郡に及んだ段階と、それ以前の段階では「御開作」政策に質的な違いがあったということである。明暦元年になると、郡全体が御開作地となり、給人地も一体となった「御開作」（勧農政策）が可能となったことから村免の統一（一村平均免）の作業が始まり[81]、御開作地に村御印が発行され、給人には新しい知行宛行を行った。その翌年、手上免・手上高による増税が指令され、増税率査定に精力を注いだ結果、明暦二年八月の村御印成替が実現した。これを永続的な徴税基準とするため脇借禁止の徹底、敷借米元利免除、経営モデルによる百姓経営調査などの政策が硬軟取り混ぜて実施されたのが明暦元年以降であった。その意味で、明暦元年が改作法七年間において独自の意義をもつ転換点であったことを、本章でとくに論証した。

最後に、これまでの改作法研究の到達点として注目すべきは、原昭午による追出し百姓の実態究明と、それにもとづく律儀百姓・徒百姓の選別と対立の問題（民衆による民衆の弾圧・排除の構図）の析出であり[82]、これを、佐々木・髙澤が指摘した農業経営調査（農業生産力）の問題や、坂井の明らかにした年貢増徴の過酷な実態などと併せて、いかに展開させるかが、今後の課題であることを指摘したい。つまり、改作法における百姓救済策と搾取強化の両側面、どちらが基本的なのか論ずることに終始するのではなく、その両者あいまって、それまで村社会が保持していた共同体的紐帯がいかに破壊されたのか、また百姓たちの勤労意識や労働倫理にどのような影響を与えたのか照射することが重要なのである。「御開作」が村に与えた影響は甚大であり、百万石を支えた百姓・頭振のその後のあり方を大きく規定したように思われる。また、このような利常による圧力に対し、百姓自身が主体的にどのように対処したかについても問われねばならないのである。

注

（1）「菅君栄名記」（『加賀藩史料』）に記される、明暦三年四月参勤した利常が幕府老中松平伊豆守に村御印による年貢皆済を報告し称賛された逸話をもって「改作成就」とする理解が、明治以後の改作法研究や通史で広く共有されている。ほかに、明暦二年八月の村御印発行あるいは同年六月の改作奉行廃止をもって「改作法成就」とする説もあるが、本論では利常が困窮農村を開作地に指定した時期すなわち「御開作」仰付期間こそが改作法実施期間であるとみる。

（2）坂井誠一『加賀藩改作法の研究』（清文堂出版、一九七八年）。

（3）この点は序論・終章で言及する。
（4）第一章の「三節　初期藩政改革論と国家史的視点」で言及する。
（5）「利常の改作法」の厳密な呼称として、本章では「御開作」仰付という表現を意識的に使う。「御開作」という史料用語は「御改作」「御改作御法」とも表記されるが、語義からいえば「御開作」とするのが本来であろう。「改作法」という表記が古くから広く使われるが、当て字のほうが広まったのであろう。本章ならびに本論では「利常の改作法」の核心を語る用語として「御開作」仰付という表記を使う。
（6）『加賀藩御定書　後編』（石川県図書館協会、一九八一年再刊、初刊一九三六年）四二九頁。
（7）川合文書（富山大学中央図書館蔵）、『富山県史　史料編Ⅲ　近世上』一九八〇年、一七五～一八〇頁。
（8）砺波郡の明暦二年八月の村御印は五一二村に発給され、寛文十年村御印は五二四村分が知られる（「明暦二年村御印之留」「加能越三箇国高物成帳」加越能文庫、金沢市立玉川図書館蔵）。
（9）「旧記」（折橋家文書）、『富山県史　史料編Ⅲ　近世上』一九八〇年、一八〇～一八二頁。
（10）「明暦二年村御印之留」（加越能文庫）。
（11）「御郡方旧記」（田辺家文書、清水隆久『加賀藩十村役田辺次郎吉』一九九六年に収録）。
（12）荒木澄子「『改作地裁許人』の役割について」（『市史かなざわ』二号、一九九六年）。
（13）刊本『改作所旧記』下編（石川県図書館協会、一九八一年再刊、初刊一九三九年）。
（14）『輪島市史　資料編第二巻』（一九七二年）四八二頁。
（15）「三代又兵衛日記」（川合文書、注2坂井著書附録史料Ⅰ）によれば、宛名にみえる相川ら四人は、承応二年正月一日、能登奥郡の「御開作仰付」に伴う村柄見分役の横目に任命され、熊谷久右衛門ら四人の奉行に随行した。なお、この八人と共に御供田村勘四郎・嶋尻村刑部ら四人の十村も同行した。
（16）慶安五年九月「漆原村百姓衰微につき願書」『輪島市史　資料編第二巻』四八二頁。
（17）十村渡辺家文書（石川県立歴史博物館保管）、「十村渡辺家文書目録」四〇三号（『石川県立郷土資料館紀要』五号、一九七四年）。

(18)注12荒木論文によれば、開作地裁許人は改作奉行とも呼ばれた。
(19)武部家文書(金沢市立玉川図書館蔵)、武部保人『加賀藩十村ノート』(桂書房、二〇〇一年)一八頁。
(20)「御郡方旧記一」(田辺家文書)、『金沢市史 資料編9 近世七』(二〇〇二年)五九・六〇頁。
(21)「改作方覚書」「改作枢要記録」は注13『改作所旧記』下編に収録(付録第一・第三、二五二頁・二七〇頁)。「安政中御改作始末聞書」は若林喜三郎『加賀藩農政史の研究 上巻』(吉川弘文館、一九七〇年)に翻刻し収録(史料編一三)。
(22)「明暦期改作方留帳」(折橋家文書、注2坂井著書附録史料Ⅱ六一二頁)および表2-1。なお、羽咋郡で発給は未確認だが、鹿島東半郡(向田村)での発給から口郡全域での発給を想定している。本書第三章・第六章で明暦元年村御印発給を論ずる。
(23)佐々木潤之助『増補改訂 幕藩権力の基礎構造』(御茶の水書房、一九八五年、初出は一九五八年)、同『日本歴史15 大名と百姓』(中公文庫、二〇〇五年、初版一九六六年)三一二頁。注21「改作覚書」(注13『改作所旧記』下編、二五三頁)。
(24)高澤裕一「多肥集約化と小農民経営の自立」(『史林』五〇巻一号・二号、一九六七年。『加賀藩の社会と政治』吉川弘文館、二〇一七年再録)で明暦二年・三年の「改作入用図り」の詳細な典拠解説と史料批判を行う。
(25)慶安四年「御開作」仰付の六九ヵ村(表2-2)のうち一三ヵ村は慶安元年検地での上げ免が厳しく慶安四年に「ゆり直し検地」を申請した一四村の中に含まれる(「改作方覚書」「庁事通載」『加賀藩史料 三編』)。
(26)「貞享元年高免品々帳等綴」十村後藤家文書五九四号(石川県立歴史博物館蔵)、『金沢市史 資料編9 近世七』に抄録。また『金沢市史 通史編2 近世』(二〇〇五年)第四編第一章の表3「石川郡押野組各村の改作法実施状況」もある。
(27)注13『改作所旧記』上編、三〇五頁。
(28)もう一つの理由として、給人地等の相給村が多い石川郡にあっては、村免の統一がなお容易でなく、免の違う高持百姓どうし「御開作」仰付時期をずらした可能性も想定できる。しかし、石川郡上安原村の慶安~承応年間の給人免の内訳(十村後藤家文書五九〇号、石川県立歴史博物館蔵)を見ると、五六種類に分かれるので、給人免の相違のみで「御開作」仰付時期を区分するのは難しいであろう。
(29)「御国御改作之起本」(注13『改作所旧記』下編、二六二頁)。

(30)武部敏行「安政中　御改作始末聞書」(注21若林著書史料編一三)。
(31)「貞享三年　加越能等扶助人由来記」(注21若林著書史料編一〇、五七七頁)。
(32)注21「改作方覚書」「改作枢要記録」(『改作所旧記』下編、付録第一・第三)、「庁事通載」(『加賀藩史料 三編』)など。
(33)拙稿「慶安元年の石川郡惣検地」(『野々市町史 資料編2 近世』二〇〇一年、二二六頁)。
(34)慶安五年六月二十九日「石川郡十村上申」(「日暦一」加越能文庫)、注13『改作所旧記』下編、『金沢市史 資料編9 近世七』六一頁。
(35)武部敏行「安政中　御改作始末聞書」一九条に「御改作地と其外之所と御政治両様ニ相成候体」(注21若林著書史料編一三、六五一頁)とあるほか、承応二年六月二十五日「口郡宛年寄奥村因幡達書」(「加藤氏日記追加」加越能文庫、別表Ⅱ14・15)でも御開作地と「其外在々」を区別し下達する。この点は第四章一節㈢で詳しく言及した。
(36)注6『加賀藩御定書 後編』巻十七、七六四頁。「理塵集」(『加賀藩史料 三編』)なども掲載。
(37)『加賀藩史料 三編』は「改作方根元旧記類集」を典拠とし「午九月十一日」付なので承応三年に比定し掲載する。『加賀藩史料』によって周知の著名法令となったが、『富山県史 史料編Ⅲ 近世上』は福野町片山源次郎氏所蔵文書を典拠とし掲載(四二八頁)。しかし年月は「午九月十二日」で「手上免之儀」は単に「免之儀」とするなど重要な異同があり、利常の御印付きであることも指示する。注2坂井著書では「御改作根元旧記」(菊池文書、富山大学中央図書館蔵)を典拠に紹介するが、同書が年号比定を「承応元年」としたのは誤解と指摘し承応三年の文書であることを主張する。なお「改作方根元旧記類集」は菊池文書・武部家文書などに残る「御改作根元旧記」の内題または別称であり同一伝本とみてよい。「御改作根元旧記」は五十嵐之義(篤好の父、砺波郡十村内嶋村孫作)が文政二年正月に上梓した改作法前後の農政考証の著作であり、家内に残る古書・旧記等より関連史料を集録して成ったものである。五十嵐之義は本書執筆直後、十村断獄のため入牢し獄死した。改作法を論ずるとき周知の法令に関する伝本の来歴や比較も今後の課題といえる。
(38)注15「三代又兵衛日記」(注2坂井著書附録史料Ⅰ、五三五頁収録)。
(39)「御郡中江御仰御書出之写」十村後藤家文書、石川県立歴史博物館蔵。『野々市町史 資料編2 近世』(一八六頁)に掲載するが、今回若干の校訂も行った。また射水郡宛が川合文書(『氷見市史3 資料編一』一九九八年)に、砺波郡宛が注

15「三代又兵衛日記」に載る。

(40) 拙稿「加賀藩改作仕法の基礎的研究（慶安編）」（『金沢錦丘高校研究紀要』二二号、一九九四年）で、この様式が改作法期に多量に発給された意義についてふれたが、その初見は元和元年十二月九日付本多・横山連署状に遡る（拙稿「年寄連署状と初期加賀藩における藩公儀の形成」『加賀藩研究』五号、二〇一五年）。

(41) 注34慶安五年六月二十九日「石川郡十村上申」。

(42) 刊本『三壺聞書』（石川県図書館協会、一九七二年再刊、初刊一九三一年）。この記述の前後に不正を働いた代官処罰の記事がある。

(43) 見瀬和雄『幕藩制市場と藩財政』（巌南堂書店、一九九八年）の第三編第一章で寛永十四年の勘定機構の改革を検証する。

(44)「万治已前定書」（『加賀藩史料 三編』八三〇頁）。

(45) 注13『改作所旧記』下編（付録第三）、「御改作始末聞書」（注21若林著書六五七頁）。

(46) したがって、この半徳政は全郡が蔵入地化した能登奥郡で最も明確に実施されてしかるべきであるが、奥郡蔵入地政策の従前の研究（注43見瀬著書等）で、そのような確認はいまだなされていない。

(47)『富山県史 史料編Ⅲ 近世上』九一三・九一四頁。

(48) 寛永十七年「分藩につき百姓借米借銀返済方定書」（『富山県史 史料編Ⅲ 近世上』一〇五九頁）。

(49) 寛永十九年十二月二日「藩年寄連署状」（小田吉之丈『改作と精神的農業』一九二九年、一二頁）。

(50) 寛永十九年七月十八日「藩年寄連署状」・寛永十九年十月十九日令（『加賀藩史料 三編』）。

(51) 輪島市上梶家文書F一二一～一五号。

(52) 慶安三～四年切高証文（『加賀藩初期十村役 金子文書』一九七六年、六二・六三頁）など。

(53) 十村藤井家文書（『鹿島町史 資料編(続)下巻』一九八四年）。拙稿「口郡における改作仕法」（『鹿島町史 通史・民俗編』一九八五年、通史編第四章第二節三）。

(54) 注21若林著書二一五頁。若林はここに商人・給人からの脇借銀も含まれるとみた。

(55)「御郡方旧記一」（田辺家文書）、『金沢市史 資料編9 近世七』六〇頁。

(56)『御夜話集 上編』（石川県図書館協会、一九七二年再刊、初刊一九三三年）。
(57)敷借米が免除された年次は明暦二年～万治元年が多く、能登では万治二年にずれ込む所もあった。また、万治三年の利常隠居領の綱紀領編入に伴う領知替で新たに綱紀領となった旧大聖寺藩領・旧富山藩領では万治三年であった（「敷借米高御赦免年之事」注6『加賀藩御定書 後編』巻十四）。
(58)(59)延宝六年十二月「田井村次郎吉覚書」は「御改作地こへ代、農具品々代ニ入用銀御貸被成候分者、承応二年迄年々夏かせきを以、其年切ニ返上仕候」（「御郡方旧記一」田辺家文書、『金沢市史 資料編9 近世七』六〇頁）と記す。
(60)注2坂井著書第二編第二章の第6表・第7表「太田村作食米入用銀高」（二八九～二九一頁）。
(61)注2坂井著書二九六・二九七頁。
(62)注6『加賀藩御定書 後編』巻十四、四五〇頁。
(63)注2坂井著書二九五頁、注12荒木論文。
(64)「諸事留書」（十村後藤家文書一四号、『野々市町史 資料編2 近世』収録）に掲げる石川・河北両郡の承応二年～明暦元年の三ヵ年合計の開作入用銀は約二八〇貫匁で、それだけで従来周知の石川・河北両郡の入用銀合計約二三八貫匁（注21若林著書二一七頁の表17）を上回る。また、川西二郡「改作入用銀一覧」（注2坂井著書二八七頁）に示された開作入用銀合計約二七〇貫匁も、従来周知の約二三一貫匁を上回る。
(65)注2坂井著書一六八頁以下。
(66)武部家文書、注19武部著書六六頁。注2坂井著書で示された初見例より古い。
(67)寛永後半の米価は二〇～三〇匁が平均値段で、飢饉で米価が高騰した寛永十八年・十九年でも二一～五四匁であった（高瀬保「加賀藩の米価表」『加賀藩流通史の研究』桂書房、一九九〇年）。
(68)『富山県史 史料編Ⅲ 近世上』一〇六〇～一〇六七頁。
(69)現銀払付米の制度については注43見瀬著書第一編二章、第二編二章が詳しい。
(70)注19武部著書七五頁。
(71)「万跡書帳」加越能文庫。注43見瀬著書三一六頁に翻刻紹介。

(72) 注34慶安五年「石川郡十村上申」など。
(73) 寛永二十年正月二十六日藩年寄連署状（川合文書、注2坂井著書一七六頁）、同年正月二十八日申渡書（川合文書、『富山県史 史料編Ⅲ 近世上』四一八頁）など。
(74) 『富山県史 史料編Ⅲ 近世上』九一三・九一四頁。
(75) 注19武部著書八〇・八一頁。
(76) 注19武部著書七七〜七九頁。
(77) 菊池文書、『富山県史 史料編Ⅲ 近世上』一〇七〇・一〇七一頁。
(78) 菊池文書、『富山県史 史料編Ⅲ 近世上』一〇七一・一〇七二頁。「十村旧記」（『加賀藩史料 三編』）。
(79) 慶安五年十月五日十村額新保村次右衛門・村井村与三兵衛連署請書（「日暦一」加越能文庫）。なお同年九月二日付松任作食蔵縮請書（『加賀藩史料 三編』）もある。
(80) 慶安四年十一月十四日奥村庸礼・今枝近義連署状（「加藤覚書一」加越能文庫、注40拙稿七三頁）。
(81) 注2坂井著書三一九・三二六頁。
(82) 原昭午『加賀藩にみる幕藩制国家成立史論』（東京大学出版会、一九八一年）一三八〜一四九頁。

・本章は旧稿「前田利常と『御開作』仰付」（『北陸史学』五五号、二〇〇六年）の二節・三節に若干の改訂を行い再掲するものである。旧稿一節は大きく改訂増補し本書の第一章とし切り分けた。これに伴い本章「はじめに」を書き足し、「むすび」も多少整序を行った。なお注では訂正・追記を行い正確を期し、本書の他の章との連関も指摘した。

第三章　能登奥郡の改作法と十村改革

はじめに

能登国鳳至郡・珠洲郡（能登奥郡）に対象を絞り、あえて改作法実施の態様を考察する目的をいえば、この二郡が寛永四年（一六二七）から承応元年（一六五二）までの二五年にわたって全郡蔵入地とされ、前田利常・光高の二代にわたり相当厳格な直轄支配が展開した地域であったからである。この奥郡蔵入地における直轄支配に関し、すでに田川捷一・長山直治・原昭午・見瀬和雄による検討があり基本的事実の多くは確認済みである[1]。とくに見瀬の詳細な検証によって、塩専売・強制的払付米などを伴う奥郡収奪の実態や、奥郡搾取によって藩財政が強化されたことが解明されたのは大きな成果で、利常政権の能登民衆に対する酷薄な姿勢が明確になった。また、承応・明暦期の改作法実施を機に奥郡蔵入地政策にピリオドが打たれた点も丁寧に論証され、その要因を藩の蔵米の多くが大坂市場で販売される体制が整い、藩経済が上方市場に組み込まれたこと、つまり幕藩制的全国市場の中にその位置を得たことに求め、その必然性を論じたことも重要な指摘であった[2]。

しかし、蔵入地となった奥郡で改作法を行うということは、そもそもどういう意義をもつのかという視点からの検討は十分でなく、田川が提起した奥郡蔵入地政策は「改作法の試行」であったとの主張に関しても議論は十分尽くされていない。また、見瀬が論じたように能登奥郡蔵入地（政策）が改作法実施と大坂廻米本格化によって終焉を迎えたとするなら[3]、寛文元年（一六六一）の改作奉行再設置以後、綱紀によって進められた寛文農政のなかで能登奥郡はどのような位置を得たのであろうか。寛永四年の蔵入地化で能登奥郡に負わされた藩財政上の意義は全く失われたのか、何らかの形で継続されたのか、この点も検討されるべきであろう。寛文二年に再開された新たな塩専売制が明治四年（一八七一）まで継続され、能登製塩業が隆盛を迎えた十九世紀のことも視野におくと[4]、改作法後つまり奥郡蔵入地政策終焉後も奥郡独自の役割は決して消滅していない印象をうけ、その点も論じないと奥郡蔵入地政策の「終焉」は軽々に議論できない。

奥郡蔵入地政策は改作法実施を契機に本当に終焉したのか。改作法以後も能登奥郡の役割は寛永四年からの蔵入地時代に匹敵する意義を背負っていたといえないのか。そうであるなら奥郡の改作法は奥郡にとってどういう意義があったのか、改めて問い直す必要がある。このような課題意識をもち、ここで能登奥郡に限定した改作法の検証を行う。

改作法実施の重要な原因として、給人支配の弊害つまり困窮する給人の苛斂誅求とその下で苦しむ農村救済ということが、これまで多くの論者によって論じられてきたが[5]、能登奥郡はそもそも二五年にわたり給人地が存在しない状態にあったから、改作法を行う必要性はあったのかと反問することもできる。しかし、給人地の存在しない奥郡で、改作法が行われたことは周知の事実である。それゆえ、奥郡の改作法の原因や意義に関しては給人支配の弊害除去といった点を除外し、給人地が広く展開する他郡と異なる動機や意義が検討されるべきであろう。つまり、他郡の改作法との違いを強く意識した検証が必要なのに、これまでこうした視点から検証されてこなかった。能登奥郡では承応元年十月から承応二年にかけ改作法が実施されたので、まずは二五年にわたる藩直轄支配が、一年余の「御開作」仰付でどういう変化を遂げたか検証することから始める。

一節　奥郡の「御開作」仰付

奥郡の改作法実施期間は「御郡中段々改作被仰付年月之事」によれば「承応元年十月~承応二年」であるが[6]、承応三年十月に奥郡最初の村御印が発給され、明暦二年（一六五六）八月に村御印の改定・再発給（村御印成替）があったことから、奥郡の改作法は明暦二年村御印成替までと論述されることも多い[7]。そこで、奥郡改作法の実施期間をどのように考えるべきか、前もって論点整理をしておく。奥郡の改作法実施期間を「承応元年十月から承応二年」の一年三ヵ月とみるか、承応元年~明暦二年の五年程度とみるかで、奥郡「改作法」の意義や評価が変わり、場合によっては「御開作」という言葉の語義に関しても影響がでるからである。

見瀬和雄は奥郡蔵入地の終焉過程を精緻に考察し、承応元年八月頃、改作法実施の動きが明確となり「承応二年三月をもって従来の奥郡蔵入地支配機構は解体し、新たに改作法指導体制が成立する」と述べた[8]。つまり奥郡の改作法実施により奥郡蔵入地独自の支配体制にピリオドが打たれたというが、承応二年三月を画期としたのは「小代官制から十村代官制へと移行した」からだという。しかし、その時点で十村代官制に移行したと言い切れるのか疑問があり、二節でこの点に関し再検討を試みる。

全体として見瀬の指摘は説得力があり、これを踏まえ奥郡改作法の実態究明を進めるべきだが、奥郡の改作法終了時期について見瀬は明確に述べず、明暦二年八月の村御印改定で手上高・手上免による収奪強化が固定化され「改作法が一応の完成を見る」と一般的な議論とも取れる言い方で、明暦二年の村御印成替で奥郡改作法が終焉したと述べる。これを奥郡改作法の終了時期に関する見瀬の理解と受け取れば、「御郡中段々改作被仰付年月之事」に書かれた承応二年終了という記述と齟齬する[9]。明暦二年八月村御印で「改作法が一応の完成」としたのは、あくまでも一般論で、奥郡のことを指摘したものでないとするなら、奥郡「御開作」の終了時期を明確に述べる必要があろう。このような些細な点を問題にした者はいないが、本論では、この齟齬は重要な意味をもつと考えており、これを手がかりに論点整理を進める。

章末に掲げた奥郡改作法史料一覧（以下「別表Ⅰ」と略記）で調べた限り、奥郡で「御開作」「御改作」あるいは「改作知」「開作地」という用語が頻繁に見えるのは承応元年～三年に限られる。個別にみていくと、利常政権から「御開作」仰付があり、これに感謝し農耕に一層精励し年貢皆済に励むという文脈や、開作入用銀・敷借米・作食米等が貸与される対象地という意味で使われている。明暦期の「御開作」文言はわずか三例（別表Ⅰ49・77・82）であったが、どれもすでに実施された「承応元年十月～承応二年」の「御開作」もしくは「改作地」に関し言及したもので、上記と同じ語義であった。明暦期にかけ実施された十村改革や税制改革、手上高・手上免による増徴策そのものを直接含意してはいない。このように一次史料に書かれた「御開作」「御改作」「開作地」文言に焦点をあて史料リストをみていくと、利常政権と改作法執行部が使用した「御開作」「御改作」という用語に込めた意味は、第一義的に耕作奨励、農業再建であり、利常が主導した実効ある村救済策（作食米・敷借米貸与、開作入用銀貸与）と農事指導がこれに付随する。これが「御郡中段々改作被仰付年月之事」に記された「承応元年十月～承応二年」の「改作被仰付」の意味であり、「御開作」というのは、村の耕作意欲を喚起するために取られた救済策・指導教諭のことと理解できる。しかし、この「御開作」という言葉は明暦以後おそらく明暦二年六月の改作奉行廃止のあと、語義の拡大もしくは変質がおきた[10]。それが前記のような改作法実施期間についての混乱を招いた原因と考えられる。

利常死後、綱紀時代に推進された寛文農政については別途検証するが、寛文農政のなかで、明暦村御印こそが「利常の改作法」の成果であり、村民全員が納得した村御印税制を完全実施することが「御開作」の果実を生かすこと、「御開作」の精神は村御印税制の遵守にあると解されていた[11]。それゆえ領内全村で明暦二年分の年貢・小物成銀等が皆済された明暦三年四月をもって「御開作」終焉、すなわちそれが「御開作成就」であると認識され、以後の改作法認識に大きな影響を与えた。明治以後の改作法研究で主流をしめたのは、この綱紀時代に確立した改作法理解であった。それは藩政期を通して流布したが、利常時代の本来的な「御開作」語義は徐々に忘却された。むろん綱紀時代に変質した語義のなかに当初の語義も含まれており、完全に排除されたわけではないので、利常による救済策・指導教諭は関連ある事柄として周知されていたが、語義としては、より多義的で包括的な綱紀時代の「改作方」「改作御法」という用語が優先された(12)。

各郡で「御開作」文言がどのように使用されたのか、個別に語義を検証していけば、改作法という改革の中核をなす「御開作」という史料用語が当時どのような政策に対し使われたかより明確に確認できる。そのような史料用語を基幹にすえて初期藩政改革としての改作法という歴史概念をより確実なものにし混乱が生じにくい概念へと昇華させる必要がある。そのような見直し作業を進めるとき、「御開作」期間がわずか一年余であった奥郡では、「御開作」という言葉のより本質的な意味が鮮明に浮かび出るので無視できない重みがある。

「御開作」実施期間がわずか一年余で済まされたのは、奥郡の特殊性つまり全郡蔵入地という歴史的事情によって生じたものであるが、そのことが利常の構想していた「御開作」という用語の本来の語義をはからずも浮き出させた。まずは、わずか一年余の「御開作」期間に限定し、「御開作」仰付を標榜し奥郡でどのような施策が展開したか、本節で解き明かす。

(一)　奥郡「御開作」と「先御改作」六ヵ村

奥郡「御開作」期間は承応元年十月から承応二年末までの一年三ヵ月に限定されるが、この間「御開作」を標榜し、奥郡でどのような政策が実施されたか具体的にみていく。別表Ⅰでみると、承応年間の一次史料一四点（別表Ⅰ7・

13・15・16・17・20・21・23・31~34・36①②）に「御開作」文言が使われる。これらから奥郡の「御開作」実施の実情にせまりたい。

承応二年正月二十六日に鳳至郡漆原村から提出した「御開作仰付願」（別表Ⅰ7）は「御開作」文言の初見である。同村の深刻な困窮状態を説明したあと、救済としての「御開作」を願い出ている。史料文は第二章に掲げたのでそちらに譲るが、同年正月十日「能州奥両郡御納所之様子諸事、其外御郡之様子為御見立」という趣旨のもと、熊谷久右衛門以下四人の見廻衆と御横目八人を奥郡に遣した（別表Ⅰ6）ことが、「御開作仰付願」の誘因であった。御横目八人のうち四人は「開作地裁許人」として嘱望されていた北加賀と越中の十村四人（嶋尻村刑部・御供田村勘四郎・飯野村三介・宮丸村次郎四郎）であったが、残り四人は下級藩士の相川・伊予田・西坂・吉村の四人で、この四人宛に漆原村の願書が提出されたことは、願書の契機を雄弁に物語る。つまり「開作地裁許人」として手腕を評価されていた十村四人や横目衆など廻村役人を承応二年正月早々奥郡に送り込んだのは、前年十月の「御開作」仰付を本格化するための布石と推定できる。承応元年十月~十二月発給の奥郡宛下達文書は、別表Ⅰに三点確認できるが（別表Ⅰ3~5）、具体的な村救済策は作食米八四〇〇石の実施規定（別表Ⅰ3）のみであった。奥郡「御開作」は始まったばかりで「御開作」実務は、十月スタートという変則性のため、承応元年分の年貢収納状況を掌握することにおわれ、翌年の本格実施に備えた仕込みに徹したのが元年の「御開作」の内実であった。

十月スタートの「御開作」は翌承応二年の一年を残すだけなので、奥郡全村を対象とする「御開作」の展開は承応二年中のこととみざるを得ない。その点を傍証してくれる重要な文書が承応二年三月二十日付津田玄蕃・奥村因幡連署状である（別表Ⅰ13）。「能登奥両郡、御開作に就被仰付」、石川郡の十村熱野村少兵衛、中郡の下条村瀬兵衛を奥郡に派遣したと述べ、津田宇右衛門手下の者とともにこの十村二人も奥郡で耕作出精を見分すると利常の意向を伝達する。ここで注目したいのは「能登奥両郡、御開作に仰せ付けらるにつき」と明記した点である。困窮村の中から個別に「御開作」仰付を要請したものでなく、利常自身が奥郡「御開作」を仰せ付けたと言い切ったことが重要で、それに伴い、他郡の十村までも奥郡に派遣しており、奥郡の十村中はいい加減な気持ちで「御開作」仰付を受け止めてはならない、今年は田畑耕作・諸稼に決して油断すべきでないと申し付けたのであった。これをうけ承応二年閏六月、小松の家老であった青山織部などから「開作知在々」で百姓が迷惑する借銀・借米取立を禁じ、「百姓成立」を考えた「指引」を扶持人十村らに要請したが（別表Ⅰ16）、これも奥郡全体が「御開作地」になったことを傍証する触書といえる。

これらから承応二年三月をもって奥郡全域が「御開作」の対象になったと判断できよう。つまり承応二年三月二十日付津田玄蕃・奥村因幡連署状は、「御開作」を願い出た漆原村のような困窮村を個別に救済する方式を改め、奥郡蔵入地全体を「御開作」の対象地にする方式へと転換させたと理解できる。この点はもう少し証拠史料を求めたいが、利常政権の奥郡「御開作」の政策展開の戦略は、おおむね承応二年三月頃を境に右記のごとき変化があったと解したい。

次に検討するのは、同じ頃珠洲郡の白瀧・上山・吉ヶ池・上正力・南山の五ヵ村（大谷村頼兼組所属）と中田村（上戸北方村真頼組）の六ヵ村のことを「先御改作地」と呼ぶ一一点の史料についてである。この一一点すべて尾間谷家文書に属するが、(13)承応年間の「御開作」文言のある古文書一四点の内訳は、前述の三点（別表Ⅰ7・13・16）とこの尾間谷家文書一一点であった。つまり別表Ⅰの限りでいえば、「御開作」文言をもつ一四点のうち一一点は珠洲郡の「先御改作地」六ヵ村に関するものであった。では「先御改作地」六ヵ村とはいったい何なのか、承応二年三月に奥郡全域が御開作地になってゆくなかで、この六ヵ村だけ、なぜ年貢算用のうえで他の村々と異なる呼称や単位とし区別され続けたのか、いささか検討する必要がある。

尾間谷家文書で「先御改作」六ヵ村と表記される代表例は、「（慶安三年・承応二年）真頼組・頼兼組村々棟数・高書上帳」[14]や承応三年六月の「承応元年ニ先御改作知へ御借シ被為成候入用銀之内去暮ニ指上申分御返し被成人々請取申御帳」（別表Ⅰ31）という二冊の帳簿である。前者は珠洲郡の二つの十村組の棟数等を記録するが、「先御改作六ヵ村分」「改作六ヵ村分」という集計注記があるので、承応二年段階に「先御改作六ヵ村」なる単位が存在したことがわかる。途中の欠失も想定される前欠文書なので、北方村真頼組・大谷村頼兼組を構成する村数の全容を明確にできない憾みがあるものの、別表Ⅰに掲載した尾間谷家文書一一点に「先御改作」が見えるので誤記でないことは間違いない。

後者は表紙だけで算用帳簿の本体はないが、表題から承応元年に「先御改作地」に対し改作入用銀の貸与があったことがわかるので貴重である。おそらくこの入用銀貸与は珠洲郡の前述の「先御改作」六ヵ村に限定した救済策であろう。改作入用銀を奥郡で最初に貸与し救済した村々なので「先御改作」六ヵ村とされたのである。

ところで、尾間谷家文書の所蔵者である珠洲郡南山村の尾間谷家は戦国以来の土豪百姓であり、当時は南山家と呼ばれていた。村域の大半を占める土地・山林等を支配していたが、寛永八年に奥郡奉行稲葉左近の介入をうけ経営縮小を余儀なくされ、以後村肝煎として村の統括にあたった旧家である。南山氏の土豪経営の衰退とともに配下の従属民は自立できたが、奥郡蔵入地支配の厳しい収奪により、南山氏から独立した小農経営は苦難の連続で難渋したという[15]。南山村を含む近隣の六ヵ村が承応元年十月、早速御開作地となったのは、土豪経営衰退後の南山村の苦難をものがたる現象の一つであった。土豪経営の解体・縮小と小農自立がもたらした負の側面を改善するため「御開作」仰付を求めたのである。

承応元年十月以後に貸与された改作入用銀について言及した「先御改作」六ヵ村の請書（別表Ⅰ15）が尾間谷家文書に残っていた。案文の雛形であり藩から強制された請書ではあるが、「先御改作」六ヵ村での救済策の実態が窺えるので貴重である。次に全文を掲げる（傍線は筆者）。

［1］　乍恐申上候

一、御開作知ニ被為　仰付、諸入用銀年内御借渡シ被為成、牛馬・諸道具買立并作食米過分ニ御かし被為成候ニ付難有奉存、当年之耕作無手揃例年より早束（速）仕付、壱番草迄取仕廻申候、其上なつ打之畠なとも例年より打まし申候、其外稼方昼夜無由（油）断仕申候、然上ハ当暮之内収納方無滞可仕と拾村肝煎・村肝煎より切々被申渡候通、同名之内互ニ吟味仕申候、若稼なと無沙汰ニ仕ル者御座候者、兼日ニ可申上候、以上、

承応二年六月十一日　　何村　た　れ

書はてニ而村肝煎
六ヵ村如此不残小百姓面ノ通判仕候

和田平兵衛様
久世平右衛門様

右小百姓中申上候通、当年之耕作早束仕付申義、少も相違無御座候、稼之儀も切々村廻り仕申付、由断為仕不申候、以上、

ひかへ

拾村北方村　真頼
同大谷村　頼兼

この請書は承応二年六月発給だから、「諸入用銀年内御借渡シ」と述べたときの「年内」は承応元年の内と解釈できる。「承応二年末までに貸与」と解すると承応二年の農耕に何の役にも立たない救済銀になってしまう。承応二年の耕作に役立つには承応元年中に貸与され「牛馬・諸道具買立」等に支出しないと意味がないのである。「諸入用銀」の返済時期は同年夏から秋で、返済時期がきた六月にあえてこのような請書を書かせたのであろう。過分に貸与された作食米も返済は収穫後、年貢皆済とともに返納を期待されていた。「先御改作」六ヵ村では、前年十月より耕作再建費用や作食米の助成をうけ、承応二年のぬかりない農耕と年貢皆済と救済米返納を期していた。六ヵ村の累積債務に関する助成も何らかあったと推定される。

表3－1A 「先御改作」6ヵ村の年貢高・山役

	承応3年村高	①定納・口米高	②未進米	未進率	③山役代米・口米共	④慶安4年分払付米残高
中田村	360.222	155.749	13.5	8.7%	4.536	19.2
南山村	233.964	81.905	7.5	9.2%	4.644	15.6
白瀧村	57.825	21.435	2.5	11.7%	2.376	3.0
上正力村	147.816	46.510	8.5	18.3%	6.264	6.3
吉ヶ池村	159.986	46.198	11.5	24.9%	6.264	18.6
上山村	142.919	44.451	6.5	14.6%	5.644	5.1
（合計）	1,102.732	396.248	50		29.728	67.8

（注1）典拠は尾間谷家文書32号。単位は未進率以外すべて石。
（注2）史料原文では「慶安4年分払付米残高」に「その他」3石余が計上され合計は71石162合であったが、表示にあたりその他(目払米・蛸島山中米）は略した。なお、この項目に「山役掛付目払米山中米」も加えた100石8斗9升を小計高とし、御蔵米の有米高として記載される。

承応二年八月十六日付「承応元年分御蔵米先御開作分払方帳」（別表I 17）は、「先御改作」六ヵ村の承応元年分の年貢定納米等の皆済状況と支出内容を奥郡代官に報告したものである。そこに記された「先御改作」六ヵ村の①定納・口米高と②未進米・未進率、③山役代米（口米共）高、④慶安四年（一六五一）分蔵米からの払付米残高（利足二割共）の四項目を一覧したのが表3－1Aである。①②の末尾に「右は承応弐年正月十五日ニ久世平右衛門殿御請取、則御切手壱通先御奉行仕渡、御算用ニ河合六郎右衛門殿へ上□」、③④の末尾に「右は承応弐年三月五日和田平兵衛殿御請取、則御切手壱通先御奉行仕渡、御算用ニ河合六郎右衛門殿江上ル」とあり、承応元年十月に「御開作地」となった六ヵ村を対象に、新しい代官和田平兵衛・久世平右衛門が承応元年分の年貢請取状を発給し算用を確認したことがわかる。なお、承応元年分の蔵入地年貢の算用責任者は旧来の奥郡奉行三人であった。しかし、受領した年貢米や貸米等の返済分はすぐさま、新代官らの手で奥郡の塩手米・作食米などに支出された。

表3－1Bは「承応元年分御蔵米先御開作分払方帳」の最後に書かれた「先御改作」六ヵ村から納付された四九七石余の支出内容を表示したものだが、四九七石余の収入源は六ヵ村からの①定納・口米高と④慶安四年分払付米残高など（一〇〇石余）であった。④は慶安四年分の年貢

表3-1B
先御改作地蔵米497石余の支出先

蔵米高	支出先・用途
46石750合	中田村作食米に渡す
93石250合	頼兼組5ヵ村作食米
63石801合	蛸島組へ廻米
91石248合	三崎組へ廻米
165石	大谷組へ廻米
37石089合	若山浜方へ渡米
497石138合	

（注1）典拠は尾間谷家文書32号。
（注2）先御改作地蔵米高497石138合は表3-1Aの①定納・口米高に④慶安4年分払付米残高および「その他」3石余、さらに③「山役掛付目払米山中米」29石728合を加えたものである。

米を地元百姓に払い付けた分の残余もしくは返納米なので、ともに「先御改作」六ヵ村の年貢米であった。表3-1Bによれば、そのうち一四〇石が同じ六ヵ村の作食米に貸与され、残り三五七石余は近隣の製塩村に塩手米として送られた。奥郡の塩専売体制を継続させつつ「御開作」に伴う助成米をその地域の年貢米で賄うという年貢米の循環構造が、表3-1から浮かびでる。

なお史料1の宛所に出てくる和田・久世は「先御改作」六ヵ村関係に頻出する奥郡代官である。承応三年「御馬廻五組侍帳[16]」に、和田平兵衛は「能州奥郡改作御用人」の肩書をもつ二〇〇石取の馬廻士、久世平右衛門は「能州御代官」の肩書をもつ二八四石取の馬廻士として載る。また「(承応三年)能登奥両郡収納帳」(以下「奥郡収納帳」と略記)では、和田・久世両名は承応二年・三年の奥郡収納代官の中で最も支配村が多い代官で一一二ヵ村を管轄した[17]。この一一二ヵ村のなかに「先御改作」六ヵ村に属する白瀧・上山・吉ヶ池・上正力・南山・中田も含まれる。六ヵ村のうち五村は大谷村頼兼組に属し、中田村のみ北方村真頼組に属する。頼兼組、真頼組の村々には別の代官の管轄地も混在しており、十村組裁許の組分け区分と代官管轄区分は異なっていた。代官が管轄する徴税区分のほうが上位に置かれ、十村組を裁許する奥郡十村たちは複数の代官に対し年貢減免や皆済算用に関する手続きを行い、代官の徴税業務を下支えしたのであろう。

ところで、和田の「能州奥郡改作御用人」という職名は注目すべきで、「先御改作」六ヵ村を裁許する代官であったから「改作御用人」とされたのであろう。「改作御用人」とは他郡でみた「開作地裁許人」つまり改作奉行のことであろう。奥郡では蔵入地支配の伝統もあったから、「御開作」仰付を契機に新たに奥郡に派遣された代官はみな開作地裁許を託されたのであろう。とくに奥郡全体が「御開作」の対象となった承応二年三月以後、奥郡全域が御開作地であり、そこで代官をつとめるものはすべて開作地裁許人とみてよい。実際に「改作御用人」という肩書を名乗ったものは限られたのかもしれないが、原理的にいえば、承応二年三月以後の奥郡蔵入地での「御開作」の担い手は第一に代官であり、彼らが「開作地裁許人」であり、「改作御用人」という肩書を称することもあったのである。

承応二年段階の奥郡開作地を支配した代官名は部分的にしかわからないが、承応三年の代官支配に関しては、「奥郡収納帳」で全容がわかり表3-6に一覧を掲げた。ここに示された代官の多くが「開作地裁許人」または「改作御用人」とみられ、侍代官一八人と十村代官五人で二〇の管轄単位を支配した。大菅八郎右衛門など数名[18]は、慶安期に小代官として活躍した実績をもって、奥郡御開作地の代官となったが、大半は承応元年十月の「御開作」仰付を機に投入された新任代官とみられる。また、慶安期までの小代官は十村組と対応して設置されていたが[19]、「御開作」期の代官支配地は十村組の管轄と一致せず[20]、十村組との対応は考慮されない代官所割であった。なお、「御開作」実施期の十村組の数は、二節の検討で二四組と推定できたが、十村は開作地裁許人としての代官の下で補佐役として一年余、「御開作」実務を担当したのであろう。十村でなく侍代官主導で承応二年の奥郡「御開作」は遂行された。

奥郡「御開作」の政策遂行の責任者は、開作地裁許人としての奥郡代官であると指摘したが、この点は全郡蔵入地であった奥郡改作法の重要な特質といえよう。また、奥郡の改作法実施によって従来の蔵入地支配の体制は終焉したと見瀬和雄は論じたが、変化したのは慶安期までの奥郡奉行三名(嶋田勘右衛門・古沢加兵衛・箕浦五郎左衛門)の解任だけであった。奥郡代官については人材を大きく入れ替え、新たな任務(御開作地裁許)を与えたうえで存続させたのである。十村も三〇組を二四組に再編するにとどまった。

以上から「先御改作」六ヵ村は、承応二年三月以前、奥郡で最初に「御開作」仰付があったから「先御改作」という呼称が使われ、「改作御用人」の肩書をもつ和田のような代官の裁許をうけたことがわかった。承応二年になれば、そうした名称は消えてよいのに、なぜかこの六ヵ村の年貢米・作食米などについて、承応三年まで「先御改作」文言が付いてまわった。その明確な理由は明らかにできないが、奥郡「御開作」仰付の典型地として、担当代官の和田・久世が「御開作」による救済と恩恵がこの地で永く記憶されるよう、この呼称を使い続けたのかもしれない。この六ヵ村の年貢米を預かった火宮村御蔵では「御開作地御蔵米」の預証文を作成し、この米は「御開作地六ケ村、正月二月飯米」に買い受けたなどと記録した（別表Ⅰ20・21・23など）。このような記述態度から、代官の押し付けではなく村のほうが「御開作」仰付に感謝し、「先御改作」という用語にこだわったようにも読める。在地の側の姿勢が原因かもしれない。

「先御改作」六ヵ村のように、承応元年十月の「御開作」仰付と同時に御開作地となった村がどの程度あったかは不明である。石川郡での改作法実施は一村ごと、村からの要望に応じ実施されたと第二章で指摘したが、裏を返せば村から作食米・敷借米等の要望がなければ貸与されないということになる。奥郡では改作入用銀の貸与が明確に証明できるのは、珠洲郡の「先御改作」六ヵ村ほか数ヵ村に限られる。敷借米はほぼ全村で貸与されたことは寛文村御印からわかり[21]、次にみる作食米貸与も広汎になされた[22]。奥郡全域が御開作地になったことで、こうした百姓救済策は、広汎に実施されたが、個別にみていくと村の要請がないから実施されなかった村もかなりあった。承応二年になると奥郡全域が「御開作」の政策対象になったと述べたが、それはすべての村で作食米・敷借米・改作入用銀などの貸与があったことを直ちに意味しない。十村を通して村ごとに救済要求を汲み取り、実施されていったのである。そのなかで、改作入用銀については実施範囲がかなり限定されていた印象をうける。以下では、奥郡における作食米・改作入用銀・敷借米という救済米の運用実態を個別にみてゆく。

なお「先御改作」について、後年の記録であるが十村粟倉家に残る「十村手帳[23]」の中に次のような記載があったので紹介しておく。

先御改作
一、承応元年十月　　　　　御奉行　津田宇右衛門
後御改作　　　　　　　　　　　　　伊藤内膳
一、承応二年正月　　　　御奉行　菊池十六郎
　　　　　　　　　　　　　　　　　園田左七
　　　　　　　　　　　　　　　　山本清三郎

一、承応三年十月十一日、百姓中村御印被下初也、
一、鳳至郡敷借本米高千八百弐拾弐石五斗、明暦弐年十一月十日ニ半分、万治弐年七月十日両度ニ御赦免也、
右延宝年中、祖父故吉久覚書之内有り、写之、

この記述は鳳至郡十村粟蔵村彦三郎(24)が延宝年間にしたためた写であるが、疑問が多々ある。承応元年十月から「先御改作」、承応二年正月から「後御改作」としたのは前述から妥当であるが、担当奉行を前者は津田宇右衛門、後者は伊藤内膳・菊池十六郎・園田左七・山本清三郎の四人とした点は従えない。別表Ⅰなど管見史料でみた限り、津田宇右衛門が奥郡支配に関与するのは承応二年十一月二日付「中田村等五ケ村肝煎連署申状（津田宇右衛門・和田平兵衛宛）」（別表Ⅰ18）からで、承応三年には頻繁に登場し承応末～明暦期の津田宇右衛門は奥郡奉行とみてよい。したがって津田はむしろ「後御改作」以後の奥郡支配の責任者であり、「先御改作」三ヵ月の奉行と限定したここでの記載は採用できない。

「後御改作」担当の四奉行は、奥郡関係史料にほとんど出てこないが唯一、別表Ⅰ8の承応二年三月付請書の宛名にみえる。この請書は、奥郡に下向した奉行の御下代衆が当然行うべき徴税御用について、村の物書・番代を動員し酷使した事実を聞き知った利常が、村として物書・番代を藩役人に提供することを禁止し、村に請書を書かせたもの

である。村々から伊藤内膳・菊池大学・園田左七・山本清三郎の四人宛にこの請書が提出されたが、こうした改作請書の控・写が能登各地の村々に伝来していたはずで、その記載日付が承応二年付であったことから、粟蔵村彦三郎はこの四人を承応二年の改作奉行と誤認したのであろう。この四人は奥郡宛に限定されることなく、多くの改作法関係法令に署名していたので、地域ごとに改作法の実施体制が異なることに気付かない当時において、こうした誤解は止むを得ないことといえる。また、この四奉行の就任時期を「後御改作」としたのも妥当でなく、この文言は同時代史料に全くみえない。「先御改作」という文言の対句として粟蔵村彦三郎が創作した文言であろう。(25)

(二)　奥郡開作地での作食米

奥郡の改作法始期に関し、従来は「承応元年十月」とされていたが、寛永四年から奥郡が蔵入地化した事実が確認された一九七七年以後、蔵入地化した奥郡で改作法が、いつどのように始まったか改めて検証する必要が生じた。この点に注目した見瀬和雄は堀彦大夫による奥郡廻村報告書（慶安五年七月四日付）を全文紹介し、堀によって掌握された奥郡の実情と堀の改善策を具体的に示したうえで、この廻村報告をうけ八月十五日奥郡十村中宛に発給された利常印判状(26)（別表I1。「定八ヵ条」と以下略記）を「奥郡に改作法の開始を告げる法令」と評価し、利常は奥郡蔵入地政策の転換を図り従来の強圧的な収奪姿勢を改め「百姓経営維持を基調とした諸政策へと一転」したと述べる。(27)

堀の廻村報告書から①奥郡村社会の全体的な荒廃・疲弊、②塩生産者が低廉な塩価格や燃料材の枯渇等により衰微、塩専売制が行き詰まっていたこと、③奥郡百姓への蔵米払米制度が未進増大などで転換を迫られていたことがわかり、慶安末期の蔵入地支配の行き詰まりは明確であった。その翌月に発給された「定八ヵ条」の内容は、堀の報告書の認識や改善策に照応し、見瀬が指摘するように「定八ヵ条」は二五年にわたる奥郡蔵入地支配の是正を目指すもので、奥郡「御開作」に関わる重要な一次史料である。重要史料なので、本文の条書部分のみ掲げる。

［2］

定

一、七拾弐貫四百五拾三匁　借銀

一、千五百三拾七石八斗五升　慶安四年迄未進

一、弐拾五貫七百五拾目　浦方猟師為入用借銀

右為郡指延者也、十村肝煎共見計次第、横目を以様子公儀江可申上候、横目可遣候条、横目・十村申談銀子取立、十村連判横目致審(奥カ)判、送り相添銀子奉行人江相渡シ、奉行之請取手形、横目・十村請取、其趣公儀江可申上事、

一、八千四百石　作食利足弐和利

右村々手寄〱之蔵ニ本米納置、横目と十村改、相封を可付置、利足米ハ奉行人江可相渡事、

一、作食相渡砌者、横目・十村相談〔封〕を以可相渡事、

一、塩手米壱表ニ付、塩五俵充定事、

一、払付米直段、七尾・富来両所之直段ニ弐匁倍相究事、

一、十村役之外、小代官之儀者不及申、雖為奉行、於申付者、承引仕間敷者也、

右の四条・五条目で作食米貸与について触れる。慶安年間まで奥郡蔵入地で作食米貸与の事例をみていないので、これが奥郡における作食米貸与の初見であろう。北加賀・越中川西では寛永十九年頃から作食米貸与が実施されていたが、奥郡住民にとって作食米は新たな救済策であり、「御開作」を象徴する重要施策と受け止めたにちがいない。「定八ヵ条」の作食米規定によれば、総額八四〇〇石の作食米は、従来から奥郡各地に設置されていた「村々手寄手寄の」御蔵（蔵米等を保管する蔵）に村々の作食米を保管し横目衆と十村が「相封」し管理した。再び蔵を開き貸し渡すときは横目衆・十村が立ち合い「相封」の上で貸与した。

「定八ヵ条」のあと承応元年十一月十一日の作食米御印[28]（別表Ⅰ3）で、①奥郡八四〇〇石の作食米利足（二割）は十村が取り立て奉行人に納付せよと指示し、本米は個々の百姓の名札を付けて作食蔵に返納し十村が米高の吟味を行い、蔵管理は横目とともに十村が行う、作食蔵が損傷したら修理するなど懇ろな蔵管理につとめよ、②作食米は諸百姓にとって望ましい施策なので十村が催促する必要はなく百姓たちが率先し蔵納すべき、③蔵納された作食米の米質が悪く損じたときは公儀の預り知らぬ事（百姓の責任）、蔵自体に損傷があり雨漏などで米に痛みが生じた場合、作食利足米にて弁済すると通達する。その末尾に「御横目衆より写シまわり申候」という注記があり、作食米本米の貸与について「十村と相談致し蔵ヲあけ」と触れるので、この作食米御印は奥郡派遣の横目衆宛に発給され、横目衆から各十村に写が廻達されたこともわかる。

奥郡以外の前田領では、承応元年八月二十七日付利常印判状[29]（以下では「覚八ヵ条」と呼ぶ）で、従来の作食米制度が刷新された。「覚八ヵ条」は作食米貸付・運用における十村の責任を明記し、百姓側の自主的返済に依拠した制度に転換した点で画期的であったが、奥郡宛の「定八ヵ条」とそれに続く十一月十一日付利常印判状で示された作食米政策も、基本は「覚八ヵ条」と同じであった。奥郡の「御開作」仰付を機に他郡と同じ作食米貸与規定が、八月十五日付と十一月十一日付の二つの利常御印で通達されたことは、奥郡における「御開作」仰付が承応元年十月に始まったと記す「御郡中段々改作被仰付年月之事」の妥当性を示す有力な証拠といえる。

また「覚八ヵ条」の末尾に「十村役の外の儀、郡奉行・代官申し付け候とも承引仕るまじく候也」とあり、作食米貸与は郡奉行・侍代官から独立し十村主導で進めることをうたうが、それは「定八ヵ条」の末尾で「十村役之外、小代官之儀者不及申、雖為奉行、於申付者、承引仕間敷者也」と記したことと同じ趣旨で、奥郡でも十村が作食米運用の責任者であったことを示す。

「定八ヵ条」は奥郡「御開作」仰付を先取りした救済の宣言である。十月までに御開作地が選定され、①作食米貸与、

表３－２　先御改作６ヵ村の作食米高

村名	作食米高	借用百姓人数
白瀧村	1石	6人
上山村	2石	14人
吉ヶ池村	2石	17人
上正力村	1石7斗5升	11人
南山村	3石5斗	30人
中田村	4石7斗5升	19人
（合計）	15石	97人

（注）尾間谷家文書 57 号「先御改作知作食米借用仕御帳」による。

②借銀・未進等の返済延期、③塩手米レートを米一俵＝塩五俵に改定する、といった救済策がこの印判状を根拠に遂行された。これに続き開作入用銀の貸与、敷借米などの救済策も展開したが、開作地裁許人であった代官がその陣頭にたっていたはずで、十村がこれを補佐し「御開作」御用を分担した。小松城からは横目衆等が派遣され、他郡の実績ある十村を奥郡に投入したのは、奥郡十村の人材に何か不備があったからであろう。

　奥郡の作食米八四〇〇石は、代官ではなく奥郡十村に運用が任された点は他郡と同じだが、代官主導で改作法が遂行されていた奥郡「御開作」では新しい一面であった。しかし、奥郡十村はこうした登用に十分応えたとはいえない。この点は二節で論じる。

　承応三年七月三日付「先御改作知作食米借用仕御帳」（別表Ⅰ33）は、前にみた「先御改作地」六ヵ村の作食米貸与高を村別また個別百姓ごと貸与高を列記し、同年九月中の返済を約束した借用請書という面もあった。表３－２に示したように、六ヵ村合わせて九七人の百姓に一五石が貸与されたが、二人の十村と村肝煎六人は、作食米貸与の監督官（横目衆）とみられる松宮権右衛門・伴喜右衛門宛に[30]「右者御改作知ニ被為仰付、利無之ニ作食米御借シ被為成人々、面付之通慥ニ請取申候、此度之作食米之義者不寄存御義、殊ニ払米ニ御ふり替、重畳難有忝次第可申上様無御座候、当九月中ニ急度返上可仕候、自然連判之内いか様之義御座候共、相残者分共相済可申候、為其連判之借状上申所、如件」と記し、この帳簿の最後を締め括る。

　この借請文言で注目されるのは、傍線部の「利これなしに」作食米を借りたという点と、この作食米を「払米に御振替」され有り難かったと謝意を告げた部分である。前掲の承応元年「定八ヵ条」でも同年十一月十一日付御印でも、作食米は二割の利足を付け返済することが原則で、本米は各村の御蔵へ、利足米は奉行人に直接渡すと定めていたが、「先御改作」六ヵ村では利足免除と記した点が注目される。一般的に作食米貸与をうけると二割の利足は取られたが、「先御改作」地では利足免除という他にみない特典があったようである。

次に作食米貸与に関わり「払米に御振替」と述べたのは、どういう恩典なのだろうか。さきに表3－1Bを掲げ「先御改作」六ヵ村の蔵米四九七石余の支出先を表示したが、「上戸真頼与中田村作食米に渡ル」分と「大谷村頼兼与五ケ村作食米に渡ル」分の合計一四〇石は、「先御改作地」に作食米として貸与されたことが明瞭である。その他の蔵米は蛸島組・三崎組・大谷組への廻米分（三二〇石余）と若山組浜方への渡米（塩手米、三七石余）であった。「先御改作」六ヵ村の年貢等収納米は、このように塩手米あるいは払付米として利用される予定であったが、無利足の作食米に一四〇石も支出されたため払付米支出が大きく減少したと想定できる。そのことを「払米に御振替」と表現し、高利の払付米の強制が大幅に縮減され、無利足の作食米にとって代わったことを村として歓迎したのである。つまり寛永四年以来奥郡で行われていた年貢米（蔵米）の村方払付（販売）は、藩による半ば強制的な米穀販売による代銀搾取であり、奥郡生産者を苦しめるものであったが、それが作食米に振り向けられたのだから、村にとって都合がよかったのである。

「先御改作」六ヵ村の作食米事例から利足免除の特典が浮かび出たが、「先御改作」以外の村々では一般に二割の利足米が徴収され、この利足米をもって翌年の作食米本米を増やすことは可能であった。ちなみにいえば承応元年八月の奥郡作食米総額は八四〇〇石であったが、明暦二年には一万二二〇六石に増えていた(31)。この四年間のうちに作食利足三八〇六石が本米に追加され、作食米総額は約四五％、年当たり約一〇％増えた。

また作食米は承応元年十月に始まったが、奥郡では毎年九月に返済し十月以後新たな貸出を行うというサイクルで運用された。作食米制度は、どの郡でも「御開作」期間に保管・貸与・返還の循環システムを確立させれば継続運用できる制度で、そこに特長があり、「御開作」以後天明期まで継続された基礎要因でもあった。なお、利足免除の作食米は「先御改作」六ヵ村のみの特典であろう。おそらくその特典は一年限りで「御開作」終了とともに利足免除特権はなくなり、承応三年以後利足を納める作食米になったのであろう。(32)

(三)「先御改作地」での入用銀貸与

御開作地での救済策のうち改作入用銀貸与については、奥郡でこれまでほとんど検討されていないが、さきに掲げた史料1（別表Ⅰ15）と表紙だけの「承応元年ニ先御改作知へ御借シ被為成候入用銀之内去暮ニ指上申分御返し被成人々請取申御帳」（別表Ⅰ31）は奥郡御開作地で改作入用銀が貸与されたことを証する重要史料である。表紙だけの冊子に付随する同一日付（承応三年六月二十五日）の北方村真頼から代官松宮権右衛門・伴喜右衛門宛の前欠文書（別表Ⅰ32）が残っていた。そこに「右者承応元年ニ私与下先御改作知、入用銀御借シ被為成候内、去暮指上申分、人々へ御返し被成、重畳忝奉存、銘々慥ニ請取申候、借状帳之儀者最前上置申ニ付、只今借状上ケ不申候、以上」と記すので、「先御改作」六ヵ村が承応元年十月の「御開作」仰付を機に入用銀貸与をうけたことが、より明確にわかる。また後段では、村方が返済した入用銀について村人個々に「御返しなされた」と述べるので、入用銀返納免除の救済があったこともわかる。

「村々諸未進覚」(33)は、頼兼組に属する四ヵ村の承応二年までの負債高のメモである。作成年次不明で差出人・宛名も記されない覚書だが、これによれば慶安四年から承応二年に白瀧・上山・洲巻・北山の四ヵ村が背負った未進米・借銀は、ⅰ古御城銀（慶安四年暮）、ⅱ新御城銀（承応元年春）、ⅲ承応元年年貢米のうち未進高、ⅳ承応元年払米未進、ⅴ入用銀上ケ残高、など五品目であり、村別内訳は表3－3の通りであった。このうち、ⅴ入用銀上ケ残高は、承応元年暮・承応二年春に返済すべき「開作入用銀」の未納分であった。これ以外の四品目はすべて承応元年改作法実施

表3-3　頼兼組4ヵ村の諸未進高覚

村名	i 古御城銀	ii 新御城銀	iii承応元年 年貢米之内	iv払米未進	v入用銀上ケ 残高	i～iv合計 (石高換算)	敷借米高
北山		60匁		1石2斗5升	307匁57(春)	2石964	12石
洲巻	3匁	76匁			94匁　(春)	2石257	7石77
上山		145匁	6石5斗		241匁14(暮)	10石643	14石50
白瀧	＊虫喰欠	70匁	2石5斗		99匁69(暮)	4石500	7石50

(注1) 尾間谷家文書82号「村々諸未進覚」による。
(注2) iは慶安4年暮時点、iiは承応元年春時点、iiiは承応元年暮、ivは承応元年分の未進額である。vのみ奥郡改作法が実施されたあとの承応元年暮または承応2年春の未進であるが、暮・春という注記で表示した。なお、米の未進は石高で、銀の未進は匁で単位表示する。i～ivの合計にあたり35匁＝1石の換算を行った。また敷借米高は表3-4による。白瀧村の合計では、虫喰で読めないiを除いた合計高を示した。

以前の未進米・借銀である。表3－3の四ヵ村のうち上山・白瀧の二ヵ村は「先御改作」地だが、北山・洲巻の二ヵ村は「先御改作」とされていないのに、入用銀の返済を同二年春に行っている。北山村・洲巻村も「御開作」仰付と同時に御開作地になったのであろう。しかし、なぜ「先御改作」六ヵ村と区別されたのか疑問である。代官が和田・久世でなかったことが原因かもしれない。洲巻村では、明暦二年七月二十六日付「手上免願書」(別表I77)で、「今程御改作地ニ被為仰付、力付申候間」と述べるので、洲巻村が御開作地となったのは間違いない。それが承応元年十月の「先御改作」からなのか、承応二年春からかが問題であるが、v入用銀上ケ残高の返納時期から、おそらく「先御改作」の元年十月であろう。このように前述の「先御改作」六ヵ村以外にも開作入用銀の貸与をうけた「先御改作」村はもっと存在した可能性がある。今後の史料発掘をまちたい。

「先御改作」地ほか改作入用銀の貸与をうけた村々では、翌年春から早速返済を迫られたことが「村々諸未進覚」からわかり、農業以外の諸稼からの現銀収入があれば、ぬかりなく回収させる利常政権の収奪意志の強さがわかる。

「承応二年春入用銀借高払方残銀面付帳[34]」によれば、頼兼組の中村は、「承応弐年春入用銀借高」として四六五匁を藩から借用し、その返済残高の算用を明暦元年に行った。この中村も「先御改作」六ヵ村ではないのに多額の入用銀を貸与されていた。承応二年になると中村に限らず奥郡の多くの村で開作入用銀・作食米が貸与されたのである。しかし、さきに述べたように「御開作」に伴う救済策は一村ごと要望をうけ実施するものであったから、作食米・入用銀の貸与のない村も当然あった。

ところで御開作地指定は、ふつう春先に行うのが通例だが、あえて秋に御開作地を指定したのはなぜか。それは稲作を必ずしも主産業としていない奥郡特有の産業構造によるものと考えられる。漁業・海運・製塩・林業・牧畜・製織など多彩な生業にいそしみ糧を得る百姓が多数いた奥郡では、生業奨励の作食米・入用銀等の貸与は、農耕開始期の春でなくてもよい面があり、それぞれの生業独自の作業サイクルに応じ対処した。[35]奥郡の多様な諸稼や生業の特性を考えると、秋に元手助成が必要な場合もあり、暮や春に回収することもできた。そのような事情もあって、「御開作」着手が変則的な十月となったのかもしれない。

(四) 奥郡の敷借米

再び承応元年八月十五日付「定八ヵ条」（史料2）に戻り、敷借米の実態について考察する。「定八ヵ条」の冒頭三ヵ条に奥郡百姓の借銀高と慶安四年までの未進米の残高を列記し、「郡として」その上納を延期したのは、敷借米導入につながる規定と解される。この三ヵ条を手掛かりに、奥郡「御開作」期間における敷借米の実情をみたい。

奥郡における敷借米文言の最初は、承応二年三月二十三日付利常印判状である（別表Ⅰ14）。この印判状で利常は「承応二年より能州鳳至・珠洲両郡敷借米弐千五百石預ケ置候、弐和利之利足、毎年十一月中ニ取立、百姓指出シ可上之」と狼煙村七兵衛・鵜島村与三兵衛・小伊勢村八郎左衛門に申し渡した。宛名の三人は敷借米運用を託された奥郡十村である。[36]彼らの差配で奥郡の村々の債務・未進の状況に応じ二五〇〇石の敷借米が分配され、救済米として利用されたが、利足分二割は毎年十一月中に納付を迫られた。

なお、敷借米の始まりは周知の通り、寛永十三年飢饉直後の寛永十四年で、奥郡蔵入地化以後のことであり、藩による算用場改革や稲葉左近罷免などが起きた頃であった。給人・十村・商人による高利貸支配の軛から村を救う方策とされているが、その実態は不明な点が多い。奥郡蔵入地で寛永十四年以後、敷借米がどのように実施されたか不明であり、作食米同様、奥郡の慶安以前の史料に登場しない。それゆえ承応二年三月二十三日付印判状に明示された敷借米が奥郡の敷借米の初見であった。

では、奥郡の敷借米二五〇〇石はどのように運用されたのであろうか。承応二年「御敷借米御利足分御納所仕指出帳」（別表Ⅰ25）は十村頼兼から前述の敷借米取立と運用を託された十村三人への報告であるが、大谷村頼兼組の一四ヵ村に貸与された敷借米高と利足米を列記する。表3－4に一四ヵ村の敷借米高を一覧したが、おおむね明暦二年村御印・寛文村御印に記された敷借米高と一致する。(37)

表3－4　大谷村頼兼組14ヵ村の敷借米

村名	敷借米本米	敷借利足	明暦2年の敷借本米
延武	24.5	4.9	◎
内山	4.8	0.96	4.5
大坊	18.3	3.66	18
中村	25	5	◎
宗末	13.5	2.7	◎
二子	13.5	2.7	◎
黒丸	10.15	2.03	10
北山	12	2.4	◎
洲巻	7.77	1.55	7.5
南山	20	4	◎
白瀧	7.5	1.5	◎
上正力	15.5	3.1	◎
吉ケ池	16.5	3.3	◎
上山	14.5	2.9	◎
（合計）	204	41	

（注1）尾間谷家文書42号「御敷借米御利足分御納所仕指出帳」による。
（注2）「明暦2年の敷借本米」欄は、寛文10年村御印に記載された敷借米高と本史料記載の敷借米高が一致していれば◎印を付し、相違があれば村御印記載の数値を記す。

承応二年三月に奥郡に貸与された敷借米は、各村に分配貸与し各村の債務縮減に当てられ、承応二年～明暦元年までの三年間、二割の利足納付を行い、明暦二年と万治二年（一六五九）の二回に分け「元利共免除」の指令が出てその使命を終える。承応二年から万治二年まで七年間の救済策であったが、最後は元利共免除で終わったので、村にとって「徳政」であったことは言うまでもない。

頼兼組の敷借米は表3－4に示したように、

「先御改作」地（南山村など五村）に限定されず大谷村頼兼組一四ヵ村すべてで実施された。しかし、奥郡全村で実施されたわけでもなかった。寛文十年村御印写が残っている村について概観すると、奥郡の四一〇ヵ村のうち一二五ヵ村（約三〇％）では敷借米が貸与されていない。珠洲郡では一一一ヵ村のうち五五ヵ村、約半分の村で敷借米の記載がなかった。敷借米貸与のない村は珠洲郡内浦沿岸の製塩村、飯田町などの町場に片寄る。(38)もともと借銀・未進の少ない経済力のある村に敷借米の貸与は必要なかったからであろう。鳳至郡では約二三％に相当する七〇ヵ村に敷借米貸与がなかった。(39)同じことは作食米・開作入用銀についてもあてはまり、借銀や未進の少ない地力のある村や製塩従事者・漁民が大半を占める製塩村・漁村では、こうした救済米貸与をあえて求める必要はなかった。

作食米・開作入用銀という救済策は、田畠耕作の奨励を念頭に計画されたもので、飯米に事欠く端境期の農民や春の耕作資材（馬・種籾・農具）の購入資金を想定していた。奥郡の製塩村では、そもそも飯米はほとんど塩手米に依存していたので年中食用米穀類は他村や藩からも購入しており、(40)あえて端境期のため作食米を借り受けるメリットはなかった。そればかりか奥郡では、寛永以来の蔵米の払付米が広汎に実施され、村収奪の方策にもなっていたので、二割の利足付救済米に大きな魅力を感じなかった可能性もある。寛永期以来の奥郡蔵入地政策は単純な増徴策でなく、村・百姓救済という体裁も整えて負担増を迫ったので、村の側としては、改めて類似の米・銀貸与の救済策が打ち出されても警戒したのかもしれない。

つまり、「御開作」を象徴する作食米・開作入用銀による救済策に対し、類似の施策を二五年にわたり経験してきた奥郡百姓は用心深く対応したことが想定され、それは「先御改作」村数の少なさと関連があるのかもしれない。

さて承応元年「定八ヵ条」の冒頭二ヵ条で返済猶予とされた奥郡百姓等の借銀は、①慶安四年までの未進米（年貢等）一五三七石余、②借銀、約七二貫匁、③浦方猟師入用としての借銀、約二六貫匁、の三項あったが、藩から奥郡に貸与された敷借米は、このような奥郡百姓の未進米・借銀の返済にどの程度貢献したのであろうか。

前掲の洲巻村など四ヵ村の負債高記録「村々諸未進覚」（表3―3）によれば、慶安四年から承応二年に頼兼組の四ヵ村が背負った未進米や借銀は、ⅰ古御城銀（慶安四年暮）、ⅱ新御城銀（承応元年春）、ⅲ承応元年年貢米のうち未進高、ⅳ承応元年払米未進高、ⅴ入用銀上ケ残高、など五品目にわたるが、いずれも承応二年以前の債務・未進であり、藩の敷借米二五〇〇石も、返済に充当されたのであろう。

奥郡の「改作以前跡未進」は六九二九石（珠洲七五〇石・鳳至六一七九石）、「改作以前跡貸物」三〇二六石（珠洲三二五石、鳳至二七〇一石）と銀一一五貫匁（珠洲三〇貫、鳳至八五貫）であった[41]が、米高に換算すると約一万三二〇〇石であった。これに対し、その返済に当てられた敷借米二五〇〇石は一九％に過ぎない。それでも村方にとって債務・未進の縮減の力になったことは認めなければならない。

なお「定八ヵ条」の冒頭三ヵ条に記された、返済延期となった「慶安四年迄の年貢未進高」一五三八石と二種類の借銀合計九八貫二〇三匁（約二八〇〇石）の合計四三三八石は、奥郡の「改作以前跡未進」「改作以前跡貸物」の合計（約一万三二〇〇石）の三三％であった。つまり承応元年秋の「御開作」仰付によって、奥郡の未進・借銀合計の三三％（四三三八石）が返納延期とされたが、承応二年三月の敷借米二五〇〇石の投入で、奥郡の債務・未進の約一九％が縮減された。この救済額を大きいとみるか小さいとみるか議論は分かれるが、重要なのは、従来と異なり村の債務・未進を縮減させる方に政策の方向が切り替わった点にある。そこに正保期以前の奥郡蔵入地支配と「御開作」との違いを認めたい。

二節　村御印と十村改革

奥郡の「御開作」期間が終わった承応三年以後、奥郡の改革はどのように展開したのかここで検討する。一節では「御開作」という史料文言に注目し、承応元年十月～承応二年の「御開作」期間中、「御開作」を標榜しどういう政策が展開したか検討した。また、承応三年以後に行われた村御印発給、大幅な十村入替、小物成税制改正、手上高・手上免による増徴策など、利常政権にとって重要な収奪強化策に関し「御開作」「御改作」の文言が一切用いられなかったことも確認できた。つまり、奥郡では「御開作」期間中は村救済策と村見分・農事指導が集中的に実施され、「御開作」終了後に収奪強化を恒常化する政策が実施されたのであり、「御開作」以前と以後の政策重点が明瞭に区別できる点が奥郡の特徴であった。その結果、「御開作」という用語の使用実態がきわめて鮮明に浮かび出たのである。改作法執行部は、救済と農事指導、村の耕作意欲喚起策に限定し「御開作」という文言を使った。このような区別は他郡では截然と示されない。奥郡で明瞭にあらわれたのは「御開作」期間がわずか一年余と短く、そこに給人地が存在しなかったからであった。

村御印作成、奥郡十村の大幅入替、そしてこれに伴う厳しい増徴政策について、利常政権が「御開作」「御改作」という文言をあえて使わなかったのは、こうした政策は「御開作」の果実であり、領民は「御開作」への謝恩として当然受容すると利常はみていたからで、[42]「御開作」とは第一に救済であり、その報謝として年貢皆済を求めた。増徴された年貢を皆済させる施策と救済策は連動していたが、区別する意識が改作法執行部側にあったから用語使用にも反映した。百姓・村方が増徴と年貢皆済に異議を唱えられない環境をつくることが、「御開作」を標榜した救済と農業振興の目的であり、当時としてよく考えぬかれた農民支配の論理であった。

また、利常は「御開作」を背景とした収奪強化を長期にわたり安定的に実施するには、藩士（武士身分）を代官（徴税官）とし彼らに権限を与えている限り、収奪強化の弊害（百姓の困窮と抵抗）は不可避と考えていたようで、百姓身分の地域リーダー（中間層）にこれを委任する構想をもっていた(43)。それゆえ承応年間から十村を郡方支配の実質的な主役に仕立てる施策を徐々に推進したが、これを利常による「十村改革」と呼びたい。利常の十村改革が目指したのは、寛永以来、藩直轄の代官支配の下で十村を酷使してきた奥郡蔵入地支配の刷新であり、具体的には、武士身分の代官を大胆に縮減、組裁許十村と十村代官を責任ある「公儀」役人とし、奥郡支配・蔵入地支配を委託することにあった。だが、この十村改革に対しても「御開作」という用語は使われなかった。

一節で見た通り、作食米・敷借米の貸与など「御開作」の施策実施にあたり十村は重要な任務を得て精勤したが、なお代官が徴税と蔵米管理に大きな権限をもち、開作入用銀貸与でも大きな権限をもっていた。他方で、奥郡十村の職務を支援するため小松・金沢の藩役人・横目衆、他郡十村らが頻繁に奥郡に下向したことも奥郡の特徴であった。改作法執行部にとって、奥郡十村に十分な信頼を寄せられず、わずか一年余の「御開作」中の奥郡十村の仕事ぶりに利常は満足したようにみえない。承応末期から明暦元年に十村の入替をすすめ、引越十村を多数登用した原因もそこにあった。こうした問題を以下で検討する。まずは承応三年に発給された村御印発給の経緯とその際の十村の役割から考察する。

(一)　承応三年村御印と十村

村御印について、これまでの改作法研究は明暦二年八月朔日と寛文十年九月七日に一斉発給された村御印にもっぱら注目してきたが、一九七〇年代以後、能登各地の自治体史編纂や『富山県史』編纂で多くの新史料が翻刻・紹介されたので、承応年間から明暦元年の間に発給された村御印の存在がかなりの数明らかとなった。明暦二年以前の事例を列記すると以下の通りである。(44)

・承応三年九月二日　鹿島郡向田村　村御印（筆島家文書『能登島町史 資料編 第二巻』）
・承応三年九月二日　石川郡部入道村　村御印（『石川県史 三編』三一頁）
・承応三年九月二日　能美郡来丸村　村御印（日本常民文化研究所編『奥能登時国家文書一』）
・承応三年九月二日　石川郡宮腰村　村御印（酒屋家文書『金沢市史 資料編8 近世六』）
・承応三年十月十一日　鳳至郡五十里村　村御印（坂本家文書『柳田村史』）
・承応三年十一月十一日　珠洲郡西方寺村　村御印（「能登古文書」加越能文庫蔵）
・明暦元年四月二十一日　婦負郡五五ヵ村の村御印（『富山県史 史料編Ⅴ 近世下』）
・明暦元年五月二十六日　鹿島郡向田村　村御印（筆島家文書『能登島町史 資料編 第二巻』）
・明暦元年五月二十六日　砺波郡太田村　村御印（太田村文書『金子文書』）

これらの発見によって、明暦二年八月の村御印成替（一斉発給）以前に村御印下付があったことが明瞭となったが、各郡における「御開作」の進展と最初の村御印発給時期を郡ごとに明確にすることが課題である。右の確認事例の限りでいえば、加賀三郡と能登四郡（長家領鹿島半郡除く、以下同）では、最初の村御印発給は承応三年とみて問題なかろう。明暦元年五月二十六日付の石川郡・河北郡全村(45)および口郡向田村で下付された村御印は、その意味で二度目の発給であり、明暦二年八月の村御印成替は能登口郡と北加賀では三度目で、能登奥郡では二度目（明暦元年発給なし）であった。なお、長家領鹿島半郡での村御印発給については第五章で、富山藩領婦負郡における承応四年（明暦元年）四月の村御印発給については第六章で考察する。

承応三年に発給された奥郡の村御印については、長山直治による「奥郡収納帳」の分析によって奥郡四一〇ヵ村を対象に発給されたことが明らかになった。[46]長山によれば、承応三年村御印高は元和六年（一六二〇）の能登検地の本高に、それ以後の新開高のうち本高免に近接していたものを随時本高に加えており、それは寛永期の蔵入地支配の成果をうけたものと指摘する。村御印免は寛永期の増免政策で確定した村免に手上免を加えて成ったことも論証している。以下では、この検証をさらに掘り下げ論点も広げる。

承応三年十～十一月に奥郡全村に下付された村御印は、明暦二年の村御印成替の際すべて藩に回収されたので在地に原則残存していない。たまたま写本として前記の二点が五十里村と西方寺村に残っていたが[47]発給日付が異なる。おそらく「奥郡収納帳」の下付された承応三年十月十一日付が公式の発給日と推定されるので、西方寺村の日付は誤写もしくは特別事情による遅れとみたい。五十里村の村御印の内容は左記の通りである。

［3］　鳳至郡五十里村　村御印写

能州鳳至郡五拾里村

壱ケ村之草高

一、弐百九拾壱石四斗壱升五合

内五拾五石五斗　畠方

右免三ツ九歩

一、百弐拾弐石七斗四升□合　定納口米

一、百五拾九匁壱分　夫銀

一、三匁壱分　吉初銀

小物成

一、壱石八斗三升六　山役

一、四斗　　　　　　　　　　　　　　　　　鍛冶役
一、弐斗六升七合　　　　　　　　　　　　　室屋役
一、壱石六斗　　　　本米八石　　　　　　　敷借米
右年内中可納所、若指引於有之者、十村急度遂吟味収納被可申上者也、
承応三年十月十一日（御印欠）
能州鳳至郡五十里村百姓中

ここに記載された村御印高と御印免が確定された事情は長山の指摘通りであるが、それは承応元・二年の「御開作」を前提に受容された高・免であったことにも注目したい。そこで各村宛の村御印と「奥郡収納帳」の関連をさらに詳しくみる。

「奥郡収納帳」は、奥郡四一〇村の村名・村高・村免に続き、定納口米高、夫銀・吉初銀を列記し、管轄する代官支配のユニットごと草高・納米（定納口米高）・納銀（夫銀＋吉初銀）を集計する。六冊で構成されるが、そこに小物成の記載が全くないので、右掲の五十里村御印の前半部のみの基礎台帳といえる。後半の小物成記載は、別の帳簿で把握され通知されたが、その点はあとでふれることとし、まず「奥郡収納帳」の役割を考えてみよう。

「奥郡収納帳」各冊末尾には利常御印「禎印」が捺され、宛名は算用場で、「右収納、此印之両都合を以可相極、不可及算用、代官并百姓中江茂印遣置候、若引ケ方在之所ハ十村急度致吟味、其村より之書付ニ加判形可出候条請取置、帰城之刻可上之者也」と利常の御意が明示される。とくに冒頭で「右の収納高（納税額）は、この印判の冊子にて納米と納銀の両都合を以て極めるべきもので（算用場での）算用は不要」と、奥郡蔵入地の高・免と納税額は小松城の利常が決めたもので、算用場の介入余地はないと断言する。つまり、奥郡蔵入地の本年貢とその付加税（夫銀・吉初銀）は小松城の利常の親裁事項であり、算用場の役目は徴収した米・銀を受領・保管し支出管理を行うことに限定された。

さらに注目すべきは「代官并百姓中へも印を遣し置いた」という部分で、これは「奥郡収納帳」に記載された内容が、代官と村請年貢を納入する村方の双方に「印」（印判状）によって周知されたという意味である。代官には支配ユニットごとに高・免、納銀・納米を書き分けた帳簿が送られ、村にはその村の村高・村免・夫銀・吉初銀を記した印判状が下付されたのである。この村宛の印判状が承応三年の村御印であり、五十里村と西方寺村に残る写がその実例である。この村御印に「奥郡収納帳」と同じ「禎印」が捺されていたことも推測できる。

なお、村御印の高・免等は「奥郡収納帳」の記載と同じであった。もし何かの事情で引き方算用が必要となったなら、十村が「急度吟味致し、其村よりの書付に判形を加え」村からの書類を提出せよと指示する。書類を受け取った算用場はこれを「請取置き」、利常が江戸から「帰城之刻」に上申し裁決を仰いだ。村御印の減免も利常親裁事項であった。

承応三年「奥郡収納帳」末尾に書かれた文言から、利常（小松城）→算用場（金沢・奥郡）→代官（能登奥郡）→村という本年貢・夫銀の徴税支配ラインが読み取れたが、十村は原則外されていた。本年貢（定納口米）・夫銀・吉初銀の徴税に関し第一に責任を負ったのは代官で、十村は走百姓取締り、塩生産者・百姓経営の監督など民情掌握（村人の借銀・未進、乞食、買塩人、塩浜奉公人、郡内他村への奉公稼ぎ人などを掌握し、代官・郡奉行に報告）などを担い[48]、年貢に関しては村方からの減免算用の点検と取次などで代官を補佐した。

このように十村は本年貢・夫銀徴税では脇役におかれたが、小物成徴収では主役をつとめた。前記の五十里村承応三年村御印では吉初銀記載の後に、小物成の税目と敷借米利足が列記され、税額修正は十村が吟味すると明記する。また「奥郡収納帳」には小物成について記載がないが、それは別帳にされていたからで、鳳至郡十村、大沢村内記[49]宛の「鳳至郡（大沢組）小物成」（別表Ⅰ43）という帳簿写がそれに該当する。「鳳至郡（大沢組）小物成」という帳簿は「奥郡収納帳」と同様、承応三年十月十一日付で利常の印判を捺し、大沢組一八ヵ村の小物成税額を村別に列記する。こ

表3-5 大沢村内記組 承応3年小物成一覧

	村名	山役米→明暦2銀役高	敷借米利足（→明暦2利足）	山役以外の小物成
1	上大沢	2石376→ 66匁		博労役1斗
2	大沢	4石320→121匁		博労役1斗、舟役4石277（→櫂役5匁・間役49匁などへ）
3	大沢新			地子銀176匁、舟役34匁
4	赤崎	1石080→ 30匁		
5	下山	4石644→130匁		博労役1斗
6	小池	1石620→ 45匁	5斗5升（→5斗）	
7	鵜入	1石944→ 54匁	6斗5升（→6斗）	舟役3石余（→櫂役170匁・間役167匁などへ）
8	蕨野	4石536→127匁	1石1斗5升（→1石1斗）	
9	光浦	0石648→ 18匁	1石5斗（○）	舟役1石296(→櫂役50匁)
10	堀	1石404→ 39匁	1石5斗5升（→1石5斗）	
11	釜屋谷	2石052→ 57匁	1石9斗（○）	
12	水守	1石836→ 51匁	1石5升（→1石）	
13	中段	1石836→ 51匁	1石7斗（○）	
14	房田	5石400→151匁	2石（○）	
15	山本	6石804→190匁	3石5升（→3石）	博労役1斗
16	下黒川	5石618→157匁	2石7斗5升（→2石7斗）	
17	上黒川	1石944→ 54匁	4斗（○）	
18	縄又	4石104→114匁	2石7斗5升（→2石7斗）	博労役2斗、紺屋役1斗3升3合
	(合計)	52石166	21石	馬口労役6斗、紺屋役1斗3升3合、舟役米8石813合、舟役銀34匁、地子銀176匁

（注1）承応3年10月11日「能登鳳至郡（大沢組）小物成」帳（「慶安五年八月十五日ヨリ寛文五年二月十六日迄御定書等御印物写」氷見市立図書館蔵）、寛文10年村御印（『加能越三箇国高物成帳』金沢市立玉川図書館刊）による。

（注2）山役・敷借米利足・山役以外の3つに分けて承応3年の小物成負担の現状を表示する。「明暦2銀役高」「明暦2利足」は、寛文10年村御印による。山役銀・櫂役銀・敷借米利足などは明暦2年村御印とほぼ同じとみて併記した。承応3年の敷借利足が明暦2年以後、どう変化したか示すのが（　）内の記述であり、（　）内に○印を付したのは同一であることを示す。

の帳簿は「十村肝煎内記」宛だから奥郡十村が小物成徴収の責任者だとわかる。この小物成帳簿は「奥郡収納帳」と同日に小松の利常から奥郡十村に下された小物成税額通知で、村御印の小物成記載の台帳であった。その末尾に「右小物成米銀年内中ニ可取立、若指引有之歟又ハ百姓共申分候ハ、納所以前可申上者也」と小松からの指示が記される。前掲二ヵ村の村御印の小物成に関する税額調整文言と同じである。これらから小物成の徴税は十村に託されたことが明確である。「奥郡収納帳」は代官支配のユニットごとに記載されたが、奥郡小物成の収納台帳は十村組単位に構成されており、十村が徴税責任者であった。

このように承応三年の村御印発給を契機に、十村の小物成徴税官としての役割が明確に制度化されたことは画期的である。大沢組の小物成の税目と税額は表3－5に示したが、銀高でなく米高記載であった。明暦二年の村御印成替で小物成は大半が銀高表示に変化した。承応の奥郡村御印の小物成が米高で表記されたのは、製塩はじめ非農業生産物を藩に納付し蔵米による前貸米を受けてきた奥郡特有の事情によるものと考えられる(50)。

(二)　承応年間の十村改革

「奥郡収納帳」によれば、承応三年の奥郡は二〇の代官支配ユニットで構成され、二三人の代官が単独または複数で管轄した。支配地の大半を占める三八五ヵ村は一八人の侍代官が管轄し一五ユニットに区分され、残り二五ヵ村は五人の十村代官が五ユニットに分け管轄していた。二三人の代官ごと便宜的に管轄村数と支配高を表3－6に示した。ここから承応三年の奥郡に十村代官が五名任命されていたことわかるが、全体からみれば、わずか二五ヵ村にとどまり試行段階とみられる。

十村代官のうち上戸北方村真頼と狼煙村七兵衛は承応四年二～三月に承応二年分・三年分定納口米・夫銀の皆済状を利家から受領する(51)。真頼の承応三年の支配高は「奥郡収納帳」記載高と一致し同帳記載の三ヵ村であったが、承応

	身分	収納代官名	管轄村数	代官支配高	経歴・役職など
16	平士	城四郎兵衛	9村	1,933石	
17	平士	大菅八郎右衛門	6村	1,781石	
18	平士	安藤加右衛門	5村	1,271石	
19	平士	松宮権右衛門	23村	3,501石	寛永19年、小松家臣。承応2年小松家臣、歩行100石。
20	平士	渡辺宗左衛門	7村	*2,889石	
21	平士	白井太郎右衛門	7村	*2,889石	承応2年、小松家臣、馬廻200石。
22	平士	平井伝兵衛	11村	2,833石	
23	平士	近藤治右衛門	45村	9,625石	江戸御用人、承応3年小姓350石。

(注1)「(承応三年)能登奥両郡収納帳」(加越能文庫蔵)により代官名・管轄村数・代官支配石高を列記した。2人で同一代官地を管轄する場合は、村数欄は同一とし支配高に*印を付した。したがって*印の支配高は両者共通のもので、単独の支配高ではない。なお矢部市右衛門の支配高は、内田とともに40村、河井とともに20村を管轄するので、これらすべて合計し支配高を示した。
(注2)代官の経歴については「諸頭系譜」「藩国官職通考」、「古組帳抜書」(加越能文庫)および『加賀藩初期の侍帳』(石川県図書館協会)により必要事項を摘記した。

二年の支配地と多少異なっていたので[52]、代官支配地は毎年微妙に変化したこともわかる。明暦二年二月二十日付の奥郡十村一一人宛藩算用場達に「明暦元年分能州奥郡御代官所不相極以前、春夫銀十村方ニ而取立」とあることから(別表I 69)、毎年、代官支配地の割替があり、各代官の支配する村割は入替があった。十村が裁許する村も正保～承応年間に何度か改定されたが代官支配村のように毎年変わるものではなかった。十村真頼・七兵衛は、他方で自分裁許の十村組から敷借米利足・小物成を徴税し、承応二年・三年の皆済状を受領している[53]。十村代官五人は自分裁許の村々の小物成・敷借利足(小物成の一種)の徴税を行う一方で、収納代官として裁許組以外の近隣数ヵ村で本年貢・夫銀等の徴税支配を他の侍代官とともに行ったのである。承応二年分・三年分の定納口米・夫銀皆済状の受領より真頼と七兵衛の十村代官就任は承応二年に遡るとみてよい。奥郡の十村代官は承応元年以前に確認されていないので承応二年が最初とみられる[54]。奥郡「御開作」仰付を機に十村代官が試行的に採用されたのである。

しかし「御開作」終了後、十村代官の管轄が大きく広が

表3-6　能登奥郡 収納代官一覧（承応3年）

	身分	収納代官名	管轄村数	代官支配高	経歴・役職など
1	十村	小伊勢村八郎左衛門	5村	1,267石	寛永14年から承応年間まで鳳至郡輪島町付近を管轄した十村で、慶安元年に隣の鳳至組を吸収し、鳳至組裁許の輪島崎村孫左衛門は十村役を去る（表3-8）。承応2年3月、敷借米利足裁許に就任。
2	十村	狼煙村七兵衛	4村	2,038石	承応2年3月、珠洲郡17ヵ村の十村に任命され、敷借米利足裁許に就任。慶安期まで三崎村刀禰、高屋村刀禰などが裁許していた高屋組・三崎組に設置された新しい十村組を裁許する新任十村。
3	十村	上戸北方村真頼	3村	1,177石	天正11年11月、利家から扶持をうけた上戸村真頼の名跡を継ぐ旧家。元和7年に同村の中門家が真頼の名跡を相続し郡奉行から公認された。寛永14年から承応年間まで北方村中門または上戸村真頼の名前で十村役をつとめ上戸組を裁許。「御開作」地支配も担当し、承応年間は十村代官として年貢等皆済状を多数残す（『上戸村真頼家文書目録』）。
4	十村	浦上村兵右衛門	7村	1,958石	天正以来の扶持百姓系の十村家で、泉家という。寛永以来明暦元年まで十村役をつとめたが、明暦2年、引越十村の和田村清助が抜擢され十村役を去る。
5	十村	鵜島村与三兵衛	6村	1,020石	寛永14年から承応年間まで鳳至郡輪島町付近を管轄した十村で、承応2年3月、敷借米利足裁許に就任。
6	平士	斉藤三右衛門	4村	1,839石	
7	平士	内田吉左衛門	40村	*2,965石	
8	平士	矢部市右衛門	60村	*6,424石	
9	平士	久世平右衛門	112村	*19,162石	寛永4年、大小将430石。寛文元年馬廻組284石。承応3年能州御代官。
10	平士	和田平兵衛	112村	*19,162石	寛文元年、馬廻組200石（49歳）。承応3年能州奥郡開作地御用人。
11	平士	諏訪孫左衛門	17村	3,613石	
12	平士	山田六右衛門	6村	2,014石	
13	平士	伴喜右衛門	27村	4,939石	寛文元年、馬廻組200石。承応3年、小松家中、射手組200石。のち所口代官、寛文7年召放。
14	平士	河井六郎兵衛	20村	*3,459石	
15	平士	冨田治(次)大夫	53村	9,639石	承応2年宇出津山奉行。寛文元年、馬廻組300石（50歳）。延宝元年没。

ったわけではない。さらに、北方村真頼・狼煙村七兵衛ら五人の十村代官は、代官を兼任したほか敷借米利足徴収の責任者となるなど重責を果たしていた（別表Ⅰ14）のに、五人とも明暦元年に再編された奥郡一組の十村役から除外された。また、五人の十村代官が初めて代官役に就任した頃、引越十村を奥郡に七人も投入する十村入替策が同時進行していた。承応二年・三年に十村代官五人の試用を行うと同時に、新たな十村人材の発掘と登用準備の動きが並行しており、結果として承応期に登用された十村代官五人すべて明暦期の十村役から排除された。その過程を詳しくみておこう。まず承応年間に奥郡の十村制度をめぐって生じた出来事を時間軸にそって再確認する。

［承応元年］

・九月十二日：利常は奥郡十村中に、奥両郡割付銀の課税・運用につき御横目衆と連絡を密にし公儀へ届け出るよう命ずる。この伝達は小松に召喚されていた十村高右近（小山村）・頼兼（大谷村）[55]の納得のもと執行された（別表Ⅰ2）。

［承応二年］

・正月十日：奥郡納所の様子等諸事見分のため、他郡十村（御供田村勘四郎・嶋尻村刑部・宮丸村次郎四郎ら）が奥郡を廻村（別表Ⅰ6）。

・三月十八日：奥郡潤役人に十村六人（中居三右衛門・狼煙七兵衛・大沢内記・皆月九郎右衛門・小木五郎右衛門・鵜川清左衛門）を含む二一人が任命される（別表Ⅰ9）。

・三月十九日：大沢村内記・雲津村八郎右衛門・狼煙村七兵衛が十村役となる。裁許組が追加指定された（別表Ⅰ10～12）。

・三月二十日：石川郡・射水郡の扶持人十村二人が奥郡に派遣され、奥郡の「御開作」仰付は「他郡の十村を派遣するほどの重大事と心得、田畠耕作と諸稼ぎに精励するよう」奥郡十村中に厳しく申し付けた[56]（別表Ⅰ13）。

・三月二十三日：狼煙村七兵衛・鵜島村与三兵衛・小伊勢村八郎左衛門（以上三人は十村代官）が奥郡敷借米利足徴収

の担当官となる（別表Ⅰ14）。
・閏六月二十八日：今枝民部と小松城の青山織部から奥郡扶持人十村に三ヵ条の説諭行う[57]（別表Ⅰ16）。
・七月一日：砺波郡水牧村新四郎と射水郡阿尾村又四郎は、鳳至郡山岸村・珠洲郡松波村に引越十村を命じられ、高岡に出仕、そのあと奥郡に向かう[58]。

［承応三年］
・春：奥郡に加賀・越中から七人の引越十村が任命される（別表Ⅰ26、表3－7）。
・十月十一日：「奥郡収納帳」（十村代官は五人）が下付される。同日付で小物成の徴税台帳が奥郡十村組に下付される（別表Ⅰ42・43）。

［承応四年・明暦元年］
・二月十八日：利常印判状が下付され、十村による村監察や村の要望把握のため書付を上申するときは、十村ではなく若山村延武・諸橋村次郎兵衛・道下村三郎左衛門の扶持人三人へまず提出せよと奥郡百姓中に令した（別表Ⅰ51）。

奥郡では承応三年に続き明暦二年春にも引越十村二名の追加があり、十村家入替の動きはいったん収まる。一一組を裁許する十村一一家の名前・経歴等一覧は表3－7に示した。彼らの就任経緯を個別にみていくと、奥郡十村一一組体制は明暦元年に確立していたことがわかる。一一の十村家はおおむね寛文期までは十村役をつとめるが、早い家では寛文中期、遅ければ元禄期に別家と交替したので、決して安定した顔ぶれではなかった。一一家のうち八家は引越十村であるが、八家のうち一家（柳田村源五家）のみ江戸後期まで残り、伝統ある扶持百姓系十村家で明暦の一一家に残った三家（大沢村内記家・中居村三右衛門家・粟蔵村彦左衛門家）すべて、文政期から幕末期まで組裁許十村として生き残る[59]。

慶安～寛文期の十村入替で新たに登用された引越十村家も淘汰の大きなうねりに晒されていた。そのあと元禄期に

	郡名	十村の名前	就任期間	出自・歴代・苗字など
10	鳳至	中居村三右衛門	承応４年３月～寛文２年５月	天正期からの扶持百姓、慶長９年以後は扶持人十村。承応４年と寛文元年の再任で裁許村増。寛文２年病死。倅が跡役相続し元禄７年病死。
11	鳳至	明千寺村八郎右衛門	明暦元年～寛文２年	明暦２年、能美郡牧野村より明千寺村へ入十村。寛文２年退役、子孫への相続なし。

（注）「能登国十村等由緒」（加越能文庫蔵）に載せる「十村歴代帳」の記述を基本として、菊池文書「承応三年春所々越十村奉窺覚」（富山大学中央図書館蔵、『富山県史 史料編Ⅲ 近世上』収録）などで、引越時期・十村就任時期を訂正した。

かけても十村入替は断続的におき、改作法を契機に登用された十村家も人材が涸れれば十村役から立ち去っていった。十村役は家に付いた御用・役職でなく個人の資質に依拠した登用であったことが明瞭である。

右掲の承応年間の奥郡十村動向を概括すると、「御開作」を機に利常と改作法執行部から直接奥郡十村中宛に下された命令が急増したが、他方で奥郡改作御用人を兼務する代官や奥郡奉行が派遣され、他郡の十村たちも廻村指導にきて奥郡十村の仕事ぶりに是正が求められた面があり、改作法執行部から説諭もうけた。

並行して承応二年春に旧来の十村層の選別と新十村の抜擢があり、十村代官の試用も進んだ。その結果、各十村が裁許する村数は増え、彼らの中から敷借米利足・小物成・淵役等の徴税官が抜擢され、奥郡「御開作」は無事終了できた。一節でみた「先御改作」六ヵ村で十村が御開作地救済の前面にたって活躍したのも、こうした十村改革の一環とみてよいが、他方で他郡十村が見分し指導にあたり、七人もの引越十村指名があり移住が進められた点は見過ごすわけにいかない。利常と改作法執行部は奥郡の十村改革の進捗に満足せず、更なる改革に手を付けようとしていた。

承応・明暦期の十村改革の意義をより広い視点から検討するため、ここで慶安期の奥郡十村の組数や就任者について事実確認を行う。これまでの通史的な見解では、寛永期の三〇組体制から明暦期の一一組に変化したと簡潔に指摘す

表3-7　能登奥郡 十村一覧（明暦元年～寛文期）

	郡名	十村の名前	就任期間	出自・歴代・苗字など
1	珠洲	柳田村源五	明暦元年～延宝4年	明暦元年、石川郡淵上村より柳田村へ入十村、寛文4年宇出津村へ引越、延宝4年7月病死。倅五右衛門が跡役を相続し、歴代十村として組裁許。
2	珠洲	松波村又四郎	明暦元年～貞享元年	射水郡（氷見庄）阿尾村より松波村へ入十村、貞享元年に病死。倅太郎右衛門が跡役相続し、元禄15年役儀指除。鹿野村恒方が裁許。
3	珠洲	鹿野村助右衛門・五郎兵衛	明暦元年～寛文5年	明暦元年（承応2・3年か）射水郡宇波村より助右衛門が鹿野村に入十村するも明暦2年までに交代。明暦2年春、砺波郡坪野村より新たに五郎兵衛が鹿野村に入十村、助右衛門の跡役をつとめ寛文5年まで勤務。その跡役は飯田村伝右衛門へ。
4	珠洲	出田村忠兵衛	明暦元年～貞享4年	明暦元年、河北郡二日市村より出田村に入十村、寛文6年高屋村に引越、貞享4年3月病死。倅長治郎が跡役相続するが元禄11年役儀指除。折戸村次郎左衛門と入替。
5	鳳至	内保村伝蔵	明暦元年～寛文元年	明暦元年、石川郡宮永村より内保村へ入十村。寛文元年病死。倅伝右衛門が跡役に就任したが寛文4年指除。
6	鳳至	和田村清助	明暦2年～寛文6年	明暦2年春、砺波郡小嶋村より和田村へ入十村。寛文6年病死。倅清助が跡役就任し、延宝元年まで幼少につき浦上村兵右衛門が後見、元禄10年十村指除。
7	鳳至	大沢村内記	承応2年～寛文2年	天正期からの扶持百姓、慶長9年以後は扶持人十村。承応2年3月の十村役再任で18ヵ村裁許、承応4年3月に25村裁許となり、寛文元年に39村裁許の指令うけ寛文2年病死。
8	鳳至	山岸村新四郎	明暦元年～寛文7年	明暦元年春、砺波郡水牧村より入十村（承応2・3年準備のため下向）、寛文7年病死。倅新四郎が跡役に就任するが元禄3年役儀指除。
9	鳳至	粟蔵村彦左衛門	承応2年～寛文6年	天正期からの扶持百姓、慶長9年以後は扶持人十村として19村裁許。承応2年と寛文5年の十村役再任で裁許村増える。寛文6年末隠居し倅彦三郎が跡役相続、寛文13年病死。倅は元禄15年病死。

	組名	寛永 14 年	正保 4 年	慶安元年	慶安御印改（拝領年月・扶持高など）
22	西海組（大谷組）	頼兼	（大谷村）頼兼	大谷頼兼☆＊	頼兼 15 俵：慶安 3 年 11 月 13 日
23	松波組（立壁組）	次郎兵衛	次郎兵衛		
24	直郷組	治右衛門	（広国村）茂右衛門	（酒屋村）与三兵衛☆＊→広国村茂右衛門（慶安元年指除）→承応 2 年 3 月鵜島村与三兵衛	
25	上戸組	中門	（上戸村）中門	上戸中門☆＊→北方村真頼	真頼 10 俵：慶安 3 年 11 月 20 日
26	飯田組	恒方	（鹿野村）恒方	（正印組）鹿野村恒方☆＊（承応 3 年引越）	恒方 15 俵：慶安 3 年 11 月 13 日
27	若山組	延武	黒丸	●黒丸（慶安 3 年頃退任か）	（延武 15 俵：慶安 3 年 11 月 13 日）
28	小木組	五郎右衛門	（小木村）五郎右衛門	小木村五郎右衛門＊	
29	蛸島組	八郎右衛門	（雲津村）八郎右衛門	雲津村八郎右衛門（承応 2 年 3 月任命）	
30	高屋組	刀禰	刀禰	高屋長丞☆＊→承応 2 年 3 月狼煙村七兵衛	

（注 1）『能登輪島上梶家文書目録』解説の表 12 に収める田川捷一作成表に、慶安期の任免動向を追記した一覧である。寛永 14 年・正保 4 年の十村名は「御公儀就御用入料銀配符帳」（上梶家文書 D14 号・D36 号）による。所属村を推定した十村に（　）を付した。

（注 2）慶安元年欄には「筒井氏旧記」（加越能文庫、金沢市立玉川図書館蔵）収録の正保 5 年「十村組廃合及び代官入替の覚」（☆印）、慶安元年「両郡十村中名付」（＊印）をもとに慶安元年の十村名を記載するが、奥郡全部をカバーしていない。正保 4 年十村の継続就任が想定される組には◎印を付し、慶安年間に組の途絶や十村入替があった場合は●印を付し（　）内に途絶年次を記した。十村の入替が予想されるケースでは→印を付した。

（注 3）慶安御印改欄は、貞享 2 年「加能越里正由緒記」（金沢大学蔵）に拠る。奥郡十村が慶安 3 年の扶持高・御印改めに際し、扶持安堵された年月日と安堵された扶持高を記す。慶安年間に組裁許ではない十村には（　）を付した。鹿磯村藤右衛門・木住村八郎右衛門については、利家からの扶持状を紛失していたので、安堵が遅れたり、また安堵されなかったという事情があるので、ここに載せていない（本文注 63）。

表3-8 寛永～慶安期の奥郡十村名

	組名	寛永14年	正保4年	慶安元年	慶安御印改（拝領年月・扶持高など）
1	名舟組	太郎右衛門	里村太郎右衛門	里村新蔵（慶安2年）	
2	下町野組	粟蔵	粟蔵村彦左衛門	◎	彦左衛門30俵：承応元年8月15日
3	中町野組	瀬戸		いしい瀬戸＊	
4	上町野組	太郎右衛門	神和住村太郎右衛門	神和住村太郎右衛門＊	
5	諸橋組	次郎兵衛	（沖波村）次郎兵衛	もろはし村次郎兵衛＊	次郎兵衛20俵：慶安3年11月13日
6	山田組	与兵衛	与兵衛	鵜川伝兵衛☆＊→●鵜川与三兵衛（慶安元年指除）	
7	南北組	三右衛門	（中居村）三右衛門	中居村三右衛門＊	三右衛門15俵：慶安3年11月13日
8	皆月組	孫左衛門	九郎右衛門	◎	（彦10俵：慶安3年11月20日）
9	大沢組	内記	大沢村内記	◎	内記15俵：慶安3年11月20日
10	鳳至組	藤右衛門	（輪島崎村）孫左衛門	●孫左衛門（慶安元年指除）	
11	小伊勢組	八郎左衛門	（小伊勢村）八郎左衛門	小伊勢村八郎左衛門☆＊	
12	三井組	太郎左衛門	太郎左衛門	三井村太郎左衛門＊	
13	河原田組	和泉	和泉	●和泉（慶安元年指除）	
14	河井組	五郎左衛門	（河井町）弥三右衛門	河井町弥三右衛門☆＊	
15	阿岸組	高右近	（小山村）高右近	◎	高右近10俵：慶安3年11月20日
16	浦上組	兵右衛門	（浦上村）兵右衛門	浦上村兵右衛門☆＊	
17	仁岸組	少左衛門	勝左衛門		（道下村三郎左衛門15俵：慶安3年11月13日）
18	本郷組	三郎左衛門	（あらや村）三郎左衛門	荒屋三郎左衛門☆	三郎左衛門15俵：慶安3年11月20日
19	仁ケ組	三左衛門	（桑屋村）三左衛門	●三左衛門（慶安元年指除）	
20	正院組	木下	木下	●木下（慶安元年指除）	
21	三崎組	刀禰	（三崎村）刀禰	三崎刀禰＊	

るにとどまり、明暦元年の一一組体制へ至る過程が十分説明されず、奥郡「御開作」のあった承応期の十村制の実情は永らく不問に付されてきた。それゆえ承応・明暦期の十村改革の意味は明確にされなかった。承応期の十村改革の意味を解きほぐすには、承応三年村御印段階およびそれ以前の奥郡十村制の骨格を最低限確認しておく必要がある。承応期の十村制をめぐる動向はすでに示したが、それは慶安段階の奥郡十村制に対する改編の動きであり、慶安期の十村制の実情を知ることで、より深い意味が読み取れる。

寛永八〜十四年頃に確立した三〇組体制は正保四年（一六四七）頃まで、おおむね堅持されたことは田川捷一の研究ですでに確認されており[60]、この三〇組体制が慶安期にどうなったか「筒井氏旧記」所収史料等を総合的に検証した結果を表3-8に示した。慶安元年に確実に就任していた十村、同年罷免された十村、承応期にかけての動向などを表に盛り込んだ。その結果、慶安期の奥郡十村は正保四年の十村三〇人から六人（表3-8の●印の六人）が罷免・除外されていたことが推定できた。六人のうち黒丸の退任・失職時期はなお不明な点も残るが、「御開作」時までに十村役から去っていた。つまり三〇組体制は承応元年十月までに二四組に縮減したとみられる。このほか慶安期への継続が不明な十村が二人（表3-8の空欄の二組）いたが、史料を欠くだけで存続した可能性がたかい。しばらく存続とみておきたい。

おそらく慶安期の奥郡十村組は表3-8に示した二四組に縮小再編されており、承応元年十月の「御開作」仰付はこの二四組を裁許する十村二四人と侍代官によって遂行されたとみるべきであろう。

慶安三年には奥郡十村・「御扶持人」を対象に御印改めが行われ、藩祖利家や二代利長から印判状を得た者は御印提出を求められ、その安堵が一斉に同年十一月に実施された[61]。表3-8の「慶安御印改」欄に記載したのは御印改めの結果安堵された扶持高、安堵御印の年月日であるが、慶安期十村二四人のうち九人は天正以来の利家御印を所持する「御扶持人」であった。慶安三年十一月に利常から改めて扶持高安堵が行われたから、彼らは扶持人十村の嚆矢といってよい[62]。

慶安三年の御印改めは奥郡で少なくとも一四人が対象となり、うち一一人は表3-8に示したように十一月十二日付もしくは十一月二十日付の安堵御印を下付されたが、粟蔵村彦左衛門のように承応元年八月にのびた者もいた[63]。

慶安期の奥郡十村制度の概要をみたが、寛永以来の三〇組体制は、一部の十村を更迭し二四組に再編され、慶安三年の御印改めで、扶持百姓系の有力者を淘汰し扶持人十村にふさわしい人材を改めて選任した。戦国期土豪の系譜をひく御扶持人からも十村人材を求めたことは間違いないが、天正以来の扶持百姓のうち承応の十村改革を経て明暦元年の一一組に残った十村はわずか三家であった。この三家以外すべて他郡からの引越十村であった。その理由は寛永以来の収奪強化で奥郡の疲弊は進んでおり、民情を正確に掌握し、代官の対応に臆することなく在地の要求を代官・奥郡奉行に取次できる人材を求めていたからであろう。そのための人材探し・人材育成が難航するなかでの試行錯誤を、そこにみることができる。次に奥郡の引越十村の移住と十村入替過程をみる。

(三)　奥郡の引越十村

慶安期の十村二四組の体制は、承応元年・二年の「御開作」期間も維持されていたと推定され、前項でみた承応年間の十村制をめぐる動向を見た限り大きな変動の可能性は低い。それゆえ承応三年十月の奥郡村御印の発給時も、この体制はおおむね堅持されたとみてよい。ただし、「承応三年春所々越十村奉窺覚[64]」によれば、承応三年に引越十村七人を奥郡に派遣する伺書が出されたという。この覚書の指摘通り、奥郡の引越十村七人の任命が承応三年中に実現したとすれば、承応三年十月の村御印は奥郡十村一一組体制への移行が始まったなかで発給されたといえる。だが、奥郡の同時期の史料を概観した限り、引越十村七人は十村として公務を果たした兆候が認められない。いったい、承応三年に発令された引越十村七人はどのように処遇されていたのだろうか。この点を引越十村山岸村新四郎の動向に焦点をあて背景を探りたい。

まず、山岸村新四郎の嫡男が貞享三年（一六八六）藩に提出した由緒書[65]によれば、「親新四郎、砺波郡水牧村ニ罷有候処、明暦元年始而十村被為仰付、能州鳳至郡山岸村江罷越、則山岸村ニ而御高百五拾石拝領仕、私迄二代十村被為仰付候」とあるので、正式な十村就任は明暦元年としてよい。しかし、承応二年七月朔日付の能登口郡の代官と推定される多田次大夫書状（有江村藤右衛門・鮟目村太間・熊木村太右衛門宛）の中に「奥郡十村山岸村新四郎・松波村又四郎罷越候、金沢伊藤内膳殿へまいり、其より越中在所へ立寄、五日ニ高岡ニ出、奥郡長百姓召連、六日ニ高岡立可申図ニ候」という文言があり、承応二年から、水牧村新四郎は射水郡阿尾村又四郎とともに、奥郡へ引越す動きがあり、奥郡長百姓の付き添いをうけ、正式就任の二年前能登に下向したことがわかる。[66]二人が十村に就任し公務につくのは明暦元年であったが、承応二年に引越先へ下向し、十村就任の地ならしを行ったのであろうか。

新四郎宛に能州郡奉行津田宇右衛門が発した明暦元年分「郡打銀請取状」（別表Ⅰ57）、承応三年分「敷借米利足皆済状」（別表Ⅰ74）が明暦元年十月以後に登場し、右の承応三年分「敷借米利足皆済状」に「明暦元年七月朔日ニ済」とあるので、新四郎が奥郡十村として公務に従事するのは、明暦元年七月以降とみられる。[67]明暦元年三月十一日には、山岸村で拝領した一五〇石の所持高を同村の三一人の百姓に小作させたので、彼らから「御高居成ニ御をろし被下忝奉存候」とそれぞれ一石（合計三一石）の作徳米上納を「十村新四郎」に誓約している。引越十村は、いわば引越地主として藩から下付された所持高の経営にあたり、「卸し作」を行い、作徳米を得て山岸村に居ついたのである。[68]

いっぽうで新四郎は屋敷を輪島町で得ていた。明暦元年十二月三日の家売渡証文（別表Ⅰ58）によれば、輪島河井町でかつて十村役をつとめた弥三右衛門から、五間八間の「板屋」（板葺屋敷四〇歩）等一式を銀四三〇匁で買い取り自分屋敷とした。屋敷にかかる町中諸役や公儀役などの負担は、売主である弥三右衛門方が負担するとしている。弥三右衛門は何か経営上の問題でもあり屋敷全体を手放したのかもしれない。輪島の屋敷を十村屋敷としたが、山岸村に家作があったかどうかは不明である。なければ不在地主であり在所との関係を構築するうえで不都合であったようにみえる。

こうした点から、新四郎は引越十村に指名されたあと二年ちかく時間をかけ新たな赴任地での生活基盤を作り、引越十村としてようやく公務に従事できたことがわかった。表3－7に掲載した引越十村七人の引越過程も、新四郎とよく似た経緯をたどったのであろう。

以上から承応三年村御印発給時の奥郡十村制は二四組の体制であり、承応二年・三年から動きのあった引越十村は、当初は形式的任命にとどまり、実質的に組裁許に関わるのは明暦元年になってからであった。十村代官の役目を担うのは、さらに遅れ、万治年間以後とみられる[69]。

表3－7に掲げた明暦の十村一一組体制が始動するのは、明暦元年春以後である。別表Ⅰの宛名等を仔細にみていくと、明暦二年の前半まで浦上組では、引越十村和田村清助の前任者とみられる浦上村兵右衛門が、なお十村役として勤務していたことがわかる。和田村清助（砺波郡小嶋村から引越）と鹿野村五郎兵衛（砺波郡坪野村から引越）が奥郡十村に就任したのは明暦二年春とされるが、利常から公認されたのは利常帰国後の六月十四日の「御夜詰」のことであった[70]。それゆえ彼ら二人は明暦二年夏以後、公文書に登場する。よって表3－7に示した奥郡十村一一人に安定するのは明暦二年春だが、一一組の体制はそれより早い明暦元年春に確立し、村御印改定にむけた作業、つまり収奪強化を目論む改作法執行部の政策に動員された。

㈣　十村による小物成調査

明暦二年の村御印改定で利常が意図していた収奪強化の第一は、手上高・手上免を村御印に盛り込み増税を永続化することであり、また小物成税目を整理統合し銀高による一元的徴収の体制を作ることも意図していた。ここでは小物成税制の整備過程をみてゆく。

承応三年村御印と明暦二年村御印の小物成記載を比べてみると、表3－5に示したごとく承応三年は米高で表記された税目が多数あったが、明暦二年の小物成は敷借米利足以外、銀高表記に統一された。利常政権は明暦二年七月二十七日に博労役・紺屋役・室役・鍛冶役の四品につき「従当年被成御免許」と命じたが(71)（別表Ⅰ78）、同年八月七日の三年寄連署状で「御公領分吉初銀御免除」と定め明暦三年から上納不要と命じた(72)。また同年十一月八日、小松城にて「小物成銀取立様之覚」が定められ、澗役など一六種の小物成に関する課税細則が定まった(73)。

ところで、坂井誠一は村御印発給日「八月朔日」は虚構で、村御印作成作業は八月以後にもなされていたとし、実際の発行日は九月であったと想定する(74)。前述のように小物成税制改正の基本方針が決まるのが遅かったことや、後述するが手上高・手上免の確定作業に手間取っていた(75)ため、地域差があるものの村御印の発給日付が実際と大きくずれた。村御印の発給が大幅に遅れた事例として「明暦元年五月廿六日ノ日付ニ而、明暦二年六月、石川・河北村御印被下、御印数六百弐拾壱通(76)」と記録された北加賀二郡の明暦元年村御印がある。明暦元年五月付の村御印発給が一年遅れて翌年六月に発行されたとなると、年貢皆済の算用も大幅に遅れたはずで、それと時をおかず二ヵ月後に、八月朔日付で村御印成替を断行したとなると、十村や関係役人にとってハードな日程であった。明暦二年十二月三日付の珠洲郡清水村の手上高・手上免分年貢皆済状(77)が残存するが明暦二年の新村御印を受領していなければ手上分の皆済状は発給できないから、奥郡では同年十二月までには明暦二年村御印が村方に届いたのであろう。

さて奥郡小物成の税額査定が本格化したのは、明暦元年十二月二十一日のことであった。利常は江戸在府中だったが、津田玄蕃・奥村因幡・前田対馬の三年寄は連署状（別表Ⅰ59）を能登七尾にいた郡奉行津田宇右衛門に発し「能州奥郡在々小物成、出来退転御吟味ニ付、御扶持人之十村肝煎共、手寄〱江罷出遂吟味、帳面ニ奥判仕候様ニ御算用場御奉行より被申遣候」と令達した。さらに、この小物成吟味の監察官として御横目二人（池田七右衛門・村木加左衛門・磯野由右衛門）を奥郡に派遣した。この命をうけた津田宇右衛門は同月二十六日、小物成吟味役に指名された「御扶持人之十村肝煎共」六人宛に藩の「御三老より申来候間、可得其意候」で始まる通達を発し「珠洲・鳳至両郡小物成出来退転、年内遂吟味、与切書出ニ奥書いたし可申候」と命じた(78)。奥郡の小物成吟味役に任命された「御扶持人之十村肝煎共」というのは中居村三右衛門・若山村延武・粟蔵村彦左衛門・沖波村次郎兵衛・大沢村内記・道下村三郎左衛門の六人である。いずれも天正期扶持百姓に属するが組裁許していない者も三人いた(79)。

右の津田宇右衛門通達に「則組合如此ニ候間、両人宛申仸三与宛請取吟味可仕候」「手前ノ与は入替吟味可仕候」とあるので、組裁許の扶持人十村三人と組裁許のない扶持人三人を二人ずつ組み合わせ、組単位で小物成の出来・退転を点検させたことがわかる。その際、組裁許の三人は自分裁許組を担当しない形に組分けした。津田宇右衛門は小物成吟味役六人宛通達と同一日付で奥郡十村一一人宛にも通達し「与切ニ出来退転」を六人の扶持人衆に吟味させるので点検結果に奥書せよとし、「去年・当年分出来・退転帳、中居三右衛門方迄遣置候」と述べる。

このことから小物成吟味役が承応三年村御印で課税対象とされた生業の実態を見分し、生産手段の数量や生産量の変化（出来・退転）を組単位に査定したことがよくわかる。十二月二十九日付の横目衆三人から吟味役六人宛書状によれば、吟味結果を金沢の「寄合所へ罷出申すべく候」と述べ、金沢城新丸の年寄衆寄合所への出仕まで要求された（別表Ⅰ59）。十二月二十一日に小物成吟味を年内に済ませ報告するよう通達するが、年内に小物成出来・退転の吟味報告がなされたかどうかは疑問である。

ともあれ、こうして奥郡の小物成額は十村組単位に査定されたが、表3－5に掲げた大沢組一八ヵ村の小物成税額（米高）はおおむね一定の換算率によって銀高に変換しただけというケースも多いので、手加減された査定であった可能性もある。藩からの課税細則に関する指示、紺屋役など廃止税目の指示等は前述の通り明暦二年七月以後であり、どこまで新村御印に反映できたか疑問も残る。

しかし十村が中心となり、承応三年からの小物成の税制改革はなったとみてよい。明暦二年村御印の小物成項目の直後に「右小物成之分は、十村見図の上にて指引於有之者、其通可出者也」と書かれたが、ここに小物成の税額決定における十村の役割が凝集し表現される。承応三年村御印では「若指引於有之者、十村急度遂吟味収納被可申上者也」とあるので、両者を比べると、在地から小物成の税額改定の要請があれば十村が吟味すると指示した段階から、村御印の小物成税額は十村が指引しており、それに従えというレベルに移行したといえる。十村の責任は小物成に関して一層重くなり、小物成税額の加減・査定について全面的に責任を担ったとみてよい。寛永期の蔵入地に派遣された収納代官が小物成徴収の実務を掌握していた段階(80)からみると、大きな変化といえる。

さらに付言すれば、敷借米利足を承応三年・明暦二年の村御印に小物成の一つとして掲げ、十村がその貸与実務、利足徴収業務を担ったことをあらためて想起したい。周知のとおり、明暦二年十一月・十二月に敷借米利足免除の利常御印が各郡に発給され、万治二年までにすべて免除されたので、敷借米利足の記述は寛文十年村御印では必要のない記載であるが、あえて載せている。明暦二年村御印の場合、八月朔日付なので当然敷借米利足は村御印に明記されたが、発給実務は前述のように遅れていた。その遅れのなか利常自身、敷借米元利免除の構想を検討していたはずである。しかし、発給された明暦村御印にも、元利免除が確定したあとの寛文村御印にも敷借米利足の項目はしっかり記載されている。これは敷借米を貸与した事実、そしてそれが領主の仁恵により免除されたことを三ヵ国の村々に知らしめ、永く記憶にとどめさせようとしたためであろう。明暦二年税制が増徴一辺倒でないことを語り、増徴政策を覆い隠す策略ともいえるが、それに止まらない、領主の「つとめ」の表明であるともいえ、その実施にあたり十村が手足となって働いたことは再度強調しておきたい。

(五) 奥郡の手上免・手上高

明暦二年村御印の発給前後の利常の動静をここで再確認しておこう。利常が江戸から帰国するのは明暦二年五月のことで、翌年三月二十七日小松城を発駕するまでは利常にとって改作法に集中できた最後の在国期であった。利常が次に帰城したのは万治元年九月二十一日で、帰国からまもない十月十二日小松城で逝去したので、国元で改作法の指揮をとったのは、この明暦二年五月からの一一ヵ月が最後であった。したがって、この一年弱は結果的に、利常が自身の描いた政治構想を陣頭にたって実行できた最後の機会であった。

小松城に帰った利常が行った最初の重要施策は、明暦二年六月二十四日の改作奉行廃止令である。この施策をもって「改作法成就」とする見解が古くからあり、[81]「狭義の改作法」論の立場からは評価したい。御開作地の百姓救済を重点的に推進することを任務とした改作奉行（開作地裁許人）が不要になったことで、「利常の改作法」の核心部分を占める「百姓救済策としての改作法」は役割を終え、収奪強化の恒久化へと政策主題は移行する。「狭義の改作法」の終焉は、改作奉行を廃止した明暦二年六月とする理解は、改作法という用語のもつ本質に即した理解といえよう。その六月から村御印が再発行された八月朔日まで、連日のように小松城では村御印成替にむけ様々な議論や実務が展開した。その一端を坂井誠一は「三代又兵衛日記」「御改作始末聞書」に拠って紹介するが、[82]なかでも手上高・手上免の遂行を十村たちに説諭した利常の主張が注目される。とくに七月十三日御夜詰で示された手上免に関する見解[83]とそれを踏まえた明暦二年七月二十一日付手上免法度[84]（伊藤内膳・菊池大学連署）がとくに重要である。

七月十三日の御夜詰の記録に「御前（利常）より被為仰出候ハ、改作ニ成、忝存田地を作りこやし、手上免仕度と申上候百姓方より免何つ之所何歩増上申度と断申様ニ可然候、然共、其上申度免に高下有之候へハ已来悪ク候、為其面々遣儀と被為仰上候」とあるのは、利常の本心を吐露したものといえる。利常は手上免とは「御開作」に感謝し田地耕作に励み、その結果「手上免仕りたきと申し上げ候百姓方より」何歩上げたいと申し出るものと考えていたことがわかる。むろんそれは理想であって、そう仕向ける政治が最上だと、利常は考えていた。さらに十村らが頭を悩ませていた村々の手上免の査定について「その上げ申したき免に高下これ有り候へば以来悪く候」といい、だからお前たち（十村ども）を村方に遣わし見分させるのだと述べる。そのあと適切な手上免は現状の作柄や家居の姿で判断するのでなく「第一土目見合候義肝要に候」と述べ、不慮の豊作や不作かもしれない「当毛」、農外の稼ぎで立派な家作を構えている可能性のある「家居」で、その村の農業生産の力量を図ってはいけないと諭す。(85)また、十村らの行う手上免・手上高の査定作業は百姓が自主的に申告した手上免に不公平があっては申し訳ないと思って行うもので、短期的視野で判断するのでなく長期的かつ安定した徴税基準を求めているためだと十村たちに彼の意図を語る。

利常の手上高・手上免に対する考え方がよく表れているが、それでも結局は年貢増徴を本質としていたといえばその通りである。しかし、農業生産の基盤さえ強固にしておけば自発的な増税も見込めるという信念や、税率は合理的な基準に基づき公平でなければならないという利常の主張(86)は、農政家としての合理主義から出たもので、そこに新たな時代の領主倫理の片鱗を見て取れる。

奥郡でも土目詮議が実施され手上免の査定がなされたはずだが、なお明確な史料を得ていない。ここで奥郡の手上免申告と手上高事例をわずかだが紹介しておこう。

手上免は当初から永続的なものと理解され準備されたわけでなく、承応三年・明暦元年の「一作手上免」という一年限りの手上免が最初であり、(87)これを永続的なものにすべく明暦二年村御印に広く登載したのである。山岸村新四郎宛の明暦元年「一作手上免」年貢皆済状（別表Ⅰ119）によれば、明暦元年の「一作手上免」による増収は奥郡全体で九三〇石余であった。承応三年の奥郡定納米高の二・五六％に相当する。おそらく明暦元年の「一作手上免」は二歩または三歩が多数を占めたのであろう。奥郡における明暦二年手上免の度数分布を山岸村新四郎組三八ヵ村分について表３－９に示したが、二歩から四歩未満の村は一八ヵ村で約半数を占める。残りは四歩から一つ八歩の間に分布するが、平均手上免率は五～八％であろう。明暦元年の一作手上免より過酷な上げ免であった。明暦元年「一作手上免」

をベースに更なる上げ免査定を行い、明暦二年の手上免が内示されたのである。

手上免の申告方法は、村から上げ免数値を上申するのを避け藩側に見立を願う方式と、村側から具体的に上げ免数値を書き上げる方式がみられた(88)。明暦二年七月二十六日付洲巻村手上免願書は前者の事例で、八月朔日の四日前の申請だが手上免の数字は記載せず「今程御改作地ニ被為仰付、力付申候間、当暮御見立次第、増免仕度奉存候」（別表I77）という雛形文で願い出ている。手上免の数値を村から申告しないのは増税拒否の心理があったことが想定でき、村百姓中としては適切な増税率を決めるのは領主側の責務と考えていたのであろう。なお洲巻村村御印によれば、手上免二歩五厘を加え村免は三つ三歩（承応三年の村御印免は三つ五厘）となった。明暦二年の手上免二歩五厘は藩側（十村・代官等）で土目詮議を実施し村に納得させたものであろうが、決まったのは八月朔日以後と推定される。

同じ十村組に属する南山村は洲巻村と異なり、手上免の数値を記した「手上免願書」を明暦二年八月十六日付で提出した（別表I82）。村肝煎はじめ村百姓一統が押印し書き上げた「手上免三歩」は「私共在所御改作ニ被仰付、力付、土目能罷成候故手上免可仕御理り申上候」と述べるが、但書に「地本ニ応シ申免相、御見積り之通ニ奉存、書付上ケ申候」と記すので、村から申告した手上免は代官・十村による「御見積り」結果を村として承認し書き上げたことがわかる。

表3-9　山岸村新四郎組38ヵ村の手上免の分布

手上免階級	村数
2歩〜	7
3歩〜	11
4歩〜	1
5歩〜	5
6歩〜	0
7歩〜	1
8歩〜	7
9歩〜	1
1つ〜	4
1つ5歩〜	1
	38

（注）明暦二年山岸組村御印写留（円藤家文書、『輪島市史 資料編第1巻』）による。

このように手上免の増税率を具体的に記した手上免願書も、増税率を書かないで藩に土目詮議を求める方式同様、藩側の手上免詮議を何らかのかたちで受容したもので、こうした手上免詮議の陣頭にたったのは十村であった(89)。日頃から組裁許十村あるいは開作地裁許人として、村廻りや百姓経営の動向を見分していたにしても、手上免の数値を具体的に村側に示すのは、新任十村にとってストレスを伴う過酷な業務であった。「三州十村改作初物語」[90]という三ヵ国の十村たちの改作法談義では、彼らが各郡で行った土目詮議の妥当性の検証と反省に関心が集中していた。各村の村免はどのレベルが妥当かという厄介な問題を十村に背負わせること、これが明暦村御印の改定にあたって利常が十村に求めた新しい任務であった。それは本来侍代官・奉行および給人領主が負ってきた責務であるが、これを百姓身分の十村に委任した。十村の徴税官としての能力を高め十村代官制をより強固なものにするというのが明暦二年の村御印改定に込めた利常の重要なねらいであった。

こうして手上免は十村が中心となり土目詮議を行い村に内示、三ヵ国一〇郡の改作地約三千ヵ村で受容され申告されたのである。坂井誠一がすでに指摘したことだが、手上免は十村らの「御見積り」「土目詮議」に負うもので、決して村が自主的に調べ自主申告したものではなかった。また、明暦村御印の「八月朔日」という日付も形式だけで、実際の発給日はかなりずれたことも[91]、珠洲郡の手上免願書日付から了解できよう。

手上免ほどではないが新開免を引き上げ本高とするよう願い出ることも増税策の一つであった。その実例として明暦二年三月十六日付「白瀧村等新開本免請書」（別表Ⅰ71）を次に検討しよう。

［4］　白瀧村等四ケ村新開本免請書

乍恐御請申上ル御事

一、跡新開高、去年迄下免ニ被為成下難有奉存候、当暮より本免並ニ御納所可指上と奉存候ニ付而、春夫銀より本免なミにさし上可申候、以上、

明暦弐年三月十六日

宗末村与頭　甚七郎

弐子村与頭　彦十郎

両村肝煎　豊右衛門

津田宇右衛門様

＊ほか北山村・白瀧村の肝煎・与頭の署名略す

「但、壱村きりニ〆壱枚宛さし上ルひかへ」

差出の四ヵ村（白瀧村・宗末村・二子村・北山村）の村肝煎・組頭は承応年間まで大谷村頼兼組に属し、明暦元年から引越十村出田村忠兵衛の支配下にあった。これは七尾所口にいた奥郡奉行津田宇右衛門宛に提出した一種の増税申告請書で、明暦元年暮からの「跡新開高」の「本免並」負担を申し出ている。つまり「跡新開高」年貢を村免で納めるとし、まずは春夫銀から本免税率で負担すると申請したのであるが、「跡新開高」は四ヵ村の承応三年村御印高に盛り込まれていない新開高で、村免（承応三年村御印免）より「下免」であった。この低税率適用を有り難く存じていたが、藩の要請もうけ御開作地救済の報恩として村免適用を申告したのである。この史料の限りでは四ヵ村の「跡新開高」の数値はわからない。しかし寛文十年村御印の記載内容と承応三年村御印の内容を比べた(92)左記の数式から推定できる。

・白瀧村：五八石（承応三年高）＋四石（明暦二年手上高）＋跡新開高＝八〇石（寛文十年高）
・宗末村：一一八石（承応三年高）＋七石（明暦二年手上高）＋跡新開高＝一三八石（寛文十年高）
・二子村：一一七石（承応三年高）＋七石（明暦二年手上高）＋跡新開高＝一四八石（寛文十年高）
・北山村：一一七石（承応三年高）＋六石（明暦二年手上高）＋跡新開高＝一四〇石（寛文十年高）

この数式から「跡新開高」を推定すれば白瀧一八石・宗末一三石・二子二四石・北山一七石となり、四ヵ村合計で七二石に達する。かなりの新開高であるが、それぞれの新開下免を村免に切り替え増税は実現された。このほかに、この四ヵ村では明暦二年八月朔日付で手上高が右のように実施された。

奥郡四一〇村のなかにわずか数村だが手上高のない新村や山村が存在した。しかし、大半の村は手上高を容認し請け合った。にもかかわらず手上高を申請した史料は管見の範囲で確認されていない。手上高の手法、検地なしの上げ高申請の実態については、なお謎が多く今後とも検証の目を光らせたい。

㈥　難航する村御印成替と奥郡十村

明暦二年は三月に「当年は飢饉模様」という観測もなされたが（別表Ⅰ70）、十村らによる手上高・手上免の査定作業は前述の通り八月以後も続き難航していた。その結果、村御印成替作業も徐々に遅れたが、奥郡の遅れは越中・加賀以上に深刻であった。奥郡の村御印改定作業が遅れたことで、十村相互の信頼関係に翳りも生じていたことが、次に掲げた十村書状四通からわかる。ここに掲げた四通はいずれも八月朔日以後、小松城に詰めた奥郡十村から奥郡に留まっていた十村宛に出された書状であるが、村御印成替の事務作業の著しい混乱と停滞の様相を看取できる。また村御印成替という作業は十村や村肝煎の迅速で的確な行政事務能力、民情掌握能力に支えられ実現されたこともわかる。十村や村肝煎が引き受けた村御印成替等の御用は、物書・番代・手代と呼ばれる百姓身分の下役が書類作成、民情調査に奔走し協力しないと円滑に遂行することはできなかったのである。

ところが、利常政権は改作法以前の奥郡蔵入地支配の是正策として、村や十村が物書・番代・手代などを雇用することに制約をかけ、村入用・郡割付銀から彼らの給銀・路銀を支出するのを抑えようとしていた(93)。しかし利常政権が要求する村支配を実現するには、詳細な行政資料の作成が必要となっており、十村・村肝煎が個人的に対処するには限界があった。とくに「御開作」仰付を契機とする各種救済策を公平・円滑に進めるには十村制をささえる事務方スタッフの充実が課題であった。同時に増徴策による弊害を除去するには村入用・郡役からの出費軽減を図る必要があり、村入用・郡割付銀の支出増の元凶と目されていた物書・番代・手代等の給銀を減らすことも大きな課題であった。

そのような矛盾を抱え、村御印成替作業は目安となる八月朔日を過ぎ、秋に加賀・越中の村御印成替作業に目星がついた頃、小松城では能登奥郡の成替作業遅滞を叱責する声が日増しに大きくなった。注目すべき十村書状を四通(94)次に掲げたので、ここから一一組に編成された十村たちが村御印成替にあたり、どのように職責を果たしていたのか、その仕事ぶりをみる。

[5]八月十九日状（別表Ⅰ83）（史料文中の……は原文での省略表記）

尚々先御印御のほせ……新御印頂戴不仕候、其上……御腹立被為成めいわく仕候間……可被成候、与之内村々小物成・ちり役……何れの村ニも有之ハ能存候きも入御のほせ可被成候

態内保与村肝煎飛脚ニ指遣申候、然者各与下、先御印為御登無之ニ付て、内膳(伊藤)様事之外御腹立被為成候間、各与下村肝煎之内いかニも其与ノ案内能存候を一与ニ五三人宛、御印為御持候て御のほせ可被成候、一刻もはやく御のほせ可被成候、こま〳〵こゝもとの様子申遣度候得共、手前取込申候故、早々、恐惶謹言、

八月十九日　出田村忠兵衛

わた清助様・大沢内記様・山岸新四郎様

[6]八月二十一日状（別表Ⅰ85）

尚々先御印此方ニ御座候与も候得共、其与之肝煎・手代不被参候へ者埒明不申、度々申入候処ニ先御印何とて持参無之候哉、さたのかきりニ御座候由内膳(伊藤)様被仰付候、

此方江手上免之書付参候得共、肝煎衆・手代衆無之候而、当御印調不申候、事外御しかり被為成候、其上最前も度々申入候引高之帳、何屋敷又者たれさま御奉行之時被下候と書付可上旨被仰付候、急々可被下候、猶追々様子被存候仁御こし可有候、

一、当年之畠直シ村々有之与ハ、只今御印積り御高入可申旨被仰付候間、油断被成間敷候、粟蔵与・松波与・柳田与・出田与、此分者此方ニ埒明申候間、左様ニ御心得可有候、其ため申遣候、以上、

八月廿一日
出田忠兵衛・柳田源五・松波又四郎
和田清助様・大沢内記様

[7]十月十二日状（別表I105）

尚々八郎右衛門殿、昨日より煩ニ而御座候故、私壱判ニ申上候、きも入衆江手上高・手上免相尋候得共、帳共無之候故、様子不案内ニ候由申候間、半時もいそき名代衆帳面もたせ可被下候、余郡ミな〳〵相調申候得共、奥郡迄ニ而何共迷惑ニ存候、御推量可被成候、以上、

態致啓上候、然者御印今日迄みな〳〵頂戴仕、残而十村居在所迄ニ御座候、
一、最前より被仰渡候帳面も調、早々可指上旨、被為仰付候得共、未名代衆も御越無之故、事之外、御奉行様前も手操ニ罷成申候、其上与切ニ手上免米・手上高書上可申旨内膳《伊藤》様より被為仰付候得共、是以名代衆居不申候故、手操ニ罷成候、我等も何共迷惑仕候、其上貴様なとの御ためもいか丶ニ御座候哉、余郡者十村一両人宛罷有、名代居申故何事も早速御用相調申候、せめては帳成共めいさいニ御座候得は、何とそ仕可申と存候所ニ帳も無之候、小物成帳最前のひかへ帳ニ、御よみ合罷成候得共、是以無御座候故滞申候、何共苦々敷儀ニ御座候、いそき帳面共為持、名代衆夜通ニ御のほセ可被成候、こ丶もと万事ふと御尋御座候付て、何ニ手操可申も不存候間、入可申帳共もたセ可被下候、
一、夕へ被　仰出候者、何村肝煎何年歳ニ肝煎仕候帳面調、与切ニ〆可指上旨被為仰付候間、帳面調もたセ可被下候、自然給米なと入可申もしれ不申候、是又名代衆持参被申候様ニ可被成候、恐々謹言、

十月十二日
（差出人欠）
大沢内記様

和田清助様
山岸新四郎様
内保伝蔵様

［8］十一月八日状（別表Ⅰ113）

一筆致啓上候、然者此方様子相替事も無御座候、手上免・手上高・はね上高・入高、上り屋敷・新開高、当年御代官付之外、則御代官付と引合、壱与より御帳五冊宛上ケ可申旨被為仰出候、何れも加賀・越中者御帳五冊宛指上済申候、口郡も其通ニ候、然共奥郡之義ハ、中居・和田・出田・粟蔵与計御帳調申候、残ル与名代衆も不被遣、様子しれ不申ゆへ、ひしと手つかへ仕、御帳上不申候、其様ニ公儀事を打なくりの様ニ思召、此方ニ惣名代居中者計ノ如在之様ニ被成候事、無曲仕合と存候、然共私計御しかり候て相済候へは能御座候得共、一度者御帳御上被成では成不申所ニ、一刻もはやく御上ケ候ハヽ、能候はんと存候、余郡者御帳も相済、十二三日ニ御隙を被下罷帰、壱人も居不申候、口郡も其通ニ御座候、くまき村太右衛門は入高之事ニわけ立不申候故、居被申候、御鬧敷候共、御公儀御用之事ニ候間、様子得と存候御手代御のほせ可被成候、帳面調上申度候、然共おそく候而は内（伊藤）膳殿御聞不被成候間、はやく為御登可被成候、此方惣名代ニ居申ものハ何ニなれと思召候はんやと、私之義ハ当年中も居申候ハヽ、可然と思召候ハヽ、居可申候、申達候事御調可被成候、

一、柳田源五殿、此中ふちの上（淵上村）より手代壱人よひよせ申候間、此方ニ而何とそ談合可仕候間、御越御無用ニ候、それほとちりやく（散役）吟味御情被入可被下候、以上、

一、輪島海士猟船之役銀、此方より様子うかヽい可申達候間、其次第ニ可被成候、

一、明専（千）寺村八郎（右脱カ）衛門殿ハ郡中惣名代ニ永々御座候所ニ、御城中様子も私ニこま〳〵御をしゐ被成、御下り可被

成所ニ、結句永々被成御座候かへ《（甲斐）》もなく、御手前帳面之様子、其外壱つもわけ立申事無之体と相見江手搛申候、御下り時分覚書とも下書成共、私ニ御渡し御下り候へ者、あとさきニも仕上ケ申所ニ、せんもなく御帰被成候、いそき帳面御上ケ御尤ニ候、恐々謹言、

十一月八日　　山きし新四郎

（大沢村）内記様
（明千寺村）八郎右衛門様
（柳田村）源五様
（松波村）又四郎様
（鹿野村）五郎兵衛様

この四通から、奥郡十村と村御印成替作業の関わりを整理すると以下の通りとなる。

①八月以後、奥郡十村一一人のうち出田村忠兵衛・柳田村源五・松波村又四郎・明千寺村八郎右衛門・山岸村新四郎の五人は、「郡中物名代」として小松城に交替で詰め、村御印成替御用などに従事していた。

②八月十九日状（史料5）・八月二十一日状（史料6）によれば、「先御印」すなわち承応三年村御印の藩への返却事務が著しく遅れていたので、忠兵衛ら小松出仕の奥郡十村は、伊藤内膳および改作法執行部からきつく叱責された。

③新御印（明暦二年村御印）の発行にあたり、基礎となる十村組単位の諸帳簿提出を求められ、同時に利常の疑問にすみやかに答えられる在地事情に精通した村肝煎・手代衆・名代衆の小松派遣を何度も求められていた。（奥郡提出の各種簿冊に改作法執行部と利常は点検を加え、奥郡の実情に即し納得のゆく説明をもとめていたためで、その様相はこの四点の書状から窺える）。

④村御印成替に伴い作成した簿冊のテーマは⑴手上免、⑵手上高、⑶はね上高・入高、⑷上り屋敷、⑸新開高が基本

で（史料8）、このほか「引高之帳」「畠直高」「小物成」「村肝煎給米」の調査帳簿（史料6・7）なども他郡同様、各十村組別に差し出させた。これら十村別帳簿のうち高・免に関する本年貢帳簿は最新の代官割にもとづく代官帳簿と突合し記載内容を点検した（「当年御代官付之外、則御代官付と引合」（史料8））。

十一月八日状（史料8）によれば、改作法執行部に提出すべき基本帳簿五冊の提出は、加賀・越中の六郡と能登口郡では終わり、奥郡では一一組のうち中居・和田・出田・粟蔵の四組のみ提出が終わり、残り七組はなお整わず成替作業の遅れが深刻であった。同じ書状で山岸村新四郎は、提出の遅れにより小松詰十村として「ひしと手づかへ仕り」、「私共ばかり御しかり」と嘆き、提出されないのは「公儀の事を打なぐりのように思し召す」からだと非難もしている。十一月八日状（史料8）は、「郡中惣名代」として小松に詰めていた明千寺村八郎右衛門が、病気等を理由に奥郡に戻り、代わりに小松城に詰めた山岸村新四郎が発した書状である。その山岸組でも所定の書類提出がされず、未提出の十村五人宛に遅滞を非難する書状を送ったのである。「提出の遅れで小松詰十村が叱られるのは仕方ないが、結局提出しないと済まないことなのだから一刻も早く提出すべき」と督促する。また交替した明千寺村八郎右衛門を名指しにし、「郡中惣名代」として然るべき責務を果たしておらず、引き継ぎの覚書もないまま帰ってしまったと記す。十村相互の信頼関係が壊れているようにみえる。

この十一月八日状（史料8）で、柳田村源五が彼の出身地である石川郡淵上村から小松に手代を一人呼び寄せたと述べたのは興味深く、書類作成のスタッフの人材不足も推定される。十月十二日状（史料7）の差出人は不明[95]だが、ここでも大沢組など四つの十村組に対し、十村組単位の手上高・手上免の帳簿が届いていないばかりか、それらを説明する名代衆が小松に来ていないので的確な確認作業ができず、「我等も何共迷惑」と、あからさまに非難する。せめて帳面でもあれば、なにがしかの作業ができるのに帳面すら届いていないと嘆いており、十村相互の不信感は相当大きい。

このように八月以後ようやく本格化した村御印成替作業において、奥郡十村相互の連携は悪く、基本帳簿の提出遅れと不備に加え、事情を説明できる人材をなかなか小松に送れない苦境に陥り、小松の伊藤内膳や七尾の郡奉行津田宇右衛門などから叱責や催促をうけ奥郡十村たちは苛立っていた。村御印の改定は何とか十一月頃には終わったとみられるが、新村御印にもとづく年貢徴収を奥郡十村に任せられる状況になかったといえよう。明暦・万治期に至るも侍代官による徴税支配が奥郡蔵入地でなお維持されたのは、右のような十村の資質と組織的対応の未熟によるものといえ、奥郡十村改革は明暦段階においてなお未完と言わざるを得ない。明暦三年・万治元年に際立って改善された兆候もないので、利常による奥郡十村改革は課題を残したまま綱紀政治に引き継がれたと考えられる。

(七) 能州郡奉行の職責

「御開作」後の奥郡改革のなかで目玉ともいえる十村改革について考察を重ねてきたが、期待した成果をみないまま利常は死去した。しかし、綱紀政権のもとで新村御印にもとづく徴税が励行され、奥郡十村一一人はその職責を何とか果たしたもようである。十村代官が寛文以後奥郡全域に展開したことが在地史料などから窺えるので、明暦期の十村相互の不信・混乱などは利常死後、寛文・延宝期に蔭をひそめ、奥郡十村制は徐々に安定したとみてよい。

その結果、寛永四年の奥郡蔵入地化以来、奥郡の領主支配を担ってきた侍代官に代わり寛文以後の郡方支配を担ったのは、「御開作」以後に改革された奥郡十村と十村代官であった。それゆえ「御開作」以前と以後の奥郡支配体制上の大きな変化は何かと問われれば、侍代官から十村代官制に転換したことを第一にあげねばならない。この点は三節で総括したいが、明暦・万治期はやがて消えゆく侍代官と新たな担い手となる十村代官の双方が交差した時期であった。この時期の侍代官と十村（組裁許兼代官）をともに統括した能州郡奉行の役割について瞥見し、承応三年から明暦期に展開した奥郡改革の考察をしめくくりたい。とくに明暦期の奥郡の郡奉行として頻繁に登場する津田宇右衛門に焦点を絞り所見を示すつもりである。

津田宇右衛門は承応三年「能州御用人」という肩書をもち、奥郡「御開作」期間中は和田平兵衛とともに奥郡御開作地の「御用人」として郡奉行に准じた職責を果たした[96]。承応二年から寛文十一年まで「能州郡奉行」、あるいは承応二年〜万治三年に「所口町奉行」就任という記録があるので[97]、宇右衛門は所口町（七尾）に在住し町方・郡方両方を裁許したとみられる。明暦期は寛文元年再設置の改作奉行が登場する前であり、利常在世中の宇右衛門は能登の郡奉行兼所口町奉行として、奥郡改革の仕上げを担当したもようである。明暦二年六月に開作地裁許人としての改作奉行が廃止されたあと、彼の職責は一層重くなった。寛文元年五月に改作奉行が再設置されるまでの五年間、能州郡奉行は改作法執行部の手足とならざるを得なかった。

別表Ⅰの差出・宛名欄をみると、明暦元年後半から明暦三年にかけ津田宇右衛門の名前が頻出するが、津田の発給・受領文書から明暦期の能州郡奉行が関与した職務は以下の諸点にまとめられる。

①小松城の利常および金沢算用場から奥郡に要求した物品・人足等の調達につき奥郡十村中に周知徹底させる（具体例としては宮腰港に回漕する松材切り出し等の人足動員、大坂登米運搬に供する能登外浦の船調査、塩引き鮭の献上、料理用鶴捕獲献上など）。

②奥郡所在の御蔵管理。十村中による郡打銀・郡割付銀の徴収と支出の監督。

③郡方における道橋普請、塩浜普請、堤防・川除・用水普請、新田開発など郡方普請の全体を統括。とくに公益性の高い事業に材木等を提供し、郡打銀の支出を認めた。

④収納代官による本年貢、十村による小物成等の徴税を監督、村方との間で生じた紛議にも対処する（たとえば新税である四十物役について出津高に応じ課税する藩の方針を郡方に周知徹底させた）。

⑤収納した蔵米に関し奥郡内での分配・運用を統括。村方で必要とする飯米ほか奥郡向け払米・塩手米の動向を掌握

し、飯米の郡内流通を促し支障なきよう監視。郡内における公定米価や金銀交換レートを、そのつど村方に連絡。
⑥塩手米の管理・運用および塩生産の増産・奨励（塩奉行とともに塩専売制を管轄）。
⑦「村廻り」に出て村柄・生業の実態を見分、風水害等の被害把握と報告（十村の村廻りとは別に郡奉行として見分、十村任せにしない）。

明暦期の奥郡奉行の職務はこのように幅広く権限もそれなりあったが、寛永期の奥郡奉行とどこが異なるのか。寛永十三年頃までの稲葉左近時代は、出頭人としての才覚や藩主の寵愛・信任という初期特有の要素が大きく働き、恣意的な権力発動で村支配が遂行され、土豪百姓抑圧など強権的小農自立策がなされたので、明暦期の郡奉行との違いは明瞭である。津田は藩年寄・算用場奉行等との緊密な連絡と指令の下で職務を遂行し、出船奉行・蔵奉行・塩奉行などヨコの行政的連携にも配慮し農政をすすめたことが別表Ⅰ掲載史料から確認できる。寛永末期〜慶安期の奥郡奉行の役割は、なお過渡的状態にあったとせざるを得ない。その主原因は四代藩主光高の藩主権限の脆弱さに起因し、小松城に隠居した利常が光高領に属する奥郡支配に深く介入し、奥郡奉行の明確な役割や権限が曖昧にされたためである。稲葉左近のような出頭人の時代は終わったが、かといって法度に規制された職務が確立していたわけでもない。

さて、明暦期の郡奉行が第一に依拠したのは侍代官ではなく、十村代官を兼務する一組の十村たちであった。彼らは三〇組に細分されていた時代の十村でなく、承応・明暦の十村改革のなかで政治的淘汰をうけた人材であり、郡政は改作法精神のもとで遂行するという理念を郡奉行・十村の双方で共有していた。そこに寛永期の奥郡奉行から一歩脱却した面があった。

ただし、承応元年・二年の奥郡「御開作」期間中、奥郡奉行が任命された形跡はない。奥郡奉行の本格復活は承応三年以後と推定され、十村改革と並行し新たな奥郡奉行として津田宇右衛門が登場したのである。別表Ⅰに掲げた宇右衛門の明暦期の仕事ぶりは、そのことをよく示す。

明暦年間の津田の職務で注目すべきは、各十村組から購入希望の蔵米（古米）高を申し出させ、飯米（作食米）や塩手米を過剰に保管する地区から不足する地区へ移送させ、奥郡全体の蔵米の所在と流通を統御した点である。とくに、明暦二年十月二十三日付十村宛の通達（別表Ⅰ108）で塩奉行の仕事納めに便乗し塩払代銀の金沢持参を託し、また奥郡蔵米を「塩士年貢（浜方高）、塩手ニ渡候つもり、地方米は大坂へ為上可申つもり」と代官に三つに書き分けるよう指示したことから、代官・十村の管轄する蔵米、塩手米に対する郡奉行の権限は明確である。同時に払米値段や金銀交換レートに関しても津田から通知を発し、明暦二年十月には他国他領米の奥郡移入を公認している。それでも冬場に飯米が足りず公儀蔵米を購入希望するときは公定値段で買い取ることを許すと津田から指示した（別表Ⅰ103）。

津田が能州郡奉行として奥郡製塩業者に塩手米を融通していた時期の塩替レートは、恩恵的高値が廃止となり安値に戻された時期で、奥郡の塩士にとって厳しい経営を強いられていた(98)。奥郡奉行にとって寛永以来の塩専売制の維持・発展は大きな課題であり、奥郡を代表する産業である揚浜式製塩の健全運営と塩手米付与は、奥郡奉行独自の大きな職務であった。

郡奉行の侍代官に対する指揮権は必ずしも強くないが、十村に対する指揮権は強固であった。それゆえ十村代官が拡充されるにつれ、郡奉行―十村のラインで徴税はじめ郡行政の多くが円滑に処理できたが、奥郡では侍代官が他郡に比べ明暦・万治期まで根強く残った。その過渡期に奥郡奉行をつとめたのが津田宇右衛門で、彼の管轄下で十村代官への移行が進んだ。津田が奥郡奉行から離任する時期は万治年間と推定され、万治三年から算用場奉行に就任したとする「諸頭系譜」の記述に従いたい。

津田は明暦・万治期の奥郡行政の責任者として十村とともに奥郡改革をすすめたが、その体制は寛文元年の改作奉行再設置で再び大きく変化する。改作奉行が年貢収納権を独占し、郡奉行が徴税実務から完全に排除されたからである。このように寛文期に新たに登場した改作奉行と、職務範囲が限定された郡奉行のもとで十村制がどのような役割を果たしたのか、その総括と検証は今後の課題としたい。

三節　奥郡蔵入地と「御開作」の意義

承応元年・二年の奥郡「御開作」の実態分析（一節）に続き、承応三年から明暦期に実施された奥郡十村改革、明暦村御印成替などについても検討し（二節）、奥郡における改作法期の諸動向を全体的にみた。しかし、寛文期以後の奥郡支配については検討が十分ではない。奥郡の改作法期諸改革の歴史的意義を考えるには、寛文・延宝期〜元禄期の奥郡農政について一定の展望が必要であるが、いまはその準備がないので、いささか予見的に寛永四年からの奥郡蔵入地支配との比較を行い、奥郡「御開作」の意義について総括を行う。また、寛永四年からの奥郡蔵入地政策を「改作法の試行」と論じた田川捷一説についても所見を示し、奥郡改作法再検証のまとめとする。

(一) 正保四年の奥郡奉行と十村中

「御開作」直前の蔵入地支配を担っていた奥郡奉行と代官・十村が直面していた課題を考えることから、右の課題にアプローチしたい。

寛永四年の奥郡蔵入地政策を契機に辣腕の出頭人稲葉左近が奥郡奉行として下向したが、寛永十四年の算用場改革・勘定機構改革、寛永十七年の奥郡奉行稲葉左近処罰を経て、奥郡奉行の性格は変質した。利常の小松隠居のあと四代光高のもとで奥郡支配の是正は続くが、隠居利常が能登製塩の権益を掌握するなど深く介入していたので、その成果は判断しにくい(99)。正保二年の光高死去をうけ、利常が五代綱紀の後見役となり再び奥郡蔵入地を統治した正保末年、利常政権と奥郡奉行は奥郡支配の課題をどのようなものと認識していたのか、考察の手がかりを与えてくれる奥郡奉行の達書二点をここで検討する。

いずれも奥郡奉行嶋田勘右衛門・山下吉兵衛・小森又兵衛の三人に箕浦五郎左衛門・古沢加兵衛の二人が加人として追加された頃の達書である。一つは正保四年六月二十七日付、もう一点は同月二十八日付で、それぞれ十村中あるいは村肝煎中が提出した請書の形で達書の全容が伝わったものである。二十七日付は八ヵ条、二十八日付は七ヵ条の達書で[100]、八ヵ条達書（珠洲・鳳至郡拾村肝煎并村肝煎中宛）の要点は次のようにまとめられる。

①奥両郡諸浦では前々の法度の通り、俵物と酒の入津は禁止とする。ただし奉行所へ届け出た分は、切手通り吟味し裏判を加えるべし。

②小松・金沢より御用のため奥郡村々に下向する「御通候衆」に対し、夜中であろうと宿を提供し粗末にしてはならない。駄賃・家賃は藩の公定以外取ってはならない。

③奥郡諸浦湊の外海にて舟で漂流する者がいれば、澗奉行・村肝煎が相改めるべきである。津泊舟・出舟の人数などは「奉行所の切手之表」と照合し改めよ。女の義は一層念を入れ点検せよ。

④村々の御米蔵・御塩蔵は、塩釜に近接して設置されるので、それが原因で焼失しても、今後は藩の「御算用」による助成はできない。

［付則］その村の御代官衆が村廻りしたときの「油断」、浜廻り「不参」などを見聞したなら、「内証にて申し聞かせる」べし。他郷から代官の油断・不参の情報を得たら村肝煎の越度・怠慢とする。

⑤定め置かれた「村組」のうちに「走百姓・徒者」が出たら、その村肝煎は籠舎せしめる。同じ組合の百姓たちは科の軽重により過銀を申し付ける。

［付則］牢人を抱え置いてはならない。村肝煎が交替したら奉行所へ報告せよ。また給銀を支給される村肝煎は、

公務に関わる賄銀を村入用とし小百姓に賦課してはならない。御検地衆やその他の催促人が村にきたとき、村肝煎・長百姓は濫りに寄り合い酒肴で饗応、これを入用と号し小百姓に賦課してはならない。村の小入用帳の算用は公開し、小百姓どもに判形させ、暮の郡割符のとき十村共の吟味をうけること。

⑥村々の諸事について支障があれば、早速奉行所へ届け出よ。たとえ奉行所の御用が多く受理されなくとも再度連絡すべきである。再三届け出ることもせず、下にて「私証」つまり「内済」処理したなら、聞き付け次第、十村肝煎に吟味させる。越度があれば籠舎とする。だが内部で相論があり藩に目安を提出する場合、十村肝煎・村肝煎が吟味したうえで奉行所へ上申すべきである。みだりなる目安をさせるべきではない。しかし、御代官・十村・村肝煎の非分を訴えた訴状ならば、(藩の奨励するところであり)、夜中であろうと直に郡奉行のもとに持参してよい。

⑦両郡の用水・川除に使う材木については風折・雪折木を下付し、新材木の伐採供与については、よく吟味し裏判を遣す。七木・唐竹はこれまでの法度を守るよう十村方より村々へ申し付ける。薙畑(焼畑)は御用木なき場所を御代官・十村が見立て申し付ける。

[付則]日損・水損・風損・川流・山崩等で耕作地に被害があれば、まずその村へ御代官・十村頭・村肝煎が出向き損害田畠を吟味する。これをうけ村人が不足高を書き上げ、小百姓まで判形した書面を作成する。大規模な損地が確認されれば内帳を作成し、八月中に奉行所に届け出よ。もし提出に遅れたら損害届は聞き届けられないので注意せよ。ただし、高一〇〇石につき一〇石未満の損害なら申告するに及ばず。村中で公平に負担すべし。

⑧上下によらず御扶持人に非分があれば代官に上訴せよ。また御鉄炮衆が宿泊し飯米銀を払わない場合、あるいは礼物を取ったときは担当の御代官に届け出よ。御代官より訴状を郡奉行所に上申するよう申し談じてある。奥郡御扶持人衆の宿々において亭主が馳走し酒肴を振舞うことは双方とも曲事である。また奥郡奉行の家人がみだりなる非分を行えば早速届け出よ。

［付則］御横目衆の真似をし、村々で「物改」を行うなど不審者がいたら早速注進せよ。

右の八項目のあと「右之条々十村肝煎切々与中廻、猥ニ無之様ニ吟味仕、村々稼之体専用ニ可申付所如件」と八ヵ条の周知徹底が郡奉行から十村に指示された。八ヵ条達書は奥郡「拾村肝煎并村肝煎中」宛であったが、主に十村を意識し下達されたのであろう。受け取った奥郡十村三〇家の連名で、奥郡十村中として「右被仰付候通相守可申候、村肝煎ハ数多御座候間、惣名代ニ十村共御請候判形仕候、以上」と記す請書を郡奉行に返した[101]。

この二十七日付十村請書で「村肝煎は数多くいるが、その惣名代として十村共が御請をし判形仕る」と述べたのは注目され、当時の奥郡十村は村肝煎らの「惣名代」と自覚し、村請支配の物代と認識していた。その背景を推定すると、村肝煎が村請支配の受け皿となる存在であって、代官支配のなかで生じた矛盾を村の立場から調整するのが十村という実態があったと思われる[102]。代官が村単位の徴税支配・土地支配の責任者であり、代官と村の間に発生した諸問題は郡奉行と十村が調整し裁定していたから、十村は村肝煎の物代であると認識したのである。このように十村は、代官と村の間にたって奥郡支配が円滑に果たされるよう側面支援する存在であった。

次に代官・村肝煎宛に下達された七ヵ条達について内容をみる。こちらは各村肝煎から提出された請書案紙の形で伝来したものである[103]。要点は次のとおりであるが、冒頭の⑨は達書にない文言で請書にしたとき追記されたのであろう。

⑨最初に古沢・箕浦両名が新たに任命され、奥郡に交替で郡奉行が下向する体制が強化され「諸百姓用所も相調、金沢へ上下仕間敷」と喜び、百姓中としての謝意を記す。

⑩村肝煎・十村から郡方・村方の入用として割付銀が賦課されても「郡割符」または村「小入用帳」で決まった負担以外、小百姓中として一切応じてはならない。

⑪御代官や御扶持人衆、十村肝煎・村肝煎らが非分を申しかけたら、早速御奉行所へ届け出よ。それでも改善されな

いときは御横目衆に連絡せよ。もし郡奉行衆に非分があれば、御横目衆へ直接申し上げよ。

⑫「此上は忝き義ともに御座候間、猶以御収納方第一に仕り、田畠并塩浜に情を入申すべく候」と、公儀の公平な支配に感謝し年貢皆済を第一に考え、耕作や塩作りに邁進せよと説諭したあと、「稼ぎ油断なく仕者共」に対しては、どれだけでも御蔵米を貸与し経営助成するが、「稼ぎをも仕らず田畠に油断仕り候者」に対しては、村組の百姓中として吟味し、御奉行所へ届け出よ。奉公に出て「身をたをし」稼がせ、田畠は村中として耕作、諸役以下は村で納税する。そのような怠惰な百姓が心を直し、諸稼ぎに専念するようになれば、本人の田地等は戻す。

⑬百姓中への蔵米貸与につき、百姓個々の努力や能力を査定すべきであること、また飯米を前もって算段し借りにいったとき御蔵本で逗留しないよう御代官殿に対し、堅く仰せ渡されたことは、誠にありがたいことでした。

⑭懇切丁寧に村廻りを行い、村人の稼ぎの様子をよく見届けて、「百姓に成立申様」御代官殿に仰せ渡されたことは有り難いことであった。

⑮諸百姓のなかに、もし御法度に背く者または走百姓を計画するものがいたら、村組に「御かゝり」がある（連座責任を求められる）と仰せ渡されたので、村人相互よく吟味し間違いが起きないようにする。

末尾で「右之段々こまかに何も様より被仰聞忝奉存候、妻子共ニも可申聞候、此上ハ人々たしなミかせぎを専一ニ仕、御公義前相済可申候、自然無沙汰仕者御座候ハヽ、いかやうニ被仰付候共、毛頭御恨ニ在間敷候、為其村肝煎共連判之状、如件」と、村を代表し勤勉と年貢等皆済を誓約する。

以上二つの奥郡奉行達書に書かれた一五項を内容別に分類すると、奥郡で施行された政策は四項（①入津禁止品の吟味・裏判、③漂流者の御改、⑦用水・川除普請用材の吟味、⑦付則、日損・水損・風損等の減免見立）あり、それに十村・村肝煎も参画したので、これらは彼らへの御用申し付けでもあった。このうち⑦付則の減免見立御用は、各村の利害に関わる重要な役目であった。本来は代官が責任をもって行う業務だが、村方から不満が出ないよう十村・村肝煎も同道し村中も納得できる減免とすることを意図したもので、従来の増徴一辺倒の姿勢に変化が生まれた兆しといえる。ただし高一〇〇石当たり一〇石未満は免責で、減税対象にならず村の自助努力で対処するとされた。それ以前はもっと大きな損毛であっても無視されたのであろう。損毛の一割未満免責というのは、裏返せば一割以上の損害は減免対象になるという意味で、村の利益増進となる法度であった。

十村・村肝煎の不正排除も奥郡支配の重要課題であったようで、清廉な職責遂行が望まれていた。藩御用を適切に処理し村方に対し不正や非分をかけないこと、年貢・村入用等の算用における公正さを要請した規定は、②・⑤付則・⑩・⑪と数多い。とくに村入用や郡割付の賦課・算用における村方の不満が寛永以来鬱積しており、こうした地域入用における負担増を抑制することが奥郡蔵入地の大きな課題であった。類似の法度が承応～万治期にも発給されていたから、改作法期を通して意識されていたといえる。

また、徴税支配の要にいた代官の不正防止に関しては、④付則・⑪が触れており、十村・村肝煎からの上申・密告が要請された。また⑬⑭で代官職務の是正を具体的に指摘したのは有り難いと村肝煎に言わせた点も注目され、代官たるもの百姓の境遇や生業をより親身に見るべきと要求したこと（⑭）は、村にとって歓迎すべき下達であり、そこに改作法直前の代官支配の欠陥が伏在していたとみることができる。

七ヵ条達書の⑫は、改作法で打ち出された律儀百姓は手厚く助成、徒百姓は懲らしめ村から追い出すという百姓選別政策の先駆ともいえる言明である。しかし、徒百姓の特定は「村与之百姓中より致吟味」と述べ、村肝煎と十村に任され村から奉行所に申告することになっていた。つまり代官支配を基幹にしたうえで徒百姓の摘発のみ村方に託すので実効性に疑問が残る。改作法期の百姓選別は開作地裁許人が担当し、寛文以後は改作奉行と十村の任務であった。正保期の奥郡代官支配では律儀百姓への助成策が十分確認できず、その点でも政策効果に疑問が残る。

⑮は走百姓を防止するため地域共同体や家族の連帯責任を強調した法度である。奥郡百姓中に対しては連座規定に

よる恫喝も効果があるとみて、硬軟とりまぜ村方の締まりを強化し奥郡支配を堅持しようとしたことがわかる。

このように正保四年六月の奥郡奉行達書二通から、藩執行部は侍代官による徴税支配の弊害を明確に自覚していたことがわかった。さりとて十村代官制へ移行するプログラムが明示されたわけではない。郡奉行と十村あるいは村肝煎らに代官支配の不備を補う役割を要請するにとどまる。二節の考察で、こうした課題は奥郡「御開作」終了後の奥郡改革で本格的に取り組まれたと指摘した。奥郡「御開作」およびそれに続く十村改革・税制改革によって何が変化したか、次に考える。

(二) 改作法で何が変化したのか

「御開作」直前、正保四年に自覚された奥郡支配の課題と、奥郡「御開作」およびその後の十村改革・税制改革を比べたとき決定的に異なるのは、正保四年の場合、実効的な村救済策が示されなかったが、「御開作」以後は具体的な村救済策が実施されたということである。また「御開作」を機に十村代官制が侍代官に代わる徴税制度として登場した点も重要な違いであろう。この二点が奥郡蔵入地における改作法がもたらした重大な変化だと指摘したい。承応元年七月の堀彦大夫の奥郡見分報告は、慶安末の奥郡百姓の窮乏対策について「当春の御貸銀は壱人に五匁・三匁の多少に御座候故、百姓くつろぎには少しも成り申さず」と指摘し、奥郡百姓の「はけみ」を喚起するに十分な救済銀・米を投資することが喫緊の課題だと提案していた。[104] 正保・慶安期の奥郡支配に欠けていたのは第一に奥郡百姓・塩士らの「はけみ」に直結する思い切った救済策である。承応元年八月十五日付利常印判状（史料2、別表Ⅰ1）は、米一俵＝塩五俵（米一石＝塩一〇俵）という塩士に有利なレートを設定したほか、作食米を奥郡に初めて導入、貸付銀米の返済延期も盛り込み、新たな救済策を表明した点で画期的であった。これに続き敷借米・開作入用銀貸与が御開作地や希望者などを対象に実施された。

十村代官制は承応〜明暦期に推進した奥郡十村改革のなかで重要な位置を占めるが、結果として明暦末年までには目標達成に至らなかった。利常死後、万治年間末から寛文初期に奥郡全域で定着したと想定しているが、今後具体的に実証すべき課題である。

十村代官の始まりは承応二年からと二節で論証したが、その契機は承応元年の「御開作」仰付であった。奥郡「御開作」はわずか一年余の改革に過ぎなかったが、慶安以前の奥郡蔵入地支配になかった新たな村救済を展開したことから、十村に求める資質が転換したと考えられる。従来の侍代官が抱えていた課題や矛盾は正保四年の郡奉行達書の通りであり、その改善は「御開作」当時二四名いた奥郡十村に託されたが、期待に十分応えられないまま「御開作」は終了した。徴税官として算勘にたけ法度に通暁し厳格に徴税実務をこなすだけでなく、民情把握を的確に行い、救済が必要な経営や村人に適時適切に助成策を講ずる、そういう資質を併せ持つ十村が「御開作」実施のなかで望まれたが、期待はずれに終わったのではないか。しかし、利常による「御開作」仰付は、藩が十村に求める資質は「百姓成立」の担い手だということを鮮明にさせた点で重要であった。

奥郡の十村改革は承応三年以後本格化し、明暦元年に奥郡十村を大幅に入れ替え一一組体制とし、明暦二年の村御印成替作業に臨んだ。それでも利常の期待に応えられず、万治元年の利常の死を迎えた。村内の様々な課題や矛盾を適切に認識し、奉行や藩執行部に上申できる清廉潔白な十村が求められていたが、利常在世中にその意図は達成できなかったとみてよい。

同じ頃、十村代官の登用は進んでいるが、その足取りは重かった。承応三年段階は五人の十村代官が約七五〇〇石、奥郡石高の約九％の支配地を徴税支配していた（表3－6）。明暦二年については珠洲郡鹿野村五郎兵衛組の十村代官地の割合がわかるが、十村鹿野組では九人の収納代官が配置され、そのうち二人が十村代官で合わせて九九三石を支配していた。[105]鹿野組三三ヵ村の合計石高の二二・五％にあたる。明暦二年には承応三年より十村代官支配地は拡大していた。それでもなお奥郡蔵入地全体のわずか四分一以下と推定される。

明暦二年村御印成替作業は奥郡改革の重要施策であったが、手上高・手上免を村方に受容させるのは、代官ではなく十村の役目であった。両者揃って遂行すべき御用であるが、代官が活躍した様子は窺えなかった。小松に呼ばれた十村たちが個別に村々を見分し、村肝煎とともに奔走したのであろう。明暦期奥郡十村一一名のうち八名は他郡からの引越十村であったから、組下の村肝煎や脇百姓衆とどこまで協力できたか心もとない所もあるが、十村の責務を果たすべく努力したことは認めたい。村御印成替作業の停滞と遅れに対し、奥郡十村中が小松の改作法執行部から叱責された書状を二節で紹介したが、それは侍代官支配から脱却する過程で十村たちが苦吟し脱皮せんとしていた一齣であり、そこで鍛えられたのであろう。

藩の村に対する態度は正保四年六月の郡奉行達書では、村を力で抑え込む伝統的な連座制・恫喝のほか、代官の不正を十村や村肝煎の告発をもって是正するという姑息な面が強く、支配手法として稚拙で権力的である。「御開作」以後の奥郡改革では、十村・村肝煎のもつ地域運営能力に期待し、彼らの行政手腕を積極的に活用する方向に転換したが、人材に恵まれず多くの引越十村を登用した。しかし、残念ながら芳しい結果は得られず、十村に公儀役人として必要な資質を持たせる課題は寛文農政と改作奉行に委ねられた。侍代官に代わり徴税実務に精通するだけでなく、村の生産活動を活性化できる人材を育てるのはたやすいことではない。他郡から優秀な人材を探し引越十村に据えるだけで実現できるものではなかった。前田家中や領民の意識改革も必要であり、社会全体にそれに見合った環境が整えられることも必要であった。藩主と執行部が藩政の目標を民政確立・仁政推進におき、実効力ある施策を推進し領民に信頼されることが、十村改革の帰趨を左右する。こうした点まで論証すべきであるが、それらは今後の課題とせざるを得ない。

(三) 奥郡「御開作」の意義

奥郡「御開作」の意義を二点に総括してみたが、こうした観点から寛永期奥郡で改作法が試行されたという田川捷一の見解[106]について私見を述べたい。

田川が寛永四年以後慶安期まで奥郡で実施された蔵入地政策は「改作法の試行」であったと評価した根拠は、①奥郡全体を蔵入地とし給人地をなくしたこと、②算用場奉行も兼任する奥郡奉行稲葉左近を頂点に、その下に収納代官―十村―村肝煎を配置し、整然とした蔵入地支配機構を作った、③一村平均免制と定免制の採用、の三つであった。全郡が蔵入地になれば当然一村平均免は可能となり、毎年の検見による免査定は、厳しい条件を付け限定的に実施すれば定免制への移行はたやすい。全郡が蔵入地であれば、郡奉行以下の代官支配体制を統一組織に整備するのは容易である。したがって、田川の寛永四年「改作法試行」論の究極の根拠は奥郡全村（土方領除く）が蔵入地化したことに尽き、奥郡全村が蔵入地になったことが画期的だと評価したものであった。

改作法によって奥郡以外では給人徴税権は厳しい制限をうけ形骸化し、給人地は実質的に蔵入地並となり、免決定権は藩が掌握、徴税実務は十村と蔵宿に任された。それゆえ「利常の改作法」とは、給人地を奥郡蔵入地のような状態に切り替えることが目的であったと評価できないことはない。

このような視点は、利常政治五〇年を評価するときには有効である。利常は元和以後の諸政策において給人の領主（検断）権・徴税（所務）権を抑圧・否定する政策を実施したことは間違いなく、それが改作法に至り完結したと総括することもできる。しかし、その場合、改作法の目的は前田領全体を蔵入地並の支配にもっていくことであったのか、ということが改めて問うべき課題となる。これまでは「給人知行制の形骸化」という程度に評価していたことを更に進めた見解であり、利常は給人（藩家臣団）の領主的性質を完全否定し、彼らを大名の官僚とし彼らのもつ封建的土地所有権を実質否定することまで構想していたのかどうかということも検討しなければならない。これは新たな課題となるが、田川はこうした点まで論述しておらず、問題提起として多少控え目に過ぎた感がある。田川の改作法試行論には、なお検討すべき重要問題が孕まれており、すべてを承認できないが、今後も議論を活性化すべきであろう。

なお、坂井誠一はじめ改作法の本質を収奪強化に求める見解は多い。だが、「狭義の改作法」論の立場からは「御開作」という言葉の本質は、救済による農耕奨励・農事指導という点にあると考える。よって、改作法期に行われた収奪強化政策と類似の増徴策が寛永四年以後の奥郡蔵入地で確認されたというだけで、「改作法の試行・先駆」と評価するのは適切ではない。「試行」という言葉を使用するとき、「御開作」という言葉の本質を意識した言葉選びが必要であろう。改作法の本質は「御開作」という用語のうちに込められており、その視点を欠いたままでは改作法の先駆性は十分説明できない(107)。

利常死後、「御開作」文言の拡大解釈が広がる。寛文農政のなかで改作奉行と改作所が多くの改作法関連法度を発令し「改作方」という用語が多用されるなか、綱紀政権独自の改作体制も整備された。その結果、以後の農政では綱紀時代の寛文農政と改作体制を「改作法」と表現することが一般的となり、利常の「御開作」特有の意味は忘却もしくは変質する(108)。

寛政年間以後何度か実施された「極貧村御仕立」と称する政策(109)は、利常時代の「御開作」の趣旨に最も近い施策と考えているが、これは「改作法復古」などと呼ばれていない。享保年間〜文化年間に行われた「改作法復古」を標榜した農政の主要施策をみると、「引免立ち返り」、手上高・手上免の申告、新開高を奨励し本高に組み入れる、などの増徴策が目立ち、救済策は概して貧弱であった(110)。その意味で「改作法復古」という名称は「御開作」本来の語義に反するものであった。「御開作」の成果として生じる生産意欲と年貢増徴も「御開作」の一部と考える傾向は利常時代にも存在したが、救済策や勤労意欲増進策を欠いた、単なる年貢収奪策を「改作法」と称するのは不適切であり賛同できない。享保年間の「古格復帰仕法」以後の藩農政は概してその傾向が強かった。

最後に指摘したいことは、奥郡蔵入地のもつ独自の役割、つまり①利常政権に様々な貸付利足収入、塩専売制利益をもたらし、藩財政に貢献したこと、②領国市場が狭隘な段階で奥郡年貢米を塩手米等に支出し、自立的な領国内分業流通圏形成に寄与したこと(111)が「御開作」以後もおおむね継承されたのか、大きく転換されたかという問題である。この点を論ずるには、寛文以後藩政末期に至る奥郡の経済構造全体に関し一定の見通しをたて検討する必要があるが、いまその準備はないので今後に向けいくつか論点を提示するにとどめる。

押さえたい論点の一つは、「御開作」以後あるいは利常死後も、奥郡蔵入地はおおむね維持されたのか、他郡同様、給人地が相当数を占めるに至ったかという点である。これまで、この点について明確な指摘はない。改作法後の給人地支配は蔵入地と大差ない状態になったから、蔵入地の比率など大きな問題でなくなったともいえるが、形骸化したとはいえ藩財政を考えたとき給人地の割合は確認しておくべき基礎事実であろう。見瀬和雄は、明暦三年に能登奥郡に給人知行が復活し、給人から年貢皆済状が発給されたことをもって、奥郡蔵入地体制は終焉したと指摘した(112)では、はたして奥郡蔵入地は明暦三年以後どの程度減ったのか。また、その蔵入地減少で蔵入地体制終焉といえるような変化が起きたのであろうか。

「文化拾年分御取箇帳大略」(113)に示された藩領一〇郡の郡別の知行地率を表3-10に掲げた。参考に明治元年の知行地率と加賀三郡分の寛文十年知行地率も掲げた(114)。これらによれば寛文期から明治元年まで、能登奥郡の知行地率は一〇郡のなかで最も低かった。文化十年の珠洲郡給人地率はわずか四%、一二〇〇石程度であった。奥郡全体でみても一一%、明治元年は一〇%で、奥郡の給人地率は前田領一〇郡で最も低かった。能登奥郡に次いで給人地率が低いのは能美郡で、寛文十年は一五%で、給人地をもつ村数も二三九村中四七村、約二〇%にとどまり、蔵入地率が異常に

表3－10　加賀藩10郡 郡別給人知行地率

	寛文10年			文化10年			明治元年
	郡高	知行地高	知行地率	郡高	知行地高	知行地率	知行地率
石川郡	17万4096石	11万0500石	63%	18万0677石	10万8259石	60%	61%
河北郡	8万1250石	5万5995石	69%	8万6328石	3万6849石	43%	49%
能美郡	11万9092石	1万7498石	15%	12万4334石	2万9739石	24%	14%
羽咋郡				8万8458石	5万8244石	66%	能登口郡 66%
鹿島郡				8万8597石	4万1607石	47%	
鳳至郡				6万0211石	9089石	15%	能登奥郡 10%
珠洲郡				3万3568石	1226石	4%	
砺波郡				26万5947石	20万3049石	76%	71%
射水郡				17万7677石	13万1868石	74%	71%
新川郡				23万3358石	13万1594石	56%	48%

（注）寛文10年は「加州三郡高免付給人帳」（十村後藤家文書、浅香年木「加賀藩初期の貢租収取制度に関する覚書」『押野村史』）、文化10年は「文化拾年分御取箇帳大略」（加越能文庫、田畑勉「寛政･享和期における加賀藩財政の構造について」『地方史研究』111号、1971年）による。明治元年は「明治元年御取箇調理小寄」（『石川県史3編』、77頁以下）による。

高い地域であった[115]。利常隠居領の中枢であったことが原因と推定され、能美郡と能登奥郡の蔵入地率の高さは藩領一〇郡のなかで際立つ。

表3－10から奥郡では文化期以後明治元年まで蔵入地約九割というレベルを維持していたことがわかった。このことは寛永四年以来の奥郡蔵入地化の伝統は、明暦三年の給人地解禁にもかかわらず基本的に堅持されたことを意味する。若干は給人地を容認したが奥郡のもつ特別な産業構造を生かし、小物成等の代銀収奪を行うとともに、塩専売制の中核生産地としての奥郡の独自性を生かした支配が、寛文以後明治までおおむね続いたとみることができる。

能登奥郡において蔵入地率約九割を維持させたのは、塩手米の確保、すなわち塩専売制堅持という藩の基本政策に起因する。加賀藩の塩専売制は万治三年～寛文元年に一時中断されたが、中断理由として①明暦二年村御印による収奪体制が確立し藩財政に余裕ができたため、塩専売利益に依存する度合が相対的に低下したこと、②同時にこの頃、蔵米の大坂登米が本格的に展開し藩の現銀獲得市場が上方市場にシフト、これまで塩手米に支出された奥郡産年貢米までも大坂に送る圧力が強まったため、という二点が指摘されている[116]。上方を中心とした幕藩制的分業・流通体制の確立、そこに組み込まれていった加賀藩経済という、おおきな経済環境の変化あるいは改作法成就という政治的達成がもたらした藩財政の余裕という面から、寛永四年からの塩専売制が転換期を迎えたという理解である。

しかし、万治三年四月の塩専売制中断[117]に関しては史料が乏しく、寛文二年四月に塩手米が再開された背景も含め再検討が必要と考える。塩専売中断は利常死後の出来事であり、利常在世中は塩専売制を中断する意図はなく、奥郡とくに珠洲郡で広汎に展開された製塩業の振興と収奪意欲は衰えることはなかった。このことに留意すれば、万治三年に中断し、寛文二年に再開した時期は綱紀政権移行期にあり、政策決定の最終判断は誰がどのような形で行ったか慎重に見極める必要がある。それゆえ経済環境の変化という大状況から説明するだけでは疑問が残り、もっとミクロに政治過程を検証する必要がある。とくに塩専売制中断の決定にあたり綱紀の意向がどの程度反映しているのか、何らかの検討が不可欠であろう。

なぜなら寛文二年に再開された塩替レートは、利常が明暦元年に定めた米一石＝塩一二俵を米一石＝塩一〇俵に変更し、生産者側に極めて有利に改定していたからである。しかも、この一〇俵替レートは寛文期から半世紀以上継続され、十八世紀の能登塩業では塩替一〇俵レートと九俵レートの二種類が併用され、塩生産量が調整された[118]。こうした点を勘案すると明暦段階と比べより安定した塩替レートにシフトした画期は寛文二年であり、寛文二年専売制再開は、相当な政治決断であったとせねばならない。そのような決断は藩主綱紀が行ったとみるのが妥当であり、万治三年塩専売制中断という史実の妥当性と合わせ、塩生産者に有利な塩替相場が綱紀政治の冒頭に登場した政治的意味についてぜひとも検討すべきであろう。

これまでの研究が塩専売制「中断」と論じてきたのは、再開されたことを念頭にした言葉である。しかし、万治三年時点で再開を予定していたことが立証されていないので、正しくは塩専売制「廃止」とすべきであろう。廃止という重要判断を綱紀在府中の万治三年四月に本当に決断できたのか、これも検証すべき大きな課題といえる。綱紀でなければ、「国中仕置」を託された奥村因幡・前田対馬・津田玄蕃の三年寄が決断したのかもしれない。金沢城に滞在中の幕府上使や後見人保科正之の同意を得てのことであろうか[119]。彼らがどのような意図をもって塩専売制廃止という方針転換を打ち出したのか、ぜひ探るべきであろう。

十七世紀末以後、能登奥郡八万石で搾取された約四万石の蔵米のうち約三万石（六万俵）は塩手米に支出されたという。この塩手米用の蔵米三万石を確保するため、奥郡の八割は蔵入地にしておく必要があった。奥郡農民の納付した年貢米の半分以上が、専売塩約三〇万俵と交換され奥郡の塩生産者に渡り、能登産塩は前田領一〇郡に居住する領民の食塩として供給された。余剰があれば飛驒や佐渡など領外に販売された。また、製塩業以外の多様な非農業生産に従事する奥郡の生産者に払付米約一万石を投資し、銀三〇〇貫匁を得て藩の現銀収入としていた[120]。

寛永四年の全郡蔵入地化のあと、能登奥郡で優越していた非農業部門で活躍する民衆から塩・銀を安く効率的に入手するため、奥郡蔵米が有効に活用され、郡内で有効に費消させる流通機構が形成されていた。その体制は利常の「御開作」以前も利常死後も基本的に変わらず、藩の現銀収入を一定量確保する地域として藩の財政構造のなかに定位置を得ていたといえる。

寛永四年以後奥郡に与えられた役割は、このように利常の「御開作」によって大きな変動を被ることなく寛文期以後も継承された。また、奥郡蔵入地の藩財政上の特別の位置も変化しなかったが、利常時代のような強欲な収奪一辺倒の増徴政策は利常死後陰をひそめる。その転換点は利常在世中にわずか一年三ヵ月実施された「御開作」期間にあった。利常死後は明暦村御印にもとづく収奪強化が恒常化したが、農政そのものは、在地の余力をより安定的に保証し、奥郡生産民の「はげみ」を引き出す方向に転換したといえる。「御開作」のあと利常は慶安以前の収奪強化路線に戻ろうとしたが、それは奥郡の生産者を再び苦境に陥れるものであった。そうした矛盾のなかで利常が死去すると、明暦期の収奪強化を是正し「御開作」期（承応初期）の姿に戻す試みが万治末〜寛文初期に始まり、綱紀の寛文農政に引き継がれた。

ある意味、奥郡では蔵入地政策の弊害除去、苛政の是正として「御開作」という救済策が実施されたのである。「御開作」期間が終わると、従前の蔵入地政策を上回る収奪強化を利常は計画していたが、これを遂行してくれるはずの明暦期の十村一一人は、期待に十分沿えなかった。十村代官制の本格導入が利常在世中に実現できなかったのは、これと関連する。寛文元年に改作奉行が再設置されたあと十村代官制は安定し、奥郡の寛文農政は改作奉行・郡奉行と十村代官・組裁許十村のもとで展開したが、それはすでに利常の「御開作」と異なる農政というべきで同列に扱うべきではない。

「利常の改作法」によって十村改革がすすみ盤石の郡方支配の体制ができたと、これまで語られてきたが、承応・明暦期の奥郡十村改革は、みたかぎり成功したとはいえない。課題山積のまま利常は死去した。遺産として残ったのは、手上高・手上免を盛り込んだ明暦二年村御印であった。

奥郡「御開作」の意義を考える原点として、そもそも全郡が蔵入地化しており、給人支配の弊害が課題とならない地域であったことをつねに念頭に置かねばならない。全郡蔵入地として二五年間、藩直轄の代官支配と奥郡奉行の支配が展開していた奥郡で喫緊の農政問題は何かと問えば、利常自身が指揮した奥郡支配二五年の弊害除去、収奪強化の是正であり、彼の目指した収奪強化を担える十村制度の育成・強化であったが、そのいずれも、利常の時代にほとんど解決されなかった。寛文以後の農政は、領民の動向を探りながら、利常が経験しなかった事態に遭遇しつつ、残された課題に応えなければならなかった。それゆえ「利常の改作法」と異なる農政とならざるを得ず、寛文農政までも「改作法」と呼ぶことは避けるべきと考える。

注

(1) 田川捷一「奥能登両郡における改作法への試行」(『能登輪島上梶家文書目録』解説、石川県立図書館、一九七七年、のち田川『加賀藩と能登天領の研究』北國新聞社、二〇一二年再録)、長山直治「寛永期名舟組における土地と租税」(同右『能登輪島上梶家文書目録』解説)、原昭午『加賀藩にみる幕藩制国家成立史論』(東京大学出版会、一九八一年)、見瀬和雄『幕藩制市場と藩財政』(巌南堂書店、一九九八年)。

(2) 注1見瀬著書(一七四~一七七頁)。

(3) 注1見瀬著書(一七四~一七八頁)。とくに改作法実施と奥郡蔵米の大坂登米振り向けにより「奥能登蔵入地はその意義を滅失し廃止」(一七八頁)と述べた点は再考を要する。

(4) 長山直治「近世能登製塩における生産構造について」(『珠洲市史 第六巻 通史・個別研究』一九八〇年)、同「能登揚浜塩田の歴史」(『能登の揚浜塩田』奥能登塩田村、二〇一三年)。万治三年~寛文二年の間、能登奥郡を中心とする藩の塩専売制は一次中断されたが、それ以外、寛永四年から明治まで一貫して塩専売制が推進されたことは奥郡の重要な特質であり、奥郡蔵入地化の動機は、塩生産に象徴される非農業生産の技術・労働において豊かな資源を擁していたことにある。それは小物成課税の多様性から窺える。

(5) 第一章でみた改作法研究史のなかでは、とくに新谷九郎・松好貞夫が給人領主制の弊害除去を改作法の重要な意義として説き、戦後若林喜三郎らの研究に引き継がれた。

(6) 『加賀藩御定書 後編』(石川県図書館協会、一九八一年再刊、初刊一九三六年)巻十四。

(7) 『珠洲市史 第六巻 通史・個別研究』、『輪島市史 第七巻 通史・民俗編』(一九七六年)では改作法の一般論しか説明せず、奥郡に限定した説明はなかった。自治体史の通史叙述は概して、このような説明が多い。

(8) 注1見瀬著書一七四頁。

(9) 見瀬の「狭義の改作法」「広義の改作法」という主張(注1見瀬著書第三編第二章)は、この齟齬に関連するが、この課題に直接答えるものではない。見瀬は改作法に二つの側面があったとし、一つは「百姓の仕置」を基軸にした農政としての改作法で、これを「狭義の改作法」とし、もう一つは藩財政を強化すべく給人知行制を形骸化させ、村御印による増徴や「御家中仕置」も予定する政治改革としての改作法で、これを「広義の改作法」とした。それゆえ従来いわれる慶安四年から明暦三年までの利常の改作法は「百姓仕置」としての改作法（狭義）と「御家中仕置」としての改作法（広義）の両面を併せもつとした。奥郡改作法の終期を明暦二、三年においたのは「広義の改作法」の側面に即した理解といえるが、始期を承応元年に求めた根拠は主に「狭義の改作法」の視点からの実証であった。しかし「狭義の改作法」の終期を「承応二年」とする見解はとくに示しておらず、「狭義の改作法」と「広義の改作法」が奥郡改作法の遂行過程のなかで、どのような関連をもって展開したのか具体的に指摘されていない。

（10）第一章・第二章で綱紀時代以後、「改作法」語義の多様化がおき、利常時代の語義と異なる用法が広がると指摘したが、別表Ⅰから利常時代すでに語義の多様化が起きていたことが窺えるので、本章では、この点に注意し史料文言を読み込んでいく。

（11）利常死後、寛文元年五月に改作奉行が再設置され、寛文農政が始まるが、寛文元年五月十五日付改作奉行再設置令（「司農典」一『藩法集4 金沢藩』創文社、一九六三年）の冒頭で、改作奉行四名の役目は「郡中御収納方、免相指引等」にあるとし、最後に「御収納方之儀者、一切郡奉行にかまはせ申間敷候」と厳命し、郡奉行との差異化を図る。この法令は改作奉行の本務を定めた基本令であるが、そこに「御開作」文言はなく、改作所と改作奉行が本務とする改作方農政の最大の関心事は、村御印税制を忠実に執行し円滑に年貢収納することにあった。耕作出精や給人下代の掣肘はこれに付随した御用であり、改作奉行の基本任務は「郡中御収納方」「免相指引等」とした点に、「改作法」という用語の語義変容が象徴的に示される。

（12）寛文六年七月六日付「改作奉行上申（綱紀宛）」と同年七月二十四日付の「改作奉行触書（十村中宛）」（「農耕遺文」「十村旧記」『加賀藩史料 四編』）は、寛文期の「改作方」農政の要諦や用務内容を包括的に示し、寛文農政における「改作方」「改作法」の多義的で包括的な語義を具体的に示すものと考えている。

（13）尾間谷家文書（珠洲市）の概要は『尾間谷家文書目録』（珠洲市教育委員会、二〇〇五年）に詳しい。承応・明暦期の村方文書が一〇〇点以上残存し、改作法研究にとって貴重な史料群である。このうち「先御改作」「先改作」という文言をもつ一一点は別表Ⅰの15・17・20・21・23・31～34・36①②（尾間谷家文書編年番号31・32・35・36・38・54・55・57

・60・63）である。なお以下の尾間谷家文書の注記に『尾間谷家文書目録』の編年番号を併記した。また尾間谷家文書の写真帳・原本閲覧にあたり見瀬和雄氏、珠洲市教育委員会の平田天秋氏・大安尚寿氏にお世話になった。この場をかりご厚意に感謝する。

（14）尾間谷家文書25号（『珠洲市史 第三巻 資料編 近世古文書』一九七八年）。

（15）和嶋俊二「近世本百姓の成立」（『日本歴史』一二一号、一九五八年）、高澤裕一「近世前期奥能登の村落類型」（『金沢大学法文学部論集哲史編』一三号、一九六六年、同『加賀藩の社会と政治』吉川弘文館、二〇一七年再掲）、注1見瀬著書第二編第一章によれば、南山村の土豪尾間谷家は、寛永期に南山村忠兵衛と名乗り、藩から下人解放や土地付与を要請され経営規模縮小を余儀なくされていた。これが藩権力による小農自立策と評価されることもあった。

（16）「古組帳抜萃」加越能文庫（金沢市立玉川図書館蔵）。見瀬和雄・見瀬弘美「加賀藩改作法施行期の家臣団史料―「古組帳抜萃」（一）―」（『金沢学院大学紀要（文学・美術・社会学編）』五号、二〇〇七年）に翻刻され索引も付く。

（17）「(承応三年) 能登奥両郡収納帳」加越能文庫、金沢市立玉川図書館蔵。長山直治「承応三年「能登奥両郡収納帳」―承応三年の村御印の高と免―」（『北陸史学』二六号、一九七七年）は、村別の高免を表示し史料紹介する。なお、寛永～万治期の尾間谷家文書を編年順にみていくと、和田・久世両名の名前が登場するのは承応二年が最初であり明暦四年春に終わる。承応元年十月の能登奥郡での「御開作」仰付を契機に和田・久世は「能州御代官」として奥郡に下向、承応三年は一一二ヵ村を管轄した。明暦三年まで代官として徴税実務に携わり、万治元年春に残務処理を行い別役に転出した。

（18）「筒井氏旧記」（加越能文庫）第一本に収める「慶安元年・二年」の史料群のなかに記載される小代官名。

（19）注1田川論文、注1見瀬著書。田川論文では、組代官について「十村組へ一名ないし数名派遣された侍代官で、収納を中心に十村組を支配した」と定義している。

（20）十村代官北方村真頼の管轄村は、「奥郡収納帳」によれば堂ヶ谷・法住寺・弘国の三ヵ村であるが、注14「真頼組・頼兼組村々棟数高・書上帳」にこれらの村名がみえない。

（21）寛文十年村御印は「加能越三箇国高物成帳」全三五冊（加越能文庫、刊本『加能越三箇国高物成帳』金沢市立玉川図書館、二〇〇一年）にほぼ全村分が掲載され便利である。村ごとみていくと能登奥郡で敷借米が貸与されなかった村があったこともわかる。

(22) 別表Ⅰ3によれば奥郡の作食米は改作法期に八四〇〇石の規模であった。次項でも具体的に紹介する。

(23) 『輪島市史 資料編第一巻』(一九七一年) 一六〇頁。

(24) 粟蔵村彦三郎の経歴は「貞享二年加能越里正由緒記」(若林喜三郎『加賀藩農政史の研究 上巻』吉川弘文館、一九七〇年の史料編に収録)。

(25) 「十村手帳」のこの箇所は延宝期に在世した祖父の筆記覚書に記載されたものの写とするが、祖父覚書に誤解や誤記があり全幅の信頼はおけない。このあと「一、初改作と申ハ承応三甲午年ニ而、加州・越中・能州は明暦二丙申年ニ而新十村中入部、是ヲ後御改作と申由」「奥両郡十一組割直しハ寛文五巳年ニ而……」と記すが、奥郡十村の一一組編成は明暦元年のことであり、「初改作」を承応三年というのも誤解で村御印発給年次と混同したのであろう。ただし「先御改作」の年次は尾間谷家文書の史料で傍証可能なので、当時使われた用語とみてよい。

(26) 宇多家文書(『珠洲市史 第三巻 資料編 近世古文書』)、「慶安五年八月十五日ヨリ寛文五年二月十六日迄御定書等御印物写」(筒井家文書、氷見市立図書館蔵)など。

(27) 注1見瀬著書(一七〇・一七一頁)。

(28) 注26「慶安五年八月十五日ヨリ寛文五年二月十六日迄御定書等御印物写」。

(29) 「御郡中江御仰御書出之写」(十村後藤家文書、『野々市町史 資料編2 近世』二〇〇一年)に石川郡宛写、西川家文書(金沢市広坂)に河北郡宛の印判状原本(『金沢市史 資料編9 近世七』二〇〇二年)が残る。

(30) 松宮・伴の両名は小松から奥郡に新たに投入された新しい奥郡代官衆で「奥郡収納帳」では、それぞれ二三ヵ村あるいは二七ヵ村を管轄する。その一方で作食米の本米返納を監督する横目衆でもあった。なお、松宮は「承応二年小松侍帳」では百石取の御歩で、万治元年に金沢城土橋門の御蔵番をつとめた経歴をもつ。伴は小松利常隠居領にて二百石受ける御射手衆であった(注16「古組帳抜萃」)。和田平兵衛もそうであったが、所定の代官地で徴税業務を遂行する能州代官でありながら作食米の監督官(横目衆)、改作地用人といった役目も併任したのである。

(31) 「明暦弐年より作食米相極年米高」(注6『加賀藩御定書 後編』巻十四)。

（32）先御改作地では利足なしの作食米貸与もあったが、「御開作」終了後は利足付となる。利足付であっても慢性的な困窮下にあった奥郡百姓にとって有益な救済であり「十村共催促仕るに及ばず」百姓が自主的に蔵納を励行すべき制度であった。
（33）尾間谷家文書（82号）。
（34）尾間谷家文書（80－①号）。
（35）奥郡の生業の多様さは慶安元年十一月三日付「諸稼収納・借用米等の負担義務につき皆月・大沢組村方一統請書」（「筒井氏跡書」加越能文庫）から具体的にわかる。浦方猟師・身売共（日稼人）・地方御百姓中・諸商人それぞれの生業ごと蔵米を払付米として借りていたが、その代銀返済方法について誓約したもので、皆月組・大沢組の百姓中すべて連署し、五月中、八月中などその生業に応じた返済期限があった。地方御百姓中は「地方高」を耕作する農民だが、持高に応じた生産米だけでなく「わた・からむし・白苧・蝋・漆・小麦・牛馬之子仕入金」などの収益をもって「御払付米代銀」を返済すると述べる。非農業的生業にいそしむ能登外浦の村々の生業実態がきわめて明確に窺える。
（36）注6『加賀藩御定書 後編』巻十四の「敷借本米御赦免年之事」によれば、両郡の敷借本米高は鳳至郡一八二二石五斗、珠洲郡六七七石五斗であり、別表Ⅰ14の二五〇〇石と一致する。
（37）能登奥郡の明暦二年村御印写は残っていないので、寛文十年村御印（注21『加能越三箇国高物成帳』）の敷借米記載と比べた。明暦二年村御印に記載された敷借米高は、万治三年までにほぼ免除され役割を終えていたが、領主の御恩を示す貸付米なので寛文十年村御印にそのまま転載された。表3－4に掲げた承応二年の敷借米高は承応三年村御印に記載されていた可能性があり、明暦二年の村御印成替にあたり数字の整序があり、それが寛文十年村御印に引き継がれたと推定される。なお表3－4のうち四ヵ村については村御印の敷借本米を五斗刻みの定数に揃えたことで相違が生じたこともわかる。つまり承応二年の掲出データは実際の貸与額を示すが、斗以下の記載方法は明暦二年村御印成替時にすべて同一の五斗刻み方式に整理されたのである。
（38）（39）注21『加能越三箇国高物成帳』の集計による。
（40）注1見瀬著書「奥能登蔵入地における払米政策」（二編二章）。

(41)「改作被仰付候節諸事覚」(注6『加賀藩御定書 後編』巻十四)。
(42)本節(五)でふれる明暦二年七月の御夜詰で表明された利常の手上免に関する発言が根拠となる。
(43)利常の十村改革構想は、慶安～万治元年の十村関係の施策全体を鳥瞰すれば抽出できる。とくに注目されるのは、在国中の利常が小松城に十村らを呼びつけ、民情や農業生産あるいは政策案について十村らの意見を聞き取り自分の考えも説諭した「御昼詰」「御夜詰」という諮問・啓蒙活動であり、その背後に十村改革の構想があったと考えられる。
(44)注17長山論文、田川捷一「加賀藩明暦の村御印について」(『七尾の地方史』一八号、一九八五年。のち注1『加賀藩と能登天領の研究』に再録)において明暦二年八月以前に発給された村御印に言及するが、総合的な所見は示されていない。それぞれの史料典拠は(　)内に簡単に付した。
(45)「明暦期改作方留帳」折橋文書(注74坂井著書六一二頁)。なお、この明暦元年五月付村御印は翌年六月にようやく下付された。これについては後述(本書一一八頁)。
(46)注17長山論文。
(47)能登町坂本家文書(『柳田村史』一九七五年)、「能登古文書」(加越能文庫)の妙厳寺文書写。
(48)慶安四年二月二十八日「大谷組十村頼兼、奉行頭書請書証文」(友貞家文書、『珠洲市史 第三巻 資料編 近世古文書』)から、この時期の十村に期待されていた職責が具体的にわかる。
(49)大沢村内記は天正十年(一五八二)十月に利家から扶持高を拝領した扶持百姓の子孫で、寛永以来の奥郡十村三〇人の一人であった。承応二年正月に大沢組一八ヵ村の裁許の御印をうけ、承応四年三月十八日に大沢組二五ヵ村裁許の御印、万治四年二月に一四ヵ村追加し大沢組三九村裁許の御印を下付された伝統ある十村家である(「筒井氏旧記」加越能文庫、『輪島市史 資料編第一巻』)。承応三年段階の大沢組は一八ヵ村である。
(50)注1見瀬著書(二編二章など)。
(51)上戸北方村真頼宛の承応二年・三年の代官地年貢皆済状は『能登珠洲 上戸村真頼家文書目録』(石川県立図書館、一九八二年)の「真頼家文書選」に掲載。狼煙村七兵衛宛の承応二年・三年の代官地年貢皆済状は宇多家文書(『珠洲市史 第三巻 資料編 近世古文書』)。

(52) 承応二年の上戸北方村真頼の代官支配地は二一三三石九斗余、承応三年は一一七六石七二二合であり異なっていた。代官支配地の割替があったためである。

(53)『能登珠洲 上戸村真頼家文書目録』『珠洲市史 第三巻 資料編 近世古文書』に、両十村宛の承応二年・三年の小物成・敷借米の皆済状が載る。

(54)『加賀藩史料 三編』は「領内十村の一部に収納代官を命ず」という綱文のもと、「埴生氏覚書」の「承応二年、十村に代官仰付、万治元年に領国一統御代官」という記事を載せる。承応二年初見の指摘はおおむね妥当だが、万治元年に領国全体で十村代官が実現したとの指摘は検討を要する。奥郡では少し遅れるからである。

(55) 高右近・頼兼は慶安・承応の二四組を構成する十村である。表記の内容を下達したのは津田玄蕃・奥村因幡連署状で、奥両郡割付銀は輪島・宇出津の蔵に預け置き、普請所日用銀に支出するときは払方算用帳・請取状の作成を義務付け、川除普請・用水普請・塩浜普請の実施は横目衆に連絡したのち実施することなど指示する。十村の独断による課税・支出を制限した点が注目される。

(56) この連署状で「能州奥両郡御開作ニ就被仰付、加州石川郡熱野村少兵衛・越中中郡下条村瀬兵衛、右弐人被遣候、津田宇右衛門手下之外、此もの共申次第耕作精を入可申候、他郡之ものを被遣程之儀候条大形ニ不存、田畠并かせぎ少も油断仕間敷候、右之趣被仰出者也」と鳳至郡・珠洲郡十村肝煎中・百姓中宛に説諭する。熱野村少兵衛は北加賀の御開作地で改作法遂行に奮闘した十村で、承応三年以後、石川郡の開作地裁許人(改作奉行)として活躍。下条村瀬兵衛は越中川西の御開作地で戸出村又右衛門らとともに活躍した扶持人十村である。「御開作」の尖兵として活躍中の十村両名が奥郡に派遣され、奥郡十村に「御開作」精神を注入しようとしたのであろう。

(57) 青山織部の説諭の内容は、①たとえ御奉行・代官の申渡があろうと、御開作地の村々で藩からの借銀・借米(敷借米利足・作食米等)を急激に取り立て、百姓を困らせてはならない、②律儀百姓は公儀を大切に思い、困窮していても年貢を第一と考え期限通りに皆済するが、横着百姓(徒百姓)は経営に余裕があっても納所が難しいと言い立てるゆえ、百姓の実態をよく観察し「百姓が成り立つよう指引せよ」、③村百姓が耕作と諸稼に油断なく出精できるように差配せよ、であり、御開作地の治め方の要諦を語る。織部は小松城に詰める家老で、利常の御意を汲んだ説諭といえる。

(58) 本節㈢にて詳述。
(59)「能登国十村等由緒」（加越能文庫蔵）。なお、田川捷一編著『加越能近世史研究必携』（北國新聞社、一九九五年）の奥郡の十村一覧はこれを典拠とする。
(60) 注1田川論文。
(61)「貞享二年加能越里正由緒記」（金沢大学蔵、注24若林著書史料編九）。能登国は前田家が国持大名となった最初の領国であり、天正十年十月から天正十五年に藩祖利家から扶持を拝領した扶持百姓が四四家おり、中でも奥郡には三〇名余を数える。その多くが慶長九年（一六〇四）の十村制創始を契機に、扶持拝領の十村となり、前田家初期の奥郡支配を支えた（注24若林著書八七頁以下）。寛永四年の蔵入地化により藩算用場・奥郡奉行による直接支配が強化され小代官が奥郡に派遣された。扶持百姓系十村の地位低下が予想されるが、新任十村とともに蔵入地支配に邁進した。寛永十四年段階では表3-8に示したように三〇の十村組に三〇〜三一人の十村が任命され、このうち一〇人は天正期扶持百姓としての伝統をもつ家であった。扶持給与は天正からで寛永期に継続されたが、彼らは「御扶持人衆」と呼ばれた。御扶持人衆には十村役から除外されたものもいたので、そうした呼称が必要になったのであろう。
(62) 口郡十村の御扶持御印の改めは慶安四年に実施された。同年正月二十二日付扶持高安堵の利常御印は現在五人の十村宛写が知られる。このあと承応二年春から北加賀・越中でも十村への扶持高給与があり、これをもって扶持人十村の始まりとされる。しかし利常の扶持人十村の構想は慶安三年の奥郡御印改め段階から存在し、改作法の進展に伴い全郡に拡大していったものであろう。のち寛文元年八月、改作奉行からの上申をうけ「諸郡の目あかし」として無組扶持人十村が制度化される（「農耕遺文」森田文庫、石川県立図書館蔵）。
(63)「鳳至郡粟蔵村彦三郎由緒」（注24若林著書）。粟蔵村彦左衛門が扶持高安堵をうけた同日、一節に掲げた八月十五日御印（史料2）が発令されたのは偶然ではなかろう。彦左衛門の場合、天正十年の扶持状を焼失により失っていたので安堵が遅れたが天正十五年分年貢皆済状に扶持拝領と記すので、これを先判とし安堵された。鹿磯村藤右衛門も利家の扶持御印を紛失し承応三年の当主病死も重なり安堵は遅れ承応三年十一月十七日になった。また、木住村八郎右衛門の場合、利家からの扶持状を差し出すことができず、扶持高は許されず屋敷高のみ安堵された（注24若林著書）。

(64) 菊池文書、『富山県史 史料編Ⅲ 近世上』（一九八〇年）九二二頁。

(65) 「貞享三年加越能等扶助人由来記」（注24若林著書史料編一〇）。

(66) 「加藤日記追加」一（羽咋郡十村加藤家文書、羽咋市立歴史民俗資料館蔵）。

(67) 明暦二年五月二十五日付「承応三年分鳳至郡敷借米利足皆済状」は、承応三年に処理すべき算用であるが「明暦元年七月朔日ニ済」とあり、決済は明暦元年に持ち越された。それゆえ、この皆済状は新四郎が承応三年に十村として公職をつとめた証拠とならない。

(68) 十村円藤家文書、『輪島市史 資料編第一巻』四五二頁。

(69) 『尾間谷家文書目録』によれば、南山村の万治元年分の年貢収納は侍代官冨田次大夫が行い、万治三年分から十村代官出田村忠兵衛に変化している。万治二年分については不明で、春夫銀までは冨田次大夫が徴税した。

(70) 注64「承応三年春所々越十村奉窺覚」。「明暦二年 鹿野村五郎兵衛組万覚帳」（砺波郡十村武部家文書、金沢市立玉川図書館蔵）に「一、鹿野村介右衛門、十村御上ケ被為成、則跡替ニハ越中中郡《（砺波郡）》坪野村五郎兵衛被為遣候、持高ハ介右衛門高程可被下之由、六月十四日ノ御夜詰ニ相極り申候」「一、浦上村兵右衛門、六月十四日ノ御夜詰ニ御上ケ被為成候、其跡替ニ小嶋村清介被為遣候、兵右衛門ニ最前千五百石仕分ノ外ニ増テ可被仰付候」という記事があった。新たに確認された明暦期珠洲郡十村の筆記である。

(71) ここで免除とされた小物成税目は、明暦村御印に載る。免除された税目を村御印に載せたのは矛盾し、この食い違いの検討は今後の課題である。なお、この明暦二年七月二十七日付利常御印は「八月六日、市川八十郎殿御持参」と注記するので、村御印の発給日以後に奥郡十村は拝受したことがわかる。

(72) 武部敏行「五十嵐五考補遺」所収の年寄連署状（利波郡百姓中宛）写（『加賀藩史料 三編』）。吉初銀は承応三年村御印では定納高（本年貢高）の付加税で夫銀とセットで徴税されたので小物成ではなかった。その来歴などは「天保中五十嵐五考」（加越能文庫、注24若林著書史料編一一）に詳しい。明暦二年村御印は吉初銀記載を削除するが、村御印の発給日である八月朔日のあとに吉初銀廃止令が出ているから、村御印発行日付は名目的なもので実際の発給日ではない。

(73) 「上田源助旧記」（『加賀藩史料 三編』）。

(74) 坂井誠一『加賀藩改作法の研究』清文堂出版、一九七八年、三四〇〜三四四頁。
(75) 手上高・手上免の作業の遅れは、後述(六)「難航する村御印成替と奥郡十村」で詳しく実情をみる。
(76)「明暦期改作方留帳」(折橋文書、注74坂井著書附録史料Ⅱ、六一二頁)。
(77) 友貞家文書、『珠洲市史 第三巻 資料編 近世古文書』六五二頁。
(78)「筒井氏旧記一」巻三(加越能文庫)。
(79) 道下村三郎左衛門は寛永十四年の十村三〇組裁許十村にも入っていない。若山村延武は正保二年まで十村に就任していたが正保四年までに黒丸に交替し、沖波村(諸橋村)次郎兵衛は表3－8に示したように慶安期まで十村役をつとめた慶安・承応期の組裁許の一人であるが明暦元年に十村役を立ち去った人物である。あとの三人(中居・大沢・粟蔵)は表3－7に示した明暦期一一組を担う扶持人十村であった。
(80) 注1『能登輪島上梶家文書目録』収録の寛永期の小物成収取史料(C84〜C95)をみた限り、蔵入地の小代官が徴税責任者として行動していた。その下で十村が補助した可能性はあるが正式公務と認定されていない。
(81) 日置謙『改訂増補 加能郷土辞彙』(北國新聞社)の改作法の項目で「改作法は明暦二年に成就したので、六月その奉行を一旦廃せられた」と述べる。なお、改作奉行については拙稿「改作奉行再考―伊藤内膳と改作法―」(加賀藩研究ネットワーク編『加賀藩武家社会と学問・情報』岩田書院、二〇一五年)を参照されたい。
(82) 注74坂井著書三四〇〜三四四頁。
(83) 注74坂井著書三四一頁。
(84)「古来御奉行所より之御紙面云々」(川合文書、富山大学中央図書館蔵。注74坂井著書三四二頁に翻刻)、田辺家文書一九八号(清水隆久『加賀藩十村役田井村次郎吉』一九九六年、四五〇頁)。
(85)「三代又兵衛日記」(川合文書、注74坂井著書三四一頁、同附録史料Ⅰ五五五頁)。
(86) 村からの申し出を重視すれば、当年の不作・豊作に偏った査定に陥るが、そうではなく村の耕作基盤は「土目」つまり土壌のもつ生産性にあるとみて、それを査定せよと利常が十村に要求した点に手上高・手上免政策の特質があり、利常の収奪強化策を単純な増徴策一般に解消させるべきではない。十村による土目詮議は、七月の御夜詰と七月二十一日付手上免法度を機に八月・九月にかけ新川郡などで盛んに実施された（注74坂井著書三三七～三四四頁）。

(87) 武部敏行「改作始末聞書」（注24若林著書史料編一二）、注74坂井著書（三四〇～三四四頁）。なお、奥郡でも明暦元年に「一作手上免」が実施され増徴分のうち五分一は「手上免米之内五ケ一被下分、人々当り之通、慥ニ請取申候」とあり村に戻された（別表Ⅰ52、『珠洲市史 第三巻 資料編 近世古文書』三四八頁）。

(88) 村々から手上高・手上免の具体的な数字を藩に申告する前に郡奉行・代官らが十村数名を随行させ村況・田畠・作柄等の様子を見分し、然るべき税率を村側に通知し申告させたと、坂井誠一は越中川西の事例を挙げ論じた（注74坂井著書三三五～三三七頁）が、その過程で村は多くの難問に直面し煩悶し藩の要請を受け入れた。

(89) 注74坂井著書でこの点に関する具体的な論証を行う（三三四～三四〇頁）。

(90) 宇ノ気町林家文書（『金沢市史 資料編9 近世七』収録）。なお、加越能文庫に三種類の伝本があり、多くの近世史料集に翻刻されるが、甲乙二種の伝本があるとみられる。

(91) 注74坂井著書三三二～三四四頁。

(92) 注21「加能越三箇国高物成帳」、「奥郡収納帳」（注17長山論文）。

(93) 正保四年六月二十七日付と同月二十八日付の奥郡奉行達書写（上梶家文書A17・18号、『輪島市史 資料編第一巻』一三九～一四一頁）ほか。なお、この達書については三節で詳しくふれる。

(94) 「筒井氏旧記一」巻三（加越能文庫）。

(95) 出田村忠兵衛・柳田村源五・松波村又四郎のうち誰かとみられる。

(96) 承応三年「御馬廻五組侍帳」（注16）。なお、ここでの「能州御用人」とは能州郡奉行に就いていることを含意したものかもしれない。

(97) 「諸士系譜」（加越能文庫）の津田宇右衛門（正重）の項には「川北道甫子なり」「能州七尾ニ住、能州郡支配ヲ兼、承応三年御先筒頭」「万治三御馬廻頭算用場奉行」「寛文八年加三百石、合千三百石、元禄六年致仕、号計斉、同十五年五月十一日死、八十六才」と記す。また「諸頭系譜」（加越能文庫）は、承応二年～寛文十一年まで能州郡奉行、万治三年～元禄六年まで算用場奉行を勤めたとし、所口町奉行は寛永十一年から承応三年までとする。他方「七尾町旧記」（加越能

文庫)、「御代々御奉行衆」(山崎文書、『新修七尾市史15 通史編Ⅱ 近世』二〇一二年)は所口町奉行を承応二年九月〜万治三年六月とする。

(98) 注4長山論文二〇一三。

(99) 見瀬和雄「加賀藩初期塩専売制の諸問題」(『加能史料研究』三号、一九八八年)。拙稿「加賀藩改作仕法の基礎的研究(慶安編)」(金沢錦丘高校『紀要』二二号、一九九四年)。

(100) 二十七日付は上梶家文書A17号(『輪島市史 資料編第一巻』一三九〜一四一頁)、二十八日付は上梶家文書A18号(『輪島市史 資料編第一巻』一四一頁、注1見瀬著書一五六頁)。

(101) この八ヵ条達書の末尾に「両郡十村中判仕り指上ルひかへ」と注記するので、この達書を受領した奥郡十村中が連判で請書を出したとわかる。下付された郡奉行達書は藩に返却され十村中提出の請書控(上梶家文書A17号)として「八ヵ条達書」の内容(写)が伝来したのである。村肝煎も宛名にみえるから村肝煎連名の請書が出された可能性はあるが、本文掲出の十村の請書文言から惣名代としての十村中請書のみで済ませたのではないか。

(102) 八ヵ条達書は十村中が惣代として請書を出したのに対し、七ヵ条達書は代官・村肝煎が受け取り請書を出し、十村中は請書を出していないという対処の違いから、代官・村肝煎が徴税支配に関わる直接ラインを形成していたことが窺える。

(103) その冒頭に「今度御代官殿并村肝煎・脇百姓迄一所ニ被仰渡候覚」と記すので、七ヵ条達書は代官と村肝煎・脇百姓を対象にした達書だとわかる。

(104) 堀彦大夫報告は「小松遺文二」(加越能文庫)に収録。注1見瀬著書(一六一頁以下)に全文翻刻を付す。

(105) 注70「明暦二年 鹿野村五郎兵衛組万覚書帳」。

(106) 注1田川論文。

(107) 寛永期に改作法の先駆となる増徴策が実施されたとする所説(第一章の佐々木潤之介説など)があるが、「御開作」語義の本来からいえば、寛永期の困窮百姓救済策のなかにこそ、その先駆性をみるべきと考える。

(108) この点は終章でもう少し具体的に論ずる。

(109) 注24若林著書で寛政十一年越中での「極貧村御仕立仕法」(一八二頁)にふれるが、詳細な考察は高澤裕一「加賀藩中

・後期の改作方農政」（注15著書再掲、初出一九七六年）において天保期口郡「極貧村御仕立仕法」を対象になされた。『押水町史』（一九七四年）でも「極貧村御仕立」の項目をたて詳述する（二七六頁以下）。最近では袖吉正樹「極貧村御仕立仕法について」（『加賀藩研究を切り拓く』桂書房、二〇一六年）がある。

(110) 享保〜文化年間の藩農政は、若林喜三郎『加賀藩農政史の研究 下巻』（吉川弘文館、一九七二年）、注109高澤論文が詳しい。

(111) 注1見瀬著書は、奥郡の蔵米や収納銀、塩専売制が藩財政にとっていかに重要な収益源であったか、また奥郡で収奪された蔵米の運用実態から、幕藩制市場形成期における領国市場の制約された市場環境を解明した点で有益な成果であった。その結果、奥郡百姓への強制的な払付米や塩手米を通し、奥郡で搾取された蔵米が奥郡の塩業生産者に販売・費消されたことが確認できた。

(112) 注1見瀬著書（二編第一章）。

(113) 加越能文庫蔵。田畑勉「寛政・享和期における加賀藩財政の構造について」（『地方史研究』一一一号、一九七一年）の第1表「文化10年における加賀藩の草高内訳表」。

(114) 寛文十年データは「加州三郡高免付御給人帳」（十村後藤家文書、石川県立歴史博物館蔵）、明治元年データは日置謙『石川県史 第三編』七七頁以下に収録。なお、寛文十年の北加賀のデータは浅香年木「加賀藩初期の貢租収取制度に関する覚書」『石川県押野村史』（一九六四年）の第1表による。

(115) 『新修小松市史 資料編13 近世村方』（二〇一六年）第5章 図表編に掲載の第4表「能美郡の蔵入地代官と給人知」およびその例言。

(116) 注4長山論文二〇一三。

(117) 万治三年四月二十七日、領内食塩値段は塩士と商人の相対で決めるとし、相場値段で「三カ国御蔵入塩」を買い取り、藩からの塩士への塩手米の独占貸与（払付）をなくし、塩手米は「百姓勝手次第に貸渡し」となった（『改作所旧記』上編、三一頁）。また同年五月四日付算用場達書で、塩の領外販売を禁止したうえで領内の塩商売は「自由」とし、塩座は五月切で召し上げ来月一日から誰でも塩商売ができると定めた（『改作所旧記』上編、三三頁）。これが周知の塩専売の中止令であるが、その背景や実態は謎が多い。幕府が関与したのかもしれない。なお、塩商売にあたり塩一俵につき運上銀八分が塩士より上納された。

(118) 注4長山論文二〇一三によれば、寛文二年再開された塩専売制の塩替レートは従来の米一石＝一二俵から米一石＝塩一〇俵三斗替に緩和され、享保二年（一七一七）から九俵レートが登場、十八世紀以後九俵替は塩士有利、一〇俵以上は藩有利という認識のもと、塩生産量の調整は九俵レートと一〇俵レートを組み合わせて適用し、明治維新を迎えたという。「御開作」期の塩替レートが寛文以後の基準レートになったことは寛文農政の特徴の一つで、長期にわたり継続された点で画期的であった。「御開作」期のレートが寛文二年以後の塩専売、塩手米制度に影響を与えた点は奥郡「御開作」の成果とみてよい。

(119) 利常死後の政権交替期に幕府目付が金沢城に派遣され、その監視のもと万治二年・三年の諸法令が出されたことを勘案すると、幕府からの関与も想定されるし、能登の塩生産者と藩との間で何らかの対立があり専売制を一時的に打ち切ったことも想定できる。

(120) 注4長山論文二〇一三。

別表Ⅰ　奥郡改作法史料一覧（承応元年～明暦３年）

	和暦	発信者（作成）	宛名	内容・文書表題	典拠
1	承応元年８月15日	御印	鳳至郡十村中・珠洲郡十村中	奥郡借銀・未進米等延期、作食米貸与・塩手米１俵＝塩５俵レートなどを下達。	宇多家「珠３」「氷見筒井」
2	承応元年９月12日	御印＋津田玄蕃・奥村因幡	珠洲・鳳至両郡十村中	奥両郡打銀の割付・納付と支出につき、打銀賦課は横目衆に申し入れ、公儀に断るべし。普請銀の追加賦課も横目衆を通し断るべし。	宇多家「珠３」「氷見筒井」
3	承応元年11月11日	御印		奥両郡作食米8,400石の本米回収と蔵管理等の通達（横目衆より写を廻す）。	「氷見筒井」
4	承応元年11月晦日	大菅八郎右衛門	南山村肝煎孫左衛門・同惣百姓中	承応元年分南山村年貢請取状。	尾28「珠３」
5	承応元年12月５日	御印＋津田玄蕃・奥村因幡	珠洲郡　十村肝煎中	未進米代銀は、翌年蚕飼にて上納するならば、相場値段は奉行の決めた値段によれ。給人知も同前とする。	宇多家「珠３」「氷見筒井」
6	承応２年正月10日	戸出村又右衛門（三代又兵衛日記）		「能州奥両郡御納所之様子諸事、其外御郡之様子為御見立」熊谷・宮崎・亀田、御横目相川・伊予田・西坂などのほか嶋尻村刑部・御供田村勘四郎・飯野村三介・宮丸村次郎四郎を奥郡に遣した。	「坂井Ⅰ」
7	承応２年正月26日	漆原村右衛門・彦十郎・又右衛門	相川七助・西坂伊助・吉村山三郎・伊予田五郎左衛門	「乍恐三居与之内漆原村百姓共御なけき申上候」で始まる嘆願。御公領地となって以来の上げ免と未進累積で疲弊していることを記したあと「御慈悲を以御開作に被為成被下候は、以来百姓に罷成可申」と願い出る。	福島家「輪２」
8	承応２年３月18日	大谷村中兼正・国吉・友貞・頼光など肝煎７名＋頼兼（十村）	伊藤内膳・山本清三郎・園田左七・菊池大学	村の物書・番代が奥郡下向奉行の御下代衆の徴税御用にも使役されたと聞き、利常は村として物書・番代を藩役人に提供することを禁止させ、村から伊藤内膳らに請書を上げさせた。	友貞家「珠３」
9	承応２年３月18日	伊藤内膳・山本清三郎・菊池大学	安藤加右衛門・百姓中	能登奥郡澗役人に22名を任命し、御定通り澗役取立てを申し付けた。澗役銀は金森長右衛門・松宮権右衛門方に渡すよう指示する。	筒井氏旧記
10	承応２年３月19日	御印＋伊藤内膳・菊池大学	鳳至郡18村　村肝煎中	大沢村内記を鳳至郡18村の十村肝煎に任命する。	「四種」
11	承応２年３月19日	御印＋伊藤内膳・菊池大学	能州珠洲郡13村　村肝煎中	雲津村八郎右衛門を珠洲郡13村の十村肝煎に任命する。	木下政秀家「珠３」
12	承応２年３月19日	（御印脱カ）伊藤内膳・菊池大学	珠洲郡17村　肝煎中	狼煙村七兵衛を十村に任命するので、管轄下の17村に通知。	宇多家「珠３」
13	承応２年３月20日	御印＋津田玄蕃・奥村因幡	鳳至郡・珠洲郡　十村・肝煎中・百姓中	奥両郡にて「御開作」仰付につき、加賀の熱野村少兵衛、越中中郡下条村瀬兵衛が派遣された。津田宇右衛門手下の者のほか十村２人も耕作出精を見分する。他郡の者を派遣するほどの事なので、いい加減に対処せず田畑耕作・諸稼に油断すべきでないと仰せ出された。	宇多家「珠３」

14	承応２年３月23日	御印	狼煙村七兵衛・鵜島村与三兵衛・小伊勢村八郎左衛門	承応２年より能登奥２郡の敷借米2,500石預け置いた。２割の利足は毎年11月中に徴収する。	宇多家「珠３」
15	承応２年６月11日	（改作知６ヵ村請書雛形）何村誰・村肝煎誰	和田平兵衛・久世平右衛門	「御開作知ニ被為仰付、諸入用銀年内御借渡シ」そのほか作食米等も過分に貸与され耕作に支障なく当暮は皆済すると誓約した案紙。	尾31
16	承応２年閏６月28日	青山織部　判 今枝民部	御扶持被下候十村中（能登奥郡か）	①「開作知在々」では、たとえ御奉行・代官の申渡があろうと、百姓が迷惑するような借銀・借米（敷借米利足・作食米等）の急な取り立ては禁止、②律儀百姓とは公儀を大切に思い、困窮していても年貢収納を第一に考え皆済期限通りに納める者、横着なる百姓（徒百姓）は経営に余裕があっても困難を言い立てるから、百姓の実情をよく観察し「百姓が成り立つよう指引せよ」、③村々で耕作と諸稼に油断なく出精できるよう申し付ける。	宇多家「珠３」、筒井氏旧記
17	承応２年８月16日	太次兵衛	仲兵衛	表題「承応元年分御蔵米先御開作分払方帳」、珠洲郡の「先御改作」６ヵ村の承応元年分の定納年貢・口米・未進などの算用帳簿。在地の蔵で保管した蔵米の支出先なども記す。表３-１掲出。	尾32
18	承応２年11月２日	中田村など５村の肝煎	津田宇右衛門・和田平兵衛	山銭米上納方に付、延武方からの上納取立を願う。	尾33
19	承応２年11月９日	大谷村十村頼兼	和田平兵衛	承応２年分小物成銀指上状。	尾34
20	承応２年11月晦日	十村上戸北方村真頼	和田平兵衛	「御開作地御蔵米」（５石７斗５升）の預り状。	尾35
21	承応２年11月	白瀧村・上山村・吉ヶ池村・上正力村・南山村（開作地５村）の肝煎、十村大谷村頼兼	和田平兵衛・久世平右衛門	「御開作地御蔵米」（280石）の預り状。	尾36「珠３」
22	承応２年12月18日	和田平兵衛・久世平右衛門	南山村肝煎彦左衛門・小百姓中	承応２年分の南山村年貢皆済状。	尾37「珠３」
23	承応２年12月19日	和田平兵衛内吉岡市郎左衛門	北方村真頼・大谷村頼兼	火宮村御蔵預り米を「御開作地六ケ村正月二月飯米」に買い受けたきにつき払い出し方の通知。	尾38「珠３」
24	承応２年12月23日	十村大谷村頼兼	和田平兵衛・久世平右衛門	承応３年分御吉初銀指上目録。	尾39
25	承応２年	延武・内山・大坊・中・宗末・二子・黒丸・北山・洲巻・吉ヶ池・上山・白瀧・南山の村肝煎、十村頼兼	鵜島村与三兵衛・小伊勢村八郎左衛門・狼煙村七兵衛	表題は「御敷借米御利足分御納所仕指出帳」（袋綴５丁）、大谷村頼兼組14ヵ村の敷借米利足の納入記録。表３-４に掲出。	尾42

	和暦	発信者（作成）	宛名	内容・文書表題	典拠
26	承応３年春	（戸出）又右衛門・（宮丸）次郎四郎・（二塚）又兵衛		「引越十村伺」に能登奥郡への引越十村７人列記。	菊池文書「富Ⅲ」
27	承応３年３月２日	吉ヶ池村肝煎四郎兵衛	十村頼兼	用水樋用の木材下付願。奥書に十村頼兼→渡辺宗左衛門・沢田新八→津田宇右衛門→由比彦次郎の順に発信人・宛名記す。	尾45
28	承応３年４月３日	上戸北方村真頼	和田平兵衛・久世平右衛門（前欠）	御代官所廻り米請取状。奥書に代官の富田次大夫・近藤次右衛門の名あり。	尾46
29	承応３年４月14日	和田平兵衛	①大谷村頼兼、②上戸村真頼	承応３年分春夫銀請取状（２点）。	尾47・48「珠３」
30	承応３年６月８日	白瀧村・上山村・吉ヶ池村・上正力村・南山村（開作地５村肝煎）	十村頼兼	今度津田宇右衛門様よりの書状の趣は了解したので、私共５ヵ村の「当作之体、同大豆・小豆、此外さこく物并諸事かせきノ様子」御尋につき存寄の通り上申する。青田への肥料施入、草取り、畑方種蒔き、小百姓らの御塩薪や炭焼き稼ぎの様子を三ヵ条にし報告。	尾52「珠３」
31	承応３年６月25日	十村北方村真頼	欠（表紙のみ）	表題「承応元年ニ先御改作知へ御借シ被為成候入用銀之内去暮ニ指上申分御返し被成人々請取申御帳」。	尾54
32	承応３年６月25日	十村北方村真頼	松宮権右衛門・伴喜右衛門	「右者承応元年ニ私与下先御改作知、入用銀御借シ被為成候内、去暮指上申分、人々へ御返し被成」借状につき差し上げないこと等を通知。また十村真頼宛の肝煎太郎右衛門からの書付も併載。	尾55
33	承応３年７月３日	先改作地６ヵ村肝煎	松宮権右衛門・伴喜右衛門	表題「先御改作知作食米借用仕御帳」、無利足の作食米貸与もあった。	尾57
34	承応３年７月18日	先改作地６ヵ村肝煎	和田平兵衛・久世平右衛門	「先御改作若山火宮御蔵目払米之事」で始まる。村と代官下代が相封にて納付する目払米高を書上げ通知。	尾60
35	承応３年７月28日	南山村仲兵衛	津田宇右衛門	寛永８年南山家の闕所後の扱いに付願書。	尾62「珠３」
36	承応３年８月20日	①十村北方村真頼 ②上戸真頼・大谷頼兼（２通）	①津田宇右衛門 ②林加右衛門	①「承応二年分先御改作中田村御収納方請払之御事」 ②「承応二年分私与下五ヵ村先御改作分御収納米請払之御事」。	尾63「珠３」
37	承応３年８月晦日	火宮村御蔵番中才、請人同村時兼、本人助左衛門	南山村仲兵衛・守貞	火宮村御蔵番請書。	尾64「珠３」
38	(承応３)午９月12日	伊藤内膳・菊池大学	十村肝煎　大沢村内記	分国中銭遣に関する御印下付の事について。	「四種」ほか
39	承応３年９月20日	橋田二郎兵衛	大谷組改作地５ヵ村肝煎	承応３年分秋夫銀請取状。	尾65

40	承応3年10月4日	御印＋津田玄蕃・奥村因幡・長・小幡	鳳至郡大沢村　十村肝煎内記	分国銭遣い法度：銭1貫文＝極印銀19匁3分。	「氷見筒井」
41	承応3年10月10日	伊藤内膳・菊池大学	鳳至郡大沢村　十村肝煎内記	分国銭遣い御印触渡につき、当分取込銀の流通を容認するが、いずれ取込銀は停止するので小百姓中に周知せよ。	「氷見筒井」
42	承応3年10月11日	御印(承応3年村御印)	奥郡全村（410ヵ村）	鳳至郡五十里村・珠洲郡西方寺村宛の写。承応3年「能登奥両郡収納帳」は村御印作成時の基本台帳（高と免のみ）。	加越能文庫、本文101・102頁
43	承応3年10月11日	御印	鳳至郡大沢村　十村肝煎内記	表題「能登鳳至郡小物成」(大沢組18ヵ村分)。末尾に「右小物成米銀年内中ニ可取立、若指引有之歟又ハ百姓共申分候ハヽ、納所以前可申上者也」と記すが、小松から下付された帳簿であり、承応3年村御印の基礎となった帳簿。	「氷見筒井」
44	承応3年10月晦日	御印	能州奥両郡十村肝煎中	奥郡の馬口労役は、今度の小物成印帳に載るが、村々のため馬口労役は赦免する。心安く馬商売に励め。	「氷見筒井」
45	承応3年12月6日	上山村肝煎宗左衛門(開作地)	和田平兵衛・久世平右衛門	南山村等四ヵ村年貢皆済書上。	尾67
46	承応3年12月9日	①南山村など4ヵ村肝煎、②中田村肝煎、③南山村忠兵衛	橋田次郎兵衛	①承応3年分増秋夫銀指上状、②承応3年分吉初銀指上状、③寺山米等火宮御蔵預り状。	尾69～71
47	承応3年12月11日	橋田次郎兵衛	南山村など開作地5ヵ村肝煎	承応3年分の「先改作若山五ヶ村」の吉初銀請取状。	尾73
48	承応3年か	欠	欠	「承応三年分先改作若山五ケ村御収納米請払」の表題のもと定納口米283石余の支出先など記す算用覚書（後欠）。	尾74
49	承応4年2月11日	新保村肝煎二郎左衛門・同村長百姓与四郎	欠	鳳至郡新保村では「御改作地被為仰付」有り難く存じ、新開高21石余については本高免にて当暮納所すると上申。村からの請書。	酒谷雄一郎家「輪2」
50	承応4年2月13日	南山村など開作地6村肝煎	久世平右衛門内河合与右衛門	代官橋田次郎兵衛について「当年御いとま被遣」と聞いたので、せめて当年は私共（先御改作の6ヵ村）の代官を続けるよう上申。代官も「御開作」の責任者だった。	尾76「珠3」
51	承応4年2月18日	御印＋津田玄蕃・奥村因幡・前田対馬・横山左衛門	（欠：延武ら3人か）	奥両郡百姓中で書付を上げたき者がいたら、若山村延武・諸橋村次郎兵衛・道下村三郎左衛門の3人に渡すよう仰出られた。	佐紺家「珠3」

	和暦	発信者（作成）	宛名	内容・文書表題	典拠
52	承応４年２月20日	白瀧村肝煎市右衛門ほか百姓５名	岡本小左衛門・園田佐助	白瀧村高76石余に関し番徒給米、物書の路銀・給米など村入用に不正なく「申分少も無御座候」と上申した請書。冒頭で「手上免米之内五ケ一」が村方に返還され受領、これを入用銀返済にあてた。代官・十村に申分は一切ないなどと誓約。物書１名の給米、十村番頭給米、村肝煎給米の納付も誓約。	尾78「珠３」
53	承応４年３月４日	御印＋津田玄蕃・奥村因幡・前田対馬	能州浜方塩焼中	承応元年８月御印で浜方百姓成立のため、塩・米交換レートを米１俵＝塩５俵に改善したが、塩生産が増加してきたので、従来の米１俵＝塩６俵とする。	「氷見筒井」
54	承応４年３月13日	御印＋津田玄蕃・奥村因幡・前田対馬	能州奥両郡百姓中	能登奥郡の米払付値段は金沢町の其月値段相場に２匁増、畠収納米の代銀も同一値段で決済。小物成代米値段は１石28匁とする。（銀値段等通知は略）	「氷見筒井」
55	承応４年３月18日	伊藤内膳・菊池大学・江守半兵衛・奥村源左衛門・津田玄蕃	十村肝煎大沢村内記	大沢村内記を鳳至郡25村の十村肝煎に改めて任命。	「四種」
56	明暦元年８月29～晦日	①南山村肝煎九郎兵衛・組頭２名、②上山村肝煎・組頭、③延武村肝煎・組頭	津田宇右衛門	出田村忠兵衛組となった南山村の風損は１歩５厘程度であり、御見立を受ける必要なく、秋の年貢皆済に支障なしと上申。	尾87「珠３」ほか尾85～89・92
57	明暦元年10月29日	津田宇右衛門	山岸村新四郎	明暦元年分郡打銀請取状。	円藤家「輪１」
58	明暦元年12月３日	輪島町弥三右衛門（旧河井組十村）	山岸村新四郎	引越十村新四郎あての輪島町の私宅売渡証文。代銀430匁、公儀役・町役等は弥三右衛門の負担。	円藤家「輪１」
59	（明暦元）12月21日	津田玄蕃・奥村因幡・前田対馬	津田宇右衛門	能州奥郡小物成銀出来・退転の吟味につき横目３人派遣。ほか12月26日付津田右衛門書状２点、12月29日付横目書状あり。	筒井氏旧記１
60	明暦２年正月５日	津田宇右衛門	奥郡十村６人	飯米・塩手米として必要な米高の見図りを中居村三右衛門へ報告するよう各組十村に指示。和田組など３組に代官米の現在有米高を至急報告するよう指示。	筒井氏旧記４
61	明暦２年正月11日	近藤四郎左衛門	山岸新四郎・大沢内記・浦上兵右衛門	輪島組・皆月組の「壱歩増帳」の提出、代官所年貢算用等につき通達。	筒井氏旧記５
62	明暦２年正月13日	津田宇右衛門	山岸新四郎・大沢内記・浦上兵右衛門・内保伝蔵・粟蔵彦左衛門	旧冬大波破損所を鉄砲足軽が見分している。破損所は「手普請」を行い、手普請困難な破損所は人足図り等を詳細に書き出せ。	筒井氏旧記６

63	明暦2年正月22日	駒井主水→津田宇右衛門→	山岸新四郎・大沢内記・浦上兵右衛門・内保伝蔵・粟蔵彦左衛門	当年の大坂・敦賀御登米につき能登外浦の大船・小舟の書上を提出するよう船肝煎に命ずる。	筒井氏旧記7
64	明暦2年正月24日	津田宇右衛門	山岸新四郎・大沢内記・浦上兵右衛門・内保伝蔵・粟蔵彦左衛門	旧冬大波破損の家・塩屋など見分のため、明日発足、そちらを現地見分するので、人足・材木等の必要数を早急に「内積り」するように。	筒井氏旧記8
65	明暦2年2月7日	津田宇右衛門	山岸新四郎・大沢内記・粟蔵彦左衛門	輪島・大谷近在の山で松材100本切り出し、宮腰に回漕するため浜出人足の提供を金沢から指示。「山廻り鉄砲足軽」が人足の催促に下向するので速やかに出すべし。	筒井氏旧記9
66	明暦2年2月11日	津田宇右衛門	十村5人（伝蔵・粟蔵など）	正月22日付で要求した外浦の御米輸送舟書上の提出が遅く、駒井主水から督促される。早く持参せよ。	筒井氏旧記11
67	明暦2年2月12日	津田宇右衛門	十村6人	各十村組で今年請け申す飯米高・塩手米について、どの蔵でどの程度請けたいか早々に申請せよ。	筒井氏旧記10
68	（明暦2）2月12日	富田次大夫・近藤次右衛門	（十村・代官か）	明暦2年の塩仕入米として、代官・各組十村に明暦元年分御蔵米を渡したが、米送り切手が未着なので案紙の通り作成し送るように。	筒井氏旧記13
69	（明暦2）2月20日	算用場	奥郡十村11人	奥郡代官中御算用に支障が生じているので、明暦元年分の奥郡代官所の割り付け決定以前に十村方にて徴収した春夫銀の納付先通い帳の提出を指令。	筒井氏旧記14
70	（明暦2）3月7日	（利常）御印	伊藤内膳・津田宇右衛門・山本清三郎	当年は飢饉の模様なので、領内村々の百姓の様子を知らせよ。蔵納米をむざむざと払米などせぬよう、よく相談すべし。	「四種」「氷見筒井」
71	明暦2年3月16日	白瀧村肝煎・与頭、宗末村肝煎・与頭、北山村肝煎・与頭、二子村肝煎・与頭	津田宇右衛門	去年まで下免の新開高、当年暮から本免並納所を望み申請。	尾100「珠3」
72	明暦2年春	（戸出）又右衛門・（宮丸）次郎四郎・（二塚）又兵衛		明暦2年春の引越十村伺。能登奥郡に2人引越（砺波郡坪野村五郎兵衛は鹿野村へ、砺波郡小嶋村清助は和田村へ）。	菊池文書「富Ⅲ」
73	明暦2年5月21日	（谷内村）与頭九郎兵衛ほか与頭3名連署	（谷内村）肝煎千右衛門	明暦元年手上免2歩（定納口米7石余）のうち「五歩壱、同弐年五月十一日百姓中ニ被下候」につき村中面付人42名がそれぞれ受領したことを請け合う。表題「明暦元年手上免二歩上申人々面付之帳」。	亀井家「輪2」
74	明暦2年5月25日	御印＋津田玄蕃・奥村因幡・前田対馬	山岸新四郎	承応3年分鳳至郡敷借米利足皆済状。	円藤家「輪1」

	和暦	発信者（作成）	宛名	内容・文書表題	典拠
75	明暦2年6月24日	御印＋津田玄蕃・前田対馬	山岸新四郎・柳田村源五・松波村又四郎・鹿野村五郎兵衛・和田村清助・大沢内記・粟蔵彦左衛門・中居三右衛門	奥郡小物成・敷小物成銀子は金沢の原・千秋に届けること。凋役銀は年中、2度3度と勝手次第に納付せよ。月越の利足はかけないと仰出られた。	「氷見筒井」
76	明暦2年7月18日	御印＋津田玄蕃・奥村因幡・前田対馬	鳳至郡十村中	山方の年貢収納は翌年6月に銀納するゆえ、銀納完了までは雑穀を入れ置くとのことだが、百姓の勝手向を考え今後は無用とする。	「氷見筒井」
77	明暦2年7月26日	洲巻村肝煎小右衛門ほか百姓3人	宛名なし（案紙）	自分の村は下免であり「今程御改作地ニ被為仰付、力付申候間、当暮御見立次第、増免仕度奉存候」と手上免を願い出る。	尾104
78	明暦2年7月27日	御印＋津田玄蕃・奥村因幡・前田対馬	鳳至郡十村中	今年から博労役・紺屋役・室役・鍛冶役を免除する。	「氷見筒井」
79	明暦2年8月朔日	御印	奥郡全村	村御印を改定し再発行、手上免・手上高の実施。	明暦村御印留（加越能文庫）
80	（明暦2）8月14日	出田村忠兵衛	十村中	村方の事情に精通する村肝煎、組手代衆を重ねて召還。道下村・餅田村・清水村など9村には検地御図帳と在所中印判を持参するよう指示。引高・小物成精査に支障なきよう事情通を小松に出仕させるよう命ずる。	筒井氏旧記16
81	（明暦2）8月15日	出田村忠兵衛	欠（内保伝蔵・大沢内記などか）	内保組道下村より鮭1尺、小松到来。礼銀子拝領したが魚腐り候につき、採魚した川端で塩漬けするよう御意をうけた伊藤内膳が組下への申付を指令。	筒井氏旧記17
82	明暦2年8月16日	南山村又六など惣百姓27人連署	欠	手上免3歩の申請、「私共在所御改作ニ被仰付、力付、土目能罷成候故手上免可仕御理り申上候」。	尾106
83	（明暦2）8月19日	出田村忠兵衛	十村3人（和田清助・大沢内記・山岸新四郎）	前の村御印は一刻も早く返上すべき所、遅れ候につき伊藤内膳は立腹。在地事情に精通した村肝煎を1組に5～3人宛、御印物を持たせ小松に送れ。	筒井氏旧記15
84	（明暦2）8月19日	出田村忠兵衛	十村3人（和田清助・大沢内記・山岸新四郎）	和田組と大沢組の手上の書類提出遅滞を叱責。先村御印と事情のわかる村肝煎二三人および名代衆を大至急小松に派遣せよ。利常の矢継ぎ早の尋問に窮していると知らせる。	筒井氏旧記23
85	（明暦2）8月21日	出田村忠兵衛・柳田村源五・松波村又四郎	十村2人（和田清助・大沢内記）	伊藤内膳から先村御印提出の遅れを叱られる。御印成替作業の停滞。事情通の村肝煎・手代衆等の召還を要求される。	筒井氏旧記20
86	明暦2年8月22日	南山村肝煎九郎兵衛	津田宇右衛門	南山村234石を早稲田25石（被害なし）、中稲田65石（4歩痛み）、晩稲田111石（6歩痛み）、畠方33石（5歩痛み）に区分し風損被害を報告。	尾108「珠3」
87	（明暦2）8月23日	磯野吉右衛門	大沢内記	吉初銀御赦免の伝達につき肝煎共に招集を令す。	筒井氏旧記21

88	（明暦２）８月23日	出田忠兵衛	十村５人（明千寺・中居・和田・大沢・山岸）	組下で引高のある村は元和６年御図帳を至急持参せよ。また先村御印の提出が遅いのは沙汰の限りのこと、至急差し出せ。諮問に答えられる肝煎衆・手代衆も至急派遣せよ。	筒井氏旧記28
89	（明暦２）８月24日	津田宇右衛門	十村等６人（中居・内保・浦上・大沢・山岸・粟蔵）	８月15日の大風被害につき在々より耕作損害を差し出させるべし。しかし、鉄砲足軽などの見分をうけ損害届が却下されることもあるので、組内でよく吟味し届けよ。なお宇右衛門は病気につき村廻りできないので、十村に対処頼む。	筒井氏旧記24
90	（明暦２）８月24日	津田宇右衛門	十村11人	最前２回通知したことの再令。奥郡への商売米移入解禁。鯨を捕獲したら場所等報告し、七尾の柳瀬屋次郎左衛門に塩引し渡せ。	筒井氏旧記25
91	（明暦２）８月28日	津田宇右衛門	十村11人	当年の新開・畠直所竿入れ場所の届け出、十村廻米売れ残り高報告、浜方出精と塩算用帳の調製などを指示。	筒井氏旧記26
92	（明暦２）８月28日	津田宇右衛門	十村11人	口郡四十物出津高に三歩半役賦課しているが、奥郡でも三歩半役を在所肝煎は徴収せよ。	筒井氏旧記27
93	（明暦２）９月１日	出田忠兵衛・中居三右衛門・粟蔵彦左衛門	十村11人・名代	伊藤内膳様から利常御意として能登からの鮭献上を停止。鮭の自分売買を奨励し、組下の川運上人にも通達せよ。	筒井氏旧記34
94	（明暦２）９月３日	津田宇右衛門	鳳至郡十村中	能登からの鮭献上は今後無用にせよ。自分商売にて販売せよ。	筒井氏旧記32
95	（明暦２）９月５日	津田宇右衛門	十村11人	塩手米蔵・作食米蔵の鼠穴などの修理は百姓共の自普請で監理せよ。御収納蔵・塩大蔵に破損があれば破損状況を詳細に書き出し報告せよ。	筒井氏旧記33
96	（明暦２）９月８日	津田宇右衛門	十村６人（中居三右衛門・粟蔵など）	公儀からの貸物の未進、年貢米・小物成・塩手米の未進分は残らず案紙通りに。	筒井氏旧記35
97	（明暦２）９月８日	津田宇右衛門	十村等13人（中居・大沢・粟蔵ほか若山延武・諸橋・皆月など扶持百姓系10人）	当年の奥郡秋打銀につき至急調べ、当春提出の冊子と同様の形式で提出せよ。	筒井氏旧記39
98	（明暦２）９月９日	津田宇右衛門	十村11人	網で鶴捕獲し献上するよう指示する。塩引の仕方も指示。	筒井氏旧記31
99	（明暦２）９月12日	津田宇右衛門	十村11人	作食米の納入時期なので、御横目に断り、納付を進めよ。	筒井氏旧記37
100	（明暦２）９月12日	津田玄蕃・前田対馬・本多安房守・奥村因幡	冨田治大夫・近藤次右衛門→珠洲・鳳至郡十村中	能登四郡にて、（猟師どもが）改作知に入込み妄りに鉄砲を使うことを聞いた利常は、吟味不十分と叱責し、能登四郡での鉄砲打厳禁を仰せ出られた。小百姓中まで触れ渡せ。	筒井氏旧記45
101	（明暦２）９月26日	安藤加右衛門	大沢内記・中居三右衛門ほか皆月・宇出津・鹿磯など７人の澗役取立人	（津田宇右衛門の指令をうけ）今年６月までの澗役銀取立分の請帳につき、案紙送付と請帳作成・提出を通達。	筒井氏旧記48
102	（明暦２）10月１日	津田宇右衛門	十村11人	珠洲郡飯田御算用場の建物残らず売却につき望人に入札通知。	筒井氏旧記53

	和暦	発信者（作成）	宛名	内容・文書表題	典拠
103	（明暦２）10月５日	（津田宇右衛門）	十村６人（中居・内保・和田・大沢・山岸・粟蔵）	他国他領米、気遣なく入米購入を公認したが、冬場他国米入津不足し公儀米の購入を希望する者に別紙（案紙）の通り、願い出てもよい。公儀請米の高を至急提出せよ（案紙を添付）。	筒井氏旧記51
104	（明暦２）10月11日	津田宇右衛門	珠洲・鳳至浦々肝煎中・同名中	浦々他国出四十物３歩５分役の取立銀の受取人となった柳田村源五と山岸新四郎が廻村するので、請取切手と引き換えに油断なく渡せ。	筒井氏旧記61
105	（明暦２）10月12日	（小松滞在の奥郡十村）	十村４人（大沢内記・和田清助・山岸新四郎・内保伝蔵）	手上高・手上免の書上を伊藤内膳から求められるが、然るべき名代衆が来ておらず支障が大きい。十村組からの小物成帳もなく、書類提出が停滞している。名代衆を至急、夜通しで小松に送るように。利常様からの尋問に窮している。	筒井氏旧記54
106	（明暦２）10月17日	津田宇右衛門	十村６人（中居・粟蔵など）	村々高免付帳面に、寺院・鍛冶・侍屋敷・扶持高等の引高をよく吟味し組切に集計した帳面を、至急作成し持参せよ。村御印や検地御図帳の外になっている引物の調査であるからよく吟味し、急御用ゆえ、至急対処せよ。	筒井氏旧記55
107	（明暦２）10月23日	津田宇右衛門	十村中（中居・粟蔵など）	珠洲郡飯田御算用場建物売却につき、入札通知を再度出し、望人の有無を十村ごとに報告させる。	筒井氏旧記56
108	（明暦２）10月23日	津田宇右衛門	十村中（中居・大沢など）	塩奉行は仕事納めにつき、塩払代銀を金沢に近日持参するゆえ、諸事払代銀もまとめて持参するよう指示。	筒井氏旧記58
109	（明暦２）10月23日	津田宇右衛門	十村中（中居・大沢など）	奥郡年貢米の支出先について、大坂登米は外浦の蔵米を充てるが、奥郡内で塩手米などに支出する蔵米も必要であるので、十村中と談合し調整することなど通知。	筒井氏旧記59
110	（明暦２）10月23日	津田宇右衛門	十村６人（中居・粟蔵など）	新川郡の山本清三郎裁許地の皆済日限を奥郡十村にも周知。（改作奉行文言）	筒井氏旧記60
111	（明暦２）10月26日	津田宇右衛門	十村８人（中居・和田・大沢・山岸・粟蔵・柳田・松波・鹿野）	手上高・手上免分の年貢収納は加賀・越中で終わったが能登では停滞し、叱責される。能登４郡では手代が対応し十村不在だと指摘され、能登島の十村太間は急ぎ小松に出仕したことなど通知。	筒井氏旧記62
112	（明暦２）10月26日	津田宇右衛門		去年新開所のうち今年半収納地にて、扶持人十村と組十村の３人で検地を行い、明暦元年開（明暦２年半収納地）帳簿を至急作成し持参せよと利常から指示され、通達する（帳簿の雛形も添付）。	筒井氏旧記68・69
113	（明暦２）11月８日	山岸新四郎	大沢内記・明千寺八郎右衛門・柳田源五・松波又四郎・鹿野五郎兵衛	手上免・手上高・はね上高・入高・上り屋敷新開高について、代官付帳簿と引き合わせ、十村組単位の帳簿を各５冊作成するよう利常から命令をうけた。加賀・越中分と能登口郡は作成が終了したが、奥郡は未完のため難儀している。中居・和田・出田・粟蔵の４組分は作成を終えたが、その他は名代衆も派遣されず作成作業が滞っている。御叱責や越年は覚悟しているが、公儀御用ゆえ、事情のわかる御手代衆を早く送るよう要請。	筒井氏旧記66

114	（明暦2）11月11日	津田宇右衛門	大沢・和田・内保・中居・明千寺	十村組下の宿々からの「へぎ米」商売の願出につき、気遣いなく商売するよう通知。	筒井氏旧記64
115	（明暦2）11月15日	津田宇右衛門	中居・和田・大沢・内保・山岸・粟蔵	組下の各村肝煎の給米高、支給期間につき調査書雛形を下付し、至急調査するよう申付ける。	筒井氏旧記65
116	（明暦2）欠	欠	欠	（敷借米）免除を通達するので各十村組から2人宛小松へ召喚。能登奥郡はへき地ゆえ奥郡からは2名派遣せよ。	筒井氏旧記67
117	明暦3年2月21日	南山村肝煎九郎兵衛、同村与頭与五郎、同久次等	欠（津田宇右衛門）	「御開作」文言のない改作請書5ヵ条。①各村御印の免が地本不相応なら申し出よと津田殿から仰付られたが、わが村では免相などに一切申分はなく毎年の皆済を約束する。②不甲斐性な百姓がいたら作食米拝領前に届け出よとのことは承知した。そのような百姓はわが村にいない。③作食米を例年より早く貸与されたが3月5日までに荒起を終わっていない百姓がいたら、本人および肝煎はどのような罰もうける。④肥灰を施さない耕作手抜き百姓がいたら追出し村肝煎も処罰されたい。⑤山でも浜でも諸稼ぎ油断なく出精します。この請書を公儀様に提出し励行努力すると約束。	尾118「珠3」
118	明暦3年3月13日	禎印（利常）	十村山岸村新四郎	明暦元年分鳳至郡本年貢皆済状。	円藤家「輪1」
119	明暦3年3月13日	禎印（利常）	山岸村新四郎など十村11人（和田村清助の代わりに浦上村兵右衛門入る）	明暦元年分奥郡一作手上免皆済状。	円藤家「輪1」
120	明暦3年3月26日	中村某、向村某ほか曖人南山村某など（虫食）	上正力村肝煎惣右衛門ほか百姓4名	上戸御蔵からの増作食米の分与に関する相論の内済証文。	尾120

（注1）原文に年号がなければ（　）を付し推定年号を掲げた。掲載史料の多くは古文書写なので発信者・宛名は原文に即し簡潔に示した。記録・覚書等は発信欄に作成者を掲げた。

（注2）典拠は次のように略記した。まず原本で確認した「尾間谷家文書」（個人蔵）は「尾12」などと略記、数字は『尾間谷家文書目録』（珠洲市教育委員会、2005年）の編年番号である。「筒井氏旧記」全6冊（加越能文庫、金沢市立玉川図書館蔵）のうち第1冊に収める「巻三　明暦二年」からの引用は「筒井氏旧記65」と略記したが、番号はその掲載順を示す。「慶長寛文間書類四種」（加越能文庫）は「四種」と略記した。また『珠洲市史 第3巻 資料編 近世古文書』『輪島市史 資料編第1巻』『同第2巻』『富山県史 史料編Ⅲ 近世上』に掲載する史料については、古文書所蔵者と「珠3」「輪1」「輪2」「富Ⅲ」などの略称を併記した。また坂井誠一『加賀藩改作法の研究』に収録する「三代又兵衛日記」からの引用は「坂井Ⅰ」と略記した。なお筒井家文書（氷見市立図書館蔵）は「氷見筒井」と表記した。

第四章　能登口郡の改作法と十村

はじめに

第三章で考察した能登奥郡につづき、ここでは能登口郡つまり羽咋郡・鹿島郡の二郡に限定し「御開作」の実施過程を追跡し、口郡における改作法の特徴ある実態を探る。なお周知の通り、鹿島郡のうち二宮川以西の半郡は天正八年（一五八〇）以来、長家領であり、寛文七年（一六六七）の浦野事件と寛文十一年の長家領所替によって加賀藩農政が鹿島半郡に及ぶようになるまで、長家領独自の地方支配がなされていたので、改作法期（慶安～明暦期）は「御開作」仰付の対象となっていない[1]。長家領鹿島半郡で「御開作」つまり改作法が日程にのぼるのは、寛文十一年以後であり、寛文十二年に始まる鹿島半郡検地が旧長家領鹿島半郡での改作法実施を告げるものであったが、その詳細な検討は第五章で行った[2]。

それゆえ、ここでは長家領鹿島半郡を除いた口郡（羽咋郡と鹿島東半郡）における改作法の実態を、主に口郡の独自性を抽出するという視点から検証するが、とくに十村の果たした役割や明暦二年（一六五六）の村御印税制、改作請書に注目し、口郡改作法に関し専論する。

なお本章で使う「口郡」「口二郡」という用語は、寛文十一年以前の事象を論ずるときは長家領鹿島半郡を含まず、寛文十二年以後については旧長家領鹿島半郡を含む二郡であることを断っておく。鹿島半郡を含む場合、含まない場合ともに同じ用語というのでは誤解が生じやすいがやむを得ない。こうした断りを要する所にも口郡の特質が出ている[(3)]。なお、以下本文中の「　」書きの史料引用では、周知の史料はできるだけ書き下し文とし、新出や重要史料の場合、原文通りにした。

一節　口郡「御開作」の特徴と十村の役割

(一)　村ごとの「御開作」仰付

口郡の「御開作」期間は承応二年（一六五三）二月～明暦二年の四年間で、北加賀三郡や越中三郡の五～七年よりやや短く、奥郡より長い（第二章表2－1）。

口郡の改作法実施時期にふれた自治体史記述で注目すべきは『押水町史』である。「当町域において改作仕法が施行された年月をしらべると、まず承応二年二月に今浜と宿において」行われたほか、敷波・子浦・塵浜でも実施したと述べ、いずれも宿駅に指定された主要村落なので、宿駅集落から開作地に指定したとみている。さらに承応二年二月・承応三年六月と二回にわたり「御開作」仰付があった六ヵ村、承応三年六月に「御開作」仰付があった一一ヵ村、承応四年二月に「御開作」仰付があった七ヵ村を紹介する[(4)]。以上を表示すれば表4－1の通りである。

表4－1　押水周辺にみる「御開作」実施時期と実施村

「御開作」仰付年月	村　名
承応2年2月	吉田　門前　森本　冬野　坪山　東野　今浜　宿　敷波　子浦　塵浜
承応3年6月	吉田　門前　森本　冬野　坪山　東野　小川　河原　山崎　上田　上田出　中野　御舘　北川尻　正友　紺屋町　東間
承応4年2月	竹生野　麦生　米出　沢川　三日町　大海川尻　免田

典拠は十村岡部家文書の中の「元禄村鑑（仮題）」とされるが、現存する岡部家文書に該

当するものがないので、典拠に基づいた再検証はできない[5]。それゆえ、いまは『押水町史』の通史叙述の限りで推論を述べるしかないが、表4－1から村によって「御開作」仰付時期が異なることが明瞭であり、口郡でも一村ごと「御開作」仰付がなされたことがわかる。元禄期の情報によるものとはいえ、在地でこうした記憶を書きとどめていた意義は大きい。「御開作」の実施年次が村ごとに異なることは、すでに北加賀二郡、越中川西二郡において論証したところである（第二章）。表4－1によれば承応二年・三年と二年連続開作地指定があった村が存在し、それは北加賀二郡でみられた仰付の方法に似ている。しかし「御開作」仰付が一回一年限りという村のほうが多く、その傾向が極まったのが越中川西の手法であった。一村ごとの「御開作」仰付方法は、北加賀と越中川西双方の特徴が混在しており、両者の中間形態とみておきたい。

承応二年二月から明暦二年までの「御開作」実施期間中、口郡で具体的にどのような触書、法度が下付されたのか、口郡の十村・村方から出された上中文書、十村相互の書状も含めた一覧を章末に掲げた（別表Ⅱ）ので、以下の論述の拠り所にしていく。なお、この一覧には単純な年貢皆済状や代銀等の請取状・算用状などは除外し、口郡「御開作」の実情を知りうるものに限定したことを断っておく。

(二) 承応二年三月の十村組再編

承応二年二月から明暦二年までの口郡「御開作」の展開過程は、章末別表Ⅱに掲げた約六〇点の古文書等を基本に考察されるべきと考えるが、そこに「改作奉行」「開作地裁許人」の肩書をもつ人物を見出すことができなかった。口郡では改作奉行なしで開作地裁許がなされたのであろうか。だが明暦二年六月の改作奉行廃止を通達した利常印判状、あるいは口郡で「御開作」仰付が一村ごとになされた事実に鑑みれば、開作地裁許人（改作奉行）が任命・配置されていたと推定するのが合理的である。別表Ⅱに掲げた古文書から、十村が口郡「御開作」の担い手として実質的に責務を負っていたことが推定でき、以下の考察や二節の分析でその点を具体的に述べる。口郡十村のなかの一部は間違いなく、口郡の開作地裁許人（改作奉行）だったとみているが、これを推認する最初の作業として、まず口郡十村組の変遷について基礎的事実を確認し、そのあと口郡開作地裁許人の特徴・個性などを推察する。

口郡十村名の全容がわかるのは寛永十二年（一六三五）四月十日付の「定十村肝煎之覚」[6]だが、そこに記された一四人の口郡十村（羽咋郡九人、鹿島東半郡五人）の名前は表4－2②に掲げた。この一四人一四組の十村支配の枠組が、その後どう変化するのか慶安から承応年間の口郡十村宛古文書で確認したい。慶安期の口郡十村名については、羽咋

表4－2①「慶安日記」十村宛名リスト（39通）

	和暦	発信者	宛名十村人数
1	（慶安元）7月晦日	江守半兵衛 青木権右衛門	11名（名あり）
2	（慶安元）9月16日	黒坂吉左衛門	6名（名あり）
3	（慶安元）9月16日	津田宇右衛門	6名（名あり）
4	（慶安元）9月25日	林甚助 石野五兵衛	6名（名あり）
5	（慶安元）10月10日	江守半兵衛 青木権右衛門	5名（名あり）
6	（慶安元）10月13日	江守半兵衛 青木権右衛門	7名（名あり）
7	（慶安元）10月18日	手塚五郎左衛門 尾崎宇左衛門	4名（名あり）
8	（慶安元）11月2日	江守半兵衛 青木権右衛門	3名（名あり）
9	（慶安元）子11月21日	江守半兵衛 青木権右衛門	13名（名あり）
10	（慶安元）12月15日	江守半兵衛 青木権右衛門	14名（名あり）
11	（慶安2）正月4日	江守半兵衛 青木権右衛門	5名（名あり）
12	慶安2年2月2日＊	江守半兵衛 青木権右衛門	5名（名あり）
13	慶安2年2月10日＊	江守半兵衛 青木権右衛門	14名（名あり）
14	慶安2年2月23日＊	江守半兵衛 青木権右衛門	14名（名あり）
15	慶安2丑6月晦日＊	江守半兵衛 青木権右衛門	15名（名あり）
16	慶安2年8月16日＊	江守半兵衛	14名（名あり）
17	慶安2年12月11日＊	江守半兵衛	14名（名あり）
18	（慶安3）4月9日	江守半兵衛 神戸次大夫	14名（名あり）
19	（慶安3）4月22日	江守半兵衛 神戸次大夫	4名（名あり）
20	（慶安4）卯正月8日	江守半兵衛 神戸次大夫	14名（名あり）

	和暦	発信者	宛名十村人数
21	（慶安４）卯正月17日	江守半兵衛 神戸次大夫	９名（名あり）
22	（慶安４）正月18日	二日市屋五郎兵衛	７名（名あり）
23	（慶安４）正月22日	石黒覚右衛門 不破源六	４名（名あり）
24	（慶安４）２月６日	石黒覚右衛門 不破源六	４名（名あり）
25	（慶安４）卯２月７日	江守半兵衛 神戸次大夫	14名（名あり）
26	（慶安４）２月17日	石黒覚右衛門 不破源六	２名（名あり）
27	（慶安４）３月３日	石黒覚右衛門 不破源六	７名（名あり）
28	（慶安４）３月６日	石黒覚右衛門 不破源六	７名（名あり）
29	（慶安４）４月28日	江守半兵衛 神戸次大夫	14名（名あり）
30	（慶安４）７月26日	平松伊兵衛	５名（鹿島）
31	（慶安４）卯７月29日	江守半兵衛 神戸次大夫	９名（名あり）
32	（慶安４）８月２日	江守半兵衛 神戸次大夫	４名（名あり）
33	（慶安４）８月13日	神戸次大夫	４名（名あり）
34	（慶安４）８月14日	江守半兵衛 神戸次大夫	５名（鹿島）
35	（慶安４）10月18日	熊木太右衛門	４名（鹿島）
36	（慶安４）11月１日	神戸次大夫	８名（名あり）
37	（慶安４）11月12日	石川忠左衛門 富田内蔵太	５名（鹿島）
38	（慶安４）11月22日	米山源右衛門	14名（名あり）
39	（慶安４）卯11月23日	神戸次大夫 津田与三郎	今浜村七兵衛等 14人（名略）

（注）典拠は「加藤覚書一」のうち「慶安日記」（加越能文庫）。ここに掲載する50点の古文書写の中から十村人数・十村名が明示されたもの33通、および「慶安日記追加一」（加越能文庫）に掲載する慶安２年の十村宛文書６通（和暦に＊印付す）を一覧した。十村人数に付した（鹿島）という注記は、宛名十村全員が鹿島郡の十村であることを示す。

郡十村加藤家の「慶安日記」「慶安日記追加[7]」に口郡十村宛の触書・達書を二九点収録するので、その発信者と宛名（十村人数）を一覧したのが表４－２①である。このうち一一点の十村名を表４－２②に掲げた。また表４－３は、別表Ⅱ掲載の承応二年の口郡十村宛文書のうち十村氏名が明確にわかるもの等を取り出し示したものである。表４－２・３で十村名の変遷がおおむねわかる。

表４－２①②をみた限り、宛名の十村数は二名から一五名までとバラバラで、それぞれ触書・達書等の目的により宛名や人数が異なる。しかし表４－２①をみれば一四人すべてを宛名とする触書が時々に発給されているので、慶安

表4-2②　十村宛名の変遷（慶安年間）

寛永12年の十村名＼文書発給年月		慶安元年9月16日	慶安元年10月10日	慶安元年10月13日	慶安2年2月2日	慶安2年6月晦日	慶安3年4月9日	慶安3年4月22日	慶安4年7月29日	慶安4年10月18日	慶安4年11月朔日	慶安4年11月22日
鹿島郡5組	沢野村喜兵衛		○		○	○	○	○	鵜浦村五左衛門	同左○	同左○	同左○
	府中村室屋兵衛		○		○	○	○	○	○	○	○	○
	有江村藤右衛門	○	○		○	○	○		○	○	○	○
	鯖目村太間	○	○	○	○	○	○	○	○	○	○	○
	中島（熊木）村太右衛門	○	○	○	○	○	○	○				○
羽咋郡9組	相神村弥六	○		○		○	○					○
	堀松村喜兵衛					○	○					○
	土橋村新兵衛			○		○	○		○			○
	中川村太郎右衛門					○	○		○		○	○
	菅原村行長					○	○		○		○	○
	今浜村七兵衛			○		○	○		○		○	○
	上田村加兵衛			○		○	○		○		○	○
	大念寺村竹之内	五郎八				大念寺村竹内	大念寺村竹内					米浜村五右衛門
	尊保村源兵衛	次右衛門		田中村和泉		田中村和泉	田中村和泉					田中村和泉
						宝達村少左衛門						
宛名人数		6人	5人	7人	5人	15人	14人	4人	9人	4人	8人	14人

四年末まで一四人一四組の体制が堅持されていたとわかる。一四人のメンバーに若干の入れ替えがあったことは表4-2②をみればわかるが、一四人体制であった点に変わりはない。[8] 別表Ⅱに掲げた承応二年の十村宛文書六点に二点を加えた八点につき表4-3を作成したが、三月三日付までの口郡十村宛名はのべ一四人に及ぶので一四人体制が継続していたとわかる。[9] しかし、三月二十一日付以後になると鹿島郡で二人減員、羽咋郡で四人減員があったと推定でき、十村数は八人程度に縮小されたことが窺える。承応二年三月までは一四人一四組の体制が堅持されていたが、三月下旬以後六名程度の減員が予想される。また、表4-3の承応二年四月一日付以後にみえる十村八人は、承応三年にかけても頻繁に登場する十村である（別表Ⅱ）。それゆえ寛永十二年以来の一四組一四人が八組八人に変化した時期は、承応二年三月頃だと表4-3から推定できる。

この推定を裏付ける記述が、承応二年十二月二十五日付の相神村弥六ら十村五人連署書上（郡奉行二人宛）にみえる（別表Ⅱ26）。この十村連署書上のなかで「寛永十二年ニ御立被成候拾四人之十村数、壱人もへり不申、当二月迄被仰付所、同三月九日ニ小松御敷台ニ而伊藤内膳様・菊池大学様・山本清三郎様御達ニ而拾四人之内六人被召上、残而八人ニ被仰付候、就其被仰付候小物成方御預御印三月十一日之御日付、同十村被仰付、前御印三月十四日之御日附迄ニ御印頂戴仕申候事」と指摘する。ここから寛永十二年以来の一四人体制は承応二年三月九日の小松城での沙汰により八人体制になったことが明確である。この書状の本旨は、十村交替時の十村給米、すなわち鍬米の月別支給に関し

5月2日	明暦2年 十村
◎	◎
◎	◎
◎	◎
◎	◎
◎	
◎	
◎	
	菅原村 五郎八
◎	吉田村 次右衛門
8人宛	6人体制

表4－3　十村宛名の変遷（承応2年）

（承応2年） 発給月日		正月29日	2月19日	3月3日	3月15日	3月21日	4月1日	4月4日
別表Ⅱ文書番号		4		6	9	10	12	13
鹿島郡5組	鵜浦村 五左衛門	○	○	○	○			
	府中村 室屋兵衛	○	○	○	○ （八郎右衛門）			
	有江村 藤右衛門	○		○	◎	発信者	◎	◎
	鯵目村 太間	○	○	○	◎	◎	◎	◎
	熊木村 太右衛門		○	○	◎	◎	◎	◎
羽咋郡9組	相神村 弥六		○			発信者	◎	◎
	堀松村 喜兵衛		○			◎	◎	◎
	土橋村 新兵衛			○			◎	◎
	中川村 太郎右衛門	○		○		発信者	◎	◎
	菅原村 行永	○	○	○				
	紺屋町村 左助	○		○			◎	◎
	今浜村 久兵衛	○	田中村 和泉					
	上田村 少左衛門	○	米浜村 五右衛門					
	麦生村 六右衛門	○	○	○				
備考		10人宛	10人宛	10人宛	5人宛	不明	8人宛	8人宛

（注）典拠はすべて「慶安日記追加」（加越能文庫）で、別表Ⅱ掲載分は文書番号で示したが、空欄の2点は別表Ⅱに掲載していない文書である。なお､「明暦2年十村」欄の十村名は「明暦二年村御印留」および本文注10による。◎印は、承応2年3月9日に任命された十村であることを示す。

先例を郡奉行に問い合わせたものである。今年三月九日に十村一四人のうち六人が免職となったので鍬米をどう分配するか、利常様の御意をうけたいと申し出たなかでの言及であった。

このように承応二年三月九日、口郡十村一四人のうち六人が小松城で罷免され、八人八組の十村支配に移行した。承応二年二月まで寛永十二年以来の一四組体制が堅持されていたと明記するので、承応二年二月の「御開作」仰付が契機となって八組の十村体制に移行したことも疑いないであろう。なお従来の自治体史等で、こうした基本的事実に言及したものはなかった。承応二年二月の「御開作」仰付が八組体制に転換する契機であったことは重要であり、この時十村に再任用された八人は口郡の開作地裁許人の有力な候補であろう。

口郡開作地に裁許人が任命されたとするなら、承応二年三月に再編された口郡十村八人の中から任命したとみるのが合理的であろう。口郡の村々から十村四人宛に提出された承応三年二月十四日付「改作請書」(別表Ⅱ27)の末尾に、宛名の「十村肝煎四人は口郡御改作方諸事主附ニ而時々相廻り被仰渡の通を申渡、前段の御請書を取立候事」と朱書で注記する。後年の追記なので信頼度はおちるが、口郡十村八人のうち四人について「口郡御改作方諸事主附」であったと在地で記憶していた。その四人は中川村太郎右衛門・土橋村新兵衛・有江村藤右衛門・相神村弥六であるが、前記の十村八人に属するメンバーである。在地の記憶史料に過ぎないが、十村八人の中から改作奉行が抜擢されていた徴証と評価できる。

承応二年三月九日に改編された口郡十村八組体制のその後の動向を簡単に概観しておく。八組体制は口郡「御開作」の終盤、明暦二年には六組に縮減された。羽咋郡の五組が三組に減ったためで、十村も一部入れ替わりがあった。羽咋郡の「明暦二年村御印留」によれば、明暦二年村御印発給時点の十村は三人で、羽咋郡吉田村次右衛門組・菅原村五郎八組・相神村弥六組の三組編成であり、ほかに鹿島郡十村熊木村太右衛門が郡境山間部に位置する八ヵ村を裁許した。明暦二年の鹿島郡十村名を確認できるデータはないが、明暦二年の口郡十村を六人とする記録があり鹿島東半

郡の十村三人は継続していた。(10)

万治元年（一六五八）の利常死後、寛文二年に羽咋郡十村組は四組となったが、鹿島東半郡の三組体制は堅持されていた。寛文七年に長家領鹿島西半郡で浦野事件がおきたが、寛永期から正保二年（一六四五）、さらに寛文期を通し長家領西半郡の十村組は五組であった。この五組は寛文十一年長家領鹿島半郡が接収され綱紀領となった頃まで確認されるが、その後間もなく東半郡の三組との融合再編があり鹿島郡全体で七組となり、享和二年（一八〇二）には六

図A　口郡十村組の変遷

	口郡十村組数	羽咋郡	鹿島郡	
		羽咋郡（本藩領）	東半郡（本藩領）	西半郡（長家領）
慶長〜元和期		20組	?	?
寛永12年（1635）	19組	9組	5組	5組
		14組体制		
承応2年3月(1653)	13組	5組	3組	5組
		8組体制		
明暦2年（1656）	11組	3組	3組	5組
		6組		
寛文2年（1662）	12組	4組	3組	（5組）
			8組	
寛文12年（1672）	12組	4組	3組	5組
延宝頃	11組	（4組）	3組	4組
			7組	
享和2年（1802）	10組	4組	3組	3組
			6組	
文政4年（1821）	10組	4組	6組	
天保10年（1839）	11組	5組	6組	
明治2年（1869）	11組	5組	6組	
地域区分	口郡	羽咋郡	鹿島郡	

（注1）それぞれの典拠は本文注10・11・12に掲げる。なお、羽咋郡の十村組構成の変遷は拙著『日本近世の村夫役と領主のつとめ』（校倉書房、2008年）第3章図1をもとに若干修正したものである。また、長家領鹿島半郡の5組体制は拙著『織豊期検地と石高の研究』（桂書房、2000年）表8-6・表9-1、および「司農典一」（加越能文庫）で寛永8年から寛文12年までの存続が確認できる。

（注2）カッコ内の数字は推定値。

組に再編された。再編期はさらなる検証も必要だが、延宝七年（一六七九）村御印が発給された頃は七組で、享和年間に六組になったとして大過なかろう。羽咋郡の四組体制は浦野事件・半郡接収に関わりなく変わらなかったから承応二年以後の口郡の十村支配は、図Aに示したように承応二年三月の一三組（羽咋郡五組・鹿島東半郡三組・西半郡五組）、明暦二年の一一組（羽咋郡三組・鹿島東半郡三組・西半郡五組）、寛文二年の一二組体制（羽咋郡四組・鹿島東半郡三組・西半郡五組）と変化したといえよう。[11]ここまでの変化要因は羽咋郡の十村組の変化にあった。

つまり図Aで口郡全体を概観すると、寛永十二年の大組化で一九組になったあと、承応二年にさらに一三組に統合再編され、その後一一組→一二組→一一組→一〇組→一一組と変化したが、そのベースは承応二年に固まったとみてよい。承応二年の次の画期は長家領の五組が東半郡の三組と融合再編された寛文・延宝期であった。

長家領が藩に収公された延宝以後、鹿島郡の十村組編成は旧長家領西半郡五組と東半郡三組の融合がすすみ、七組から六組へ縮減され（旧長家領五組は三組に解体再編）、羽咋郡四組と合わせ口郡は一一〜一〇組で固定化する。この口郡一〇組体制は文政四年（一八二一）の郡方仕法で十村組呼称の改正があったが組数に変化なく、天保十年（一八三九）の復元潤色で羽咋郡の四組体制（押水・邑知・土田・富来）に甘田組が加わる変化があったので、天保十年以後は口郡一一組体制（鹿島郡は組名変更のみで六組堅持）となり明治維新、廃藩を迎えた。[12]

口郡十村組の変遷を概略振り返ってみたが、こうした大きな変遷経緯は、『口郡十村土筆』や関係自治体史では不問に付され、明確に指摘されていない。論証になお不十分な点を残すが、試案として示すことは意義あると考え図Aを掲げた。「御開作」仰付を契機とする十村再編が刺激となり、文政期までの口郡十村制の基礎が固まったことを読み取れよう。

(三) 開作地裁許人と十村

承応二年三月に再編された口郡十村八人の中から開作地裁許人が選ばれたと推察できたが、具体的に彼らがどのような職務を担ったか実証できる確実な史料は乏しい。しかし、次に紹介する史料を慎重に読み込むと、口郡十村の職務の一つに「開作地裁許」があったことの片鱗が窺える。北加賀の改作奉行の仕事ぶりについては荒木澄子や拙稿で考察し、「御開作」指定のあった村を一年単位で裁許する臨時・特任の奉行（裁許人）であったこと、担当する開作地は毎年変わり、裁許組と異なる村々でも任務についたことなどを明らかにした[13]。別表Ⅱ掲載史料を確認したかぎり、口郡十村による「開作地裁許」の仕方は、北加賀と同じとはいえず、そこに口郡改作法執行体制の独自性・個性が潜んでいるように思う。史料に即して検討してみよう。

承応二年三月、相神村弥六・熊木村太右衛門・鮾目村太間の十村三人は「私共組々御改作地ニ被為仰付候ニ付」と書き出す書状（別表Ⅱ11）のなかで、「畑所等銀成」年貢の納所を望む村があれば調べて上申せよという藩命をうけ、「口郡は米生産額の大きい地域であり、銀成年貢納付のため米を売って銀を得ることもしてきたが、日損等で米不足の年は米価が高騰するので、九月中に銀成の願書が集中する。銀成納所に支障なきようよく御僉議下されたい」と銀成納所の円滑な実施を求めた。この上申書から、羽咋郡の相神村弥六組、鹿島郡の熊木村太右衛門組・鮾目村太間組の三つの十村組で「御開作」仰付があったこと、また裁許十村三人は、開作地での銀成納所につき善処するよう求めたことがわかるが、それは裁許十村の職責として行ったのか、開作地裁許を託された者として行ったかが判然としない。しかし私見では、おそらくこの三人は組裁許十村としてこの上申を行ったとみるのが妥当と考える。その理由は以下で述べるが、その前に開作地裁許人としての十村の事例をみたい。

承応二年、利常在府中の改作法執行部の一員であった藩年寄、奥村因幡（和豊）は、金沢城にあって同年十月と十二月に、口郡十村四人に対し「能州口両郡開作地之内、其方共裁許分在々、御公領分・給人知共、当納只今迄何分通納所仕候哉」（別表Ⅱ24）あるいは「其方共裁許分開作地在々、当納御公領・給人知共皆済仕候哉」（別表Ⅱ25）と年貢皆済状況の報告を求めた。これもこの文言の限りでは組裁許十村に対する要請なのか、開作地裁許人に対する職責として求めたのかははっきりしない。しかし、後者すなわち承応二年十二月六日付奥村因幡書状の後段で「次能州分入米少分如何之事□哉、当春貸渡候入用銀取立之様子、又候来年入用銀可貸渡体をも可聞届候間、其方共之内様子能□者一人可被越也」と述べた点から、この十村四人は口郡開作地の開作入用銀裁許の責任を負う立場にあったことがわかる。その職責をもとに皆済状況の報告を求められ、他郡と比べ遅れていると因幡から叱責されたのである。上記から承応二年十月・十二月の奥村因幡書状（別表Ⅱ24・25）の宛名である十村四人、すなわち有江村藤右衛門・相神村弥六・土橋村新兵衛・中川村太郎右衛門は、口郡の開作地裁許人であったとみて間違いないであろう。これに対し前掲承応二年三月付十村三人連署状（別表Ⅱ11）では、十村三人の開作地での独自の職責に関する言及がなく開作地裁許人である可能性は低い。

承応二年に奥村因幡から口郡十村宛に発給された文書は、別表Ⅱに五点（14・15・17・24・25）掲げる。宛名をみると14以外の四点すべて開作地裁許人と目される有江村藤右衛門・相神村弥六・土橋村新兵衛・中川村太郎右衛門の四人宛で、14のみ熊木村太右衛門・鰀目村太間・堀松村喜兵衛・相神村弥六の四人であったが、これは郡奉行を介在させた下命であった。ここから奥村因幡は開作地裁許人に対し直接下命したが、組裁許十村には原則として直接下命せず算用場奉行・郡奉行などを介して伝達したと推定できる。もう少し具体的に説明しよう。14と同一日付で内容的にほぼ同内容の15が藩から発給されているが、14と15の指令内容はそれぞれ、

14一筆令啓達候、仍開作地并其外在々当作之様子、切々言上可仕旨江戸より被仰下候間、能州口両郡開作地之義者勿論、郡中当作之体、用水以下無滞候哉、十村肝煎共御尋ニ而、各より委細書付御調可被指越候、加州・越中分も右之通、一両日中書付上申候間、一所ニ上可申候、為其以飛脚申達候、恐惶謹言（不破・石黒宛）

15開作地并其外在々当作之様子をも切々言上可仕旨、江戸より被仰下候間、能州口両郡御開作地之儀ハ不及申、其

外郡中当作之体、委細ニ書付可指越候、一両日中ニ江戸へ上候間、其心得可有候也（十村四人宛）

というもので、基本的趣旨は同じであった。注意すべき大きな違いは、14では宛名が郡奉行不破源六・石黒覚左衛門であり、翌日付で二人の郡奉行は配下の十村四人に奥村因幡の意向（江戸からの御意）を下達していたが、15では藩年寄奥村因幡から直接十村四人に指令された点にある。つまり14の宛名四人は組裁許十村として、郡奉行↓組裁許十村というラインで命令を受けたが、15では藩年寄↓開作地裁許人という直接の下命であった。宛名の十村のうち相神村弥六は14・15の双方に出てくるが、これは弥六が開作地裁許人であると同時に自分裁許の組を持つ十村であるからであろう。それゆえ弥六には開作地・非改作地の別なく作柄等の状況報告を求められたのである。弥六の裁許した開作地には、裁許組の村もそれ以外も含まれていたのである。したがって14の宛名のうち相神村弥六以外の三人、つまり熊木村太右衛門・鮫目村太間・堀松村喜兵衛は承応二年段階まだ開作地裁許人ではなかったと推定できる。こうした史料解釈に従えば、前述の十村三人連署状（別表Ⅱ11）は、組裁許十村として裁許組での銀成納所の円滑な実施について願い出たと解するのが妥当なのである。

承応三年以後、開作地は順次広がったので、他の十村四人なども開作地裁許人に抜擢されたことが十分推定できるが、明確な史料は得られなかった。開作地裁許人といっても、口郡の場合、自分裁許組の非改作地でも農業振興や皆済状況確認の責務を果たすよう郡奉行から要求されていたので（別表Ⅱ14）、開作地裁許人も単なる組裁許十村も職責の違いはさして大きくなかった。そこに口郡の開作地裁許人の特徴がある。

15の下達文言では、口郡の開作地裁許人（改作奉行）に対し「御開作地」と非改作地を区別しながらも両者同一の調査・報告を要請していた。これも開作地裁許人・組裁許十村の職責区分の曖昧さの論拠となる。非改作地の動向と合わせ開作地の皆済状況を報告させた点に、他郡と異なる口郡開作地裁許人の独自性をみておきたい。口郡では、自分裁許組で開作地・非改作地の別なく農政をすすめ、年貢皆済を督励した面が強く、裁許組以外の開作地に赴き、そこで「御開作」を推進するケースは少なかったのかもしれない。むしろ組裁許下に点在する非改作地での農業振興が、開作地と並行し要請されていたのではないか。つまり開作地と非改作地の区別は強調せず、両者平等に扱かったのかもしれない。それは奥郡でも看取できたことであり、概して能登四郡では、北加賀・越中川西に比べ、開作地と非改作地の区別は厳格でなく、組裁許十村が裁許組の村々を舞台に、「御開作」推進の御用を果たし易い執行体制がとられたようにみえる。

㈣ 給人徴税権の抑圧

承応三年八月十四日、利常は津田玄蕃・奥村因幡連署状（別表Ⅱ35）を発し、江守半兵衛など四人を「改作地外之御奉行」に任じ「収納方滞義有之、給人方より直ニ申来候共、右四人御奉行指図無之候ハ、承引仕間敷旨被仰出者也」と下達した[14]。給人からも年貢滞納の懸念が高まりつつあった承応三年の収穫期に、口郡の非改作地に郡奉行とは別に江守ら四人の御奉行を任命し、年貢収納につき給人から種々の申し分があっても言いなりに受諾してはならない、江守ら四奉行の指図なしに承諾するな、これは利常の御意であると村や十村たちに厳命したのである。明らかに給人による徴税支配の制限である。利常が「御開作」仰付を標榜し開作地を拡大していったのは、給人徴税権を実質的に完全否定する意図があったからとみてよいが、この「改作地外之御奉行」四人の口郡派遣令から、そのことがよく理解できる。

この頃給人がなぜ滞納の懸念を抱いたかというと、非改作地では開作地とくらべ百姓助成が十分でないから、滞納拡大の恐れありと誤解したことが想定される。しかし、この懸念には、開作地に指定された村はそもそも困窮度が高く、非改作地のほうがむしろ困窮していないという認識が抜け落ちていた。とはいえ藩による困窮度査定が完全であったわけではないから、給人たちの懸念は全く的外れというわけでもなかった。

もう一点注意したいのは、この八月十四日付御印の発給日である。周知の同年七月二十九日付「給人下代の知行所派遣禁止[15]」令が出された日から、わずか一五日後のことであり、この御印は「給人下代の知行所派遣禁止」令と密接に関連するとみられることである。

「給人下代の知行所派遣禁止」令は「三ケ国改作地村々江、諸給人中より下代等遣之申間敷候」、「向後改作地江下代共遣之候給人有之候ば」と記すように、開作地に限定した禁令であり、法文の限りでは非改作地では下代派遣が黙認されることになる。しかし、非改作地もいずれは開作地となるべき対象地であったから、開作地同様、給人による徴税活動を抑制しておく必要があったので半月後に口郡では「改作地外之御奉行」四人の派遣を下命したのである。この二つの触書をもって口郡では、開作地でも非改作地でも給人下代派遣による徴税活動は著しい制約を被ることになった。むろん「給人下代の知行所派遣禁止」令に比べ、八月十四日付御印は「下代の派遣禁止」を明言していないので効力に限界はあった。しかし、給人から十村支配に対してなされた種々の圧力には有効であった。個別に徴税活動を行う給人側にとって、各村の村況・作柄等の必要な情報は十村や郡奉行に依存せざるを得ず、それが当時の給人領主制の実情であったから、「改作地外之御奉行」派遣は十村にとって心強いバックアップであった。

「給人下代の知行所派遣禁止」令は、口郡全体が開作地になっていない段階の触書だったから、法文のなかに「開作地」と明記したが、非改作地での給人の行動を押さえるには八月十四日付御印のような触書も必要となったのである。

前田領の給人は改作法に対しどういう反応を示したのか、具体的な対応を物語る史料は多くないので、承応二年四月四日付の十村八人宛達書（別表Ⅱ13）は貴重な史料といえる。この達書は、口郡に知行地をもつ本多安房・村井兵部・中川八郎右衛門という藩家臣団中でも最上級に属する家臣の下代四人が連署し、おそらく口郡の知行所が開作地に指定されたことを機に出された[16]。口郡十村に対し開作地となった知行所一村ごと、百姓持高・免付・人付、牛馬員数、村柄の甲乙、百姓の上中下などを記した帳面を四月十四日までに、各村肝煎に持参するよう申し渡してくれと要請するものであった。給人下代が知行所村のこうした情報を十村に要求したことから、徴税に必要な百姓個々の高・免データすら給人の手元になく、十村に依存せざるを得ない現状が浮かび出る。つまり改作法実施期の給人は、改作法の政策展開の結果、固まってきた最新の村高・村免、小物成額など徴税実務に必要な基本データを持っていなかったのである。それゆえ十村八人に徴税資料を求めたのであり、十村に対する給人の非法を掣肘するため、江守半兵衛ら「改作地外之御奉行」四人が派遣されたのである。なお八月十四日付利常御印は鹿島郡十村肝煎中宛であるが、これを口郡のみの特徴ある法令と判断するのは時期尚早である。武部敏行はこれを「御改作始末聞書」のなかで引用しており、(17)他郡で同種史料が発見される可能性は十分ある。

(五) 十村番代の仕事ぶり

承応年間の口郡十村宛書状写を多数載せる「慶安日記追加」に二日市屋五郎兵衛発信の書状が六通あり、このうち四通を「御開作」に関連あるものとして別表Ⅱに載せた。この町方住民とおぼしき二日市屋五郎兵衛は、十村番代という役目につき口郡の改作法にも関与した。彼を「番代」だと認定したのは「加藤慶安日記」(18)に「番代　五郎兵衛」発信の羽咋・鹿島郡十村宛書状が二点あり、ほかに「番代　五郎兵衛」の前任者とみられる「番代　九郎右衛門」発信(口郡十村中宛)の書状が四点、慶安二年・三年にみえたからである。口郡の十村番代であった九郎右衛門と二日市屋五郎兵衛の慶安期の発信文書写を列記すると以下の通り六点あり、そのほか承応年間の番代、二日市屋五郎兵衛書状写も六点残存している。これらから十村番代が改作法実施に関連しどういう役割を果たしたか、ここで検討する。慶安年間の六点については発給年月日・発信者↓宛名、簡単な内容要約のみ掲出し、承応期の六点については六通の本文を以下に掲げた。

○慶安年間の十村番代書状

(1)慶安二年正月四日　番代九郎右衛門↓十村中
能登一宮の失物吟味につき昨年十月二十六日に触状を下達したが、未だ触状の請書すら返って来ないと利常様は立腹している。ついては最前の盗人に欠落の恐れあるゆえ、口両郡に穿鑿のため郡奉行様が下向します。そちらも油断なく対処されますように。

(2)慶安二年正月二十三日　(番代)九郎右衛門↓十村中
藩からの触状の回覧に遅滞なきよう、先々のことを吟味し渡すべきです。遅滞すれば、罰として不念銀一枚を十村に、村肝煎に銀二〇匁、小百姓に銀一〇匁課す。今度加州で遅滞銀を徴収したので、よく心得て下さい。なお触状はそれぞれ書き留め、十村から番代に返却するように。

(3)慶安二年七月一日　(番代)九郎右衛門↓十村肝煎中
他国米だけでなく越中米を購入し能登に回漕するときは郡奉行に届け出るとの触状に従い、船路でも陸路でも通切手を(郡奉行から)発行するので、米の売主からどれほどの米を売却するか手形を受け取るよう組下百姓中に仰せ渡すべきです。この件につき、村々小百姓中まで請書をさせ帳面に購入米の記録をまとめ金沢へ提出して下さい。その帳面に奥書を加え十村に返却するように。

(4)慶安三年四月十九日　番代五郎兵衛↓羽咋・鹿島十村衆中
江戸本郷邸焼失につき、国元の農村から一二四人の御小人を、火災跡始末の人足として至急江戸に送れと下命してきています。口郡が負担する人足数は三七人ですが、三〇人は最前、里子を提供したので残り七人を追加割符し急ぎ金沢に差し出すように。

(5)慶安三年八月十六日　二日市屋五郎兵衛↓羽咋・鹿島郡十村衆中

本日、目安場様に出仕したところ、二三日前に（能登から）帰った奥村玄蕃様が言うには、十村鍬米についての利常様よりの仰渡につき「少しの様」に聞きました。しかし神戸次大夫様が言うには、最前次大夫様方まで（十村鍬米に関する）断りの書付が上がってきていたが、最近は見たことがないとのことです。このような状態ですから郡奉行所まで相談を申し上げることが良いことなのか皆様の分別次第です。御心得あるべきことかと思い伝達しました。

(6)慶安四年正月十八日　二日市屋五郎兵衛↓（中川村）太郎右衛門・（熊木村）太右衛門・喜右衛門・（鮟目村）太間・（田中村）和泉・（有江村）藤右衛門・（相神村）弥六

小松より原八郎右衛門様が（金沢城に）お越し成され、利常様の御意として、毎年のように御城銀を御貸渡すと仰せ渡された。それにつき御城銀貸与は十村二、三人宛連判とするので、十村共は急ぎ（小松に）上り御借りするようにと内々に仰せ渡されたので、申し伝えます。

○承応年間の番代書状

(7)巳（承応二）年二月十九日状（別表Ⅱ5　羽咋・鹿島十村宛）

小物成御算用場様より被仰渡候御山銭米、敦賀御登米ニ可罷成候間、二重俵ニ若不致候ハヽ、急ニ二重俵仕可申旨御意ニ候、其御心得ニ而自然一重俵之与ニハ急ニ二重俵ニ被成可給候、早速為御登可被成候条、其御心得可被成候、為其申入候、以上

(8)巳（承応二）年四月朔日状（別表Ⅱ12　十村八人宛）

一筆令啓上候、然ハ岩田釆女様被仰渡候、各与下より用水所之御帳書記可被指上旨御意ニ御座候、

一、用水そこね申所ハ何ケ年以前ニ仕候得とも、そこね申候御断、堀左門様・岩田（脱字）釆女様・おかのや左馬様へ申上候ハ、御材木可被下旨、

一、道中之義者不及申ニ、脇道筋、（中略）
一、川除御普請之義も御断可申上旨、就而者少充之ふしん（普請）之義者江下之者共ニつね〳〵（常々）可被申付旨、
一、御普請所之御断義、右三人様へ可申上旨、
一、各へ申入候、用水所ニ有所御帳ニ記、右三人様充所ニ御帳相調可被指上候、以上、

(9)
巳（承応二）年五月二日状（二日市屋五郎兵衛→十村八人宛）
江守半兵衛様より被仰渡候、諸百姓之名を以来替申間敷旨、其上印判取うしない不申様可被得其意候、
一、各与下村付・道乗御帳ニ記可被指上候、
（御帳ノ雛形略ス）

(10)
巳（承応二）年八月二十一日状（別表Ⅱ19　十村八人宛）
一筆令啓上候、然ハ波多三右衛門様より被仰渡ハ、当御見立ニ二三日之内ニ御下リ被成候間、御あミた（阿弥陀）并せいし用意仕置可申旨御意御座候間、左様ニ心得可被成候、
一、道中夫・転（伝）馬之義、内々可被仰付、何人御下り被成とも知レ不申候、
一、土橋村新兵衛殿へ申入候、大熊村十村兵右衛門こし、御開作知之様子御談合仕度候間、御相談御登可被成候、
一、此状先々へ被入御念、早速可被遣候、以上、

(11)
（承応二年）八月二十六日状（別表Ⅱ20　十村八人宛）
一筆令啓上候、然ハ算用場より被仰渡候、各与下村々并道乗書印・小帳調、充所伊藤内膳様ニ被成可被指上候、失念無之様、御上ケ可被成候、
一、御開作知十村衆へ申入候、今度御算用場様より御検地衆御下り被成候間、其地ニ而御相談被成、御見立被成候様ニ可仕旨被仰渡候得共、昨日被仰渡候御開作知之義、御まちかい無之旨被仰渡候、

一、大熊村兵右衛門被申候、奥村因幡様より御開作知御見立之義□得御意ニ被遣候、其上山本又四郎様と兵右衛門と頓而水損所様子見参候様被仰付候旨ニ御座候、一両日之内ニ御下り可被成、左様ニ御心得可被成候、然ハ此度之御算用場より被仰渡候而御越候御奉行衆ハ御開作知御覧被成間敷候間、左様ニ御心得可被成候、以上、

⑿（承応三年）十一月二十二日状（二日市屋五郎兵衛↓十村八人宛）

茨木右衛門様・山森吉兵衛様より被仰渡候、今度之三歩免御給人分米高内何程ハ何村ニ有之、蔵本之在所并道乗帳面上候様ニ江守半兵衛より十村共へ被仰渡候旨被仰渡候得共、未上不申候、御家中之割符手つかへ申候間、飛脚遣可申旨ニ御座候、事之外御急ニ候間夜通しニ可被指上候、御油断有間敷候、以上、

右に掲げた一二通の番代発信書状から、慶安期から口郡では十村番代が委嘱され、小松もしくは金沢に詰め口郡十村の代理人として御用に従事、金沢・小松で得た郡村支配に関わる重要事項を逐一口郡十村中に伝達していたことが具体的にわかる。とくに慶安年間の六通からは、番代は藩役所（算用場・目安場・郡奉行所など）において、藩の要職にある武士たちから様々な情報を得て、それなりに咀嚼し、意見を添え口郡十村に伝達したことが窺えた。たとえば、右掲の慶安三年八月十六日付書状は、能登の十村衆が目安奉行として能登を巡回した奥村玄蕃に訴え出た案件（十村鍬米の増額要求か）に関し、算用場内部の反応や空気を番代が察知し、口郡十村側に意見を付し藩庁の様子を伝達したものであった。「御郡御奉行所迄成共御相談候而被仰上可然可有御座候哉、御分別次第ニ御座候」と述べた部分が、十村に示した意見と思われ注目される。身分的に十村の下に位置する番代が、藩庁内部の政策遂行過程を察知し、十村たちに対処法を示唆したともいえ、番代は単なる伝達人でなく周到な政治判断も加え連絡できる人材であった。こうした点は承応年間の六通の伝達内容からも十分看取できる。

承応年間の六通に登場する口郡番代二日市屋五郎兵衛は、小松もしくは金沢にいて、口郡の郡方支配および開作地支配に関する藩執行部の意向を「小物成御算用場様より被仰渡候」「然ハ岩田采女様被仰渡候」「江守半兵衛様より被

仰渡候」「然ハ波多三右衛門様より被仰渡ハ」「然ハ算用場より被仰渡候」「茨木右衛門様・山森吉兵衛様より被仰渡候」という文言を付し口郡十村中に伝達するが、彼が連絡したあと、正式の触書・命令が口郡十村宛に発信されたのであろう。それゆえ五郎兵衛の書状は口郡十村中への事前伝達であり、藩命の前触れとしての情報伝達が番代五郎兵衛の大きな役割であった。おそらく藩も認定した役職であった。

番代の役割として、すでに発出された触書の執行に関し、より詳細に対応を指示するケースもあった。上記(3)慶安二年七月一日付がこれに該当する。(3)は他国米・越中米の入津制限を行った触書の細則についての伝達であった。このほか必ずしも触書・法度の下命がない案件で、十村が心得ておくべきことを伝達することもあった。(1)慶安二年正月四日付や(2)慶安二年正月二十三日付がこれに該当する。こうした連絡実務を果たせる番代が藩庁に適時出仕していたことは十村支配にとって有益であり効率的な支配装置であったといえる[19]。

寛文年間以後、郡方行政に関する触書・命令等を各郡十村に代わって拝命し、速やかに各郡の十村中に連絡するものを「十村番代」と呼び、制度化されていた。その濫觴については、「正保の旧記」に「番代の名目あり」とされ[20]、改作法以前から存在したと示唆するが、その実態や創始事情などは明確に示されていない。しかし、上述の口郡番代の仕事ぶりは改作法直前の慶安期および改作法期の番代の実在を示すものであり重要な実例といえよう。

「河合録」によれば、十村詰番という制度が寛文以後に存続し「番代と云ハ、十村等詰番之代りと云義にて名付候由」とされ、番代の給銀は郡打銀から支出、勤め方は毎日算用場内の十村詰所に出仕し「すべて一郡之儀引き続べ取次いたすなり」、それゆえ人選には配慮のいる要職で、金沢に居住するが人別支配は郡奉行支配に属する者であったと述べる[21]。

「河合録」は十村詰番について、次のような解説もする。その始まりは不明だが、改作法草創の頃、扶持人十村たちはしばしば小松城に詰めたが、頻繁に詰番をしたのは、寛文元年に改作奉行が再設置された頃からである。以後連綿として続き、元禄の十村勤方帳によれば、扶持人十村が一郡より一人宛、一ヵ月に一〇日ずつ交代で金沢算用場に詰め、その郡の諸事御用に精勤し郡内の関係先に触書等を周知徹底させ、郡内各十村組からの提出書類の取次を行った。年貢収納時と田地苗植え付け時分および（改作方の）御用番をつとめる時は、改作奉行の下に詰めたが、倅や手代を代わりに詰めさせることがあった。

元禄年間まで扶持人十村が金沢算用場に交替で詰めていた十村詰番は、安永年間には番代による代行が一般化し、番代支配については安永元年（一七七二）、町奉行支配から郡奉行支配への切り替えがあったので、その際の文書も「河合録」は紹介する。この文書（算用場奉行・町奉行連署状：各郡奉行宛）のなかで、番代について「各御支配御郡十村共、於御当地（金沢）召遣候惣番代之儀」「御郡十村ニ被雇番代役」と述べるので、番代は雇い人であって、十村詰番を代行して久しいという印象をうける。「重キ御用為相勤申儀、雇者之振ニハ如何敷有之候」という指摘もみられる。本来扶持人十村が担当した重要任務を雇人の番代に代行させるのはどうか、という意見もあったのであり、こうした指摘も考慮し、安永元年まで町奉行支配下にあった番代を、その職務の重さに鑑み郡奉行直支配に移管させた。十村詰番から番代による代行へ転換したのは、元禄から安永の間に起きたというのが「河合録」の説明である。

しかし、承応年間の口郡十村は金沢町人と思われる二日市屋五郎兵衛なるものを番代とし、小松城や金沢城の算用場に詰めさせ、様々な触書・命令等を伝達させていた。さすれば、十村詰番の体制から番代に移行したとする「河合録」の説明は妥当なのか再考を要する。改作法期すでに十村詰番と番代は併存していたのであり、併存する両者のうち十村詰番は徐々に形骸化し、番代業務（代行）のほうが実質化し定着するという変質が元禄～安永期に進んだとみるべきであろう。寛文～元禄期の十村番代の存在確認と勤務実態を明確にすることが今後の課題である。また幕末の口郡番代として著名な越中屋伝兵衛の仕事ぶりとの関連にも注意しなければならない。(22)

口郡「御開作」の担い手である十村八人が番代を雇い、彼らを通して開作地や非改作地に対する藩執行部の意向をいち早くキャッチし、迅速な対応につとめたことは、郡方支配の実務的執行体制として注目される。隠居利常はこれを容認し、改作法の成果が確実になることを期待したのであろう。他郡でも番代を利用した行政の迅速化ということがあったのか注視する必要があるが、目下のところ、これも口郡「御開作」実施体制上の特色とすることができよう。

さて番代五郎兵衛の承応年間書状のなかに、明らかに利常の「御意」と述べる箇所があり（前掲(7)(8)(10)の傍線部）興味深い。藩年寄衆・奉行衆は、小松城や江戸藩邸にて利常の命をうけ、それぞれの立場から「御開作」推進の実務に邁進したが、そのような「御開作」の政策遂行機構のなかに口郡番代（五郎兵衛）も組み込まれ、小松城・金沢城の関係機関に詰め、利常の命令や意向を口郡十村中に迅速に通達していたとなれば、政策遂行体制はかなり多様性あるものと理解できる。寛文農政の下では改作奉行を軸に縦割の執行体制に一本化されていたのと比べ、柔軟で臨機応変であった。郡ごと多様な役職を設け、それにふさわしい人材を取り立てて、利常の改作法は遂行されたといえよう。

二節　口郡「御開作」の展開

(一)　承応二年の「御開作」着手

口郡「御開作」執行上の特徴をいくつかピックアップしてみたが、いずれも政策遂行の体制にかかわる特徴であり、政策そのものは石川・河北など他郡とほぼ同じとみられる。ここでは、周知の基本施策が承応二年という口郡「御開作」の最初の年にどのような手順で実施されたのか、別表Ⅱ掲載史料をつかって具体的な展開を時系列にそってみていく。この作業を通し、口郡ならではの特徴が浮かび出るであろう。

承応二年二月の口郡「御開作」開始という事実を裏付けてくれる同時代史料は、同年三月三日付の津田与三郎・神戸次大夫連署達書（別表Ⅱ6）はじめ以下で取り上げる史料である。口郡十村が一四人体制から八人体制に切り替わったのは三月九日であったから、この三月三日付津田・神戸連署状宛名は新十村八名でなく、従来の十村一四人のうち一〇人を掲げる。(23) しかし、二月の「御開作」仰付をうけて発給された達書であることは、その追而書からわかる。まず津田・神戸連署達書の本文を左に掲げよう。

［1］右之通藤《小塚》右衛門殿より申来候条写遣候、万手間無之様ニ出し、御下行可被下旨ニ候間、御奉行人手形取置可申候、為其申遣候、以上、

巳三月三日

津田与三郎

神戸次大夫

紺屋町村左助・麦生村六右衛門ほか八名（名前略）

追而申遣度申遣候、当年御改作ニ被仰付候村々へ、去年借銀之作食米高之帳、早々越可申候、一両与より八参申候、其外不参候分早々越可申候、必々油断有之間敷候、御改作知迄之事ニ候間、其心得可致候、去年之作食米之事ニ候、以上、

発信人の津田与三郎は、承応元年「御小姓中知行高・歳付之帳」によれば四七歳で、三〇〇石取の小姓組士、「用人」の一員で「能州御郡奉行」とされるので、連署の神戸次大夫とともに能州郡奉行の職責を負っていたと判断される。承応三年「馬廻五組帳」によれば、「能州御郡用人」として不破源六（五〇歳）一〇〇〇石取、石黒覚左衛門（五三歳）七〇〇石取を載せるので、彼らも承応年間、能州郡奉行の職務にあった。(24) 不破・石黒両名と津田・神戸との職掌分担、在任期間等については、さらに検証が必要だが、詳細はなお明確でなく今後の課題となる。

さて右の津田・神戸連署状は、三月二日付の人持組士小塚藤右衛門書状写を添付し、その趣旨を口郡十村に下達するものだが、小塚書状の内容は藩が買い上げた給人米（給人売上米）すなわち「去冬会所御調米」を能州分大坂登米

として回漕するため、縄俵・人足・馬・手船の手配を会所と奉行人の指図次第に郡中にて滞りなく手配させよ、というもので、追ってその経費の下行もあると指示する。小塚藤右衛門は大坂廻米奉行もしくは会所奉行として給人調米を大坂登米として回漕する役目を負っており、口郡の百姓たちに大坂登米回漕に係る諸負担を郡奉行・十村経由で要請したものであった。この給人調米は、おそらく口郡給人知行所の年貢米であろう。

その追而書で、郡奉行から十村に「当年御改作に被仰付候村々」に限定し十村組ごとに「去年借銀之作食米高之帳」を油断なく提出するよう督励するが、「当年御改作に被仰付」という文言が承応二年三月三日時点で使用された点が重要である。口郡「御開作」の開始をうけ、郡奉行が発した「御開作地」に関する最初期の命令の一つであることがわかる。郡奉行は、去年貸与の作食米高リストを開作地村に限定し提出を求めたが、提出したのはまだ一、二組にとどまり、多くの十村組から提出がないので追而書で督励したのである。

作食米貸与は「御開作」独自の救済策と誤解されやすいが、寛永末年の飢饉対策として利常が創始した救済策であり、給人地では給人から、蔵入地では前田家当主から貸与された[25]。寛永末期に前田領は四分割されていたので、本藩領では藩主光高（筑前守）から、隠居領では利常（肥前守）から作食米が貸与されていたが、給人地での作食米貸与はときに代銀搾取、高い利足米搾取にはしる面があり、承応元年八月に作食米貸渡御印が発令され是正された[26]。口郡では慶安五（承応元）年八月十八日に他郡とほぼ同内容の作食米貸渡御印が発令され（別表Ⅱ2）、村・百姓を救済する面が前面にうちだされ、改作法の趣旨に合致した作食米制度に転換した。したがって、右の史料1は前年八月十八日付作食米貸渡御印[27]をうけ発せられた調査とみるべきである。

また、史料1では、なぜ開作地に限定した調査を求めたのか。たとえば押水地区でいえば宿・今浜・敷波など承応二年二月初めて開作地指定があった村々（表4－1）に限定し、なぜ「去年借銀之作食米高之帳」の提出を承応二年春に求めたのであろうか。承応元年八月の作食米貸渡御印に、口郡作食米の総額は記載されないが、七五〇〇石程度と見込まれ、(28)作食本米は口郡各所に置かれた作食蔵に「入れ置き、百姓共面々の名を指札に仕り、奉行人并十村相封を付け置き、百姓に貸渡し候刻は、指札の通り主々へ渡し申すべく候」、二割の利足米は「郡奉行ニ可相渡事」と定められていた。これをうけ、この連署状の追而書で、昨年の作食米のうち、とくに御開作地の分の貸与高を調べると二回も言及する。ここから口郡では「御開作」仰付以前の承応元年から作食米貸与があり、承応二年二月の「御開作」仰付を契機に、改めてこうした指示が下されたといえる。

三月三日付津田・神戸連署状に記された追而書は、おそらく最初に開作地に指定された村は、窮乏が深刻で年貢納入・諸貸物返済が滞っていたと考えられるので、承応二年二月に開作地となった村々の困窮度合を知るため、あるいは経営再建に資する作食米貸与であったか貸与効果を把握したいとの意図から発せられたのであろう。「御開作」未実施期の承応元年の作食米貸与は、開作地・非改作地の区別なく実施されたが、承応二年になり改作法執行部は、口郡「御開作」開始という機をとらえ、開作地に貸与された作食米高が春耕時の耕作労働力にふさわしい量かどうか判断するため、このような調査を行ったのであろう。開作地での作食米貸与の効果を確かめようとしていたのである。

次に注目したいのは承応二年三月二十一日付の十村三人連署状（別表Ⅱ10）である。発信した相神村弥六ら三人の十村は小松城に詰めており、小松から口郡十村たちへ藩命を通達したものである。伝達内容は「川よけ用水御普請の御小人三十弐人能州へ当り申候」、つまり利常は用水・川除普請を強化するため、国別に一定数の御小人を徴発することを計画していたらしく、能登国の負担は三二人とし、口郡の百姓らを御小人として提供するよう割り付けたのである。御小人三二人は来る四月一日昼までに金沢に出て、御小人請取奉行広瀬助左衛門の確認をうけなければならないこと、給銀は年間七五匁、能登から出夫した御小人は「大かた能州之御ふしんニ御かけ可有との事」なども伝達された。

発信人の十村三人は、この御小人役を十村組ごと四人ずつ負担させ、口郡八組全体で三二人出すべきと考え連絡しているので、奥郡はこの御小人役負担から除外されていた。三二一人という能登の負担分は口郡（長家領鹿島半郡除く）のみの負担分の意味と解釈できるので、おそらく加賀・越中・能登それぞれから一定数の御小人を動員し、重点的に重要な川除・用水工事現場に送り込んだのであろう。能登口郡（約一五万石）に三二一人なら、越中三郡（六五万石）は一四〇〇人、加賀三郡（三八万石）は八〇〇人ほどと見込まれ総勢二五〇〇人程度の動員と推測される。通達の文言から能登から出した三二一人は口郡の工事現場に送られたことが想定できるが、確認はとれていない。

御小人の金沢集合期限にあたる四月一日、番代五郎兵衛から口郡十村八人宛に書状が送られ、利常の御意をうけ口郡各十村組の「用水所」を記載した帳簿の提出が要請され、用水の損壊年次や大規模な川除普請箇所を記載し届け出るよう内意が伝えられた（前掲番代書状⑻）。さきに見た御小人動員による川除・用水の公儀普請に関係する通達である。つまり、承応二年の利常は川除・用水の農業インフラ整備にも積極的で、越中川西では庄川の川筋切り替えを意図した柳瀬川除普請など大工事に取り掛かっていた。承応二年春に動員した川除御小人は、そのような大規模土木に対処するためと考えられるが、出役人の地元での川除・用水工事に動員する余地もあったようである。

このように御小人を三州全体から動員した川除・用水普請は、新田開発に好影響をもたらしたといえ、改作法期独自の新田開発振興策の一環と評価できる。改作法期の新田開発の意義は、新川郡の改作法を論じた第六章で詳しく述べるが、口郡でも別表Ⅱの16・45・46などから、その徴証がみえる。新田として開発可能な所は抜け目なく水田化し、洪水常襲地帯で大掛かりな川除工事を実施し、用水破損所の抜本改修で生産性を向上させるとともに可耕地の増加を目指したのである。

㈡　二つの「御開作」請書

別表Ⅱに、「御開作」仰付をうけ村が提出した請書・願書等を数点載せたが、ここでは村方からの請書五点（27・

29・30・39・44）のうち27と44に注目し考察を掘り下げたい。小田吉之丈によって紹介された27と44は、「改作請書」とも呼ばれる周知の史料であるが、(29) 口郡「御開作」の独自性が看取でき、また改作法に込めた利常の理念を探るうえでも重要な証拠となるので、あらためて考察を深める。なお、39は法令（分国銭遣い御印）遵守の請書で、29・30は脇借禁止の請書であるが、一村単位に請書を出させた点が注目される。能登奥郡蔵入地では寛永四年以後励行されていたことであるが、改作法期になると、郡・村あての重要法令・触書には一村切の請書を出させ、領主支配を受容・承認することが一般化していたことを裏付ける史料といえ、近世的な法の村請の広がりと定着の様相を知ることができる。

さて27・44だが、標題に「御改作地に被仰渡御法度之趣御請申上候御事」、「御改作地在々被仰渡候通承届御請申上候」とあるので、開作地限定の請書であった。中身をみていくと「御開作」実施に伴い村の百姓中に何を要求したのか藩の押しつけ意図が明瞭で、利常の「御開作」に込めた政治的意図がはっきり読み取れる。発給年次・差出・宛名等は別表Ⅱに示した通りだが、以下では27は「七ヵ条請書」（承応三年二月）、44は「十九ヵ条請書」（明暦元年三月）と略称する。

宛名は「七ヵ条請書」では十村四人（中川村太郎右衛門・土橋村新兵衛・有江村藤右衛門・相神村弥六）を掲げ、「十九ヵ条請書」は宛名を欠くが、これを紹介した小田吉之丈は「鹿島郡有江村藤右衛門組より出したるもの」という注記を付すので、同じ十村四人宛とみられる。改作請書の宛名に名を連ねる十村四人について、一節で承応二年・三年の口郡開作地裁許人（改作奉行）だと推定したが、この改作請書二点はその傍証ともなる。すなわち、改作請書は開作地裁許人である口郡十村宛に出されたもので、彼らは利常の代理人として、請書を開作地村に要求し提出させたとみることができる。

「十九ヵ条請書」は承応三年二月の「七ヵ条請書」と比べ、条項が倍以上に増え、連印者は「一村切百姓・組合頭」

から「一村切肝煎・組合頭・百姓・頭振」へと変化し、村肝煎の責務がより明確にされた。それゆえ、口郡の改作請書は、村肝煎と組合頭を「御開作」精神の普及と遵守の責任者に位置づけ、各村の百姓以下頭振（無高民）まで村中一統の署名のもと「御開作」精神を承認させる形式を取らせた点に意義がある。承応三年二月の「七ヵ条請書」から明暦元年三月「十九ヵ条請書」へと、利常の「御開作」村への思い入れがどのように深化したのか、また口郡の独自性を反映した文言にも注意し、箇条ごと要点をみていこう。

承応三年の「七ヵ条請書」のねらいは七条目に凝縮される（以下引用は書き下し文とする）。一～三条目では、諸勧進・物乞の村内立入禁止、仏事・神事・祝い事振舞の出費も無駄遣いと決めつけ厳禁、塩売り・蓑笠売り、農道具等商人の村内立入までも禁止する。また宿駅村に一泊する他国商人に対し開作地百姓との売買を厳禁し、脇借の原因・機会を徹底排除する。

四条・五条目は年貢・諸役皆済と諸御貸米利足等の返済を迫るものだが、ここでは単なる皆済督促や皆済義務をいうのでなく、未進・滞納は起こるべくして起きるものと認識したうえで、未進・滞納のときの代償措置と未然防止の方策を指示し請け合わせた点が特筆できる。つまり四条目では、年貢・小物成および「入用銀・作喰米・御城米御利足」の納所が滞りそうな者がいたら初秋には開作地裁許人（四人）に届け出よ。もし届け出もなく滞納・未進となれば「相残者として急度諸皆済可仕候」と未納分は百姓中として負担する、五条目では改作入用銀の返納を確実にするため、夏中の稼ぎを奨励し少額でも毎月稼ぎの収入をもって返済に当てさせるよう疎略なく取り組むと言わせ、農閑期に「各稼をも不仕不心得者」がいたなら開作地裁許人に届け出ると誓約させたのである。

六条目では耕作出精を請け合うが、「屎・灰をも多く仕候て立毛能出来仕候様に吟味」せよと督励した点は、肥料の多用による収量増加を指導した条項とみることができ、多肥集約型の農業生産力向上に目配りした面が看取できる。(30)農業生産の動静を藩へ適時適切に報告することも求めており、そこに農政家としての利常の尋常でない資質をみることができる。

以上の六ヵ条をうけた七条目で「諸百姓少も蟠不申、万事有様に心を直に持候様にと、去春より毎月度々被仰渡候何も承届」と述べ、蟠《わだかま》り百姓が一人も出ないようにつとめ、それでも不届者が出たら急度届け出ると誓約させる。「御開作」の究極の目的は、蟠り百姓を出さないことだといわんばかりである。「蟠り」とは、①蛇のようにとぐろを巻く、②横領する、③心がねじまがる、④心中に不平・不満がたまりさっぱりしない、などの語義があり、(31)「心を直に持候」ことと反対の心境をさす。蟠り百姓を排除し正直百姓に導くのが、開作地裁許人である十村と村肝煎・組合頭の責任であった。この「七ヵ条請書」は最後に、上記七ヵ条に相違すれば「其者之儀は不及申、肝煎・組合頭共に急度被仰上、越度可被仰付候」と述べ、この請書は締めくくられる。蟠り百姓と認定されれば、肝煎・組合頭も同罪で処罰されると誓約するので、この請書のターゲットは肝煎・組合頭にあった。村の指導層にしっかり「御開作」理念を植え付けさせることを意図し、村中一統の誓詞を書かせたのである。この点は「十九ヵ条請書」でもっと露骨に表現される。

なお「七ヵ条請書」七条目の「去春より毎月度々被仰渡候」という文言は口郡独特の事情を反映する。ここでいう「去春」は承応二年二月、つまり口郡の「御開作」開始時期をさすからだ。口郡で「御開作」が始まった承応二年春以来毎月、百姓が蟠ることなく正直に農業に取り組むよう藩として仰せ渡してきたと藩の方針を述べるが、口郡の事情を念頭にした指摘とみてよい。

次に明暦元年三月の「十九ヵ条請書」をみると、冒頭一条目・二条目から、百姓の心得が悪くなるか良くなるかは「村肝煎・長百姓のしわざに候」といい、「肝煎・長百姓の心得肝要の旨」を申し渡し、「何事にても少も不蟠、人々心得を正直に持可申旨」を請け合わせる。「十九ヵ条請書」では、蟠り百姓排除の責任はもっぱら肝煎・長百姓にあるとより直截に指摘する。「十九ヵ条請書」は「七ヵ条請書」七条目の趣旨をより具体化して敷衍し、その徹底を肝煎・長百姓層をターゲットに厳しく求めるものであった。

最後の一九条目では「御改作に被仰付候に付て、以来におゐて」「同名中」や誰に対しても驕りたる振る舞いや、慮外・いさかいなど決してしてはいけない、また「子共・下人に堅申付、少もおごりたる仕合いたさせ申間敷候御事」と誓約する。子供と下人は開作百姓の重要な労力であり、下人雇傭を行う中堅以上の大経営を想定した請書といえる。この層が長百姓層であり、口郡では肝煎・組合頭を輩出していたので、そこに「御開作」精神を徹底して注入するというのが利常のねらいであった。「十九ヵ条請書」に名を連ねるのは百姓・頭振までの村中全員であったが、これらを遵守・実行するうえで鍵を握る階層は下人雇傭経営の長百姓層であった[32]。

「十九ヵ条請書」の三〜五条目と八・九・一七条目では、年貢・諸役等の確実な皆済を念頭に耕作出精を様々な論理や言葉を駆使し要求し、一一条目は脇借禁止を定める。そのあとの一二〜一五条目と一八条目は勤倹節約を求め、六・一六条目で給人支配地での下代派遣禁止に関連した村への心得を諭す。蟠り百姓排除は四条目でもふれ、「耕作不情（精）に仕候か不作法成蟠者」がいたら、いよいよ「村肝煎・長百姓為同名中、急速御断可申上候」とし、そのような徒百姓（蟠り百姓）は何時でも村から追い出し、その罪状によっては耳鼻かき、妻子ともども「立毛請取候者の下人に可被下旨」を村中として請け合っている。追い出しとなった徒百姓の跡は、村中あるいは同名中として入百姓（跡地の持高を耕作する新百姓）を選び立毛を取らせ、年貢・諸役の皆済にあたらせた。より罪状の重い蟠り百姓の場合、耳鼻そぎの肉体刑[33]に加え、高と百姓名跡没収のうえ入百姓の下人にすると恫喝する。また五条目では、作食米・入用銀を借りておきながら、耕作に手ぬかりがあって年貢等の納所に滞る者は「盗人同前」と断罪し、そのような百姓は「一類共に御置目可被仰付、并肝煎・長百姓共に同罪可被仰付旨慥に承届申候」と肝煎・長百姓に責任転嫁する。蟠り百姓・徒百姓を出すことは村の肝煎・長百姓の心得・指導が悪いからだという論法で、村中に責任を転嫁し、「御開作」に適した改作百姓（正直百姓・律儀百姓）を村として育成するよう要請するのであった。

九条目は甲斐性がなく田畠耕作に支障がでる百姓、経営に油断があり耕作に必要な人数や牛馬を得られない百姓が村内にいないか、肝煎らにつねに調べさせ、開作地裁許人に届け出るようもとめた。八条目では、毎年の田畠荒起こしの日限を間違わず耕作に着手するよう監督を要請した。「能州の儀は余国に違、冬之内より新（荒）起仕候間、跡々のごとく冬中より起し可申候御事」と冬場からの荒起こしを誓約させたのは、能登口郡の気象・風土に配慮した指示といえる。

また一二条目以下の倹約条項では、「慰之物詣り」は禁止、仏事・葬礼の贅沢も越度としているが、背景に真宗門徒による仏事や神事祭礼にかける能登民衆の情熱があった。口郡民衆の宗教生活に対しても警戒の目をむけ、倹約という観点から統制したことが看て取れる。改作請書は百姓はじめ村人すべてに与う限りの生活規制をかけ、すべての精神と労力を収穫増産に向かわせ年貢・諸役皆済を実現させる施策ツールであった。

口郡独自の特色はいくつか指摘できたが、決して多くない。多くは他郡の「御開作」地でも広く適用されうるものと解されるので、ここでみた口郡の二つの改作請書は、「利常の改作法」精神の精髄を盛り込んだ、村あての基調方針と評価してよかろう。

(三)　改作入用銀と敷借米

「改作入用銀」については、「七ヵ条請書」に「当暮に至りて…入用銀・作喰米・御城米御利足、小物成方万事御納所」とあり、また「十九ヵ条請書」でも「其上作喰米・入用銀、無利に御貸被為成候上は、昼夜ともに耕作情に入れ所帯をも弥々つめ候て」と記すので、口郡開作地の村々で作食米とともに広く貸与されたことは明瞭である。貸与額は周知の郡別貸与額一覧に羽咋郡と鹿島東半郡の高が記される[34]。ただし「十九ヵ条請書」に「作喰米・入用銀無利に御貸」と記したのは気になる。作食米も入用銀も二割の利足付きで翌年元利とも返済するのが原則であったからである。しかし、入用銀については新川郡で、作食米では能登奥郡で「無利足」とした事例があるから、[35] ありうることである。無利足運用の事例は数が少ないので、さらに確実な史料を求めることが必要である。

百姓個々の個別経営に貸与された改作入用銀がどのように使われたかは、砺波郡太田村の事例が具体的で、高澤裕一・坂井誠一らが詳細な検討を加えており、[36] それより詳しい事例は口郡でも確認されていない。しかし「十九ヵ条請書」の一七条目に、改作入用銀の使途に関わる文言があるので紹介したい。

一七条目は、改作百姓のあるべき姿を説くなかで、やってはいけない不当な事として「入用銀御借被為成候に付て、里子を抱、其身は仕事をも不仕、あそび候者」をあげ、このような徒百姓がいたなら「肝煎方より堅吟味仕、御断可申上候」ときつく戒める。ここから経営の維持・発展のため改作入用銀を借り受け、里子（ここでは史料上「下人」ともされる農業奉公人の意）を雇用する風潮が口郡で一定の広がりをもっていたことが窺える。高澤裕一によれば、改作入用銀を積極的に借り受け、下人給銀を賄っていた下人雇傭の大経営百姓は当時すでに発展可能性がなかったといい、[37] 小農経営の台頭はこの時期すでに始まっていた。下人雇傭経営が口郡の村々に相当数存在し、彼らのなかに入用銀の貸与・助成をうけ下人（里子）雇用ができたことに安堵し、経営主の長百姓が農作業を厭い遊び歩くような傾向が現実にあったから、こうした箇条が改作請書に盛り込まれ、改作法精神に悖る徒百姓だと弾劾されたのである。その後段で「向後の儀は、昼夜共に其身・女子・下人共に情を入、手前成立候様可仕候御事」と誓約するが、これは下人雇傭経営主である長百姓に対する警告と読め、口郡の現況に即したものと解釈できる。下人雇傭の大前百姓たるもの、自身はもとより嫁・娘らの女子労働力、里子のような下人労働力ともども一丸となって出精しなければ、経営の成り立ちは難しいと勤倹力行を諭したのである。

改作入用銀・作食米による救済は、皆済督励の枕詞としてしばしば使われるが、「十九ヵ条請書」五条目などはその代表例で、一二条目では脇借禁止を厳守させる場合にも援用していた。作食米・入用銀の貸与があるから脇借は不要なはずで、藩以外の私人からの借用禁止は当然とし厳守を誓約させられた。しかし、この論法には問題がある。貸与額は個別百姓経営レベルでみると決して十分でなく、利足も伴う貸与なので借りにくい面もあった。それを考慮せず、年貢増徴に邁進していたから脇借の必要は新たに次々生じた。貸与額の不備・不足を不問に付し、改作百姓の私的貸借を全否定する傲慢な助成策といわざるを得ず、新たな難題を村に押し付けるものであった。

敷借米については「七ヵ条請書」の四条目で「御城米御利足」、「十九ヵ条請書」の三条目で「過分の御借の御未進御指延」と表記され、十村有江村藤右衛門家に残る証文類でも「敷御城米利足」「敷御城銀利足」などと表記され、その実態の一端が窺える。(38) 一例をあげよう。(39)

［2］　小松さま御城銀借用申上候御事

合壱貫弐百五拾目ハ　　本銀　朱封

右之銀子、与中村々百姓中借用申上候所実正ニ御座候、如御定之弐わり之加利足ヲ本子共ニ来年十月十五日切ニ急度指上可申候、若此連判之内相滞、相違之儀御座候者、残ル者として御算用可申上候、於遅々仕者いか様共曲事ニ可被仰付候、仍後日之状如件、

承応元年　　　　（差出人等欠）

石黒覚右衛門様（左）

差出人を欠き年月表記にも不備があるが、文面から十村有江村藤右衛門から郡奉行石黒氏宛と推定される。有江組の村々は承応元年に「小松様御城銀」という名目で利常からの救済銀を総額一貫二五〇匁借りうけ、来年十月十五日切に元利とも返済すると郡奉行あてに約束した証文である。この「小松様御城銀」は、そのまま所謂「敷借米」に引き継がれたわけではない。返済期限までに元利とも返納できれば敷借米とならず、未進分のみ将来の敷借米に引き継がれたのである。しかし、返済期限までに新たな御城銀での借り換えや返済期限延期などの対処ができれば、未進分

表4-4　鹿島郡坪川村の未進年貢分納

未進発生年	正保元年	寛永18年	寛永19年	慶安元年
村名	坪川村	二宮村	武部村	武部村
未進額	4石604合	29石800合	8石430合	8石515合
分納期間・分納額	正保3年暮より慶安3年まで5年分割、1年目9斗3升2合、2年目以後9斗1升8合	慶安元年より慶安3年まで3年分割、毎年9石9斗3升余	寛永20年暮より慶安3年まで7年分割、毎年1石2斗余	慶安2年より慶安3年まで2年分割、毎年4石2斗余

（注）慶安3年「坪川村等年貢未進米収納目録」（藤井家文書、『鹿島町史　資料編（続）下巻』1984年、101頁）による。

返済は先送りできた。しかし、利常は明暦元年末または明暦二年前半に各村の御城銀等の借用残高の一斉調査を行い、一定基準のもと敷借米とすべき債務の査定を行ったのであろう。というのは、明暦元年に大きな給人知行の割替があったので、給知百姓の給人領主への未進年貢・未進借銀について何らかの整理が必要だったからである。敷借米と査定された各村の累積債務高については、当面本米分の返済は猶予され二割の利足のみ負担することが義務付けられ、明暦二年八月付の村御印に、敷借米の本米高・利足米として登載されたのである。この藩が肩代わりした貸付米の累積未進高もしくは延納高の累積高が敷借米の主たる中味であったとみてよかろう。

右掲の「小松様御城銀」の貸出人は隠居利常であり、一年期限で元利共の返済を約束するので脇借ではない。脇借物の未納・未進分を肩代わりしたのが敷借米とする伝統的な理解は見直す必要があろう(40)。

口郡でも年貢未進米の分割延納という措置が坪川村など三ヵ村で取られていた。慶安三年「坪川村等年貢未進米収納目録(41)」によれば、表4-4に示したように坪川村の正保元年未進年貢は五年分割、二宮村の寛永十八年未進年貢は慶安元年から三年分割、武部村の寛永十九年未進は七年分割、同村の慶安元年未進は二年分割とされ、それぞれ慶安三年末に返済を終えさせた。このような未進年貢の分割延納でも年貢皆済が果たされない場合、残った未進年貢を御城銀借用で凌ぐこともあったのではないか。第三章で奥郡の敷借米の使い方を検討したが、多くが未進年貢や多様な藩貸米の累積責務を削減するのに使われたと推定できた。さすれば、そもそも敷借米とは藩の未進年貢米等の先延ばし、あるいは肩代わりを担う救済とみたほうが実情に合うのではないか。

「十九ヵ条請書」の三条目「作喰米・入用銀無利に御貸成候」という文言のすぐ前に「過分の御借の御未進御指延被為成」とあるが、各村は多額の「御借」すなわち藩や給人からの御貸し金を抱え、返済が滞り未進として積み重なっていたことがわかる。「御未進」とあるので、年貢未進分が債務となっていたので「御借の御未進」と記したのかもしれない。いずれにしても、藩・給人への未進分の返済時期「御指延」が開作地村の救済策の一環として実施されたことは、この文言から明らかである。つまり、さきにみた坪川村で実施された年貢未進分の返納時期の延期と分割納付は、「御未進御指延」の具体策と理解できよう。口郡の敷借米は「御未進御指延」の延長線上に登場する救済策であり、村の抱える累積する未進年貢等の一掃を狙ったものであろう。

脇借禁止は「御開作」開始でより徹底されたが、寛永末期以来の藩の政策基調でもあったから、脇借をしていた百姓は、脇借の事実を公にできない事情があった。水面下でひそかになされた脇借の返済は隠密裡になされなければならず、史料としては残りにくい。しかも、内密で行った借銀が原因で年貢未進を惹起させたことも推測できる。脇借禁止を徹底すればするほど、脇借は裏側の世界に隠れ沈殿し、原因不明の年貢未進を誘発したのではないか。このように敷借米と脇借禁止の間に深い関連はあったが、敷借米が肩代わりした大半は、私的な脇借分でなく、それはごく限られ、実態として藩・給人への未進分を救済する制度に変質していたのであろう。

㈣　徴税強制と自主納税要請

口郡の「御開作」期間は明暦二年までだが、第二章でみた北加賀・越中川西の例から明暦元年には口郡全村が開作地になったと想定できる。また同年三月の「十九ヵ条請書」についても、同様の請書が口郡全村より開作地裁許人（改作奉行）に提出されたとみてよい。とすれば「十九ヵ条請書」は口郡「御開作」の総仕上げを象徴するものであり、かつ口郡全村の百姓中に向かって利常が示した「御開作」精神のエッセンス、さらにいえば近世的な領主・領民間の新しい「契約」ともいえる。[42]というのは「十九ヵ条請書」の一六条目の請書文言に年貢納所は百姓が自主的に行うべきものという利常の主張があるからで、この文言に注目し、利常のねらいをここで考えたい。

「十九ヵ条請書」六条目で利常は、「給人知」へ下代を送り込み、「何かと改作百姓手前を御穿鑿など成され候儀御座候はば申上げるべく候」と請け合わせたが、承応三年七月に発令された給人下代の知行地派遣・徴税督促禁止の再確認である。これをうけ、一六条目では百姓が代官・給人の手を煩わせることなく、自主的に進んで年貢納入すると誓約させる。その前提に手上高・手上免は村・百姓の自主的な申し出であるという建前があり、年貢・諸役は、藩の代官や給人領主からの督促なしに納入されるべきものだと語り、未進や滞納の督促に開作地裁許人（改作奉行）の手間を取らせること自体が越度であると村方に言わせる。そこに旧来の常套句である皆済強制の言葉を超えた論理が潜んでいるように思われる。一六条目の全文（原文）は次の通りである。

[3]御公領・御給人共ニ御納所儀は、御代官・給人よりせこを入候儀向後少も無之候間、百姓方より米持かけ御納所仕候様ニ可仕旨畏奉存候、跡々の如く蟠、御改作御奉行人よりせこを入米計候はば、其者の儀は不及申上、村肝煎共ニ急度越度可被仰付候御事、

これまで公領地すなわち藩蔵入地では侍代官、給人地では個々の給人領主（藩家臣）が徴税権をもち年貢督促の催使（勢子）を派遣してきたが、今後そのようなことがなくなると冒頭で述べる。代官支配に関しては承応以来、十村代官の登用が始まり、口郡蔵入地でも十村代官支配地が拡大し、十村代官への転換が体制化していたとみられる。十村による小物成・人足（夫役）等の諸役徴発体制もすでに確立していた。[43]このように十村を徴税制度の中核に据える改革が進行し、体制確立間近という状態の明暦元年春、利常は、「百姓方より（督促されることなく）年貢米を持ちか

け納所する」と誓約させた。権力的徴税督促の停止に対し村側に年貢諸役自主納税という義務を求める、この誓約は権力的な押し付けであることは言をまたないが、領主との「契約」であり、この「契約」を根拠に、「蟠り」による年貢滞納は改作奉行等の「せこ入れ」や「米計り」が必要となり、余計な手間を藩に取らせるので落ち度である、という論法である。自主的に年貢皆済できる条件が改作法を通し種々整備されたのに、なお改作奉行から皆済督促をうけねば年貢を納入できないというのは百姓の怠慢であるというのが利常の思いであった。藩に納税督促の手間を取らせた百姓だけでなく「村肝煎も同罪として処罰する」という恫喝を受け入れたのが後段の誓約である。領主・農民間の契約という視点からみると、代官・給人は年貢督促をする必要はなく、十村支配のもとで村から自主納税するのが当然という論理がみとめられる。一六条目は、権力を背景に納税を強制した時代から村中として自主納税を請け合う段階へ、支配の質が変化したことを示す条項といえよう。これは改作法の仕上げ段階で利常が打ち出した新しい徴税論理であり、幕藩領主の年貢収奪論理に転換が起きていたことを示唆する。

村と百姓中にとって、この論理は決して甘受できるものではなかった。しかし、個別領主の恣意的支配や種々の権力的暴力に晒されてきた時代の終焉、圧政からの脱却の第一歩として受容するしかなかった。このあと人々は農業生産の場で生産性向上や新開事業などに取り組み、産物と富を拡大させる闘いに邁進するほかなかった。藩の支配は困窮百姓救済を唱導しつつ農民の勤勉精神を振起し、生産拡大を鼓舞する藩農政に転換してゆく。地域社会におけるその指導者が十村であり、藩農政のキャンペーンの中核に位置していた。

利常は改作奉行の「せこ入れ」は実施しないと宣言し、百姓自身による自主納税を要請した。利常の構想した自主納税論は、同じ百姓身分の十村と村肝煎・組合頭が在地や村中を指導し、これを柔軟に実現するもので、武士身分の奉行や代官は直接手を出さず背後に控え、督促はしないというものであった。開作地裁許人として経験を積んだ十村が、従来の給人・代官（武士身分）に代わって徴税実務を担うというのが、利常の目指した自主納税を基調とした新制度の特徴であった。このような徴税体制が明暦元年・二年までに確立したわけではないが、その骨格や方向性は口郡でも固まってきた。これをうけ明暦二年の村御印発給によって新たな税制が統一的な形を露わにしてくるのである。

㈤　羽咋郡の村御印税制

明暦元年春以降の口郡「御開作」を論ずるには史料が乏しく、明暦二年の村御印税制にむかってどのような体制がとられ手上高・手上免の増徴が実現されたのか、その実態把握は十分なされてはいない。しかし、幸いなことに羽咋郡には「明暦二年村御印留」が残っており、羽咋郡全村の村御印データを一覧できる。能登・加賀では唯一の事例である。そこで明暦二年村御印に書かれた手上高・手上免あるいは村御印高・村御印免などの数値データに注目し、羽咋郡の二百余の村々で実現された村御印税制による年貢増徴実態を客観的な数字から類推する。[44]とくに手上高・手上免という自主申告の増徴額を決定するとき何を根拠にしたのか、数値データから周知の理解を検証する。

改作法の年貢増徴に関しては、坂井誠一が「明暦二年村御印留」の高・免データを分析し増徴額の分析結果を提示したほか、各村から提出された手上免申請、明暦二年七月の小松城での手上免詮議記録などに依拠し手上免実施の基本指針に関し重要な指摘も行っている。[45]とくに明暦二年七月十五日・二十七日の小松城での詮議と明暦二年七月二十一日付「八ヵ条覚書」（伊藤内膳・菊池大学から山本清三郎・園田佐七ほか扶持人十村四人宛）をもとに、手上免査定にあたり⑴当年の作柄に左右されず、その村の「土目」の評価を基本に行う、⑵可能な限り上げ免につとめる、⑶地不足や地余りは検地で対処するので免査定では考慮しない、などの原則があったことを抽出された点は継承すべき論点と受け止めている。こうした指摘に学び、手上高・手上免という改作法独自の増徴政策の歴史的意味をより深く再考する手がかりを得たいと思い、羽咋郡で実施された手上高・手上免の実情をまずは多面的に確認する。典拠はすべて坂井と同じ「明暦二年村御印留」である。

「明暦二年村御印留」に収録する羽咋郡の村御印は二一〇村分あるが、無高の二ヵ村を除く二〇八村を対象に[46]、村御印高・村免・手上高・手上免などの数値を集計した。郡全体の明暦二年村御印高や年貢高・税率は表4－5に示したが、慶長十年・正保三年・寛文十年の数字と比較するためのもので、第六章表6－2・表6－3をみれば前田本藩領一〇郡について同様のデータを閲覧できるので参照されたい。

坂井の集計によれば、羽咋郡の明暦二年手上高は総計二三八五石で、手上免による増徴年貢高は五七八三石余と算出されているが、今回あらためて集計した結果、羽咋郡二〇八ヵ村のうち二〇四ヵ村で手上高が実施され、その合計は二三三九石、一村平均一一石五斗であった。手上免は一九五ヵ村で実施され、二つ二厘が最高で最低は一歩一厘でその単純平均は六歩七厘となる。また手上免での増徴額は今回の集計では五四五四石となり、その明暦村御印高合計に対する比率は六・六％なので、手上免分布の単純平均と手上免増徴年貢の比率はほぼ同レベルであった。このように集計数値に若干の相違もあったが[47]、計算誤差でありさしたる問題ではない。問題にしたいのは、二〇四ヵ村の手上高階層、一九五ヵ村の手上免階層の分布の仕方であり、個々の村で、手上高・手上免の標準値・平均値からの偏差がどの程度か、その偏差の意味をどう解するかである。こうした考察から論点を掘り下げられないか試みる。

最初に、羽咋郡の手上高による年貢増徴額を計算すると一一五三石六斗となり[48]、手上免一九五ヵ村の増徴額五四五四石と比べ圧倒的に小さい。両者合わせ約六六〇七石の増徴であったが、手上免による増徴額は手上高の約五倍にのぼり、坂井の指摘通り手上免による増徴効果は抜群に大きい。しかし、手上高のほか新田高を村高に組み込むことで増高した分も加え、村高拡大による増徴額と手上免による増徴額を比べると、さほど大きな差とならない。

つまり表4－5から、正保三年～明暦二年の一〇年で約一万石、年貢増徴があったことがわかるが、その内訳をみると、手上免による増徴は五四五四石で、新田高（正保新田高＋正保以後新田高等）六二三〇石[49]で増えた年貢高は明暦二年の羽咋郡税率四九・二％から三〇六五石と見込める。これに手上高による増徴分一一五四石を加えると約四二〇

表4-5　羽咋郡の郡高・年貢高等の変遷

	慶長10年 1605年	正保3年 1646年	明暦2年 1656年	寛文10年 1670年
羽咋郡の郡高変遷	7万8406石	7万4604石	8万3173石	8万2613石
備考（修正郡高）			〈7万9517石〉	〈7万9565石〉
羽咋郡の年貢高変遷	2万2290石	3万1132石	4万1271石	3万9859石
羽咋郡の税率変遷	28.4%	39.4%	49.2%	48.2%
能登国の税率変遷	30.4%	40.7%	49.0%	49.1%
備考（新田高・手上高）		正保郷帳新田高5801石	手上高合計2339石	

（注1）慶長10年・正保3年の郡高は、第6章表6-2に拠る。典拠も同じ。明暦2年・寛文10年の郡高は、「明暦二年村御印留」「加能越三箇国高物成帳」の羽咋郡分を今回集計した数値を掲げた。明暦2年は無高2ヵ村を除く208ヵ村の合計（のち鹿島郡移管の8村含む）、寛文10年は上棚・二所宮（能登天領）を除く206ヵ村の合計である。

（注2）慶長10年・正保3年・明暦2年の年貢高・税率データは第6章表6-3、寛文10年の年貢高・税率データは村田裕子「『加越能三箇国高物成帳』にみる寛文十年村御印について(2)」（『石川県立歴史博物館研究紀要』2号）に拠る。

（注3）備考欄の「修正郡高」は、郡高変遷に示した郡高の村数は208ヵ村と206ヵ村の合計だが、鹿島郡に移動した8ヵ村と寛文村御印を欠く2村を除いた198ヵ村合計で比較した郡高変遷を示す。「新田高・手上高」は、それぞれの年次における郷帳新田高、手上高合計を注記したもの。

〇石となる。つまり新田高・手上高による増徴効果はおおむね四二〇〇石となり、手上免による増徴額五四五四石にかなり接近する。羽咋郡の約一万石の増徴年貢の内訳は、手上免で五四五四石、新田・手上高で四二〇〇石となり、その構成比はおおむね五六対四四であった。手上免による増徴効果がやや大きいが、新田開発を背景とする手上高・新田高の本高化による増徴も無視できないこともわかる。加賀藩三〇〇年の歴史のなかで改作法期におきた新田開発とその本高化のピッチは極めて急激で、その背景として元和～寛永期における新田開発の盛行があった(50)。

表4-5によれば、明暦二年村御印高に対する年貢率（税率）は四九・二％で搾取率はおおむね五公五民であったが、慶長十年の二八・四％から正保三年の三九・四％へ、そして明暦の四九・二％という最高税率に向かって急ピッチで増免してきたことがわかる。四〇年間で一〇％税率アップした慶長～正保段階と比べ、わずか一〇年で一〇％アップさせた改作法段階がいかに厳しい増徴であったかも了解できる。明暦二年以後、税率は上昇せず一％低下したことは、改作法での増税の過酷さをあぶり出している。

この正保から明暦の一〇年間の税率一〇％アップの内実を示すのが、表4－5の年貢高約一万石の増徴であり、手上免増徴分と新田高・手上高増徴分の構成比は、おおむね五六対四四であった。空前の村高拡大と前代未聞の増免策である手上免で、改作法の重要目標であった年貢増徴は現実化したのであった。

越中三郡では、正保以後の新田高を本高化した増高分は正保新田高を上回り一万七千～五万石レベルに達するが、羽咋郡など能登三郡では一三〇〇石以下にとどまり、鳳至郡のみ一五〇〇石を超えていた(51)。羽咋郡では上述のとおり、なお手上免による増徴が手上高・新田高による増徴より上回っていた。越中三郡では能登・加賀と異なり新田高・手上高の増徴効果がより大きい。しかし、その意義については多面的に考えるべきで、第六章で改めて論じる。

次に手上高・手上免の数値分布と村高・村免の関連を考察したい。まず手上高からみていくと、手上高がなされた二〇四ヵ村を村高の大きい順に並べ、それぞれの手上高の数値を概観すると、村高の多寡に比例し手上高も順次小さくなる傾向をおおむね読み取れる。けれども、随所でそれに逆行する手上高もみられ、村高からみて不相応に大きな手上高を行った村もあれば、小さすぎる村もあった。つまり、手上高と村高の多寡は原則として比例関係にあるが、比例しない事例もかなりあった。

手上高を行った二〇四ヵ村の手上高階層別の分布は表4－6①に示した通りで、手上高一〇石以下の村が一四〇ヵ村におよび七割を占める。御印高に対する郡全体の手上高合計の比率は約二・八％なので、手上高の平均的な村高比は二・八％となる。また手上高の平均高は一一石五斗であったから、羽咋郡の多くの村では、手上高はおおむね一〇石以下で、その村高比は二～五％とみて大過なかろう。表4－6②は各村手上高の村高比の分布を示したものだが、村高比二～五％に属する村は一四四ヵ村におよび、七割を超える。こうした標準型に対し、村高比一〇％以上や村高比二％未満の村は、村高に対し手上高が過剰か、他村より過小といえる村である。

表4－6①
204ヵ村 手上高
度数分布

手上高階層	村数
1～5石	65
6～10石	75
11～15石	30
16～20石	19
21～30石	12
50石以上	3

このようなイレギュラーな村の代表が押水太田村（御印高七四八石）と野寺村（御印高一一六石）で村高比一〇％以上の四ヵ村に属する。それぞれの手上高は二三六石、二六石、村高比は三二％、二二％であった。しかし、押水太田村の場合「明暦弐年出高」、野寺村では「明暦弐年ニ出分高」と村御印高に注記があるので、手上高とみてきた明暦の上げ高は、検地出分高の把握であり手上高ではない。それゆえ本来手上高二〇四ヵ村に入れるべきものではなかった。村高比一〇％以上の四ヵ村のうち押水太田・野寺の二ヵ村を除くと、門前・前浜の二ヵ村が一三％という高率であり、これこそ村高に不相応な手上高を受容した村といえる。おそらく他村と異なる事情があり、過大な手上高を迫られ拒否できなかったものであろう。こうした視点から各村の動向を個別に検討する必要がある。なお、手上高五〇石以上の三ヵ村（表4－6①）には押水太田が含まれるのでこれを除くと、羽咋村・菅原村が該当する。いずれも二二五八石、一八七四石と村高二千石前後の大村であり、村高比は二％台なので決してイレギュラーではない。村高に応じた平均的な比率での手上高に過ぎない。

表4－6②
204ヵ村 村高比の度数分布

村高比の階層	村数	分布率
村高の10％以上	4	2％
5％～10％未満	24	12％
4％～5％未満	15	7％
3％～4％未満	44	22％
2％～3％未満	85	42％
1％～2％未満	32	16％

次に村高に比べ手上高が著しく小さい、村高比二％未満の三二ヵ村の特徴をみると、村高三〇〇石以上（最高は一五五九石）の村数は三〇で残り二ヵ村も二〇〇石台で、比較的村高規模が大きい村々であった。これに対し手上高が平均以上に大きいといえる村高比五％以上の二八ヵ村の村高をみると、村高一〇〇石以下の小村が一八ヵ村と三分二を占め、残り一〇ヵ村も二〇〇石台ばかりで、村高の大きい村は少なかった。村高比二％未満グループに村高千石以上が六ヵ村もあったのと好対照である。つまり村高比が五％以上という手上高過剰の村では村高一〇〇石以下の小村が多数で、村高比二％以下の過小手上高村では、村高三〇〇石以上が多く千石以上の有力村まで含まれていた。

こうした数値分布は「手上高と村高の多寡は比例関係にある」、つまり村高の大きい村ほど手上高も大きいという原則に背反する。このうち村高一〇〇石以下の小村のなかに村高比五％を超える村が一八ヵ村存在した点については、一八ヵ村の手上高を個別にみていくと二石・三石が大半で四石・五石が各一あるのみであった。藩と十村は一〇〇石未満の小村であろうと、特段の理由がなければ、最低二〜三石の手上高を要求したことが想定できる。それゆえ前浜村の場合、村高一五石という小村ゆえにたった二石の手上高でも村高比一三％という数値になったのである。これに対し門前村（御印高一四八石）の場合は、手上高も二〇石と割高であり何らかの理由があってこれだけの手上高に応じざるを得なかったと推定される。改作法執行部と十村たちは、どんな小村であっても最低二石か三石の手上高を要請したことが原因で、こうした村高比分布が生じたといえる。

いっぽう村高三〇〇石以上の大規模な村々のなかに、明らかに平均以下の過小手上高の村が一定数あったので個別にみたい。村高比一％台の三二ヵ村の中に土橋村・中川村・杉野屋村など十村役を輩出した村、子浦村・尾長村・柳田村といった村高千石以上の村が含まれていた。荻谷村・堀松村・菅原村も十村輩出村だが、これらは村高比二％台であった。

十村を輩出するような村、村高千石以上の村で手上高が平均以下というのはやや不自然である。何か事情があるはずである。村の政治力（交渉力）が発揮され手上高が平均以下に抑制されたといえないだろうか。手上高を押しつける十村や開作地裁許人の圧力に対し、村中として村側の事情を明確に説明するには村中一統の結束が不可欠である。何らかの弁明・交渉の力を発揮し、手上高に見合う耕地がないことを十村らに主張できたことをうけ、十村や「御開作」執行部は手上高の無理強いを押さえ、五石〜一〇石程度の手上高とした結果、こうした村高比分布になったことが推定できる。

次に手上免の分布を御印免（村免）との関連で考察してみたい。手上免ごとの度数分布は表4-7①に掲げたが、手上免一つ以上という増税率の高い村が三五ヵ村にのぼり、手上免七歩（平均並）以上は七七ヵ村であった。これらが御印免（村免）の高低とどういう関連をもつのか。現実的な増免の基本方針として、村免の低い村でより大きく手上免を要求し、高免の村（村免が高率の村）では手上免は低く抑えるという原則が想定できるが、果たして明暦二年村御印の数値データから、そうした傾向が読み取れるのか検討したい。

まず、手上免分布の最下位一歩〜三歩台の五四ヵ村と、最高位の手上免九歩以上の四九ヵ村それぞれについて村御印免の度数分布を調べ表4－7②③に示した。その結果、手上免の小さい五四ヵ村では村御印免六つ以上が六ヵ村（一

表4－7　羽咋郡の手上免195村 考察データ

①手上免度数分布

手上免階層	村数
1歩〜	7
2歩〜	19
3歩〜	28
4歩〜	27
5歩〜	18
6歩〜	19
7歩〜	16
8歩〜	12
9歩〜	14
1つ〜	34
2つ〜	1
合計	195

②手上免４歩未満54村の村御印免

村御印免階層	村数	比率
6つ以上	6	11%
5つ〜	25	46%
4つ〜	20	37%
3つ〜	3	6%

③手上免９歩以上49村の村御印免

村御印免階層	村数	比率
6つ以上	1	2%
5つ〜	19	39%
4つ〜	28	57%
3つ〜	1	2%

④御印免度数分布

御印免階層	村数	手上免前の村免階層	村数	手上免9歩以上の比率
6つ〜9つ	11	6つ〜9つ	7	0%
5つ〜5つ9歩	67	5つ〜5つ9歩	23	0%
4つ〜4つ9歩	103	4つ〜4つ9歩	80	13%（10村）
3つ〜3つ9歩	14	3つ〜3つ9歩	71	44%（31村）
2つ〜2つ9歩	0	2つ〜2つ9歩	14	57%（ 8村）

⑤同一村御印免階層での手上免分布比較

同一村御印免階層	村数	左は9歩以上村数、右は4歩未満村数
3つ5歩	5	1＝1
4つ	15	6＞1
4つ3歩	7	3＞0
4つ5歩	22	6＞4
4つ6歩	13	＊1＜4
4つ7歩	19	＊1＜8
4つ8歩	20	9＞1
5つ	18	7＞3
5つ1歩	5	0＜3
5つ2歩	6	2＜3
5つ3歩	6	1＜3
5つ4歩	5	2＝2
5つ5歩	12	＊6＞2
5つ8歩	7	1＜2

一%）と、手上免の大きい四九ヵ村の二%と比べ比率の大きさが目立つ。手上免最下位グループ五四ヵ村では村御印免五つ以上が五七%で村御印免五つ未満よりやや多い。いっぽう手上免最上位四九ヵ村では、村御印免五つ未満が二九村（五九%）と五つ以上二〇村（四一%）を上回る。ここから村御印免の高い村で手上免は抑制され、低免村でむしろ大幅な手上免を実現させたという上述の仮説は、おおむね首肯できる。

手上免のあった一九五ヵ村について、「手上免実施前の村免の階層分布」と手上免実施後の「御印免階層分布」を表4－7④に掲げた。双方の変化は想定通りである。手上免前の平均税率三九・四%に手上免分の六・六%が加わり村御印免はほぼ五つ（四九・二%）になったことを、村免階層ごとにみると表4－7④となる。さてここで注目すべきは「手上免前の村免」の階層ごとに、手上免九歩以上の村数比を調べると「手上免前の村免二つ～二つ九歩」に属する一四ヵ村では八ヵ村（五七%）と過半数となり、「手上免前の村免五つ以上」の三〇ヵ村では手上免九歩以上は皆無であった。手上免前の村免階層が三つ、四つと上がるに従い手上免九歩以上の比率は四四%、一三%と逓減する。手上免は手上免前の村免が低い村で高率の増免となり、五つ以上の高免村では抑制されたとしてよかろう。ここから坂井誠一が解明した手上免原則「⑴当年の作柄に左右されず村の「土目」の評価を基本に行う」「⑵可能な限り上げ免につとめる」は、羽咋郡では、手上免前の村免五つ未満の村々をターゲットに推進されたといえよう。

右の「高免村では手上免は抑制気味であり、低免村でより大きい手上免を追求した」という仮説に関し、別の方法でも検証しておこう。明暦二年村御印免をみていくと、村御印免が複数村で同一というケースが二四階層の村御印免で確認できた。このうち五ヵ村以上で同一村御印免という一四階層について、手上免九歩以上と四歩未満の村数を比較した表4－7⑤を作成し、九歩以上が多いか四歩未満が多いのか不等号を付し区別した。その結果、村御印免四つ六歩・四つ七歩・五つ五歩の階層（表4－7⑤の＊印）では、右の仮説に背反する結果となったが、それ以外ではほぼ、村御印免五つ以下の低免村では九歩以上の手上免が多く、五つ一歩以上の高免村では四歩未満がわずかだが多かった。

大きくみれば、仮説にそった手上免設定がなされたとみてよかろう。

村御印免六つ三歩以上九つまでの七ヵ村の手上免幅をみると、四歩七厘から二歩一厘までと低いレベルに抑えられていた。これは村御印免六つ三歩以上という高免地域では、米以外の収益も加味し税率を決めていたことも勘案しなければならない。このような村は多くの場合、非農業的村落であることが多く、農業生産力の向上を目指す助成策をいくら推進しても米の収穫増に直結しない。つまり、こうした高免村では「御開作」の救済策をいくら施してみても増免に結びつかなかったとみるべきなのである。「高免村では手上免が抑制された」という原則の背後に、こうした事情もあったので、それぞれの背景を個別に検証することが肝要である。したがって「御開作」という村救済策に即応した増免つまり手上免強制は、手上免前の村免五つ以下の低免の村々を対象としたとき最も効果があったといえ、そのような村々で、坂井が解明した手上免原則(1)(2)(3)が適用されたと評価したい。こうした手上免の設定原則は他郡でも析出されうるのか、検証事例をより広げ精度をあげる必要がある。

おわりに

長家領鹿島半郡を除く口郡の「御開作」の実態を可能な限り一次史料を活用し描いてみた。一節では主に改作法期口郡十村の人数・人名を確定することに傾注し、口郡の改作法を担った八人の十村名を確定した。さらに八人のうち相神村弥六ら四人が開作地裁許人（改作奉行）として役目を果たしたことを具体的に示し、口郡では開作地と非改作地との区分の緩さがみてとれ、それが開作地裁許人の仕事ぶりに影響したことも指摘した。また口郡の給人支配抑圧の方策を論じたほか、十村番代が口郡十村の代理人として金沢・小松に詰め、開作地政策や郡方支配の円滑な推進を担ったことを具体的に紹介した。その結果、口郡十村は開作地裁許人を兼務し、また十村番代も駆使し開作地・非改作地の別なく藩の御用にあたったことが判明し、口郡「御開作」独自の執行体制上の特徴であると認めることができた。

二節では承応二年初めの「御開作」当初の動向を確認し、口郡開作地裁許人に提出された承応三年・明暦元年の改作請書を詳細に検討、利常の改作法にかける思いを読み取った。また羽咋郡に発給された明暦二年村御印の数値分析から、手上高・手上免の上げ幅決定手法を具体的に推測する試みも行った。これらを足がかりに、今後も個別村落ごとの考察のほか、他郡での検証も重ねなければならない。

注

（1）『石川県史 第二編』（一九三九年、一九七四年再刊）はじめ、旧羽咋郡・旧鹿島郡域において戦後刊行された『羽咋市史』『志賀町史』『富来町史』『押水町史』『志雄町史』『七尾市史（旧版）』『能登島町史』『鹿島町史』『中島町史』『田鶴浜町史』などの自治体史では旧長家領での利常時代の改作法実施を認めていない。また、これらの通史叙述での改作法の取り上げ方は概してステレオタイプで、口郡独自の改作法の特徴を積極的に叙述する姿勢は乏しかった。

（2）拙著『織豊期検地と石高の研究』（桂書房、二〇〇〇年）第七章〜第九章で長家領鹿島西半郡に関する二〇〇〇年までの研究動向を紹介する。それ以後追加すべき論文等をみていない。

（3）改作法期の村御印高・新田高・敷借米などの数字を郡単位で示すとき、鹿島郡の場合、長家領鹿島半郡の数値をどのように組み込むかが課題となる。前田家側の史料では長家領半郡を除いた集計しかできないから、長家領半郡分を欠くことを注記するしかないのであるが、寛文十二年以後は長家領半郡分も加えた鹿島全郡のデータが示されるので、経年変化をみるとき不都合が生じる。それゆえ口郡というとき、二郡全部をいうのか長家領半郡を除外して論じているのか、その違いをつねに認識し、そのつど明記しておく必要がある。たとえば明暦二年村御印の鹿島郡高の集計において、木越集計（注2拙著第五章）、見瀬集計（見瀬和雄『幕藩制市場と藩財政』巖南堂書店、一九九八年の第三編第二章収録の表36）、今村集計（今村郁子『近世初期加賀藩の新田高と石高の研究』桂書房、二〇一四年の表52）で、それぞれ鹿島郡の明暦二年村御印合計高が示されるが、木越集計では六万五二五四石、見瀬集計で八万五一一六石、今村集計八万四六三石であった。三者とも東半郡は三万四千石余とほぼ近似した集計値を示すが、長家領半郡分の評価が分かれたので、大きな差がでることになった。木越は明暦期の長家領表高三万一千石、見瀬は「三箇国高物成帳」所収の延宝七年村御印高の合計約五万石を使い、今村集計では延宝七年村御印高に若干補正を加えた数値を使ったことが大きな原因である。私見では長家領の表高三万一千石もしくは寛文十一年収公直前に長家から藩に申告した長家領半郡五九村の村高合計三万四五三五石を使うのが妥当と考える。延宝七年村御印高を明暦二年高とするのは誤解を招くので避けるべきであるが、寛文十年高として延宝七年高を活用するのは許容範囲といえる。

（4）『押水町史』（一九七四年）近世第一章第四節「改作法と村御印」（高澤裕一執筆分）。

（5）典拠とされた史料名は『十村岡部家文書目録』（石川県立歴史博物館、一九八八年）にて確認できず、現存の岡部家文書（宝達志水町所蔵）で関連文書を調べた限り確認できなかった。『押水町史』は文書目録作成以前に編纂されたもので典拠表示は目録に対応していない。町史執筆にあたり便宜的に付けた表題と思われる。その全貌は史料原本の発見をまちたい。

（6）藤井一也家文書。『鹿島町史 資料編（続）下巻』（一九八四年）では、『石川県史 第三編』（七九六頁）所収の原本写真に拠って掲載。「真舘家旧記」（『加賀藩史料 二編』）によって周知された著名な古文書である。

（7）羽咋市歴史民俗資料館所蔵。「加藤覚書 二」（加越能文庫、金沢市立玉川図書館蔵）はその写本。

（8）表4－2②によれば、慶安元年九月十六日欄に五郎八・次右衛門という二人の羽咋郡十村が記されるが所属村は不明。押水地区の十村であると推定される。この二人に代わって田中村和泉と大念寺村竹内が十村に就任したことが慶安元年十月十三日付と慶安二年六月晦日付文書からわかる。また慶安四年七月二十九日付文書以後、鹿島郡の沢野村喜兵衛に代わり鵜浦村五左衛門が就任しており、同年七月以前に交替があったとわかる。こうした十村入替にも関わらず総数一四名に変化はない。だが慶安二年六月晦日付では一五名の十村宛となっている。一五名のうち宝達村少左衛門は慶安四年になると十村宛文書に名前が見えなくなるので臨時的任用と推定でき、一四組に基本的変化はなかったといえる。なお宝達村少左衛門は正式の十村ではない可能性もある。
(9) それぞれ四人の十村が宛名に見えないのは小松城などへ出仕していたためと推定される。十村の入替は承応二年二月十九日付で今浜村久兵衛・上田村少左衛門から田中村和泉・米浜村五右衛門への交替があったが、人数の変化はない。
(10) 「嶋尻村刑部明暦年中手帳借用抜書留」(加越能文庫)、「嶋尻村刑部旧記」⑧(伊藤聖比古氏所蔵文書)に載る明暦二年十村数書上に「口郡十村六人」とある(第六章表6-12参照)。また「明暦二年作食御蔵番賃銀之覚」(別表Ⅱ56)、万治二年七月「収納米御蔵不足分蔵納届書」(いずれも藤井一也家文書、『鹿島町史 資料編(続)下巻』一〇八〜一一〇頁)から鹿島郡東半郡の十村は明暦二年から有江村藤右衛門・熊木村太右衛門・鰀目村太間の三人だと確認できる。
(11) 小田吉之丈『口郡十村土筆』(一九二八年)ほか『富来町史』『羽咋市史』『志賀町史』『押水町史』『新修七尾市史15 通史編Ⅱ 近世』(二〇一二年)などを参照し図Aを作成した。なお、享和二年の鹿島郡での一組消滅のことは、小田吉之丈編著『加賀藩農政史考』(国書刊行会、一九七七年再刊)に記す(九四頁)。
(12) 寛文十二年の鹿島郡十村組は「司農典一」(加越能文庫)から西半郡は五組と判明するが、その後の東半郡三組との融合再編については、田川捷一編『加越能近世史研究必携』(北国新聞社、一九九五年)の十村一覧や注11『加賀藩農政史考』などを参照し推定したものである。
(13) 荒木澄子「『改作地裁許人』の役割について」(『市史かなざわ』二号、一九九六年)。拙稿「改作奉行再考―伊藤内膳と改作法―」(加賀藩研究ネットワーク編『加賀藩武家社会と学問・情報』岩田書院、二〇一五年)。
(14) この年寄連署状に利常御印が付されるので、利常の意向をうけた直書という面があった。改作法期発給の御印付の年寄連署状については、拙稿「加賀藩改作仕法の基礎的研究(慶安編)」(『金沢錦丘高校紀要』二二号、一九九四年)一章のほか、拙稿「年寄連署状と初期加賀藩における藩公議の形成」(『加賀藩研究』五号、二〇一五年)でも関説する。
(15) 『加賀藩御定書 後編』(石川県図書館協会、一九八一年再刊、初刊一九三六年)。この「給人下代の知行所派遣禁止」令に関し坂井誠一『加賀藩改作法の研究』(清文堂出版、一九七八年、三〇四〜三〇九頁)は、「空洞化」が進行していた加賀藩の地方知行制においてなお給人に残されていた権限は下代派遣による年貢督促という直接交渉のみだったとし、これを承応三年七月の下代派遣禁止令で一掃しようとしたと指摘。また、下代派遣禁止は寛文元年以後も数回発令され趣旨の徹底を図るとともに、村方から給人を介し様々な要求を藩に訴えることを厳禁したことも重視した。

(16) 虫食い文字「□□」を「開作」と推定した。なお発信人である本多家・村井家・中川家の知行地が羽咋郡に存在したこともわかる。このうち慶安元年の本多安房知行所分布記録(「家中給人壱人前本高所付之帳」加越能文庫)によれば、知行所は一〇四ヵ村にまたがり、その内訳は加賀三郡三五ヵ村、能登口郡四五ヵ村(押水庄二〇ヵ村、羽咋郡二三ヵ村、鹿島東半郡二ヵ村)、越中川西二郡二四ヵ村で、能登口郡とくに羽咋郡、押水地区に偏っていたことがわかる(浦田正吉「初期前田家臣団の地方知行についての一考察」『北陸史学』一七号、一九六九年)。改作法当初、口郡に本多安房家の知行所がかなり濃厚に分布していたことは、別表Ⅱ13の達書を理解するうえで参考になる。

(17) 武部敏行「御改作始末聞書」(若林喜三郎『加賀藩農政史の研究 上巻』吉川弘文館、一九七〇年、史料編一三)では、この八月十四日令を上巻一九項にて「十四日」という書き出しで承応元年八月の出来事であるかのごとく紹介する。「御改作始末聞書」にはこうした誤写・誤解がいくつか散見される。

(18)「加藤覚書一」(加越能文庫、金沢市立玉川図書館蔵)に収録する「慶安日記」は、慶安年間の十村宛触書等を収録する「公用留」である。これを以下では「加藤慶安日記」と略称する。掲出六通の翻刻文は注14拙稿一九九四の二章「改作仕法編年史料集成(一)—慶安年代記—」に掲げる。また、承応年間の番代書状など口郡十村史料を多数収める「慶安日記追加」(加越能文庫)は、「日記追加」と略称した。なお、「加藤慶安日記」「日記追加」ともに明治前半期の前田家編輯方による写本であり、その原本は旧十村加藤氏旧蔵書だが、これも幕末の写本「加藤日記」(羽咋市歴史民俗資料館所蔵)であり、内容目録などは羽咋市歴史民俗資料館から公刊されている。

(19) ⑽八月二十一日付番代五郎兵衛書状(別表Ⅱ19)で、大熊村兵右衛門が開作地御見立に発出する前、開作地の様子につき談合したいと土橋村新兵衛に金沢出府を要請したことから、河北郡十村の大熊村兵右衛門と口郡十村が連携していることが窺える。また、⑾八月二十六日付書状(別表Ⅱ20)では、奥村因幡の御意をうけた「開作地御見立」につき開作地は山本又四郎と河北郡扶持人十村大熊村兵右衛門、非改作地は算用場からの奉行衆が見分すると分担されており、そこに口郡開作地の取り扱いかたの違いが窺える。こうした実務的重要情報が番代から口郡十村に随時通達されたのであり、その行政実務上の効用は無視できないものがあった。

(20)(21)「河合録」(『藩法集6 続金沢藩』創文社、一九六六年)。

(22)『梅田日記』(能登印刷出版部、二〇〇九年再刊)の著者は能登屋甚三郎という金沢町人で、口郡番代の越中屋伝兵衛に仕える口郡番代手伝であった。また、安政年間の口郡十村「岡部忠憲日記」(『加能史料史研究』八号・一七号・一八号、一九九六年・二〇〇五年・二〇〇六年で安政三年分を翻刻紹介する)によれば、幕末期の口郡十村番代越中屋伝兵衛の働きぶりが窺える。しかし、寛文~元禄期や宝暦期に至る時期の十村番代の実態解明は十分なされていない。

(23)別表Ⅱ6の宛名は口郡十村一〇人で、氏名は表4-3に掲げる。ちなみに口郡一四組体制の内訳は図Aを参照されたい。なお、一四人の十村のうち四人が宛名記載に漏れた理由は明確ではないが、金沢・小松などに出張中であったことなどを想定している。

(24)承応元年「御小姓中知行高・歳付之帳」・承応三年「馬廻五組帳」は「古組帳抜萃」(加越能文庫蔵)に収録する。「古組帳抜萃」は、見瀬和雄「加賀藩改作法期の家臣団史料―「古組帳抜萃」―(一)」(『金沢学院大学紀要 文学・美術・社会学編』五号、二〇〇七年)に人名索引付きで翻刻され利用に便利である。なお、石黒・不破が能州郡奉行をつとめた頃、津田宇右衛門が奥郡奉行、所口町奉行をつとめていたが、相互の関連は不明である。

(25)本書第二章の二節㈢作食米の項目で、その来歴にふれ、改作法期の作食米制度との違いについて指摘する。なお注20「河合録」巻四に作食米の解説があり、天明元年(一七八一)の廃止までの変遷が概述される。

(26)慶安五年以後、作食米貸渡しの責任者は十村・郡奉行であり、給人を介さず、個々の百姓が自身のために作食蔵に預け置いた非常用飯米であった。利足は蔵損の修理費、損米の補償米などに充当し、それでも生じた余剰米は作食米元本の拡充に当てるべきものであった。利常は原資不足に備え作食米利足を藩の御蔵に入れさせ、新川郡や石川郡宛の御印では堂形御蔵へ、奥郡では奉行人、口郡では郡奉行のもとに利足を納付するよう定めた。

(27)承応元年八月十八日付の作食米貸渡御印は、別表Ⅱに掲載した口郡宛(「天文年中以来之写」河合文庫)のほか、石川郡宛が「十村旧記」(『加賀藩史料 三編』)・「御郡中江御仰御書出之写」(後藤家文書、『野々市町史 資料編2 近世』二〇〇一年)などに、越中新川郡宛が「旧記:享保十」(菊池文書、『富山県史 史料編Ⅲ 近世上』一九八〇年)などに掲載される。また能登奥郡宛は八月十五日付と十一月十一日付の二通が「御印之物写」(筒井家文書、氷見市立図書館蔵)、宇多

家文書（『珠洲市史 第三巻 資料編 近世古文書』一九七八年）に載せる（第三章参照）。

(28)「明暦弐年より作食米相極年米高」（注15『加賀藩御定書 後編』巻十四）に羽咋郡五三一一石、鹿島郡二一六八石五斗と記す。ここから明暦元年までの口郡の作食米高が推定できる。なお、長家領鹿島半郡の作食米貸与については第五章でふれる。

(29) この二点の請書は小田吉之丈『改作と精神的農業』（一九二九年）に紹介されて以後、戦後の研究でしばしば利用されてきたが、原本はいまだ確認されていない。

(30) 高澤裕一「改作仕法と農業生産」（『小葉田淳教授退官記念・国史論集』一九七〇年）、同「多肥集約化と小農民経営の自立（上）（下）」（『史林』五〇巻一号・二号、一九六七年）で、十七世紀中葉以後十八世紀における農業生産力の発展動向を詳細に解明し、多肥集約型の技術改良で反収増をめざす動きは、改作法期に先駆的な動きは確認できるが、藩農政において意識的に促進した気配がなく、元禄期の切高仕法以後ようやく顕著となり領内に普遍化するという。

(31)『日本国語大辞典』（小学館）、『広辞苑』（岩波書店）。

(32) 下人雇傭経営は、注30高澤論文一九七〇で提起された十七世紀中後期の加賀藩領に存在した三種類の基本的農業経営形態の一つで、正しくは「下人雇傭手作経営」という。下人雇傭経営は改作法期の主力経営形態であったが、小農民経営の台頭により発展契機は失われつつあり、将来に展望はなかったとされる。

(33) 九月二十一日付伊藤内膳申渡（別表Ⅱ21）で、鹿島郡大田村の百姓六人を、耳鼻をそぎ追い出したと通達する（『鹿島町史 資料編（続）下巻』一〇四頁）。追出百姓について戦後の改作法研究でしばしば指摘されたが、原昭午『加賀藩にみる幕藩制国家成立史論』（東京大学出版会、一九八一年）では、詳細に過酷な処置の実態が解明された。

(34)「明暦弐年より作食米相極年米高」・「改作入用銀高之事」（注15『加賀藩御定書 後編』巻十四）。後者に記された入用銀高は羽咋郡で七四貫六〇八匁、鹿島東半郡では三一貫九六三匁であった。

(35) 承応元年十二月二十八日付の御印付年寄連署状（山本清三郎宛）の冒頭に「新川郡開作地入用銀并作食米、開作之内は利なしに可取立事」（注15『加賀藩御定書 後編』巻十四）とある。詳細は第六章五節でふれる。また能登奥郡での作食米の無利足返済については第三章一節でふれた。

(36) 注15坂井著書第二編第二章三(2)（二九〇頁）や注30高澤論文一九七〇「表16」で承応二年太田村「旧記」（砺波市金子家蔵）等に依拠した考察がある。
(37) 注30高澤論文一九七〇。
(38) 藤井一也家文書、『鹿島町史 通史・民俗編』（一九八五年）二二二～二二四頁。
(39) 藤井一也家文書、『鹿島町史 通史・民俗編』二二四頁。
(40) 百姓が藩以外の商人・地主などから脇借し、藩からの米・銀借用で肩代りした実例をこれまでほとんど確認してない。むしろ藩や給人の年貢未進が年々累積するのを阻止するため敷借米という救済が採用されたのではないか。第二章でも同様の視点で論点整理を行った。なお『鹿島町史 通史・民俗編』通史編第四章第二節（二二一～二二六頁）で、鹿島郡における敷借米・作食米・改作入用銀による助成について事例紹介を行う。
(41) 藤井一也家文書、『鹿島町史 資料編（続）下巻』一〇一頁。
(42) 朝尾直弘「公儀と幕藩領主制」（『講座 日本歴史5』東京大学出版会、一九八五年）。谷徹也「近世的領主・領民関係の構築過程」（『日本史研究』六五五号、二〇一七年）などで朝尾の主張の検証もなされるが、領主と領民集団の相互関係については、藩レベルでも基礎的な検証が必要であろう。
(43) 第三章で奥郡十村が改作法期に小物成徴税の責任者となった経緯を指摘した。同じことは別表Ⅱ23・41・49・54などから口郡でも立証できる。夫役徴発における十村の役割は、拙著『日本近世の村夫役と領主のつとめ』（校倉書房、二〇〇八年）で詳しく例証する。なお口郡における十村代官は、万治元年以後の史料で確認できる（藤井一也家文書、『鹿島町史 資料編（続）下巻』一〇九頁以下）。承応三年向田村御印では十村代官は確認されず小代官と称する侍代官の名前がみえる。
(44)「明暦二年村御印留」の正式表題は「加能越三箇国村御印之留」（加越能文庫、金沢市立玉川図書館蔵）で、全九冊のうちの一冊が羽咋郡で、ほかは能美郡一冊、砺波郡二冊、射水郡二冊、新川郡三冊という構成である。寛文十年の村御印調替にあたり、寛文十年時点の前田綱紀領一〇郡において明暦村御印は全て回収され寛文村御印が交付され、以後村方で明治まで保管された。「明暦二年村御印留」は寛文十年に回収された明暦二年村御印の写本という可能性もあるが、その場合、寛文十年時点の十村組単位に回収され筆写されたと想定できるのに、現存の「明暦二年村御印留」の村配列は明暦二年段階の十村編成に即したものとなっている。寛文十年に回収した明暦村御印を明暦二年時点の十村組に配列し直すことは、相当面倒な作業となる。そのような入替作業はしていないので、「明暦二年村御印留」は、明暦二年村御印発給時に作成された藩側の控帳簿とみてよかろう。羽咋郡の「明暦二年村御印留」に載せるのは二一〇ヵ村で、寛文十年村御印は『加能越三箇国高物成帳』（金沢市立玉川図書館刊）では羽咋郡分は一九八ヵ村であった。ほかに鹿島郡分に、もと羽咋郡の八ヵ村が掲載されるので、これを加え明暦郡高等と比較した。寛文までに能登幕領・土方領の変更などもあったが、こうした異動は明暦二年以後におきたと想定されることから、「明暦二年村御印留」の成立時期は寛文十年以前、改作法期とみてよい。それゆえ「明暦二年村御印留」は明暦二年八月朔日付村御印の控帳として同時期に作成された藩側帳簿とみて問題なかろう。なお能美郡の「明暦二年村御印留」は一郡全村でなく利常隠居領一七〇村分のみ収録、富山藩領・綱紀領などは載せていない。

(45)　注15坂井著書の第二編第二章三三二～三五〇頁。なお本書第三章・第六章でもこの問題にふれる。

(46)　表紙に書かれた十村別村御印数の合計は二一一通であるが、実際に収めるのは二一〇通であった。このうち大念寺新村と塵浜村の二ヵ村は無高村なので、村高記載のある二〇八村を対象に数値分析した。

(47)　注15坂井著書の第二編第二章三四六頁の第11表Bに示された羽咋郡の草高合計（八万二七二二石）・手上高合計（二三八五石）・手上免年貢高（五七八四石）は、今回表4－5や本文に示した数字との相違はそれぞれ四五一石、四六石、三三〇石であった。

(48)　「明暦二年村御印留」の二〇四ヵ村について〔手上高×御印免〕の計算で各村の手上高年貢を計算し、二〇四村の総計額を示した。

(49)　表4－5から正保三年～明暦二年の一〇年間の郡高増加は八五六九石となる。その内訳は①明暦二年手上高で二三三九石、②正保郷帳新田高（正保新田高）が五八〇一石、③その他四二九石（正保新田高の集計で除外されていた二〇石未満の新田高および正保三年郷帳以後開発の新田高のうち本高化に適合した新田高）から成るが、このうち②③の合計六二三〇石を掲げた。

（50）十七世紀の加賀藩領の新田高に関しては、これまで主に土屋喬雄『封建社会崩壊過程の研究』（弘文堂書房、一九二七年）に示された数字が信頼できるものとして広く利用されてきたが、注2拙著第六章で、正保三年郷帳・高辻帳の新田高記載に依拠した土屋の所見は、新田高の経年推移を正しく示したものではないことを検証した。また、土屋の所説に代わる新田高数値を前掲拙著で提起し、正保三年〜明暦二年の一〇年間は藩政史上空前の上げ高（新田高の本高化）を実現した時期であることも指摘した（二八六〜二九〇頁）。拙稿「加賀藩成立期の石高と免」（『日本海文化』五号、若林喜三郎編『加賀藩社会経済史の研究』名著出版、一九八〇年再掲）では、寛永期における新田免が村免並みに増徴された動向を明らかにし、改作法期における空前の新田高の村高繰り込みと上げ高の基盤になったことを指摘する。

（51）注2拙著第五章の表5－8。

別表Ⅱ　能登口郡「御開作」史料リスト（承応元年～明暦２年）

	和暦	発信者	宛名	内容・文書表題	典拠
1	（承応元）辰正月朔日	石黒覚左衛門	鵜浦村五左衛門・鮾目村太間	犬千代様敷御借米の去年納置候利足米、請取奉行の永井加兵衛が出張するので、早々に出仕し俵数を点検し渡すように。また去年の上り口不足銀があれば差し出すように。不破源六から案紙が来たら今日中に出仕せよ。	日記
2	慶安５年８月18日	御印	羽喰郡十村肝煎中・鹿嶋郡十村肝煎中	口二郡宛の作食米貸与の御印。作食米利足は郡奉行に渡すこと、「十村役第一しまりのために候条」が他郡宛と異なる。	河合
3	慶安５年10月４日	禎印＋黒坂吉左衛門・菊池大学・笹田助左衛門・野村治兵衛・伊藤内膳	鹿嶋郡十村肝煎中・村肝煎中	犬千代様分敷借米利足の口米は、去年より小松様のように利足の内から代官に下付すべき旨仰出られた。此旨を小百姓に申し聞かせよ。	藤井
4	（承応２か）正月29日	津田与三郎・神戸次大夫・平松伊兵衛	菅原村行永・中川村太郎右衛門など８名と上田村少左衛門・今浜村久兵衛（十村10名）	旧冬、拙者らが吟味し封付した作食米元利と敷借米利足米の収取を奉行永井加兵衛に被仰付候。それゆえ永井が近日右の米を請取に下向する。封付の付け直しも行う。上田村と今浜村蔵でも封付したが、永井が下向するので封付切りを行い直接米を渡すべきである。	日記
5	（承応２）巳年２月19日	二日市屋五郎兵衛	羽咋・鹿島十村	小物成算用場より被仰渡候御山銭米を敦賀登米にするので二重俵にせよ。	日記
6	（承応２）巳年３月３日	津田与三郎・神戸次大夫	口郡十村10人	「去冬会所御調米給人売上」につき能州分大坂登米の縄俵、人足・馬・手船の手配を会所と奉行人から指図するので、郡中として滞りなく手配すること。また、御改作仰付に伴い去年の作食米貸与の実態調査につき督励する。	日記
7	（承応２）巳年３月11日	津田与三郎・神戸次大夫	羽咋・鹿島十村中	扶持の御印、屋敷・諸役御免の御印を小松へ提出するよう申渡す。御急の義につき油断なく至急実施せよ。	日記
8	承応２年３月14日	菊池大学・伊藤内膳	鹿嶋郡35ヵ村肝煎中	有江村藤右衛門、35ヵ村の十村組を指定し十村肝煎に任命。	藤井
9	（承応２）３月15日	山廻り山本三郎右衛門	鹿嶋郡十村５人（有江・府中・鵜浦・鮾目・熊木）	組下の竹木のある村々に、七木立枯、根返りなどを調べさせ上申せよ。	日記
10	（承応２）３月21日	相神村弥六・有江村藤右衛門・中川村太郎右衛門（小松より）	鮾目村太間・堀松村喜兵衛・熊木村太右衛門ほか残り十村４人	国別に川除用水御普請の御小人動員につき、能登へ32人の当たり、１組に４人宛につき組下に通知せよ。来る４月朔日昼までに出役せよ。組分けの御印もまだ受領前なので、まず本組から４人宛出せ。追って御印が発給され次第、新組には増銀などを割付させる。奥能登衆が小松へ登るのは、御印の指上のためである。銀子算用は明日にも終わる予定である。	日記

	和暦	発信者	宛名	内容・文書表題	典拠
11	承応２年３月	相神村弥六・熊木村太右衛門・鰀目村太間	欠	私共の十村組は開作地に仰付られた。畑所等で銀成納税を希望する所があれば調べて上申するよう命ぜられたが、口郡は米生産が多い土地柄である。日損などで米不足の年は銀成の申し出が９月中に集中するので支障のないように。	河合
12	（承応２）巳年４月１日	二日市屋五郎兵衛	十村８人（土橋・中川・相神・堀松・熊木・鰀目・有江・紺屋町）	番代から用水・川除等に関し５ヵ条の伝達あり。⑴損壊した用水については、何年以前であろうと堀左門・岩田釆女・おかのや左馬の３人まで申上げれば藩から御材木を支給する。⑵道中・脇道筋ばかりでなく牛馬の通いにくい農道でも整備せよ。もし承引しない者がいるなら３人様に断り出よ。⑶川除普請も御断り出よ。ついては少しの普請は平生から江下の百姓たちとして申付けておくべきだ。⑷御普請所に関する願出等は右３人様に申上げるように。⑸各十村組管内の用水の有所を帳面にまとめ右３人様宛に提出せよ。この用水所御帳の提出は、利常様の御意によるものです。	日記
13	（承応２）巳年４月４日	本多安房内坂井太左衛門・斎藤平左衛門、村井兵部長朝内瀧波才兵衛、中川八郎右衛門内野崎弥兵衛	承応２年３月任命の口郡十村８人（土橋・中川・相神・堀松・熊木・鰀目・有江・紺屋町）	右の通、今度御［（開作か）］地に被仰出候条、一村切に金沢迄距離、百姓持高・免付・人付、牛馬員数、村柄甲乙、百姓上中下を、帳面に付け、十村加判奥書のうえ４月14日に村肝煎どもに持参するよう申渡せ。	日記
14	（承応２）６月25日	奥村因幡	不破源六・石黒覚左衛門→26日付で口郡十村４人（鰀目・熊木・相神・堀松）宛	江戸より「開作地并其外在々」当年作柄について報告を求めてきた。口郡開作地のことは勿論、郡中全域の当作の様子、用水以下について十村共に尋ね詳細な書付を一両日中に差し越せ。三ヵ国の分をまとめて江戸に送る。	日記
15	（承応２）６月25日	（奥村）因幡和豊（花押）	土橋村新兵衛・中川村太郎右衛門・相神村弥六・有江村藤右衛門	開作地と「其外在々」の当作様子につき江戸より切々言上書の指令が来ている。口郡開作地のほか、「其外郡中当作之体」委しく一両日中に江戸へ提出する。	藤井
16	承応２年閏６月４日	新庄村久左衛門・有江村作右衛門など百姓９人	石黒覚左衛門・不破源六	若林村・飯川村・白馬村の３ヵ村入会地である尻広野にて来春、新村を立て、野開を行いたい。本村の干渉は停止し、２年目・３年目に所定の年貢を納めるので新村立てを認めて下さい。	真舘
17	（承応２か）８月８日	（奥村）因幡和豊（花押）	土橋村新兵衛・中川村太郎右衛門・相神村弥六・有江村藤右衛門	一昨日８月６日の大風で、開作地および「其外在々」において耕作に損害がないか、江戸へ様子を報告するので、詳細な書付けを送れ。	藤井
18	（承応２）巳年８月11日	算用場	石黒覚左衛門・不破源六・平松伊兵衛→有江村藤右衛門・鰀目村大間	当作毛御見立すべしと申す村々があれば８月17日以前に断帳面を提出せよ。この日限を過ぎれば申し立てできないので組下に周知させよ。	日記

19	（承応２）巳年８月21日	二日市屋五郎兵衛	十村８人	作毛御見立のため二三日中に役人の下向があるので、阿弥陀起請文并誓詞を用意せよとの（算用場からの）御意である。また土橋村新兵衛に、大熊村十村兵右衛門がこちらに来ており、「御開作知之様子」につき談合したいので（金沢算用場まで）罷り登るように。	日記
20	（承応２）８月26日	二日市屋五郎兵衛	十村８人	算用場より組下村々の道程書の提出を指令。開作地の十村衆に、今度算用場より見立検地衆が下向したので、現地でよく相談し見立検地を進めるように伝達。大熊村兵右衛門が申すには、奥村因幡様より御意をうけ御見立衆が下向する。そのうえで、山本又四郎と兵右衛門が水損地の様子を見立てるよう仰付られ、一二日中に下向するので、そう心得るように。なお、算用場からの見立衆は開作地の損害は見ない予定であるから、左様心得るように。	日記
21	（承応２か）９月21日	伊藤内膳（花押）	田井村五兵衛・有江村藤右衛門・相神村弥六	鹿島郡大田村の百姓６人を牢屋入りのあと耳鼻そぎ追い出しに仰付けたので、その跡地耕作としまりを申し付ける。残る小百姓の縮りも厳重に仰付ける。	藤井
22	（承応２）９月22日	水野太郎兵衛	十村８人	敷借銀利足は、開作地以外の分は９月中に取立て、十村組別に朱封銀にて取立、10月朔日・２日に持参せよと指示される。	日記
23	（承応２）巳９月26日	小寺甚左衛門・津田次郎左衛門	鮮目村大間・有江村藤右衛門・熊木村太右衛門	承応２年分小物成銀米は、来月10月中に取立、急度皆済を申渡す。	日記
24	（承応２か）10月20日	（奥村）因幡和豊（花押）	土橋村新兵衛・中川村太郎右衛門・相神村弥六・有江村藤右衛門	口郡開作地のうち「其方共裁許分在々」では蔵入地・給人知ともに皆済したか、当納の様子を詳しく百姓吟味のうえ報告せよ。	藤井
25	（承応２か）12月６日	（奥村）因幡和豊（花押）	土橋村新兵衛・中川村太郎右衛門・相神村弥六・有江村藤右衛門	「其方共裁許分開作地在々」において、今年の年貢納付は、蔵入地・給人知ともに皆済したか、様子を至急報告せよ。先日差し越した書付では納付高が少ないようにみえる。越中の開作地では、先月13日以前に皆済を達成。加賀の河北・石川郡も大方皆済した、油断なく皆済達成に励め。能登の入米が少ないのはどうしたことだ。また当春貸渡した入用銀の取立状況と来年の入用銀貸与につき聞き届けたいので、その方ら十村のうち事情に詳しい者を１人、（金沢城へ）差し越せ。	藤井
26	承応２年12月25日	（相神村）弥六・（熊木村）太右衛門・（鮮目村）太間・（堀松村）喜兵衛・（有江村）藤右衛門	石黒覚左衛門・不破源六	十村交替時の鍬米支給について、口郡十村５人から七尾の口郡奉行２人に問い合わせる。寛永12年に口郡十村は22人から14人に変更されたが、免職された十村８人は同年７月まで職務をつとめたが鍬米支給はなかった。新十村12人には４月分以後が支給された。今度３月９日付で14人から８人に変更されたが、鍬米の３月９日以後分の支給はどうなるのか、御意次第だと思うが……。	日記

	和暦	発信者	宛名	内容・文書表題	典拠
27	承応３年２月14日	一村切百姓・組合頭連印	土橋村新兵衛・中川村太郎右衛門・相神村弥六・有江村藤右衛門	７ヵ条の改作請書。標題は「御改作地に被仰渡御法度之趣御請申上候御事」とあり「御開作」指定に伴い各村から提出したもの。朱書付記に「右十村肝煎四人は口郡御改作方諸事主附ニ而時々相廻り被仰渡の通を申渡、前段の御請書を取立候事」と記す。	小田
28	承応３年３月５日	鳥越村百姓３名	小原二郎右衛門（給人長連頼の代官）	作食米借用証文（当春借用、当暮元利共返す）。	検地
29	承応３年６月14日	脇借物無之と申人々連印	中川村太郎右衛門・土橋村新兵衛・有江村藤右衛門・相神村弥六	「今度私共在々、御改作被為仰付」につき御城米・御城銀其外脇借に至る迄吟味された。その結果、公儀および給人からの借用銀米すべて御帳付し提出したことに相違はない。それ以外に脇借銀米がないか有様に申上げよと吟味されたが、少しも脇借はない。今後貸置主や脇々より露見したら村肝煎の越度であり如何様に仰付られても一言の子細はない。	小田
30	承応３年７月13日	脇貸物無之と申村々百姓一同・吟味書付候旨村肝煎等連印	中川村太郎右衛門・土橋村新兵衛・有江村藤右衛門・相神村弥六	「私共在所、今度御改作被為仰付候」につき諸百姓中脇借物残らず書上げるよう吟味なされたが、少しも脇借はない。もし隠していた脇借が露見したら、その者だけでなく村肝煎・長百姓ともに越度に可被仰付。	小田
31	承応３年７月13日	須田市郎右衛門（給人長連頼の奉行）	鳥越村肝煎次郎右衛門	作食米３俵の代銀返弁につき請取状。	検地
32	承応３年７月13日	鳥越村肝煎・中島村助右衛門、鳥越村百姓３名	須田市郎右衛門（給人長連頼の奉行）	作食米返弁につき請合証文。	検地
33	承応３年７月14日	須田市郎右衛門（給人長連頼の奉行）	①杉山三四郎　②山森伊左衛門	鳥越村作食米返弁の代銀請取状２通（藩から元本に利足１割加えて返済）。	検地
34	承応３年７月	池崎村肝煎又右衛門ほか百姓４人	なし	小松様敷御城米・加賀守様敷御城米・山銭米・苦竹役銀を17人の平等高所持百姓で均等負担したことを書き付ける。	片山
35	承応３年８月14日	御印＋津田玄蕃・奥村因幡	鹿嶋郡十村肝煎中	改作地外之御奉行に江守半兵衛・大河原助兵衛ら４人を仰付けたので、給人方から収納方停滞を訴えてきても、この４人の奉行の指図がなければ承引してはならないとの御意が仰出された。	河合
36	承応３年８月29日	（御印＋）奥村源左衛門・菊池大学・伊藤内膳	鹿嶋郡十村中	百姓前より上げ置候銀子の期限超えたときの利足について、一定の利足免除期間と利足率について、利常の御意を伝達。	藤井
37	承応３年９月２日	（御印か）	鹿嶋郡向田村百姓中	全村蔵入地（代官地）の向田村の村御印。	筆島
38	（承応３）９月27日	杉岡仁郎兵衛	十村８名（紺屋町村・土橋村・中川村・堀松村・相神村・有江村・熊木村・鰀目村）	当作食米の計り升について、十村１組ごとに升代銀を差し越すべし。口郡は升２かい分提出せよ。計り升代銀は１かいにつき９匁である。	日記

39	承応３年10月13日	村々肝煎・組合頭一統連印	欠（口郡十村か）	十村有江村藤右衛門宛の10月４日付「分国一統銭遣い御印（銭１貫文＝銀17匁３分）」伝達の年寄連署状と10月10日付添状（菊池・伊藤連署：取込銀の当分流通を認め将来は流通停止を布達）をうけた村々連判の請書。	小田
40	（承応３）11月16日	江守半兵衛	十村８名（紺屋町村・土橋村・中川村・堀松村・相神村・有江村・熊木村・鰀目村）	承応３年分より折檻人と上ケ知分の給人領を代官に付け渡すにつき、河北・石川・能美郡（41村）、羽咋・鹿嶋両郡は江守に仰付られたので、当座の且納分を吟味帳面に書付け請取状を取り揃え提出せよ。百姓と給人下代が相対にて不納米請取……。	日記
41	（承応３）11月17日	相神村弥六	十村７人（有江村藤右衛門・鰀目村太間・熊木村太右衛門・中川村太郎右衛門・土橋村新兵衛・紺屋町村左助・堀松村喜兵衛）	川役・鳥役・末森山下刈役・紺屋役・室役・網役の６種の小物成取立役を有江村藤右衛門・相神村弥六および白馬村左助・柴垣村三郎左衛門の４人に仰付けたので、各組裁許よりの取立は無用である。当年から小物成銀の取立方は、村々から提出し手寄の十村のもとに取り置き、十村一判の指出を付し土蔵に納め、御かね奉行の切手を受領し、その切手をもとに皆済御印を発給する。	日記
42	承応３年11月26日	伊藤内膳（花押）・菊池大学（花押）	今浜町中	蔵宿仕る者につき、肝煎・十人組として吟味・縮り申付状。	今浜
43	明暦元年３月11日	御印＋津田玄蕃・奥村因幡・前田対馬・小幡宮内	鹿嶋郡有江村十村肝煎藤右衛門	分国銭つかい法度。銭１貫文＝銀19匁で蔵に納めよ。銭屋からの売り出し直段は銭１貫文＝銀19匁２分とする。	河合
44	承応４年３月11日	一村切肝煎・組合頭・百姓・頭振連印	欠	19ヵ条の改作請書。標題は「御改作地在々被仰渡候通承届御請申上候」で「御開作」指定に伴い各村から提出。承応３年２月の請書と比べ条項が増え、村肝煎の責務が明確にされた点が特徴。	小田
45	承応４年３月15日	御印＋菊池大学・伊藤内膳・津田宇右衛門	羽咋郡今浜出村七右衛門	今浜・宿・麦生３ヵ村の際での新開許可の印判状。かまいなき所を開作すべし。当年作取、２年目村免に半分納所、３年目本免納所を命ずる。	今浜
46	（明暦元）未３月25日	御印	羽喰・鹿嶋両郡十村中	かまいなき所での新開を奨励する。今後は新開について森川勘解由方に書付を上げるべし。	藤井
47	明暦元年５月26日	御印	鹿嶋郡向田村百姓中	明暦元年村御印写。	筆島
48	明暦２年	御印	能州四郡十村中、同村肝煎中	道橋普請に百姓手伝人足動員するときは、津田宇右衛門の切手により人足を提供せよ。人足数も普請担当の奉行から切手を受け取り、当座奉行の申し分にて一人たりとも出してならない。	河合
49	明暦２年５月19日	禎印	有江村藤右衛門	明暦元年分鹿嶋郡小物成銀６貫114匁の皆済状。	藤井
50	明暦２年５月26日	禎印＋奥村因幡・津田玄蕃・前田対馬	紺屋町村左介	承応３年分羽咋郡敷借米（691石：押水組分）利足皆済状。	岡部

	和暦	発信者	宛名	内容・文書表題	典拠
51	明暦２年５月28日	禎印＋奥村因幡・津田玄蕃・前田対馬	羽喰・鹿嶋十村肝煎中	承応３年分羽喰・鹿嶋両郡一作手上免米3,666石余の皆済状。	藤井
52	明暦２年７月18日	禎印＋奥村因幡・津田玄蕃・前田対馬	鹿嶋郡十村肝煎中	山方での年貢収納のうち翌年６月の代銀納分につき皆済期限まで御蔵に雑穀を納めさせていることを聞き、利常は百姓の勝手に悪いと判断し、これ以後は雑穀納付は不要と仰せ出された。	藤井
53	明暦２年７月22日	禎印＋奥村因幡・津田玄蕃	十村有江村藤右衛門	明暦元年分鹿嶋郡敷借米（1,171石）利足皆済状。	藤井
54	明暦２年７月27日	（禎印）＋奥村因幡・津田玄蕃・前田対馬	鹿嶋郡十村肝煎中	紺屋役・鍛冶役など四役銀は当年免除とした。また蔵入地で損毛があり、免用捨があったので減免分に夫銀は賦課しないよう仰せ出された。	藤井
55	明暦２年８月７日	（禎印）＋奥村因幡・津田玄蕃・前田対馬	鹿嶋郡十村肝煎中	吉初銀免除通知の御印。	藤井
56	（明暦２年）	中屋・弥左衛門	（有江村藤右衛門あてか）	明暦２年分作食蔵番賃銀の覚書。対象は鹿島東半郡の３つの十村組（熊木組・鰀目組・有江組）。	藤井
57	（明暦２か）９月29日	伊藤内膳（奉書）	羽喰郡・鹿嶋郡十村中	手上免に係る夫銀を能美郡で納付した所、徴収不要と御意を示し返却したので、どの郡も同様に手上免に係る定納高の夫銀納付は必要がないので通達する。	藤井
58	明暦２年11月11日	禎印	鹿嶋郡百姓中	鹿嶋郡敷借本米（2,726石）、当年より元利共免除の御印。	藤井

（注）典拠は略称で示した。日記＝「慶安日記追加」（加越能文庫、金沢市立玉川図書館蔵）、真舘＝十村真舘家旧蔵文書（石川県立図書館蔵『鹿島町史　資料編（続）下巻』収録）、藤井＝中能登町藤井家文書（『鹿島町史 資料編（続）下巻』収録）、河合＝「天文年中以来之写」（河合文庫、金沢市立玉川図書館蔵。『鹿島町史 資料編（続）下巻』収録）、小田＝小田吉之丈『改作と精神的農業』、検地＝「検地一巻」（長家文書788号、穴水町歴史民俗資料館保管）、筆島＝筆島家文書（『能登島町史 資料編２』収録）、岡部＝紺屋町岡部家文書（『押水町史』収録）、今浜＝今浜区有文書（『押水町史』収録）、片山＝池崎町片山家文書（『新修七尾市史４（村方編）』収録）。

第五章　旧長家領鹿島半郡の「改作法」

はじめに

鹿島郡の西半郡三万一千石は、のちに前田家中に加わり加賀藩重臣となった長氏が天正八年（一五八〇）以来約百年間、独自の地方支配を展開した一円知行地であり、そこでは利常在世中に改作法は実施されず、綱紀時代になってようやく改作法が実施された地域である。この西半郡を前田家が直轄し改作法実施へと推移したのは寛文六年・七年（一六六六・七）に発生した長家の家中騒動、浦野事件が直接の要因であり、この家中騒動を長家の当主連頼は自力で解決できず、五代藩主前田綱紀の裁定に委ねた結果、長家領鹿島半郡に前田家の支配が及ぶことになった(1)。

長連頼は寛文七年（一六六七）以前から半郡支配「改革」を進めたといわれ(2)、また寛文七年の浦野事件のあと「改作法」導入を検討し、寛文十一年二月には半郡での改作法実施を家中に触れたと記す旧記もあるという(3)。だがこれら寛文十一年までの「改革」の実態は不明のままであり、ここで検証する。また寛文七年以前に始まる半郡支配「改革」の動き、あるいは寛文七年末から長連頼が死去した寛文十一年までの四年間に行われた家政改革は「利常の改作法」とどのような関連があるのか、これらを改作方農政の一部とみてよいのか、こういった問題もこれまで不問に付されており、ここで検討する。

次に検討するのは、寛文十一年三月の連頼死去の後、同年十一月に長家領半郡は収公され加賀藩直轄地（蔵入地）となったが、[4]藩直轄地となった鹿島郡西半郡で藩はどのような農政を推進したかである。具体的にいえば、寛文十二年から本格化した旧長家領での藩農政も当初「御改作」と称し実施されたが、施策内容は「利常の改作法」とやや趣の異なる所があった。寛文十二年の半郡検地で始まり延宝七年（一六七九）三月発給村御印で終了した旧長家領での一連の農政は、「利常の改作法」に直接影響されたというより、当時藩領で展開していた寛文農政[5]の一環であるとみざるを得ないものであった。寛文農政も「改作法」の一つとみることもあるが、厳密にいえば「利常の改作法」とは若干異なり、「狭義の改作法」論の立場からは「利常の改作法」と区別し「寛文農政」「綱紀の改作法」と呼んだほうがよい。「利常の改作法」も寛文農政も大きな意味で「改作法」と呼んできた歴史があるので、それは尊重するが、本章で試みる改作法をめぐる政治史の検討のなかでは、それぞれ区別し、寛文十一年まで長家の主体性の下で行った半郡「改革」と、寛文十二年以後の半郡農政の実態解明につとめ、それぞれの果たした意義を検討したい。

こうした点について、従来の研究や自治体史は十分な検証や考察に至っていない。その結果、これまでの通史・自治体史で、長家領鹿島半郡における改作法に関する説明は不明瞭な所が多く、浦野事件のあと、あるいは半郡が収公された寛文十一年以後、藩の改作方農政という統一農政がどのように浸透し口郡農政として一本化されていったか、ほとんど言及されていない。[6]こうした方面への研究展開の突破口になればと考え、愚見を披露したい。

一節　承応三年作食米一件と長家の御貸米

長家領で改作法が表だって話題となるのは、寛文七年の浦野事件に処罰が下されたあとの家政改革のなかでのことであった。その点は大野充彦が言及するが、寛文八年三月初頭に終了した津田宇右衛門ら藩巡察使の半郡巡検をもって浦野事件の事後処理は終了したとし、その後の展開は今後の課題とし具体的な検証はなされていない。その一方で、寛文七年の浦野事件以前に利常が進めた改作法に影響された動向がなかったのかという点も気になるが、同じく大野充彦が、慶安三年（一六五〇）からの連頼による半郡支配改替策は改作法に影響された可能性があると述べている。(7)だが、これも具体的な実態解明は将来の課題となっている。

寛文六年以前にさかのぼって長家領での改作法の影響を確認するのは確実な史料が乏しく、たしかに困難が大きい。しかし、承応三年（一六五四）羽咋郡鳥越村で、長家から作食米貸与を行った興味深い事例が史料として翻刻紹介されている。(8)この承応三年の作食米貸与一件は、上述の課題解決の糸口となる内容をもつので、以下詳しく検討する。これと関連し長家領で寛文十一年以前より一〇三〇石余の作食米貸与の実績があった記録もあるので、合わせ考えると承応三年の作食米貸与一件は相応の背景をもつ長家による百姓救済策の一環とみなければならない。

そこでまず、長家領における作食米高の概要を確認しておきたい。「明暦弐年より作食米相極年米高」(9)によれば、寛文十一年収公された「能登郡之内長故九郎左衛門上り地」の寛文十二年段階での定作食米二六〇〇石に関し①「九郎左衛門知行之時分作食米貸渡候内取立置由に而直に定作食米罷成候」分の一〇三〇石三斗九升七合と、②寛文十二年春に「御蔵より増御貸米」として追加貸与した一五六九石六斗三合に分け、その内訳を記す。ここで注目すべきは前者の一〇三〇石余で、これは長連頼が半郡を一円支配をしていた頃貸与した作食米であった。この一〇三〇石余の作食米は寛文十一年の半郡収公の際、そのまま藩の「定作食米」に継承され、寛文十二年春に藩が追加した増作食米一五六九石余を加え、総額二六〇〇石の定作食米となったものである。

では、この連頼時代に貸与された作食米一〇三〇石余とは、いつどのような事情で始まった救済米なのか。一〇三〇石という数字に変動はあったろうが、「作食米」というからには困窮百姓向けの飯米助成であり、毎年春貸し出し年末に返済させる救済米で寛文十一年まで運用されたものであろう。その開始時期を考えるうえで、承応三年の鳥越村作食米貸与一件は重要な意味をもってくる。

この作食米貸与一件は、「検地一巻」という古文書写留に掲載された一一点の古文書[10]から判明した出来事で、羽咋郡鳥越村の百姓三人に長家から作食米が貸与されたという承応三年の些細な事件である。一一点いずれも承応三年三月付または七月付で、鳥越村百姓三人および関係の村肝煎らと長家の奉行・代官の間で交わされた借用証文・請書・返済銀等請取状などであったが、事情を汲み取るに適した二点のみ左に掲げた。

［1］

一筆申上候

一、九郎左衛門様（長連頼）御百姓鳥越村三左衛門・宗三郎・宗九郎、此三人ニ当春御作食米拾俵、御自分より御貸被成候を、肝煎二郎右衛門不念仕、今度御改作之御帳ニ七俵と小松江書上申候付而、只今御断申上候所、右拾俵米之内七俵と三俵と借状二枚被成、七俵之借状、御改作御奉行所へ御上被成候段、誠以忝奉存候、残ル三俵米之儀御作食米之事御座候へハ、何方へ御断申上候成共、慥ニ返弁可仕候、自然御奉行所御承引於無御座ハ、私共方より急度相済可申候、万一此義ニ付而何方よりいケ様成事訴人御座候共、私共罷出相捌可申候、少も御苦悩ニかけ申間敷候、為其後日之状、如件、

承応三年七月十三日

鳥越村肝煎　二郎右衛門　印

藤波村　兵　助　印

熊木中島村　助右衛門　印

須田市郎右衛門殿

［2］

一筆申上候

一、私共在所、今度御開作罷成候故、九郎左衛門（長連頼）様より当春御貸被為成候御作食米之借状、村松・相神・鳥越三ケ村之一紙御座候而、鳥越村之借分拾俵之借状別紙相調、只今御開作御奉行様へ持参仕指上申候、右之御米別之儀ハ（ママ）てハかり出不申候、当春田地植付可申様無御座候付而、御代官小原次郎右衛門様まて御なけき申上、借用仕候御事、

右之通毛頭相違無御座候所、如件、

承応三年七月十二日

鳥越村　三左衛門　印

宗三郎　印

惣九郎　印

須田市郎右衛門殿

この二点がもの語る事実を指摘する前に、事件の舞台となった鳥越村について少し説明しておきたい。羽咋郡鳥越村は戦後、鹿島郡中島町に属し近年七尾市に併合された集落である。羽咋郡と鹿島西半郡の郡境にあり、長家領の村々とも接する中山間地にある綱紀領に属する山村であった。明暦二年（一六五六）村御印では「羽咋郡鳥越村」とされ、御印高は四〇八石（手上高二〇石）、御印免は四つ五歩（手上免四歩四厘）、敷借米本米は三四石だが、寛文十年の村御印調替では村御印高・御印免に変化はなく、所属のみ「鹿島郡」に変更された(11)。

この作食米一件は、長家領鹿島半郡に属していない鳥越村の百姓三人に、わざわざ長家から作食米一〇俵が貸与されたことが発端であった。百姓三人に貸与された作食米一〇俵の借用証文（借状）は七俵分・三俵分の二枚に分け作成されたが、どちらも承応三年三月五日付で、その年暮に二割の利足をつけ元利共返済すると誓約していた。この一〇俵の作食米貸与は、支配の区分でいえば、蔵入地ならば綱紀、給人地ならば鳥越村に知行をもつ給人領主（長氏など）が行うべき救済策であった。この作食米は長家の代官小原次郎右衛門からの貸与なので、鳥越村に長家の知行地があ

ったと推定され、給人領主長氏からの作食米は改作法執行部による脇借調査にひっかかり脇借とされ、藩からの貸与に切り替えることになった事件である。

史料1で、各村から藩に提出された「御改作之御帳」に連頼からの作食米高が記録され改作奉行所に具申したと述べるので、藩は開作地の村はどのような債務（作食米も含む）を負っているか調査したのであろう。別史料から、長家からの作食米は藩から長家に一割の利足を加え返済されたことがわかり（別表Ⅱ33）、長家からの作食米貸与は藩が肩代わりしたことも明瞭である。

もう一つの問題は、藩（小松城）への脇借報告にあたり鳥越村肝煎が勘違いし「十俵」と記すべきところ「七俵」と間違った数字を上申したことであった。この記載ミスが原因で一件史料一一点が残されたのであるが、史料1はミスした村側の謝罪証文である。残り三俵の作食米は、藩に届出しなかったので藩からは返弁されず、鳥越村が責任をもって長家に確実に返済すると約束し、決して長家に「御苦悩」はかけないと誓約するものであった。宛名の須田市郎右衛門は長家家臣[12]で、長家の算用方の奉行とみられる。

史料2の「村松・相神・鳥越三ケ村之一紙御座候而、鳥越村之借分拾俵之借状別紙相調」は解釈が難しいが、このあとに鳥越村百姓三人から当春、田地の植付けに取りかかる術がなく長家代官の小原氏に嘆願した結果、長家より作食米一〇俵を借用できたとつづられるので、借用に至った事情がわかる。ここで注目したいのは、史料1冒頭で「九郎左衛門様御百姓鳥越村三左衛門・宗三郎・宗九郎」と記し、史料2でも「御代官小原次郎右衛門様まて御なけき」と記した点である。鳥越村の百姓三人は明らかに長連頼の支配下にあった百姓であり、小原は連頼の代官として彼らに対処したことは明らかである。さらに史料2冒頭の難解な文言から、連頼の直轄地は羽咋郡の村松村・相神村にもあった可能性が大きい。というのは、長家は慶長五年（一六〇〇）以後、約二〇〇〇石の知行地が鹿島西半郡以外に給与されており、それが承応三年段階は羽咋郡の村松・相神・鳥越の三ヵ村にそれぞれ相給地として存在したと解することができるからである。元和五年（一六一九）の連頼宛の利常知行宛行状三万三千石に付属する「知行方所付之目録」によれば、鹿島西半郡三万一千石のほか能登で七ヵ村約千石、加賀で四ヵ村千石余の領知を得ており、能登七ヵ村のなかに「羽喰郡　村松町井村」二八五石が含まれるので、羽咋郡村松（町居）村の連頼知行地は元和五年以来のものであったし、長家の半郡外知行地二千石は、藩領の給人支配の通則にしたがい替地が藩の都合でしばしば実施され、相給形態が一般的であった(13)。

それゆえ長家による鳥越村への作食米貸与は、同村内の長氏知行地を耕作する三左衛門・宗三郎・宗九郎という三人の給知百姓に限定されたものであった。つまり、承応三年頃の長家は羽咋郡の鳥越村・村松（町居）村や相神村に知行地（相給地）をもち、しかも連頼直轄地であったから代官小原が下代として村廻りし、給知百姓から作食米貸与の嘆願をうけ対処したのが、この作食米一件が生じた基本原因だといえよう。

史料2で、鳥越村がこんど「御開作」の対象地となったので、連頼（給人）から借りた作食米の借用証文を作り直し改作奉行に提出したと述べるが、長家の代官小原（給人下代）に嘆願し実施された作食米は、藩以外からの借用すなわち脇借に該当し、「改作之御帳」に連頼からの借用高を脇借七俵として書き上げたのであろう。長家では村松・相神・鳥越の三ヵ村に相給地をもち、同じ羽咋郡内にあったから一括し作食米借用状を作成していたが、鳥越村の要請で開作地となった鳥越村分のみ証文を別に作り「開作奉行様」に届けたのである。

承応三年七月十四日付で長家家臣須田は藩の奉行山森伊左衛門と杉山三四郎に、長連頼が貸与した作食米七俵分の代銀請取状を出し、七月十三日には須田は鳥越村肝煎宛に作食米三俵の代銀返済の請取状を送っていた（別表Ⅱ31・33）。七俵については藩以外（給人）からの債務とみて、藩が肩代わりしたが、これは開作地での脇借肩代わり（敷借米）の具体事例ともいえる貴重な史料である。

給人が自己の給知百姓に作食米を貸すことは、寛永末飢饉以後広く領内でみられ、長家領でも一円知行地である鹿島西半郡で様々な困窮百姓救済策が展開したと推測される。しかし、利常の改作法は藩直轄地・給人知行地の別なく開作地に指定し、給人に代わって種々の助成策を実施した点に意義があり、それゆえ給人による知行地支配権を強力に抑圧・形骸化できたのである。それは前田家重臣の所領でもひろく遂行された基本政策であったが、長家領鹿島半郡のみ例外とし除外した。しかし、半郡外の二千石の連頼知行地では他の給人地同様、改作法が適用され連頼からの貸米は脇借とされたことが上記からわかった。さらに連頼が半郡外の直轄知行所の百姓にまで、村側の要請をうけ作食米を貸与した事実から、長家領鹿島半郡でも相応の百姓救済策が実施されていたことが推定できる。

そこで前述の作食米一〇三〇石余が想起され、その開始時期は承応三年より以前に求めることができる。少なくとも口郡で改作法が実施された頃、長家領でも百姓救済の貸米政策が展開していたことは間違いなく、藩が受け継いだ作食米一〇三〇石は寛文十一年時点の長家御貸米の残高とみてよい。

口郡で改作法が実施された頃、長家領で実施された「御貸米」の算用状が五点、河野文庫に残っており、そこに記載された慶安三年から寛文五年までの御貸米高を表5－1に掲げた。長連頼から半郡支配を任されていた河野三郎左衛門に宛てた一年単位の御貸米高の運用実績確認の直書である。口郡の「御開作」期間は承応二年～明暦二年だったが、長家領では慶安三年から寛文五年まで貸米政策が展開していたことがわかる。この御貸米が鳥越村に貸与された承応三年には「作食米」と称され、寛文十一年には定作食米に継受されたのである。

表5－1で注目されるのは、口郡で改作法が始まる直前、承応元年に御貸米高が最高額に達している点である。半郡村々からの貸与要求によって、貸米高は表5－1に示したごとく上下した。貸与された米高の一部は「払方」とされたが、これは村方に販売され、代銀によって返済された分といえる。得た代銀は長家の収入になったが、貸米の要求高が前年の貸米高（払米を除いた残高）を超えたら補填せねばならず、払米で得た代銀をもって必要な貸米高を確保したとみられる。貸米高・払米高ともに判明するのは慶安三年分・承応元年分・明暦元年分・万治元年分・寛文四年

分だけである。その翌年分は予定の貸米高であり、承応三年や明暦三年の貸米高は不明である。したがって、承応元年分として九〇五二俵貸与するにあたり長家は相当の元本追加を行ったことがわかる。明暦元年分も同様に前年の払米などで減額した分を補充しないと貸与元本七三一八俵は確保されなかったのである。万治二年分以後は漸減し五〇〇〇俵以下となった。およそ六千～九千俵貸与していた改作法期に比べ、村からの借米要求は低下していたといえる(14)。

寛文十一年半郡収公時の「九郎左衛門知行之時分作食米貸渡候内取立置由に而直に定作食米罷成候」分一〇三〇石三斗九升七合を俵高に換算すると二〇六〇俵余であり、寛文五年分の貸与高三七三七俵は、寛文七年の浦野事件後さらに減り、寛文十一年分二〇六〇俵にまで減少した時点で、藩の「定作食米」に引き継がれたのである。寛文期に減額された大きな要因は、浦野事件が影響し村からの借米要求が減退したからで、家中内紛で半郡支配が分断されたことを意味する。寛文期に入ると長家による半郡村々を救済する能力は急速に低下したことを表5－1は示す。であれば、改作法期に六千俵以上の貸米政策を遂行できたのは、連頼自身が「利常の改作法」に刺激され、半郡農村「救済」と「改革」に熱意を持っていたことによるものではないか。その頃の連頼から河野に宛てた書状をみると、そうした面が窺えるので次節でふれたい。

表5－1　長連頼領 御貸米高一覧

算用年次	御貸高	内当年払米高
慶安３年分	7,305俵	681俵
慶安４年分	6,623俵	（不明）
承応元年分	9,052俵	3,432俵
承応２年分	5,620俵	（不明）
明暦元年分	7,318俵	1,418俵
明暦２年分	5,899俵	（不明）
万治元年分	5,695俵	829俵
万治２年分	4,866俵	（不明）
寛文４年分	4,553俵	816俵
寛文５年分	3,737俵	（不明）

（注）慶安３年分・承応元年分・明暦元年分・万治元年分・寛文４年分の御貸米算用覚（河野文庫、金沢市立玉川図書館蔵）による。

二節　連頼の半郡「改革」と改作法

長家では慶安三年頃から当主連頼によって半郡支配の大規模な改革がはじまり、腹心の家臣により法制・税制の整備がすすめられたと指摘されるが、表5－1の御貸米高の推移は、これに関連した動きとみてよい(15)。長家による作食米貸与は表5－1から慶安三年には確実に実施されており、困窮する百姓救済という意図も明確である。長家領での作食米貸与の歴史は慶安二年以前に遡る可能性もあるが、「利常の改作法」の影響をうけた救済的性質の色濃い作食米は慶安・承応年間になされたのであろう。

そこで注目したいのは、慶安年間に連頼が着手した半郡「改革」をきっかけに、浦野派の「私曲」が発覚、家中に亀裂が入り浦野派が結束し「改革」阻止に動き、浦野事件へと発展したと論じた大野充彦の指摘である(16)。寛文七年浦野事件の直接原因が、慶安期からの半郡「改革」にあったとするなら、表5－1に示された慶安～明暦期の六千俵以上の御貸米実施は半郡「改革」を象徴する証拠といえ、浦野事件の遠因は「利常の改作法」だったということができる。この点をさらに確認するため、連頼の公儀御用に関する履歴や半郡「改革」への意欲について検討する。

連頼は長家中興の勇将連龍の次男である。嫡男好連が慶長十六年に三〇歳で逝去したため、八歳で家督を継ぎ、連龍が後見人となった。元和五年に連龍が没すると、鹿島半郡はそのまま連頼に安堵され旧来の特権も容認された(17)。慶長～寛永期の連頼の公務の大半は、大坂陣などの軍陣役と公儀普請役が占めており、国政にほとんど関与していない。軍役・普請役以外の御用が明記されたのは慶安二～三年のことである。連頼の経歴から藩公儀の御用（国務）に関するものを列記すると以下の通りとなる(18)。

・慶安二・三年：両年の間、前田出雲貞里と連頼は能州巡検におもむき、切支丹改めや領民からの願筋承届に従事。
・承応二年：領国一統「御一行御印物」（知行宛行状等）改定の御用に従事。
・承応年中：越中柳瀬普請（砺波郡の庄川筋切替工事）に数度出張。また小松城の利常のもとに詰め、意見言上し褒美拝領する。
・明暦三年：光高公十三回忌の総奉行をつとめる。
・万治元年十二月：利常死後、藩内に公布された領国中仕置御条数に連署する。

・万治二年三〜六月：臨時の小松城代となる。
・寛文元年：綱紀の初入国に際して、江戸留守居役をつとめる。
・寛文二年十一月二十九日：綱紀、金沢城下の長家屋敷に御成。
・寛文五年：前田家中一統への貸銀（御拝借銀）御用の総奉行をつとめる。

慶安年間の連頼は、藩年寄六人衆の一人として加賀藩政をにない、藩「老中」として年寄連署状に署判、「利常の改作法」期は改作法執行部として重要法令に連署した(19)。藩公儀の国支配を司る執行部の一員となったのであり、それが右の職歴につながった。連頼は慶安以後、利常政権を支える藩年寄であると同時に自己の領地、鹿島半郡の「改革」にもあたらねばならなかった。連頼が長家家臣団の伝統的なあり方に翻弄されてきた経緯は大野充彦・原昭午も言及しているが、慶安元年以後の連頼は、藩農政と改作法をつよく意識し半郡支配を構想しなければならない立場にあった。その具体的な姿は連頼の出頭人、郡奉行として格別の信任を得た河野三郎左衛門宛の書状二〇点から具体的にわかる(20)。

現存する二〇点の河野宛連頼書状すべて無年記であるが、そのうち一六点は河野三郎左衛門宛で四点が杢之助宛であった。杢之助宛の四点は、連頼が半郡「改革」に着手したばかりの慶安・承応年間のものである。このうち十一月八日状では「年貢米漸皆済申候哉、借米なと無滞相調候哉、無中断可被申付候」と指示し「尚々年貢米いつれもかいせい《（皆済）》可被申付候、借米利米無滞蔵入可申付候」と追記する。河野が当時、長家直轄地の郡奉行・代官として年貢収納と貸米返納という二つの重責を担っていたことがわかる。また半郡での徴税・貸米業務については加藤采女とよく相談し指示をうけるべきことも連頼から伝達している。

七月十五日状では「弥知行所年貢之義、代官中へ時分之事ニ候条堅申渡、吉日采女申談相極候、且々蔵入万事庭留之儀も采女に申渡候間、のとニ而申談いそき直々可出候、其外吟味いたさせ候事も多候、是も采女ニ申渡候間、内談ニてせんさく事もいたし可被申候、（中略）万事采女談合被申候」と記す。当時長家家老に抜擢され連頼の信任をえていた加藤采女が能登に下向し、万事につき加藤と相談・合議が必須であったこともわかる。加藤采女は慶安三年令の発令者であり、連頼の半郡「改革」の指導部の一人であり、河野のような算用業務に堪能な実務型家来を配下におき「改革」を指揮したのであろう。

三郎左衛門宛の一六点で注目されるのは、半郡の村々での農作業に遅れがないか、こまめに代官河野に指示を出した点である。たとえば三月二十五日状では「一筆申遣候、其許在々種まき候哉、不及申候へ共、在々由断不仕様被申付、并田地うちおこし候儀も無滞、うえつけ之砌おくれ不申候様ニ能々代官・十村・々《（村）》肝煎可被申付候」、四月朔日状は二月二十七日付の河野書状に対する返信だが「在々田地あらうち・種まき候、□頭仕廻候由心安候、植つけ砌無滞様ニ代官・十村・々肝煎へ申付候由尤候」と述べ、春先の荒起し、種まき、田植えの農作業について適期を逸しないよう細心の注意を払い、河野に檄を飛ばしていた。年月不明の二十日付書状では、河野から「田植之時分ニ候ゆへ、能州へ近々下可被申候由」と聞いたが、眼病のため一、二日下向が遅れると「時分おくれ不申様ニ堅申付、大かたうへ済申まて居被申候、見届候尤候」と指示する。農作業の細部にまで分け入って農業振興に気配りしていることがわかる。このほか「御目付衆、盆過ニ能州御廻ニ可有御越候」「道橋之儀、右之時分前ニ仕舞申様ニ可被申付候」（五月二十九日状）、「田地之やうす《（様子）》共みうけ《（見受）》給届候」「すたり候哉と無心許候、尚以留ニて前後之すたりのやうす《（様子）》うけ給度候」（六月十日状）と、その後も作柄やインフラ整備、損毛状況に気遣いしている。

上記のように連頼は半郡村々の農作業に大きな関心を払い、郡奉行と目される河野三郎左衛門に詳細な指示を送り、報告もうけていた。[21] これら連頼書状は無年記であるが、寛文五年以後には下らない時期、つまり浦野事件前のものとみてよい。連頼は半郡「改革」を始めた当初、半郡での農作業のいちいちに関心をもち村の耕作実態や作柄を注視していた。こうした姿勢は「利常の改作法」の影響と見ざるを得ないのではないか。春耕から収穫までの農作業にこれほど関心をもち、適時適切に処置を講ずる領主の姿は利常の姿勢とも重なり合う。この時期、農村と農業経営の実態把握の重要性を連頼に認識させた契機は「利常の改作法」しか考えられない。連頼は「利常の改作法」から刺激を受けたことは間違いないだろう。

三節　半郡「改革」挫折と浦野事件

長家文書「百姓御定」に載せる三つの触書、慶安三年令（半郡十村・長百姓八人宛）・承応二年令（河野杢之助等八名宛）・寛文五年令（郡奉行井関・河野宛）は、半郡「改革」を進める連頼が半郡支配のあり方を整序し基本指針を明示したものである。[22] それは連頼の「改革」の全体を網羅的に示すものではないが、「改革」の進捗度を知る手がかりになるものである。これらの触書から、連頼の「改革」が必ずしも順調に進んでいるわけでないことも窺える。とくに寛文五年令では、その傾向が顕著であった。

最初に口郡改作法が始まった直後、承応二年十月十三日に発令された承応二年令からみていこう。全体で二二ヵ条にわたる条書であるが冒頭の一〇ヵ条のみ左に掲出した。

[3] 一、吉利支丹宗旨改之事自然不審成もの於有之者、急度年寄方迄可申事
一、公義御諸式、領内之者共違背不仕様切々可相改事、
一、於高畠村、公義御荷物者不及申、往来之人々無滞様ニ、毎月太郎左衛門・善定・兵二郎召寄急度可申付候、
一、酒井村より芹川村迄道橋、年中ニ二三度充奉行人見廻り可申付事、
一、山林竹木猥伐採不申、随分はやし立候様可致相談候、前山別而可入精事、

一、半郡中諸百姓為体勘、別而困窮仕在所於有之ハ、年寄共迄可申聞事、
一、毎春耕作之様子、村廻横目之者ニ切々相尋堅可申付候、自然油断仕村々於有之者、奉行之者共、彼所江罷越、其村々之体、田地之様子見届相談可申付事、
一、毎秋立毛之上、勘免相、并収納沙汰可仕事、
一、万勘定吟味之事、付、十村頭方江慶安三年之秋書出之趣可得其意事、
一、領内隠田・帳外新開、随分聞出可申事、

三つの触書のうち慶安三年令のみ長家の家老両名（加藤采女・浦野兵庫助）連署であるが、承応二年令・寛文五年令は連頼直書で連頼の花押を据える。こうした文書形式からみて承応・寛文になって半郡「改革」は連頼親裁の様相が濃くなったといえるし、個々の内容からもその傾向は窺える。

右に掲げた承応二年令の七条目に「毎春耕作の様子、村廻りの横目の者に切々相尋ね、堅く申付けるべく候」と横目を半郡村々に派遣し春耕時の村廻りと見分を励行させ、「自然油断仕る村々これあるにおいては、奉行の者共、彼の所へ罷り越し、その村々の体、田地の様子見届け相談申し付けるべき事」と、耕作に遅れのある村へ奉行を送り耕作促進の対策を具体的に検討させたところは、さきにみた河野三郎左衛門宛連頼書状と深く関連する。承応二年の三郎左衛門は、李之助の名前で承応二年令の宛名の一人となっている。河野はこの箇条に指摘する農事指導と村廻りに邁進する郡奉行として連頼の篤い信任を得ていたのである。

承応二年令は、これ以外具体的な救済策を示していないが、耕作に遅れが生じた村を見つけ早めに対処するという姿勢は「利常の改作法」の精神に通ずる。六条目で「諸百姓の体たらくをかんがえ、別して困窮仕る在所これあるにおいては、年寄共まで申し聞かすべき」と指示したのは、半郡の困窮百姓をいちはやく把握し迅速に対処するもので、これも改作法の精神に重なる。承応二年令はさきの河野宛連頼書状と密接に関係し、「利常の改作法」の影響をうけ

たものとみることができる。

しかし、長家家臣が結束し承応二年令を受け入れ、さらに「利常の改作法」に倣う態勢があったかというと、浦野事件関係の訴状類に記されるような党派対立があり、連頼の「改革」は簡単に受容されない環境にあった。むろん河野のように連頼から信任を得た奉行層はいたが少数派であった。承応二年令六条目にみえる長家の「年寄共」のなかに浦野派重臣も加わっていたのが当時の長家の現実であった。承応二年令の宛名八人は、当時の半郡支配を担う郡奉行・代官・能登部算用場奉行とみられるが[23]、そこに浦野派として処断された永江善助・岩間覚兵衛、浦野一党と目される宇留地又右衛門の名もある[24]。半郡支配「改革」の陣頭に立つべき実務役人の中に浦野派が確実に食い込んでおり、そこに「改革」が進まない原因があった。

承応二年令には上記のほかにも重要な指示がいくつかある。承応二年令は全体として、冒頭で公儀すなわち藩法や藩政の基本政策の遵守をとき、半郡の本年貢・小物成・諸役徴収の原則を定める。半郡の村方でその遵守を遂行する責任者は郡奉行と十村頭であったが、ここに出てくる「奉行人」は郡奉行だと理解される。郡奉行は毎月十日、十村頭は毎月四日を定例の寄合日とし能登部村にあった旅屋に集まり、村方からの訴訟や願筋に対応せよと定める[25]。このような寄合の体制をしいた点が承応「改革」の目玉といえる。

本年貢の徴租に関しては、八条目で「毎秋立毛の上、免相をかんがえ」「並びに収納沙汰仕るべき事」と述べた点が注目される。毎年秋の作柄をみて免を査定したというから、毎年検見を行い税率や納所時期・減免内容などを決めていたのであろう。半郡の特異な石高制と本年貢徴租法については拙稿で[26]、ある程度言及したが十分ではない。しかし、課税基準は京升高という年貢高（文禄検地帳高の六割という原則）であり、そこから種々の減免を行うという方式であったことは確認できた。承応二年令の規定も京升高を基準に毎年秋に検見を行い、最終的な税額を決めたと解釈でき、従来の原則を再確認したものであろう。減免が必要なら京升高を基準に減免し作柄をみて納所時期等も決めるということだが、給人地は対象外の規定とみられる。

承応二年令八条目は、宛名からみて長家蔵入地を対象にした法令であり、給人地での適用は想定していない。給人地の本年貢徴租は長家領では当主連頼といえども踏み込めない領域であった。そこに介入したのは寛文六年の半郡検地であり、寛文五年令で給人開への関与を表明したのは、その動きに連なるものであった。したがって、慶安三年令・承応二年令いずれも、給人地での年貢徴収に関わる弊害除去規定はみられず、長家蔵入地での徴租原則、半郡全体に賦課する長家領の平均役や郡万雑・村万雑のような公的経費に関する規定にとどまる。九条目の「万勘定吟味の事」は長家の平均役、郡万雑・村万雑的経費の負担のことをいい、詳細は「十村頭方へ慶安三年の秋書出の趣」で触れたので、それを継承し遵守することと記す。慶安三年令の掲出は略したが、九ヵ条のうち八ヵ条まで長家領平均に賦課した万入用銀・米、半郡平夫、村肝煎雑用米、十村頭が使う番頭賃銀、正月の吉初銀などに関する負担原則を再確認したものであった。

慶安三年令で注目すべきは、六条目で「給人知未進これある百姓、身を売り候か又は拠なき絶百姓前壱人分の平夫並びに万小懸り物代米として壱俵壱斗、給人より其村中へこれを遣すべし」と定めた点である。給人支配下にある未進百姓や退転百姓が負担すべき公的役負担や村万雑的経費の未納分は給人から村中に払うべしとしており、給人支配下の百姓と給人の支配従属関係の強さは、村中というヨコの紐帯より強固であったことがわかる。給人支配下の百姓の問題に、村も長家役人も介入できないというのが半郡支配の現状であった。

また八条目で「地の者・脇の者・あたまふり・小商人等、借米仕りたき旨断りに及び候はゞ、村肝煎方より十村頭に相談せしめ、御代官へ申し理り、人々分限に応じ借用致すべきこと」と下層百姓や小商人の脇借行為について、村・十村・代官のラインで公認した点は、改作法の脇借禁止令と大きく異なる。長家蔵入地ですら脇借禁止は完全実施できず、十村・代官の監督のもとで容認したのが半郡農村の現実であった。

慶安三年令の末尾に列記する「吉利支丹宗旨之事・公儀御諸式之事・御自分万法度之事・耕作之事・収納方沙汰之事・用水使之事・他国他所江猥御領内之者不遣事・行衛不知牢人非人不召置事・諸百姓養子縁辺之事・平夫御普請僉議之事・百姓中間猥に申分不仕事」については、半郡の十村頭五名と三階村源五・酒井村大和・能登部上村市楽・能登部下村永屋ら有力村肝煎が毎月一度、能登部御算用場で寄合をもち、「諸百姓之沙汰万事可申談」と定める。慶安三年令ではこの規定が最も重要で承応二年令にも継承された。その結果、給人支配下の百姓・従属民との紛議や百姓相互の対立・係争は寄合で内済が図られたが、こうした訴訟処理では難問が山積だったと思われる。

この慶安三年令をうけ承応二年令では、上記のほか山手米・舟役・川役など藩領でいう小物成の徴収原則にふれ[27]、牛馬役・棟役を課すときの課税基準である牛馬数や「絶棟」「出棟」の吟味・掌握も命ずる。いずれも半郡で知行所をもつ保守派重臣や給人にとって既得権を侵害されかねない内容を含んでいた。

上記の慶安三年令・承応二年令から、連頼の「改革」がある程度進捗したことは窺える。しかし、次にみる寛文五年令からは、「改革」が停滞していることが如実にみてとれる。連頼の「改革」に対する家中保守派の抵抗・反発は相当激しく、連頼の思い描く方向に郡方支配は改善されず、「改革」は明らかに手詰まり状態にあったとせざるをえない。

寛文五年令は十月八日、郡奉行の河野三郎左衛門・井関兵大夫両名宛に出された一四ヵ条であった[28]。内容上、十村・村肝煎への命令執行を託した指示が多く、二・三・六・九条目は十村頭・村肝煎を介した半郡支配が連頼の思惑通りでないことが明瞭な箇条であった。これをうけ一〇条目で「寄合日に罷出、様子承、それ〲に可申付」、一四条目で「十村ケ条申きかせ、承届候段請書付致させ、為見可申事」と指示する。つまり毎月四日と定めた半郡十村頭等の寄合に郡奉行二人は同席し、そこで相談された案件に個別に対処するよう申し付け、また十村頭として寛文五年令を遵守する請書の提出を強く求めたのである。

半郡「改革」の行き詰まり状況は、二条目で「十村并村肝煎之内寄合所江令懈怠、用所等無沙汰仕候者有之者、無依怙贔屓、有様ニ可申聞事、不罷出様子、寄合所江書付出させ置候而、翌年為見可申事」、九条目で「百姓中迷惑仕候義ハ、十村方より筋目聞届何時ニ而も可申聞事」と下達したことから明瞭であろう。寄合所に集まる十村頭の公務怠慢、御用無沙汰という実情を前提に郡奉行両名に、寄合欠席の実態を報告させ、十村頭・村肝煎らのサボタージュで「百姓中迷惑仕候義」があれば、十村方から「筋目」を聞き取り連頼へ報告させるというのが連頼の対処法であった。このような停滞が生じたのは十村頭・村肝煎のなかに浦野派給人と結ぶ者が相当数いたからで、連頼としては脇百姓層のなかから「改革」を支える人材を求めた。三条目で「脇々之百姓之内ニ而も奇特成心入筋目を定申者、於有之者早々可申聞事」と下達したのは、新たな人材調達に動いたものであった。

六条目で「下々申分、他所之ものかり申事者、随分下ニ而相済候様ニ致、追而可申聞候事」と、在地の百姓・地の者・脇の者などからの訴状、村外の余所者からの借り物（脇借）については内済を優先し、あとで連頼に報告せよと郡奉行に指示した。この規定から寄合所での十村・村肝煎による裁定が機能していないことが窺える。四条目で「物毎早速埒明不及事ニ候者、年寄共江可申越候、年寄共江申遣、永引墓取り不申様義者、必直ニ我等方江以書付可申越候事」と指示する。これも在地の寄合所で相談がまとまらない事が多く、十村・郡奉行レベルで裁定できない案件は速やかに家老らに上げ、そこでも処理に時間がかかるようなら必ず連頼まで書付をあげ報告せよと通達するのであった。

半郡十村五人すべて、また村肝煎の二〇人ほど、脇百姓三〇人ほどが浦野派に与同し「孫右衛門一家の百姓」になった(29)というのが寛文五、六年頃の在地の現実であった。それゆえ連頼が真剣に「改革」を呼びかけても受け皿となる村請支配の担い手が少なく「改革」は停滞した。七条目では山奉行に申し付けおいた御用、とくに竹木切り出し裁許について、河野・井関の両名にも同様の「承届」事務を託し、足軽横目を指し添えると定めたが、これは既にいた山奉行が職責を果たしていないためで、これも半郡支配の停滞を示す。

寛文五年令のもう一つの特徴は、給人新開地への対処がより厳格になった点である。承応二年令の一〇条目で「領内隠田・帳外新開」について「随分聞き出し申すべし」と簡潔にふれるが、給人開のなかに隠田や不法新開地が相当数存在し、それらの把握が課題であったことがわかるだけで、具体的な対策は示されなかった。しかし、寛文五年令では一一・一二・一三条目に半郡新開地の開発許可の原則が明記された[30]。まず一一条目は「去年ニ候哉、申出候新開所、此方よりハ申付間敷候間、百姓中見計次第ニ以十村代官江断、その上ニ両人も様子承、古名之捨さる所ニ候者、代官罷越候由見計申付候様可申談置事」と定めるが、ここでいう「申出候新開所」とは半郡村方から願い出た新開計画と解され、その承認は地元百姓中がまず「見計らい」査定したあと、十村・代官に連絡し郡奉行両名も加わり裁定した。その新開地が古名の付いた由緒ある地なら代官が現地を見分し決めると定めるが、「此方よりは、申し付けない」と述べるので、やや迫力にかける。代官の見分に任すというのは、対象となる新開地は長家蔵入地に限定されたからで、給人地は除外された可能性がある。

一二条目では「当年より侍中開ハ無用ニ可仕事、則横目申付置候間、此通堅可申付事」と給人開の否定を宣言し、給人地も対象としている。この文言の前に「従跡々開所、侍中へも遣申所可有之候に、今荒分於有之者、春よりハ百姓共望次第ニひらかせ可申候」とあり、従来給人らに許可していた古開地のうち現在荒れ分になっているケースに限定し、百姓共の再開発を望み次第に認めた。給人開という制約を打ち破り百姓らの再開発を促す政策といえる。しかし、この古開地を所持・経営する給人名や立地場所等の情報を連頼の執行部は持っておらず、「開所遣候所々之儀ハ永江可存候間、可申聞候」と述べる。永江善助は給人開地に通暁した地方役人であったので、彼に問い合わせるよう指示するだけであった。「改革」執行部は組織として給人開の実態を把握しておらず、事情通の担当者に任せていたので私的利害関係が発生しやすい環境にあった。それゆえ、こうした触書を出しても規制効果は十分でない。その上、前述の通り永江は浦野派に属する者なので、なおさらであった。そこに連輌の打ち出した給人開禁止策の限界があった。このように寛文五年令の随所に「改革」の行き詰まった様相が露呈していた。

慶安三年令・承応二年令・寛文五年令いずれも給人支配の根幹に触れない範囲で、半郡地方支配の規矩を正すものであった。税制では小物成・公的諸役の徴税制度が法的に整備され、郡方の紛争処理に関しては十村頭の寄合所と奉行人（郡奉行・代官など）の寄合所が設置され、願書・訴訟等受付・裁定の体制が整備された。しかし、問題はそれを担う奉行人・十村頭が適切に運用できたかである。承応期に整備された寄合所での十村頭寄合や山奉行などに種々問題があり、「改革」は停滞していた。強固に在地に根を張った給人支配のため紛議や願書の裁定を行うとき、給人権力を背景に縁故・情実・前例が重視され、公平かつ公正な判断を下すのは難しかった。半郡支配の根本問題は強固な給人支配に癒着した十村・長百姓層の保守的態度であり、何を「改革」すべきか方向が見えない状態にあったのではないか。給人開地や文禄以後に開発された高外地に「改革」を及ぼす意欲はあったが腰砕けの感があり、実効性に疑問が残った。事態打開のため連頼が採用した「改革」の決め手が、寛文六年の半郡検地であった。

四節　半郡検地と事件後の「改革」

連頼が計画した寛文六年の半郡検地は、三宅善丞を検地大奉行とし「新開検地」を標榜、三月二日酒井村から始めたが五月に一旦中断、九月二十四日に曽祢村から再開された。この半郡検地は計画段階から浦野派の重臣・奉行たちを一切排除し実行に移されたので、浦野派は連頼の意図を疑い危機感を強め、相互に起請文を交わし結束を固め検地反対行動をおこした。その結果、検地は五月に一旦中断されたのであった。双方の間で和解の交渉がなされたが、九月に検地が再開されると、浦野派は再び妨害工作をすすめ、十一月元連（連頼嫡男）・横山右近（守知・綱紀家臣）を介し連頼に検地中止を申し入れた。また、寛文七年正月には年頭儀礼にこと寄せ、検地反対の十村五人はじめ村肝煎・長百姓らを金沢に出訴させ、家中騒動は金沢城下を騒がす事態に発展する。そこで連頼は元連と浦野一党との和睦交渉を進め、七年閏二月十五日に、①出訴百姓は能登鹿島半郡に戻り農業に専念すること、②半郡検地は中止という和解が成った。しかし、同月十八日、連頼は浦野派の非法・反逆行為を藩年寄衆に提訴し、綱紀の裁定に委ねることになった[31]。つまり、この半郡検地が寛文七年の浦野事件を惹起させた直接原因であった。

慶安元年に長家に復帰した浦野氏は、当初は連頼の半郡「改革」に協力したのであろうが、利常死後、連頼が藩年寄としてより重責を担い、根本的な半郡「改革」に進もうとしたとき、長家内部の守旧派は結束し「改革」阻止に向かい、その中心に浦野氏が居座った。多数の重臣と縁故をもつ浦野氏は守旧派の頭目となり、連頼の「改革」阻止の陣頭にたった。浦野派の執拗な「改革」妨害に対し、連頼は半郡検地の挙に出たが、浦野派との政争は抜き差しならない状況に至り、浦野派は嫡男元連を表に出し検地反対の実力行使に出たのである。これで事件は長家内部の混乱でなく藩が裁定する段階に突入、御家騒動の様相が濃厚となる。藩年寄衆は受け取った連頼訴状をもとに三月二日、浦野一党を拘束、主君である連頼の主張を認め、浦野一門の非道・非法を認めたが、最終裁決は三月五日に江戸参勤に出た綱紀に委ねられた。江戸の綱紀は幕府老中とも相談したが、舅であり当初後見役もつとめた保科正之[32]と協議し八月には最終判決を下した。その結果、浦野一門四〇人に切腹・殺害・蟄居・追放・召放等の処罰が決まり、これに与同した十村・肝煎ら九名も磔・獄門・追放などに処された。その経緯は原昭午・大野充彦の研究成果に詳しく[33]、政治過程等の詳細はそれに譲り、ここでは浦野事件の直接原因となった半郡検地から寛文十一年の長家領収公、藩直轄地に切り替わるまでの動向を概観し、連頼の半郡「改革」の帰趨を確認する。

連頼の半郡「改革」は、寛文七年の藩への浦野一門の非法提訴、浦野事件の公然化という事態に至ってから、むしろ頓挫した印象をうける。浦野事件が起きたあと連頼の「改革」は、かつての勢いをなぜ失ったのか、その点に注意し寛文七〜十一年の動向を検討する。

なお寛文六年春・秋に実施された半郡検地に関しては、すでに大野・原両氏によって経過や性格・背景等につき多くのことが解明されたが、検地実施年について原は寛文六年、大野は従来通りの寛文五年説を採用し食い違っている。私は原の史料批判に学ぶべき点があると考え寛文六年説をとってきたので、本論もその立場を貫く。(34) この検地の性格について両氏とも単なる「新開検地」ではないと論じ、従来の半郡支配の前例に反し、浦野派のみならず長家家臣団の給知における利害を冒す新儀の検地とみている。

連頼は「近年出来候新開迄を改申し付け候、本高・古開は不致吟味」と弁明し、「惣検地」などではないとする。また「本高の内にも在所により水帳これなき田地」「入百姓出入等仕候処」あるいは、草高に見合った収穫米がなく百姓が迷惑している在所で竿入れをすると述べる。(35) この検地をもとに「有体に不足を用捨」するともいい、(36) 減免も予定する検地だと言い張る。こうした連頼の弁明から、かえって新開地に限定する検地でなく、村から要請さえあれば、本高・古開高も検地対象になりうる検地であったことが窺える。

連頼は半郡検地の動機について「十ケ年あまり領内みたりになしおき、検地奉行共ゑこひいきいたし候事共数多」きゆえだといい、嫡男元連へ家督譲渡を意図した検地だともいうが、(37) 多くの長家家臣は、この検地で既得権益を失う恐れを強く抱き、浦野派の反対運動に共感したと考えられる。私は検地反対運動を行った浦野派とは別の、明瞭な反対や妨害はしないが浦野派の行動を内心で支持していた中立派・日和見派が半郡「改革」の障碍になっていたと考えている。彼らの伝統保守の姿勢が天正二十年以来、半郡でなかなか再検地ができなかった根深い理由であった。

連頼に激しく抵抗した浦野派の言い分は、鹿島半郡領というのは、侍だけでなく百姓までも前田家のため命がけで奉公してきたがゆえに「古来よりむかし縄のまゝに数代伝来候田地」であって、それは他国の人も知る特別の知行地であるという自負がまず前提におかれる。利家様以来当代（綱紀代）まで「古風を立て置き、縄入れ申さず候ところ」、三引六左衛門という出頭人が「御為」などと言って百姓たちを動員出訴し途方もないことを提訴し、旧来の伝統を否定する半郡新開検地が計画されたと主張する。この三引の提案に乗ったのが連頼周辺の近習・出頭人、杉野権兵衛・長牛之助・加藤采女らだと決めつけ、元連や家老衆の意見もきかず連頼は検地実施を決断した結果、「新開と名付け、本高の内隠田・開添」にも竿を入れ、抵抗する百姓に縄をかけ打擲する強引な検地を強行したと非難した[38]。

半郡検地に対する両者の言い分からみえてくるのは、連頼は文禄に定まった村高[39]の改定を視野に入れた検地を意図していたことであり、半郡税制の根本的是正を目指していた。長家領では天正二十年以来、検地が実施されず、独自の給人支配を容認しつづけた結果、課税基準となる村高そのものが実態から乖離していた。さらに課税単位が村単位でなく、給人支配単位の所も多く、村請支配がまっとうに機能したのは長家直轄地に限られていたように思う。相給形態の給人知行地であっても、給地百姓と給人は強固な隷属関係を作り、自家の武家奉公人が住み付き給人直営の新開地を耕営するという状態であったから、村請による徴税体制は定着しにくく、十村による村請支配も有名無実化していた[40]。文禄村高の六割に相当する京升高を課税基準とする徴税制度を維持するのが精いっぱいで、給人支配地の面積・石高の増減は約七〇年間不問に付されていた。

藩では元和二年・六年に大規模な能登国惣検地を実施し、これを基準にその後の新開高を別途支配し、徐々に増免を促し本高免に近づけ、個別に村高拡大を行った。その後、改作法実施を契機に無検地で手上高を要求、同時にこのとき多くの新開地を村高に組み込んだことは、旧稿で詳述した通りである[41]。長家領では、こうした再検地と村高拡大の過程がなく、また手上高と一村平均免による村御印税制も採用されないまま寛文期に突入したので、藩領との税制格差は極めて大きなものになっていた。

改作法期に藩年寄として知行所付改めなど実務に参画した連頼は、明暦二年八月の村御印税制施行時の様子を内側から見聞きしたはずである。そのとき、鹿島半郡の税制を省みてどう感じたのであろうか。給人の伝統的権益を尊重してきた結果、半郡全村の石高を一村単位で把握できていないことに焦燥の念を抱いたに違いない。半郡の困窮百姓を救済し強き百姓を育成するための施策は、「改革」のなかである程度実現できたが、半郡の不明瞭極まりない税制を正すには、半郡検地で領内田畠をある程度正確に測量し、田畠の収穫物を米生産高に見積り村高として確定する必要があった。連頼が寛文六年半郡検地を企図した理由は、明暦二年に実現された村御印税制との格差が年々広がっていったことにあった。

利常死後、藩農政の法制化が急ピッチで進み、寛文元年五月に改作奉行が再設置され、綱紀時代の農政は新たに任命された改作奉行と改作所が担った。改作奉行連署の達書が寛文期に連綿と発令され改作方農政が確立するが、長家領では連頼の「改革」が、これに敵対する浦野一門や家臣団内部の空気に支配され行き詰まっていた。寛文六年の半郡検地は、このようなジレンマのなかで構想、実施されたが、反対派の猛反発に配慮し「惣検地ではない」「元連への代替わり検地」だと弁明し、誤魔化さざるを得なかった。しかし、連頼はすべての給人地を対象にした検地を模索していたはずで、本高や古開高も対象とならざるを得ないものであったと考えられる。しかし、浦野派の激しい抵抗と元連の反対で、結局この検地は頓挫した。

浦野事件のあと改めて半郡惣検地は再開すべきであったが、事件後は事件前以上に保守的態度が前面に出てくる。「御家」断絶の危機感のなか家中全体が萎縮し、改作法の導入について極めて消極的であったようにみえる。浦野事件発生の翌年、寛文八年の長家家中の動向と浦野事件後の跡処理に関する法令・覚書等を記録する「浦野一巻（四）」を見た限り、「改作」にふれた覚書は寛文八年正月十日付の一点[42]にとどまり、内容的にみるべきものはなかった。たんに「改作仰付らるにつき、公儀より御奉行相添え申候はば、異儀なく御請けなさるべく候や」と藩から改作奉行等が下向し改作法を実施することになったらどう対処するか、心ならずも藩の改作奉行が改作法を押し付けてくることに対する覚悟を述べるだけであった。また「改作仰付られ御奉行人御極め成され、只今より万事仕様思案いたし候様に仰付らるべきや」と述べ、半郡での改作法実施や改作奉行下向の可能性を憂い、今からその対応を考えるよう仰せ付けられるかもしれないと案ずるのみで、積極的に改作法を受けとめ半郡「改革」を進める意欲は看取できない。ひたすら藩領の改作方農政と半郡の支配様式の違いを比べ、藩領の制度が導入されたときの混乱を小さくすることに腐心していた。寛文八年二月二十八日～三月六日に実施された津田宇右衛門ら藩奉行人による半郡巡検に対する長家の対応も、旧来の伝統・秩序を可能な限り墨守する姿勢が濃厚である(43)。

藩は浦野事件の首謀者らを処罰したあと、事件の原因となった半郡改革の問題については、当面は長家自身の改善努力に委ねるという裁定を下した。藩が半郡支配に介入し、改作法を強引に押し付けるという判断は避け、綱紀の特別の恩恵で従来通り長家が独立して半郡と家中を支配してよいと裁定したので(44)長家家中の保守化は一層助長された。その結果、皮肉なことに寛文七年浦野事件のあと、半郡「改革」は事件以前より停滞する。藩領では寛文十年に周知の村御印調替があったが鹿島半郡は当然除外された。寛文十一年二月に長家屋敷にて家中を集め「改作仰付」がなされたという旧記もあるが、内容的に改作法の実質を伴うものとはならなかった。

五節　寛文十二年の半郡「改作法」

連頼死後、半郡が藩直轄地となって初めて寛文十二年に実施された半郡検地、これと同時に進められた半郡での「改作法」について、ここで具体的な事実確認を行う。結論からいえば、半郡「改作法」は、惣検地にともなう税制改正と徴税体制整備が主たる政策内容であり、百姓・村の救済策にみるべき施策はなかった。寛文十一年までの長家領作食米を引き継ぎ拡充した定作食米制度が注目される程度で、敷借米・改作入用銀といった救済策は実施した形跡がない。それは綱紀時代の寛文農政にもいえることで、百姓・村の救済や農業振興の仕法は寛文農政に準拠していたということであろう。それゆえ延宝七年村御印に引き継がれた税制確立が半郡改作法の中心施策であったと断言してもよい。その外は、おおむね寛文農政の内に包み込まれていた。

寛文十一年から延宝七年までに、改作奉行や半郡十村等が発信した口二郡および旧長家領鹿島半郡を対象とした法令・願等四一点を別表Ⅲ（章末）に一覧した。これを参照し、寛文十二年検地に至る過程、そして検地後の半郡「改革」の行方を見定めたい。

別表Ⅲでまず注意したいのは、藩の改作奉行が初めて半郡に発した法令の日時である。連頼死去前の寛文十一年二月、藩の改作奉行が半郡十村五人宛に走百姓に関する連署状（別表Ⅲ1）を出したが、まだ半郡収公も所替も決まっていない段階なので年記に疑問も残る。しかし、触書の内容を子細に検討していくと、半郡独自の事情を反映した触書と判断され、発給年次は文書写に書かれた寛文十一年二月でよいと判断している。

この最初の改作奉行触書は、半郡からの走百姓は地元に戻っても高も家屋も走人には渡さないという異例の厳しい通達であり、寛文十年七月三日に藩年寄衆が発した諸郡宛の走百姓触書[45]（算用場経由で改作奉行から発信）で、走百姓の召し返しを奨励し一類の者が他国から走人を呼び戻せば罪を許し、以前通り田地所持を認め、呼び返した者に褒美まで出したのと比べ全く異なる対応であった。半郡からの走百姓は、わざわざ召還はしない、帰還しても跡式相続は認めないと定めたのは、半郡の走百姓の多くが浦野派につながる百姓であったからで、浦野事件後も事件の裁定や旧来の既得権否定を不服とし走百姓を行うものがあったからであろう。このような走百姓の帰還は拒否し、浦野派と縁故のない新百姓を取り立てることが藩の方針であった。したがって、この走百姓触書は浦野事件の跡処理という面があったから、半郡収公・所替の決まる前に出されたと理解できる。寛文七年から八年にかけ浦野派に与同した百姓を厳しく処罰したが、それに伴い、半郡では処罰された浦野派給人や十村らと親密な関係をつくっていた百姓・脇の者らが虐待される事件も起こっており[46]、そのような在地の混乱を収拾するため、半郡からの走百姓の帰還をあえて求めず、一旦走百姓に及べば地元に帰れず永久に追放・流浪の身の上になると令したのが、この改作奉行触書であった。浦野事件が在地に与えた深刻な影響ということを想起すれば、この発給年次についても納得できよう。さらに傍証史料を集め、上記の推定を確かめる必要があるが、ここでは半郡の走百姓に関し手厳しい法度が藩からいちはやく半郡に触れられたことに注意しておく。

寛文十二年からの改作法と半郡検地については、寛文十一年十月付の奥村因幡（庸礼）書状（本多政長・横山忠次・前田孝貞宛）ですでに内示されていた。「御領国中は残らず改作に仰付けられ候ゆえ、九郎左衛門（尚連）知行所はこの仕置も替候。自分にては改作の御仕置に申付け候儀、微力及び難き事に候。今度所替仰付けられ、御領分平均の御仕置に成され候へば、是をもって御為宜しき儀に候条、かえって九郎左衛門も悦び奉るべき儀に候事[47]」と述べており、半郡収公・所替のあと藩領と同一の仕置を半郡に広げることは新しい当主（長）尚連の悦びにもなるというのが藩重臣らの認識であった。

こうした藩年寄衆や綱紀の意向を背景に、寛文十二年正月二十二日、半郡の十村四人は連名で検地実施を改作奉行に願い出る（別表Ⅲ2）。その中で、連頼が行った半郡検地について「跡々給人開并百姓開共隠田有之由に付、寛文五年之春御検地端々被仰付候得共」と述べる。検地実施年を寛文五年と記したのは年次を誤記したのであろう。これに続き寛文十一年暮の所替で半郡が蔵入地になったが「高・免御改御座候ニ付先年之草高書上申候、然共」縄打は実施されず、新開高の高付けもなく、「御高之極無御座候間、唯今村々定切ニ惣御検地為仰付、御高相極申様」願い出たと述べる。藩が後押しした願い出かもしれないが、村方の要請をうけ半郡検地を実施するという体裁はこれで整った。しかし、検地実施はやや遅れ秋に行われた。検地の前に村領の範囲を確定する作業も必要であり、それが確実でないと「村々定切ニ」と述べた惣検地にすぐにかかれなかったのであろう。

二月六日の改作奉行達書（別表Ⅲ3）は、周知のものだが、半郡での改作法実施を公式にうたう条書七項目で、半郡十村五人に触れ渡した。条書の部分のみ掲げておく。

[4]一、其方組下当年より御改作ニ被仰付候間、村々百姓手前開作仕廻委細相改、田畠少も麁抹ニ不仕、耕作・植付・草修理等切々村廻仕、別て向後為入念可申事、

一、御改作ニ被仰付候上は、百姓ニ不応諸道具・衣類を拵、或は同名町人え出合振舞仕、或ハ方々え見廻之勤いたし、耕作不情ニ仕儀御停止之事、

一、年忌・志等相当り候節も、成程軽ク可仕事、

一、米・銀頼母子仕間敷候、并むさと諸勧進入申間敷事、

一、余郡並ニ当年より毎歳定作食米御貸被成候間、むさと給失ひ不申、開作丈夫ニ可仕候、御奉行被出貸渡、暮ニ至り本米を以蔵々え為詰申事、

一、百姓入用之ため御郡打銀被仰付候、此外不依何ニ懸物無之候事、

一、百姓中余荷物之儀、村肝煎給米并走者給米、此外有之間敷事、

右之通可得其意候、源五儀は四組共廻、諸事十村相談可申付候、以上、

これが寛文十二年に半郡で実施された「改作法」の要綱である。一条目で十村五人に農作業督励の村廻りを命じ、五条目で定作食米貸与の精励を指示した点は「利常の改作法」の伝統を受け継いだ基本政策である。また二・三・四条目で百姓の勤倹節約と耕作出精を諭した点も改作請書の精神を受け継ぐものである。六条目で百姓の諸出費を抑制するため郡打銀以外は賦課しないとした点は寛文期らしい新たな触書であり、七条目で村の諸入用を村肝煎給米と走者（村番徒）給米の二品に限定したのは旧長家領での伝統を考慮した規定であった。

半郡検地が実施と決まった秋、八月二十六日に検地縄張人六人が選ばれたので半郡十村に伝達された（別表Ⅲ5）。いずれも半郡外から選ばれた検地のプロたちで、砺波郡から三人、射水郡から二人、石川郡松任町から一人招かれた。米の収穫期に検地を実施したのは、作付場所が確実にわかるからであった。続いて九月十四日に算用場から二通の検地条目が検地奉行衆に下付されたが（別表Ⅲ6・7）、この検地条目から「惣高廻り検地」という手法で半郡検地が実施されたことが明らかである。「惣高廻り検地」は村領全域の測量をしたのち、課税対象とならない墓所・荒地・林・道・宮屋敷・用水筋・江指・土居・畦道など「大縄之内抜物」の面積を測り除外するものである[48]。百姓個々の田畠一筆一筆を測り加算していく検地ではないので、収穫作業中でも実施しやすい面はあった。また収穫があったことを現認できるので隠田・新開地の収穫状況も確認しやすかったといえる。

二つの検地条目のうち一〇ヵ条書のほうは、年貢納所せず自分取りになっている新開地や「在郷人居屋敷跡」「手作之田畠」、寺社屋敷地、長連頼の意向で取り置いた屋敷地などについて検地野帳を別立てにし面積を測るよう指示する（別表Ⅲ7）。半郡の村々に様々な特権領域が散在しており、これらを逐一別帳で測地し惣高廻り検地と整合させたことがわかる。普通の惣高廻り検地より相当手間のかかる検地になったことがわかる。しかし、こうした点を裏付ける村側史料が残っていないので、これ以上の言及は控えたい。これだけの惣高廻り検地を半郡六十余村すべてで実施したわけだから、かなりの労力を費したものであろう。

しかし、おそらく十月初めには検地を終え、検地の結果決まった村高と村免をもとに村請年貢の皆済が要求された。全村蔵入地なので、給人支配について配慮する必要は一切なく、一村平均免も簡単に決まった。それゆえ、これだけの短時日で惣検地を終えることができたのであろう。村内耕地の百姓個々の持分確定について様々な問題を抱えていたことも想定できるが、それらは村内で解決するしかなかった。

その意味で、この半郡検地の最も大きな成果は、半郡各村の村境が確定され村高が再把握された点にあったといえ、村請税制の基礎が固まった。そのような検地は、藩領でいえば元和検地に相当する意義を有する。[49]

十月六日に十二年分年貢の納期は十一月晦日とし、年貢皆済状の雛形が示された（別表Ⅲ8・9）のは、その頃半郡検地終了の見通しがたち、村高・村免が決まったからであろう。十一月十六日には金丸・田鶴浜など四ヵ所の御蔵番を二人に増やし給銀・給米支給の方針を明示、御蔵や作食米の蔵番人の人選を終え（別表Ⅲ10）蔵番体制も一新された。これも改作法税制にとって重要な業務であった。このあと半郡十村を宛所とする触書・指示等は激減する。延宝元年六月に改めて半郡十村に対する村付を行い、支配範囲を確定、七月には各村に生じた欠落百姓跡地や潰れ百姓跡田地に十村子弟等を入植させる達書が改作奉行から下付された。また同月、前年に山支配や苦竹役・舟役、田鶴浜塩問屋などにつき旧来の仕来りをどこまで容認すべきか、藩領並みに切り替えるべきか半郡十村からの質問に答えている（別表Ⅲ12・13・14・15）。延宝元年の半郡十村と藩との交信内容は以上の通りで、延宝二年以後も改作奉行から重要な達書・触書が下付されたが、表5－2（二七二頁）によれば、半郡のみを対象にしたものはほぼ消え、羽咋郡・能登郡（鹿島郡）の十村中宛もしくは諸郡十村中宛が大勢を占める。

六節　延宝七年の村御印調替

寛文十二年十月六日に示された年貢皆済状雛形（別表Ⅲ9）は、村高・村免を冒頭に掲げ、「定納口米高」は新京升高で記載、春秋夫銀高を最後に付記し「右皆済之処、如件」と書き、年月の下は「代官　誰」、宛名は「能登郡何村百姓中」という様式であったが、口米は寛文十年村御印調替で採用された新京升基準の新制であった。[50]夫銀も寛文十年村御印と同じ税率とみてよいから、半郡の新税制のうち小物成以外すべて、この雛形に盛り込まれていた。[51]おそらく半郡六十余の村々に十村代官が配置され、半郡検地で決まったばかりの村高・村免にもとづく年貢収納がまさに始まろうとしていた。この折、各村に村御印が下付された可能性がある。別表Ⅲの限りでは小物成について、どこまで新税制への対処がされたか不明なので、寛文十二年の村御印発給という推論はしばらく保留せざるを得ないが、連頼時代の承応二年令や寛文八年七月の諸役等請書を想起すれば、小物成税制を藩領のそれに近付ける作業は寛文十一年までにある程度行われていた[52]。十二年秋までに半郡の小物成税制を藩領並の形式に刷新した可能性は十分ある。それゆえ、少なくとも翌延宝元年の収納時期までに半郡最初の村御印が下付されたとみてよい。このように断言する理由は延宝七年村御印作成の準備作業にふれた十村能登部村市楽書状写（別表Ⅲ39）に「村御印御調替之儀」という文言があったからである。この書状写の全文を掲げておこう。

［5］

尚々村御印御調替之儀、村肝煎へも御さた御無用ニ候、以上、

能登郡之内半郡分村御印、殿様御帰城被為成次第、御直之御印被御成替可被遣由ニ御座候間、村高・物成并品々役銀高目録仕、委細書上可申由、桐山喜兵衛様被仰渡候、則跡々余郡より上り申村切之書出写可遣旨ニ付遣候、猶以大事之儀ニ候間、村之書出相違無之様可被入御念候、出来以後四組被御談、一統ニ御上御尤ニ存候、以上、

（延宝六年）六月十日　　能登部村一〔市〕楽

兵衛様・権正様・大老様・宗八殿

現在、もと長家領であった鹿島半郡の村々に延宝七年三月十三日付の村御印が時折り残っており、関係の自治体史に載せるが[53]、その全体は「加能越三箇国高物成帳」の鹿島郡の冊子に掲載された村御印写留[54]で確認できる。そこに示された六二通の延宝村御印は、その後の半郡税制の基本文書となり、他郡の寛文十年村御印と同じ役割を果たした。しかし、上掲の十村市楽の書状に「御直之御印被御成替可被遣由」「村御印御調替之儀」とあるので、現存の延宝村御印は初めて下付したものでなく再発行のものとしなければならない。すでに寛文十二年検地直後に発給された村御

印があり、それらを回収し延宝七年に改定された村御印が各村に届き、それが「加能越三箇国高物成帳」に掲載されたのである。

市楽書状の年記は延宝六年と判断されるが[55]、その要点は「綱紀様が帰国され次第、村御印の調替を行うので、速やかに村高・物成、品々役銀高の目録を書き上げ提出せよ」という指令が桐山氏から届いたという所にあり、綱紀の帰国に合わせ半郡の村御印改定が計画されていたことは明確である。しかし、十村からの税目・税額の書上、その点検に手間どったのであろう、村御印の改定発給は延宝六年中に実現できなかった。翌七年にずれ込み三月六日に算用場から半郡十村四人に「村御印之儀ニ付而、萩屋村・尾崎村・浅井村先年之帳面ニ有之候ハ、何れ之村御かり高之利かりしらへいたし、早々夜通ニも可参候」という通達が届いた（別表Ⅲ40）。村御印発給日（三月十三日）直前まで下調べや確認作業が続いていたことがわかる。綱紀の参勤が目前に迫っていたので、何とか三月十三日付で発給したが、実際の作業完了は遅れたのかもしれない。ともかく綱紀の参勤前にようやく半郡村御印の「調替」が成ったのである。それゆえ現存の村御印は半郡最初の村御印でなく再発行のものといわねばならない。最初の村御印発給は寛文十二年九月の半郡惣高廻り検地の直後とみるのが妥当であろう。

次に現存の再発行村御印六二通を活用し、延宝の村御印税制が何を成し遂げたのか確認したい。六二通の村高合計は五万一一〇六石で、半郡収公時（寛文十一年）に藩に報告した三万四五三五石を大幅に超える増高が実現された[56]。長家の半郡表高三万一〇〇〇石を基準にすると約一・六五倍、寛文十一年高に対して約一・五倍の郡高拡大であった。しかし年貢高ベースでみると、わずか八％、一七五四石の増加にとどまる[57]。寛文十一年の長家報告では村高に対し村免はほぼ六割であったが、延宝七年村御印の村免平均は四つ四歩なので定納高そのものに差はあまりない。半郡収公後の検地で実現した年貢増収額は、決して大きくなかったのである。

延宝七年村御印に手上高・手上免・敷借米の記載はない。「利常の改作法」を経ていないことが原因で、綱紀時代になって初めて下付されたことによる特質である。とくに手上高・手上免を実施しなかったことは注目される。寛文十二年検地で手上高・手上免を梃子にした露骨な増徴がなかったため、年貢増収額は小幅になったと判断される。それゆえ、単なる増徴目的の検地と判断するのは早計であり正しくない。むしろ全域を藩直轄地とし、給人地で搾取されていた非公認の負担を一掃し、本年貢では恣意的な免付が排除され平均免に統一された。長家や藩に入る年貢収入自体あまり変化はなかったが、不当な役負担が延宝の新税制で一掃されたことは半郡百姓等にとって画期的な改善であった。

ただし長期的にみると、村にとって延宝村御印高は決して甘い高付けではなかった。十九世紀初頭までに新田高の本高化や検地引高によって村高変化がおきたが、結果として半郡全体で八三九三石の減少をみ、郡高は四万二七一三石まで減石している(58)。村免は一～二歩の増免があった五村以外全く変化がなかったので、年貢額も三千石以上減った。半郡収公・長家領所替によってようやく実現した半郡検地と改作法は、延宝村御印に依拠した新税制をもたらしたが、それは半郡百姓にとって益することが多かった。それが連頼の目指した「改革」にどれほど一致していたのか今は確かめようもない。

寛文七年の浦野事件のあと長家は結果として旧領を失ったが、皮肉なことに旧長家領住民に与えた利益は大きかった。そのような視点から連頼の目指した「改革」は再評価されるべきで、藩も単に増税だけを目的に連頼の半郡「改革」を引き継ぎ、改作法を実施したわけではなかった。連頼も綱紀も安定した村社会、強い生産基盤と百姓経営をめざし郡方支配の改革を行っており、税収増はその結果として期待されたのである。

半郡改作法の主要課題であった村御印下付が実現されたことで、半郡農政は一気に他郡に近づき、他郡とくに羽咋郡・鹿島東半郡と歩調を合わせた農政が実施できるようになった。口郡農政の平準化が、半郡検地のあと延宝初期に急テンポで進んだ。その様相は別表Ⅲの典拠である「司農典一」に掲載された触書等の発信人・宛所を概観するだけ

表5-2　司農典（一）掲載文書宛先の分類

宛先／年次	半郡限定	口2郡限定	諸郡・能登4郡宛
寛文11年（亥）	1		
寛文12年（子）	10	1	1
延宝元年（丑）	2	1	1
延宝2年（寅）	1	7	3
延宝3年（卯）		5	4
延宝4年（辰）		2	1
延宝5年（巳）		1	1
延宝6年（午）			1
合計	14点	17点	12点

でわかる。「司農典一」は、寛文~宝永期の口郡宛法令を主に集めた編纂法令集であるが、表5-2では「司農典一」に掲載する寛文十一年から延宝六年の触書・達書・指示等に関し、宛所を①旧長家領半郡十村など半郡に限定されたもの、②羽咋郡・能登（鹿島）郡宛、③諸郡・三ヵ国・能登四郡の十村・扶持人中宛の三つに分類し発給件数を掲げた。その結果、半郡限定の触書等は寛文十二年がピークで延宝三年以後見えなくなる。延宝三年以後の改作奉行達書は口郡宛もしくは諸郡宛のみとなった。「岡部氏御用留（一）」は延宝期の能州郡奉行宛触書や郡奉行発信文書を主に収録するが、こちらでも延宝二年の授受文書三五点のうち半郡十村に限定されるのは三点（別表Ⅲ17・21・24）であった。延宝三~八年の間の半郡十村宛は年に一、二点散見される程度で、別表Ⅲには半郡宛のみ掲載した。

以上から延宝三年頃、旧長家領半郡を意識した農政は口郡農政もしくは三ヵ国全体の農政に吸収され平準化されたとみてよい。その結果延宝六年、村御印改定が日程に上り延宝七年三月に村御印改定が実現した。したがって、半郡の改作法は寛文十二年に基本的な作業を終え、延宝期は村御印に依拠した新税制を口郡並みの体制で試運転し、延宝七年の村御印改定で試運転にもピリオドをうったのである。なお、最初の村御印と現存の延宝七年村御印の差異については不明である。

おわりに

六つの節にわけ長家領鹿島半郡における改作法の具体相をみてきた。藩年寄衆に抜擢され「利常の改作法」の執行部として活躍中の長連頼が、改作法の影響をうけ慶安〜明暦期に半郡支配「改革」に最初に取り組んだことを、従来よりも鮮明に示すことができたのではないか。しかし、連頼の「改革」は寛文五年には明らかに限界にきており、反対派の激しい妨害にあっていたことも明確にできた。こうした事態を、原昭午・大野充彦らによって解明された浦野事件の政治過程分析などを参照し総合的に読み解き、連頼の意図した半郡検地が挫折した経緯や背景も検討した。その結果、浦野事件後の連頼とその家中は「改革」に対し後ろ向きになったことも浮かび出た。しかし、藩はあえて連頼に改作方農政の導入を強制せず、長家主導の「改革」に任せた。そのような模索期間が四年ほどあって連頼の死を迎えた。連頼死後ようやく半郡収公・所替を断行、寛文十二年に半郡検地と改作法を一気呵成に実施した。半郡の改作法はほとんど寛文十二年に集中し、村御印税制が半郡に導入されたことを明らかにした。現存の延宝七年村御印は再発行であることも今回初めて確認できた。また長家領三万三千石のうち鹿島半郡以外で給与された二千石分の知行地では、半郡と異なり「利常の改作法」が他の給人領同様に実施されたことにも注意したい。

このように寛文十二年の半郡「改作法」は、綱紀政権のもとで寛文農政の一環として実施されたが、「利常の改作法」と比べると異なる点が多々あった。まず手上免と無検地による手上高が特徴である明暦村御印に対し、寛文十二年村御印および延宝七年村御印は惣高廻り検地を実施したうえで御印高・御印免を確定したことは大きな相違点であった。検地なしの村御印と惣高廻り検地に依拠した村御印では、結果は同じでも政策意図に違いがあったとみなければならない。利常が無検地にこだわったのは、村の主体性や十村による在地掌握能力を評価しそれに依拠できると確信したためである。綱紀政権が半郡検地を速やかに惣高廻り検地方式で実施し税制の基本を定めたのは、旧長家領で長らく惣検地が実施されていない事情のほか、十村や村肝煎が浦野事件を契機に大幅に更迭され、新たに登用された十村・村肝煎の在地掌握の力がいまだ十分でなかったという背景が考えられる。連頼が企画し頓挫した半郡検地を成し遂げるという面もあった。また、手上免を強要しなかったことも綱紀の寛文農政の特徴といえよう。

「利常の改作法」との相違の第二は、村・百姓救済策が半郡改作法ではやや簡素であり、利常ほど重厚ではない点である。敷借米の項目が半郡の村御印に記載されないことが、その象徴である。脇借禁止令は綱紀の寛文農政において動揺しており、政策転換が求められていた[59]ので、寛文末期に敷借米を半郡で実施することはあり得なかった。救済策は連頼の始めた御貸米すなわち作食米貸与を定作食米制度に一本化するというのが寛文農政の基本であった。寛文農政と「利常の改作法」では百姓救済のメニューに明確な違いがあった。それが半郡改作法に反映されたといえよう。

こうした相違にもかかわらず、寛文十二年の半郡改作法、「利常の改作法」ともに共通した政策基調がある。開作奨励すなわち強力な農事指導で強い農村を作ること、村御印税制にもとづく明確な年貢増徴志向、諸産業振興などである。それは「利常の改作法」、連頼の半郡「改革」、綱紀の寛文農政に通底するといってもよい。そのベースにある精神は利常が種をまいて継承されたものである。「利常の改作法」は、こうして時代や地域を超え広がっていくなかで表層の姿を様々に変化させていった。「狭義の改作法」論に固執するのは、史料用語に立脚した概念の明確化、これを方法上の戦略とし、「改作法」という言葉が背負う意味の変容・拡散、多義性を丁寧にみていく必要があると考えたからである。

一〇〇年にわたる鹿島半郡での独自支配のなかで形成された給人支配権とそれがもたらす病弊が、連頼の半郡検地をきっかけに表面化し、藩への提訴、半郡収公・所替という激変を誘発、給人支配の弊害が一掃された点も注目される。連頼の半郡「改革」に対する反発の根深さを考えると、「利常の改作法」を強引に長家に押しつけなかった藩の判断の賢明さも頷ける。同時に給人支配を弱体化・形骸化させるには、所替が極めて大きな効果を発揮するということを長家領鹿島半郡の事例はじつに明快に示している。幕藩領主支配における給人支配権の重要性や影響力の大きさはつとに指摘されているが[60]、領知替の効果・影響については他藩の事例との比較検証がぜひ必要である。

長家領の所替では半郡全部蔵入地化で押し切ったことが特徴であり、こうした手法がとれたのは巨大藩ならではの強みであった。長家領三万一千石すべてを蔵入地とし、替地を与えるだけの領土的余裕があったがゆえに断行できた政策である。一〇万石未満の大名では簡単にできない政策である。支藩を分出しなお一〇郡一〇二万石もの領知をもつ巨大藩の実力を背景に、給人知行のもたらす弊害を一掃した事例であり、そうした視点をもって、他藩の給人支配権容認策との比較をすすめることが肝要なのであろう。

注

(1) 長家領鹿島半郡領有から半郡接収に至る経緯は、日置謙『石川県史 第二編』(一九三九年再刊)、若林喜三郎『加賀藩農政史の研究 上巻』(吉川弘文館、一九七〇年)が詳しい。また戦後刊行された鹿島郡内の町史(『田鶴浜町史』一九七四年、新『鹿島町史』一九八五年、『新修七尾市史15 通史編Ⅱ 近世』二〇一一年など)でも概要が示される。なお一九七一年の深谷克己・吉武佳一郎・保坂智「寛文七年加賀藩検地反対騒動の検討—いわゆる浦野事件について—」(『民衆史研究』九号)と前掲若林著書は、戦後の浦野事件研究の到達点を示す。その後一九八四年に原昭午「浦野一件覚書」(尾藤正英先生還暦記念会編『日本近世史論叢』吉川弘文館)・大野充彦「加賀藩における長家と浦野事件」(『日本海地域史研究』六輯)が公表され、原「浦野一件について—長家と百姓—」(永原慶二ほか編『中世・近世の国家と社会』東京大学出版会、一九八六年)とともに浦野事件の政治過程は掘り下げられ家中騒動としての実態解明が進んだ。また拙著『織豊期検地と石高の研究』(桂書房、二〇〇〇年)の第七章〜第九章で、鹿島半郡独自の石高制・在地構造・徴税制度に関し基礎的考察を行った。

(2) 半郡支配「改革」については、注1大野論文で提起され、慶安三年令・承応二年令が詳細に考察された。

(3) 注1原論文一九八六。このなかで原は、長家領の改作法実施は連頼死去直前の寛文十一年二月のことだと主張、連頼死後、半郡収公のあとに改作法が実施されたとする若林説に異議を唱えたが、私は若林説が妥当と考えている。原が依拠した「寛文十一年改作之事」(「雑記」長家文書九八号収録、なお長家文書は現在穴水町立歴史民俗資料館が保管、一部は長家所蔵である。また石川県立図書館に写真帳を架蔵する。史料番号は『長家史料目録』一九七八年により以下適宜注記する）は信頼度に疑問がある。ここに書かれた「改作」文言の評価は慎重にしたい。

（4）「長家家譜」第五巻（『長氏文献集』石川県図書館協会、一九三八年）、注1若林著書。とくに寛文十一年十月二十二日付奥村因幡書状（長家文書二一四号）は、連頼死去後の長家処遇とその意図を一一ヵ条にわたり詳細に語る重要文書である。『加賀藩史料 四編』はその一部のみ抜萃掲載する。なお寛文十一年七月付の長尚連宛の家督相続を認めた領知宛行状（長家文書二八五号・二八六号）に長家領三万一千石は越中・加賀に所替と記す。所替先は不明であるが河野三郎左衛門宛の寛文十二年知行所付目録によって越中ほか石川郡・河北郡に細分され領知を得たとわかる（河野文庫、金沢市立玉川図書館蔵）。これによって長家とその家中は鹿島半郡との結びつきを完全に絶たれた。残された村方・十村中と藩との新たな関係構築は寛文十二年から本格化する。

（5）注1若林著書は寛文〜延宝期に展開した農政を「改作体制の確立」という視点から総合的に検討したが、これを本書では「寛文農政」と略称する。

（6）寛文十一年まで長家領鹿島半郡で改作法が実施されていなかったという事実があるにも関わらず、口郡の郡方支配が統一されたのはいつか、その過程で軋轢や矛盾がおきていないかなどの問題を不問に付したまま、自治体単位の叙述に終始したように感ずる（『田鶴浜町史』『鹿島町史』『新修七尾市史15 通史編Ⅱ 近世』など）。

（7）注1大野論文。大野は連頼の半郡「改革」は改作法との関連で検討されるべきとし将来の課題とした。大野の指摘をうけ注1拙著で前提となる長家による寛永期の年貢・諸役徴税制度を検証したが、改作法との関連について具体的な検証に至らなかった。この課題に応えるべく本章を草した。

（8）『新修七尾市史4 村方編』（二〇〇九年）第三章第五節「長家領における改作法」。第四章別表Ⅱ28・31・32・33に掲載。

（9）『加賀藩御定書 後編』（石川県図書館協会、一九八一年再刊、初刊一九三六年）巻十四。

（10）「検地一巻」（長家文書七八八号）。第四章別表Ⅱでは四点のみ例示的に掲げる。史料1・2は別表Ⅱでは割愛されている。

（11）「明暦二年村御印之留（羽咋郡）」（「加能越三箇国村御印之留」、加越能文庫）、寛文十年村御印は「加能越三箇国高物成帳（羽咋郡）」（加越能文庫）、『日本歴史地名大系17 石川県の地名』（平凡社、一九九一年）。

（12）須田は「寛文六年 御家中侍帳」（長家文書八一六号）によれば中村八郎左衛門・小林平左衛門組に属し五〇石取であった。浦野派であることを示す黒点は付されていない。
（13）元和五年四月付「前田利常知行所付目録（長安芸守宛）」（長家文書二八二号）に記された能登七ヵ村は、押水の吉田村（三四五石余）・同平床村（八九石余）、村松町井村（二八五石）、松波の宮犬村（一〇〇石）、鳳至郡大熊村（一〇石）、鹿島郡新庄村（一六九石余）・同国衙村（九升二合）であった。加賀の四ヵ村は石川郡部入道村（六五〇石余）、河北郡竹又村（二八〇石余）・五反田村（二一八石余）・別所村（一一石）だが、知行高から大半は相給であった。なお「村松町井村」は村御印では町居村であり、初期に村松村とも呼ばれた（近世後期に活躍した文人豪農で知られる村松標左衛門の居村）。また寛永五年（一六二八）七月五日付「前田利常知行所付目録（長連頼宛）」（長家文書二八四号）によれば、能登奥郡の連頼領一一〇石が新川郡に所替されたことがわかる。寛文十一年の「加州三郡高免付御給人帳」（十村後藤家文書、石川県立歴史博物館蔵、同館『紀要』一一号、一九八〇年）によれば、長連頼は河北郡桐山村（一一石余）・同郡戸室新保村（二〇〇石）で知行を得ているので、半郡外の知行地で寛文十年まで何度か所替があったことは明確で、能登の千石分でも元和五年以後に何回か変動があったと判断できる。
（14）注1大野論文は、すでに表5-1掲出史料（「慶安三年分～寛文四年分御貸米算用状」河野文庫、金沢市立玉川図書館蔵）に注目し、半郡改革との関連を論ずる。
（15）注1大野論文では、長家領の貸米高が寛文期に激減したことに言及し、浦野派が関与したためと推定するが、連頼主導の「改革」の軌跡をもの語るものと解するのが妥当であろう。
（16）注1大野論文。
（17）注4「長家家譜」第五巻、長家文書（二八一号・二八二号・二九九号・三〇〇号など）。
（18）注4「長家家譜」第五巻より重要事項を摘記。
（19）拙稿「加賀藩改作仕法の基礎的研究（慶安編）」（石川県立金沢錦丘高等学校『紀要』二二号、一九九四年）の一章「改作仕法直前の前田利常と金沢年寄衆」。
（20）河野文庫、金沢市立玉川図書館蔵。一連の連頼書状の宛名である河野家五代藤兵衛は寛永四年家督相続し、郡奉行・足軽頭をつとめ延宝八年に隠居、貞享元年（一六八四）死去した（文政十二年「河野久太郎先祖由緒并一類付帳」河野文庫）。慶安から承応二年は杢之助、明暦元年以後は三郎左衛門、延宝期は藤兵衛と名乗ったことが河野文庫の古文書などからわかる。それゆえここで紹介した連頼書状の下限は浦野事件が始まった寛文六・七年頃と推定している。

(21) 二〇点の中には連頼の娘二人および女衆の名義での払米に関し、宮腰での米価を再三河野に確認している書状もあった。河野の職務や連頼の財政運用を考えるとき注目される。

(22) 長家文書七八九号。注1大野論文は慶安三年令・承応二年令に関し、浦野派の「私曲」露見を誘発する面があったと評価し改作法との関連を示唆したが、本論ではとくに「利常の改作法」との関連に注意し考察を深める。

(23) 宛名八名は河野杢之助・河嶋茂兵衛・永江善助・岩間覚兵衛・小原次郎右衛門・三引六左衛門・河嶋理左衛門・宇留地又右衛門である。このうち小原は鳥越村作食米一件史料で長家領の代官職をつとめ、河野は郡奉行または代官とみられる。注1大野論文の浦野派給人一覧（表Ⅲ）によれば、岩間は代官、永江善助は「知行所算用人」であった。

(24) 注1大野論文に掲載する浦野派給人一覧（表Ⅲ）。宇留地又右衛門は、寛永十七年分代官所算用を点検した能登部算用場の奉行だが（注1拙著第八章）、浦野派重鎮で頭目孫右衛門の娘婿宇留地平八の一類の者と推定される。

(25) 承応二年令では、十村等の寄合日を七月・十二月は四日・十五日の二回とし、寄合日の夕食や「菜酒」の提供、小遣夫についても規定する。なお、七月・十二月の奉行人寄合日も月二度（十日・二十日）とし、同様に夕食・菜酒・小遣夫についても規定する。

(26) 注1拙著第八章。

(27) 「百姓御定」（長家文書七八九号）は前述の三つの触書のほか明暦二年四月二十三日付長連頼書状（永江善助宛）を載せる。その内容は「在々山手米、毎年礼銭米、川役銀米」を穿鑿し納所を命じたもので、連頼による小物成税制拡充の意図が読み取れる。

(28) 井関は寛文六年半郡検地の際、郡奉行として参加（注1大野論文の表Ⅴ）、河野は前述の通り郡奉行であった。指令内容からみても両名を郡奉行とみて問題ない。

(29) 連頼が寛文七年閏二月十五日付で清書した「口上之覚」（長家文書、『加賀藩史料 四編』収録）の一七ヵ条目。

(30) 一三条目は新開許可に関する布令であるが、給人開との関連がわからず解釈が難しい。
(31) 注1原論文一九八四・大野論文。両者の意見の違いは後述する。
(32) 綱紀の正室ますの実父。前将軍家光の弟でかつ幕政にも参画する要人。「松平肥後守」と名乗る。利常は自分の死後は保科に綱紀の後見を託した。
(33) 注1大野論文・原論文一九八四・一九八六。
(34) 注1原論文一九八四の史料批判が説得的であり、寛文七年初頭に十村・百姓が金沢出訴したことも六年説のほうが合理的に説明できる。また寛文五年説では、三節で検討した寛文五年十月令に全く検地のことが触れられず、それによって出来した対立状況も全く窺えない。しかし、史料によっては「寛文五年」とするものもある。
(35)(36)「長連頼覚書状案」(長家文書九七二号)。「浦野一巻(一)」(長家文書一一九〇号)。『鹿島町史 資料編(続)上巻』一九八二年、八五二・八五三頁。
(37)「長連頼口上覚案」(長家文書九七一号)。「浦野一巻(一)」(『鹿島町史 資料編(続)上巻』八五九頁)。
(38)「浦野兵庫・阿岸掃部連署言上書」(「浦野一巻(一)」『鹿島町史 資料編(続)上巻』八三二頁)。なお、原は半郡検地の構想は加藤采女らが行い、連頼自身深く関与していない可能性を指摘するが、私は連頼の強い指導のもと実施された検地とみている。原は加藤派も浦野派もともに保守的で、給人知支配の伝統を擁護する立場にあったと指摘するが、その視点は継承したい。
(39) 注1拙著第七章で、文禄二年(一五九三)に作成された半郡水帳に記載された村高は天正二十年検地高を一率一・四五倍に換算し決まったことを明らかにした。
(40) 注1拙著第八章・第九章。なお、京升高や文禄検地帳高がそもそも実態と乖離、徴租制度を根本的に改革するには給人地も対象にした惣検地で、各村の村高を再度正確に把握することが前提となる。
(41) 拙稿「加賀藩成立期の石高と免」(若林喜三郎編『加賀藩社会経済史の研究』名著出版、一九八〇年、初出一九七七年)。
(42)「浦野一巻(四)」(長家文書一一九〇号)収録の正月十日付「検地等につき申渡覚」(『鹿島町史 資料編(続)上巻』九五六頁)。

(43)「浦野一巻(四)」収録の藩巡見使関係覚等(『鹿島町史 資料編(続)上巻』九六四~九七七頁)。
(44)寛文十一年十月二十二日付奥村因幡(庸礼)書状(木多政長・横山忠次・前田孝貞宛。長家文書二一四号、注4「長家家譜」第五巻)の四条目で、寛文七年に浦野孫右衛門父子一類縁者が大勢徒党を組み「領分の百姓かたらひ、非義を企て徒党を結び候儀、常々故九郎左衛門仕置悪故に候」と批判し、公儀の先例によれば「改易仰付けらるるか、知行所替仰付けられ候」と指摘し、連頼もその覚悟をし保科正之もそう考えていたが、綱紀は祖父連龍の功労と連頼の律儀な奉公ぶりに免じ「前々の如く指し置かるべき旨」を強いて主張し、その通り実行されたと述べる。
(45)「司農典二」(加越能文庫)、『藩法集4 金澤藩』(創文社、一九七四年)五一九頁所収。
(46)注1原論文一九八六。
(47)注4・44で紹介した寛文十一年十月二十二日奥村因幡(庸礼)書状。
(48)深沢源一「加賀藩成立期の検地と村の内検地」(高澤裕一編『北陸社会の歴史的展開』能登印刷出版部、一九九二年)、田上繁「前田領における検地の性格について」(『史学雑誌』一〇二編一〇号、一九九三年)。拙稿「貞享三年宮腰検地と惣高廻り検地」(『市史かなざわ』六号、二〇〇〇年)・「縄張人石黒信由の惣高廻り検地」(『富山史壇』三六号、二〇〇二年)でも加賀藩の惣高廻り検地を論ずる。
(49)注1拙著第五章、注41拙稿。
(50)「新京升」と注記するので、口米は藩領の寛文十年村御印と同じ定納一石につき一斗一升二合であった。
(51)本年貢・口米・夫銀、小物成を村御印に記載し、これ以外の課税を認めないという藩主発行の証文が村御印であるが、村御印に記載されない税としては、村入用や郡・十村組などの地域運営に必要な経費(郡打銀・郡万雑、組万雑など)があった。寛文十二年二月付の半郡改作令(前掲史料4)で郡打銀、村入用の基本を定めるので、寛文十二年中に半郡税制の大要は固まっていたとみてよい。
(52)承応二年令では舟役・山手米・牛馬役などについて規定し、寛文八年七月に半郡十村が出した「諸役等御一書之請書」(『鹿島町史 資料編(続)上巻』九七五~九七七頁)では棟役・山役・舟役・わな役・平夫の課税基準について藩領の役との比較検討を行っていた。

(53) たとえば『鹿島町史 資料編(続)下巻』(一九八四年)に小田中村、『鹿西町史』(一九九〇年)に徳丸村の村御印原本を載せ、『新修七尾市史15 通史編Ⅱ 近世』(一九二頁)には三階村御印の写真を掲載する。

(54)「加能越三箇国高物成帳」(加越能文庫)。「加能越三箇国高物成帳」は寛文十年に再発行された村御印を藩領のほぼ全村にわたり写し取った写本集として知られ広く利用されるが、旧長家領で発給された延宝七年村御印や寛政年間に発給された旧天領・土方領の村御印なども掲載する。それは「加能越三箇国高物成帳」の編纂事情によるもので、十九世紀初頭に編纂したとき、その時点の十村組単位に各村で所持している村御印を調査し掲載したことによる。したがって能登天領の村々については、十九世紀初頭時点での支配区分で村御印を調査したので、寛文十年時点と異なることもあるので留意する必要がある。旧長家領の延宝七年村御印六二通も十九世紀初頭の鹿島郡の支配関係に依存している。何かの事情で漏れた村があるかもしれない。

(55)「岡部氏御用留(一)」は延宝六年の文書として載せる。また延宝六年六月二十一日に藩主綱紀は帰国するため江戸を出た(『加賀藩史料 四編』)ので、本文の内容とも一致し延宝六年とみて問題ない。

(56) 旧長家領六二ヵ村の延宝七年高は、延宝七年村御印面(「加能越三箇国高物成帳」加越能文庫)の冒頭に書かれた草高の合計(ほかに同一村免とされた新田高三三一石があった)である。寛文十一年高は「能州鹿島半郡高免付之帳」(「寛文十一年御上江上帳之扣」長家文書一〇六号、『鹿島町史 資料編(続)上巻』一〇四六頁収録)に記載された五九ヵ村の村高集計値である。

(57) 注56の典拠により、寛文十一年の村高・村免から年貢高を算出すると二万六八七石となり、延宝七年の村御印高と村御印免から年貢高を算出すると二万二四四一石となった(ほかに同一村免新田高の年貢一四二石余があった)。その差額を本文に記した。寛文十一年と延宝七年の村数の違いは、寛文十一年データに萩屋・尾崎・浅井村を欠くためである。なお、「原山分」「後山分」については寛文十一年の各村高に含むものと解釈した。

(58) 十九世紀初頭の村高・免は、延宝七年村御印写の直前に記載されるので、同様に六二村の村高を集計し得た。

(59) 脇借禁止の基本政策が寛文・延宝期、動揺していたことは終章でふれる。

(60) J・F・モリス『近世日本知行制の研究』(清文堂出版、一九八八年)、高野信治『近世大名家臣団と領主制』(吉川弘

文館、一九九七年）、白川部達夫『旗本知行と石高制』（岩田書院、二〇一二年）など。

別表Ⅲ　鹿島半郡改作方農政史料一覧（寛文11年～延宝７年）

	和暦	発信者	宛名	発信内容（下線部は重要な指示箇所・要点を示す）	典拠
1	（寛文11）亥年２月	園田左七・河北弥左衛門・中村弥兵衛・中村助左衛門・毛利又大夫・水上喜八郎	三階村源五・芹川村兵衛・能登部村市楽・高田村権正・笠師村大老	耕作を粗末にし居村を出奔した走百姓は、御国を嫌い父祖相伝の名跡を捨てたものであるから、高持であれば持高は没収し家財も闕所とする。たとえ居村に戻っても持高も家も渡さない。取り上げ高は耕作入精の百姓に作配させ、走り者の子弟や一類には渡してはならない。親跡式相続は認めない。	司農 ＊
＊	寛文11年３月			長連頼、死去。尚連に家督相続。11月までに領知替、半郡収公	＊
＊	寛文11年７月			綱紀、郡名を変更（鹿島郡→能登郡、河北郡→加賀郡）	＊
2	寛文12年正月22日	芹川村兵衛・能登部村市楽・高田村権正・笠師村大老	改作奉行	給人開・百姓開などの隠田把握の検地が寛文５年に仰付られたが、家中騒動のため頓挫した。ところが昨年暮に領知替があり、鹿島半郡は蔵入地になったので、再度村ごとの百姓持高を決定すべく半郡検地を願う。	司農 ＊
3	（寛文12）子２月６日	園田左七・河北弥左衛門・中村弥兵衛・中村助左衛門・毛利又大夫・水上喜八郎・大坂松原八郎左衛門	能登郡半郡　十村５人	半郡の十村五組にて改作法仰付がなされた。耕作監督の村廻りや作食米について触れる。	司農 ＊
4	（寛文12）子２月22日	能登部村市楽等５人	改作奉行	去年年貢皆済の褒美に、三階村源五・芹川村兵衛・能登部村市楽・高田村権正・笠師村大老の５人に金１両宛下付につき、お礼の請取状。	司農
5	（寛文12）８月26日	中村弥兵衛・中村助左衛門・園田左七・河北弥左衛門・毛利又大夫	能登部村市楽・笠師村大老・三階村源五・芹川村兵衛・高田村権正・相神村弥六・中居村三右衛門	半郡検地につき検地縄張人６人を選任したので、能登の十村らに伝達。	司農
6	（寛文12）子９月14日	算用場	検地奉行中	寛文12年半郡検地実施につき高廻り検地の条目を伝達。	司農

7	(寛文12) 子 9 月14日	算用場	検地奉行中	寛文12年半郡検地条目の追加10ヵ条。寺支配田地や在郷武家屋敷地などの検地原則を示す。	司農
8	寛文12年10月 6 日	園田左七・河北弥左衛門・中村弥兵衛・能州中村助左衛門・能州毛利又大夫・大坂水上喜八郎	羽咋郡・能登郡　扶持人中・十村中	今年の年貢皆済期限は、蔵入地・給人知共11月晦日切と通達する。	司農
9	寛文12年10月 6 日			金沢詰番の鰀目村太間（口郡十村）から、戸出村又右衛門に相談し、改作所にも窺った上で「寛文十二年分　公領分年貢皆済状案紙」を回覧した。	司農
10	寛文12年11月16日	三階村源五・芹川村兵衛・能登部村市楽・高田村権正・笠師村大老	改作奉行	金丸・大町・田鶴浜・笠師 4 ヵ所の御蔵番に添番人が追加されたので適任者を推挙、また高畠・田鶴浜の作食蔵番人も推挙し、御蔵屋敷・御蔵奉行人旅屋の地子米等についての報告も上申した。	司農
11	寛文13年正月28日	三階村源五・芹川村兵衛・能登部村市楽・高田村権正・笠師村大老	改作奉行	山管理・苦竹・塩問屋のこと、長家家来の在郷居成の是非などにつき、改作所に問い合わせる。	司農
12	寛文13年 6 月10日	算用場	百姓中	芹川村兵衛を十村肝煎に任命（14ヵ村）再任安堵。	司農
13	寛文13年 6 月10日	算用場	百姓中	能登部村市楽を十村肝煎に任命（13ヵ村）再任安堵。	司農
14	(延宝元) 丑年 7 月10日	園田左七等 7 人	笠師村大老・芹川村兵衛・能登部村市楽	三引村・大町村・金丸出村・高畠村の百姓跡明地の入百姓として十村倅など 4 人を申付けた。	司農
15	(延宝元) 丑年 7 月10日	算用場	欠	半郡十村から問い合わせていた能登七木の制、山役・苦竹・塩問屋など 8 項目につき回答する。長家家来・又者らが半郡に居成に居住することは禁止する。	司農
16	延宝 2 年 2 月23日	能登郡鹿島路村孫十郎（奥書：能登部村一楽・芹川村兵衛・三階村源五）	改作奉行	鹿島路村～酒井村間にある新開所10石程の新開願い。御定通り当年・来年は作取り、2 年目は半納所、5 年目より本納所とし免相は跡々開並御図免とするよう願い出る。十村 3 人から新開所吟味し問題なしとの奥書も添える。	司農
17	(延宝 2) 3 月21日	詰番武部村太郎左衛門	五組宛所（半郡の十村 5 人宛か）	往還道に用水路をむざと設置し水を通すことを厳禁。用水堀切が必要ならば公儀より石橋・板橋を建設するので、これ以外は一切私的な堀切を禁ずる。右は改作奉行様の口上にての申渡なので、三ヵ国詰番衆から連絡した。	岡部
18	(延宝 2) 4 月28日	改作奉行	羽咋・能登　十村中	植え付け時分なので廻村致し、植え付けが終わり次第報告せよ。来月の十村相談所の出席は無用である。所により苗の悪い所もあるようなので、植え付けに油断なきように。	司農
19	(延宝 2) 7 月22日	園田左七・河北弥左衛門等 7 人	羽咋郡・能登郡　扶持人中・十村中	蔵入地・給人知ともに当年貢米納入が済まないうちに新米を売り出さないよう例年通り各組で取り締まれ。算用場から村々に横目が派遣されたので下知に従え。夫銀納入時期の米販売は十村共が聞き届け夫銀に応じ指紙を出し売らせる。	司農

	和暦	発信者	宛名	発信内容（下線部は重要な指示箇所・要点を示す）	典拠
20	（延宝２）寅７月24日	園田左七・河北弥左衛門等７人	羽咋・能登郡　十村中	年貢米納入につき蔵入地・給人知ともに稲はよく乾燥させ米を硬くせよ。給人米も御召米となるので蔵入米と同等の扱いとなる。	司農
21	（延宝２）８月４日	（郡奉行）三嶋彦右衛門	（半郡十村）芹川村兵衛・三階村源五・能登部村市楽	大町収納蔵仰付につき蔵屋敷歩数確定と検地引高について十村罷出、相検のことを通達。	岡部
22	（延宝２）８月12日	園田左七・河北弥左衛門等７人	羽咋・能登　十村中	当年秋皆済を請け合う百姓手前からの縮書付（秋縮御請）を取り集め、十村共から８月晦日までに提出する。(1)当年年貢米の入米目録を８月晦日までに出せば、９月以後15日ごと月２度皆済の吟味を行うので、十村組ごとに例年通りの書付を提出せよ。(2)早稲収穫後の刈跡には例年通り蕎麦・麦・菜種を油断なく蒔き植えせよ。(3)当秋夫銀は９月25日までに皆済せよ。	司農
23	（延宝２）10月21日	改作奉行	羽咋・能登　十村中	当年不作につき、蔵宿による米吟味が強いと聞くが、例年と違う「改め強く仕る」蔵宿がいたなら書付をもって報告せよ。だが不作年ゆえ秋収穫のよい米や籾ぬかはきっと吟味せよ。	司農 岡部
24	（延宝２）10月26日	改作奉行	能登部村市楽・芹川村兵衛	酒井村・鹿島路村の図り免は窺書の通り２歩に申付けるので、村中一統の請書に十村奥書を付け差し越せ。	岡部
25	（延宝２）11月８日	改作奉行	羽咋・能登　十村中	今年の収穫米の中に青米交じり、薄実米が混入しているため十村代官の中には年貢米を受け取らないものもいるとの書付が届いている。当秋は実入りもよく米拵えもよいので、そのような米を受け取らない代官とは一体誰なのか。こうしたつまらないことを断ってきたのは相神村弥六ではないか、沙汰の限りのことである。	司農 岡部
26	（延宝２）12月６日	園田左七等７人	羽咋郡・能登郡　御扶持人・十村中	今年の年貢皆済期限は、蔵入地・給人知共12月10日切とする。組単位で案内書付を下付すべし。作食米取立は11月に終了するよう早々に帳面を提出すべし。作食米取立奉行人は口郡十村からの連絡をうけ下向するので、前もって日限を通知せよ。最前申渡した通り、組内で２ヵ村でも３ヵ村でも皆済があればすぐに連絡せよ。褒美米を貸与する。油断なく連絡を。	司農 岡部
27	（延宝２）寅12月10日	園田左七等７人	羽咋郡・能登郡　御扶持人・十村中	口郡十村面々に各組での年貢皆済達成をねぎらう。来年の耕作準備を油断なく行うため、自身もしくは倅・手代に村廻りを行うように指示し、小百姓に耕作準備を促すべし。籾や雑穀種を例年より多く所持するように点検し、種を紛失しないよう、また特に良き種籾を貯めおき、来春種まきに支障なきよう、十村共としてよく心がけよ。以上を、小百姓中によく申し聞かせよ。	司農 岡部
28	（延宝３）乙卯正月11日	園田左七等７人	三ヵ国　御扶持人・十村	開作奨励10ヵ条（雪消え次第早速鍬始め、持高相応の人馬準備、耕作準備に手支えなきよう監督、常々組下村廻りに専念し開作と稼ぎに油断なく取り組むよう督励、組下村々の成り立ちを注意し見守る……など）の組下伝達を指令し、当作縮り請書（春の改作請書）を２月10日までに組単位で取り集め出せ。	司農 岡部

29	（延宝３）卯３月11日	園田左七等７人	羽咋郡・能登郡　十村・御扶持人中	当年耕作準備の「為体」を見届るため、足軽共を派遣した。足軽たちは十村・扶持人十村らの百姓中介抱の様子を蔭聞する。村によっては荒起こしが少分の所があり、十村らの介抱なき村もあると聞いているので、急度吟味するが、今年は殿様参勤前で取込中ゆえ、吟味は先に延ばす。去年暮から十村・扶持人十村に百姓中介抱を油断なくと指示しているのに、油断し成り成りに放置する者がおり沙汰の限りである。介抱に出精したかどうかは、作毛をみればわかる。さしたる風損・水損もないのに作毛出来劣りになれば、十村らの介抱不行届きとして、郡中見せしめの厳罰に処すべきと上申するつもりだ。この点をよく心得、処罰を受けることなきよう精励するよう申し触れた。この紙面を見た者は請書を出すように。	司農岡部
30	（延宝３）４月８日	改作奉行７人	羽咋郡・能登郡　御扶持人・十村中	例により十村たちは相談所にて寄合を行っているが、田地公事等につき訴訟する百姓中がおり耕作の妨げにもなっている。かつまた十村共も訴訟対応に時間を取られ肝心の耕作督励業務が脇にやられ支障となっているので、改作所から指図が出るまで当面十村相談所での寄合は停止とする。また十村の算用場詰番と相談所出仕は免除するので、切々村廻りを励行し耕作様子勢子入れに邁進せよ。	司農岡部
31	（延宝３）卯６月16日	改作奉行園田左七等７人	羽咋郡・能登郡　十村・御扶持人中	11ヵ条の触書申渡し（今年の作毛は近年にない豊作である。藩からの大量の増作食米貸与と十村共の勢子入れ、百姓中の出精の成果である。今年はこれまでにない大規模な御貸米を行い、去年は御褒美米を貸与し救済した。返済を油断なく行い、脇借人への返済を先にしてはならないので、十村・村肝煎は取り縮りに励め。収穫後の田地にて小麦蒔きは今後禁止する。……ほか）につき、十村・廻り口・御扶持人が村々を廻り、肝煎・組合頭はじめ小百姓中に直接伝達せよ。去年秋からの度々の御救米貸与を有り難く存じ、諸納所を蟠りなく合点させること。もしこの申渡に違背すれば十村・扶持人の不届きである。この廻状を見届けたら奥書に印を押し落着人から戻せ。	司農岡部
32	（延宝３）７月20日	改作奉行	羽咋郡・能登郡　御扶持人・十村中	今年は請作（小作）する小百姓が少なく、小作料（地主得分）が低くなったという。これにつき十村・扶持人十村らが相談し、当年は豊年ゆえ小作人を吟味し例年並みとした。これに不服の小作人が年貢上納を拒否し、小作分の刈取を止めた十村もいたので伝達する。各郡で対処するにあたり心得として示す。	司農岡部
33	（延宝３）10月10日	算用場	羽咋郡・能登郡　御扶持人・十村・山廻中	御蔵入地年貢の納入につき百姓たちは迅速に対処しようとしているのに、十村代官手代の蔵本出仕は朝は遅く出て晩は早帰りするので、計り米がつかえ、年貢納入がはかどらない旨を聞いている。来月10日までと年貢納期の通達も出た所であり、代官の怠慢は許せない。納入作業の遅れで年貢米火災がおきたらどうする。この意向をよく汲み取れ。	司農岡部

	和暦	発信者	宛名	発信内容（下線部は重要な指示箇所・要点を示す）	典拠
34	（延宝４）辰３月２日	園田左七等７人	羽咋・能登郡　御扶持人中・十村中	寛文11年から高免品々帳を作成し百姓持高帳面が確定したが、下にて田地取り替えを行い、品々帳通りになっていないと取り沙汰されている。こうした違反行為につき数度法令を下しているので、さようの事はないと思うが、再度吟味し品々帳と異なる実態があれば、この案文の通り書付を出せ。十村はいよいよもって小百姓中成立のため介抱に尽くし、耕作出精に向かうよう邁進せよ。耕作無沙汰の徒百姓が出来したら十村・廻り口・扶持人の責任である。	司農 岡部
35	（延宝４）辰８月２日	園田左七等７人	能登郡十村中	村肝煎が十村方提出書類等の作成を目的に物書を雇い、村より給金を出すことは沙汰の限りである。村肝煎による物書登用は今後堅く禁止する。以前十村が雇った物書についても禁止したことがあった。	司農 岡部
36	（延宝４）11月11日	改作奉行８人	能州御扶持人・十村中	各組内での死絶百姓の相続について、倅幼少または後家・娘あるときは個別に詳細を吟味するので来年正月の金沢出仕までに書付を持参せよ。一村一百姓の村は今後、寄肝煎とすべきである。	司農 岡部
37	（延宝５）巳６月２日	園田左七等７人	羽咋・能登郡　十村中	近年郡方で、弱き百姓救済を目的とした頼母子とはいえない、強剛百姓の勝手により実施する頼母子がなされているとのこと。もしそうなら貸物（脇借）と同じ行為である。今後は動機の善悪によらず頼母子は禁止とする。	司農 岡部
38	（延宝６）午３月６日	水上喜八郎・中村弥兵衛・園田佐太郎ら８人（改作奉行）	羽咋・能登・鳳至・珠洲　御扶持人・十村中	郡方の出替奉公人男女とも、理由なく引き込むと聞く。近年収穫がよいので、当分出替奉公を休ませるためというが、それでも百姓の出費増となるゆえ奉公に出るべき者には出るよう申し渡せ。但し開作労働力に不足ある場合、十村に聞き届け引き込みせよ。去年暮から春にかけ郡方にて大量の材木・酒・肴の購入があったという。百姓の奢りと栄耀は最前より禁止している所であり、十村らの縮方不吟味ゆえの失態である。いよいよ厳しく取り締まるように。	司農
39	（延宝６）６月10日	能登部村市楽	兵衛・権正・大老・宗八	旧長家領半郡村々に「御直し」の村御印を発行するので、組ごと村高・物成・諸役銀高を目録にし委細を書上げよ。大事の書類につき村名など間違いなきよう念を入れ出すべし。	岡部
40	（延宝７）３月６日	御印・算用場	高田村権正・能登部村市楽・芹川村兵衛・笠師村大老	村御印の発給にあたり、尾崎村など３ヵ村について、御借高のうち利借り分を先年の帳面で調べ、夜通しにて返答を送れ。	岡部
41	（延宝７）未３月６日	野村半兵衛・脇田知右衛門	芹川村兵衛・能登部村市楽・高田村権正・笠師村大老・三階村源五	未２月晦日付の算用場達書（半郡収公以来、持高地の林産物・苦竹の自分伐採を禁止してきたが、今後は七木縮を除く雑木・苦竹の伐採を許す。なお稼ぎに支障なきよう山管理するため三階村源五ら十村頭と３人の山廻り中が見廻るゆえ山を荒らさぬように）を組下の村々に下達し、合点した旨、村肝煎・組合頭から請書をとり十村として奥書し提出せよ。	岡部

（注）典拠は、「司農典　一」（加越能文庫、金沢市立玉川図書館蔵）は「司農」、「岡部氏御用留（延宝）」（加越能文庫）は「岡部」と略記した。なお『加賀藩史料』に掲載する事項であれば＊印を付した。また、寛文11年３月・７月の項目は鹿島半郡の基本事項として参考に掲げた。

第六章　利常隠居領の改作法 ――能美郡と新川郡――

はじめに

改作法の実施経緯や執行体制は地域ごと郡ごとに微妙な違いがあることに気付き、第三～五章で能登奥郡・口郡を対象に、何が違うのかという視点から詳細に検討を試みた。その結果、越中川西二郡や北加賀二郡と異なる改作法の実施体制が判明し、実施動機についても異なる要因を含むことが明確となった。改作法は前田本藩領三ヵ国一〇郡で、キンタロウ飴のように一様に実施されたという「常識」から離れ、地域ごと個別に改作法の実施体制・施行態様・実施目的を追跡することはますます重要な課題になってきた。

越中川西二郡（砺波郡・射水郡）と北加賀二郡（河北郡・石川郡）については、若林喜三郎・坂井誠一の大著[1]をはじめ、戦後だけでも多くの研究蓄積があるので、本書では本格的考察の対象としなかった。だが、能美郡・新川郡については「御開作」の発案者である利常自身の隠居領であるだけに、地域的特徴を解明する検討は改作法の実態究明に欠かすことはできない。このような個別検証を重ねることで、藩政治史研究を新たに構築する土台ができると考えている。

加賀藩前田家三代利常は寛永十六年（一六三九）に隠居し、金沢城から小松城に移ったが、能美郡・新川郡に隠居領二四万石をもち支配した。家督相続した四代光高は加賀三郡・能登四郡・越中二郡で合わせて八〇万石余を支配し、

表6－1　正保郷帳 郡別石高領主別内訳

	①綱紀領（犬千代領）	②利常隠居領	③富山藩領	④大聖寺藩領	土方領	小計
江沼郡		1148石		6万4550石		6万5698石
能美郡	1万9470石	7万2215石	2万2398石	1161石		11万5245石
石川郡	16万6946石					16万6946石
河北郡	7万5070石					7万5070石
加賀国	26万1486石	7万3363石	2万2398石	6万5711石		42万2959石
砺波郡	20万2112石					20万2112石
射水郡	13万0256石					13万0256石
婦負郡			7万2542石			7万2542石
新川郡		16万5587石	1万7596石	4323石		18万7506石
越中国	33万2368石	16万5587石	9万0138石	4323石		59万2416石
羽咋郡	7万4604石				4394石	7万8997石
鹿島郡	6万2935石				4367石	6万7302石
鳳至郡	4万7982石				4578石	5万2559石
珠洲郡	2万5912石				235石	2万6148石
能登国	21万1433石				1万3573石	22万5006石
郷帳高集計	80万5286石	23万8950石	11万2536石	7万0034石	1万3573石	124万0381石
領知高	102万2760石		10万石	7万石	1万石	120万2760石

（注１）正保３年「加能越三箇国高付帳」に記載された数値を基本に表示した。それゆえ正保３年高物成帳８冊や正保３年郷帳原稿に記載された数字と異なるところもある。原本記載数字を各々石未満を四捨五入し示したので、表の限りで合計数が合わないこともある。「郷帳高集計」は各国合計を加算したもの。
（注２）最下段の領知高は寛文４年印知高である。

利常の次男利次に富山藩一一万石（婦負郡と新川郡・能美郡の一部）、三男利治に大聖寺藩七万石（江沼郡と新川郡・能美郡の一部）が分与されたので、利常隠居前の前田領一二二万石は、利常隠居を契機に四つの前田領に分割された。しかし四代光高が正保二年（一六四五）、三二歳の若さで急逝、利常の嫡孫綱紀が光高領八〇万石を相続した。ところが綱紀は当時三歳の幼君であったため祖父利常が後見人となり、綱紀領八〇万石と隠居領二四万石をともに利常が支配することになった。前田領が四つに分かれた時代、幕府に提出したのが正保三年郷帳であり、そこに記載された四分領の郡別構成は表6－1に示した通りで、隠居領の位置は巻頭に示した。隠居利常が監国した隠居領と綱紀領を合わせた所領を、以下では「前田本藩領」と呼ぶ。

能美・新川両郡にまたがる利常隠居領での「御開作」について実態究明に取り組むつもりだが、先行研究はほとんどない。能美郡では確実な史料が極めて乏しく、新川郡では史料収集が十分でないことなどが要因であろう。(2)これはそれとして受け入れ、いま可能な範囲で論点を設定し一定の見通しを得たい。できるだけ史料考証も試みたい。

最初に本藩領一〇郡のなかで能美郡・新川郡はどのような特徴をもつのか、主に明暦二年（一六五六）村御印に記載された御印高・御印免・敷借米高などを郡単位に比較し、新川郡と能美郡が背負う特質を鮮明にする（一節）。これに続き、利常隠居領を解体・再編した万治三年（一六六〇）領替について実情を確認し、そこで語られる万治三年「御開作」仰付の意味や富山藩領の改作法について検証する（二節）。次いで四つに分割された能美郡の前田領四地域それぞれの「御開作」を概観する（三節）。三節で「御開作」の特質解明に取り組んだ結果、能美郡の隠居領に限定して、意外なことに意図的な引免など優遇策が浮かびでたので、その背景も考える（四節）。最後に新川郡隠居領の「御開作」の実態解明に向かう。郡奉行山本清三郎と十村頭嶋尻村刑部の果たした役割を一次史料に即し確認し、村の救済方法、新田開発の動向に焦点を合わせ、新川郡ならではの特徴を探りあてたい（五節）。

つまるところ本章では、新川郡・能美郡に設定された利常隠居領の実情を解明すると同時に、同じ隠居領のなかでも地域差があり、その地域的特性に応じた独自施策が改作法の旗印のもとで展開していたことを論ずることとなる。ひとくちに改作法というが、地域ごと差があったことは利常隠居領でも明確に確認できるのである。

一節　高・免データからみた隠居領の特質

(一) 郡高変化の背景

改作法実施における各郡の地域的特質は、明暦二年の村御印高すなわち改作法の成果としての村高にある程度反映されたと考え、初めに比較検討する。明暦二年村御印から約五〇年前の慶長十年（一六〇五）国絵図に記された郡別石高、一〇年前の正保三年郷帳の郡別石高がすでに紹介されているので(3)、これに明暦二年と寛文十年（一六七〇）の村御印データを加え(4)、一六〇五年以後、どの程度郡別の村高合計が増減したか示したのが表6－2である。表6－2の郡高変化をみると、越中が能登・加賀と比べ、新田開発による農業生産向上が著しい地域であったことが一目瞭然である。

表6－2には三ヵ国一二郡の郡高を載せるが、婦負郡・江沼郡は寛永十六年の分藩により一郡単位の石高を継続して示すことができないので慶長十年・正保三年のみとした。明暦二年以後は正保郷帳・寛文印知に示された藩の表高を（ ）内に参考程度に示し、国別の高合計に入れていない。鹿島郡は長家領鹿島半郡の独自支配など特殊事情を内包するが(5)、慶長十年・正保三年・寛文十年は他郡と同一史料に依拠し、明暦二年のみ長家領鹿島半郡の知行高と鹿島東半郡の推定明暦二年高（寛文村御印からの推算）の合計数を掲げた。また、新川郡では寛永十六年の分藩に加え万治三年領替の影響をうけ、明暦二年・寛文十年の一郡全体を示す石高データがなかったので、慶長十年・正保三年の郡高と対等な比較ができるよう、寛文・明暦の村御印高のほか正保郷帳高なども駆使し、今回あらためて一郡高を推定し表に掲げた。能美郡も新川郡同様、万治三年領替の影響をうけたが、異動のあった村数が少ないので、隠居領と綱

表6-2　三ヵ国 郡別石高変化表

	慶長10年国絵図 1605年	正保3年郷帳 1646年	明暦2年の郡別石高 1656年	寛文10年郡別石高 1670年
江沼郡	6万7214石	6万5698石	大聖寺藩領(7万石)	大聖寺藩領(7万石)
能美郡	13万3082石	11万5245石	12万9893石	12万6084石
石川郡	16万6125石	16万6946石	17万6399石	17万6066石
河北郡	7万6087石	7万5070石	8万3586石	8万1535石
加賀	44万2507石	42万2959石	38万9878石	38万3685石
砺波郡	19万3837石	20万2112石	24万6348石	23万1372石
射水郡	12万8902石	13万0256石	17万4785石	15万9110石
婦負郡	5万8570石	7万2542石	富山藩領(11万石)	富山藩領(11万石)
新川郡	14万9329石	18万7506石	25万9804石	26万1610石
越中	53万0637石	59万2416石	68万0937石	65万2092石
羽咋郡	7万8406石	7万4604石	8万3173石	8万2613石
鹿島郡	6万0562石	6万2935石	6万5239石	8万7144石
鳳至郡	5万0598石	4万7982石	5万7742石	5万7643石
珠洲郡	2万7325石	2万5912石	3万1588石	3万1588石
能登	21万6891石	21万1433石	23万7742石	25万8988石
三ヵ国合計	119万0036石	122万6808石	130万8557石	129万4765石

(注1) 正保の郡高は表6-1に拠るが、正保郷帳高の土方領は除いた。
(注2) 明暦2年郡高は、新川郡・能美郡と能登口2郡を除く6郡は拙著『織豊期検地と石高の研究』(桂書房、2000年) 掲載データを掲げる。新川郡・能美郡については綱紀領・利常隠居領の村御印高集計に富山藩領・大聖寺藩領の推定高を加えた。羽咋郡は今回明暦村御印高の集計を行い改訂、鹿島郡は長家領半郡は表高3万1000石とし、東半郡95村の推定明暦2年高を加えた数値を掲げた。
(注3) 寛文10年郡高は、新川郡・能美郡・羽咋郡以外は刊本『加能越三箇国高物成帳』が掲げた村御印高集計値に拠る。新川郡・能美郡は富山藩領・大聖寺藩領の高を推計し追加した。羽咋郡は今回改めて集計した表4-5の数値を掲げた。
(注4) 近江高島郡の前田領2千石余は完全に除外した。
(注5) 石未満は原則四捨五入し表示するので、表示した数字の限りで計算すると齟齬がある。

紀領の村御印高に能美郡内の二つの支藩領高を加えて、明暦二年・寛文十年の郡高として掲げた。[6]

このように明暦・寛文の郡高は前田本藩領一〇郡に限定せざるを得なかったが、この一〇郡を対象とし表6－2から読み取れる郡高変遷の特徴をまとめると、次のような所見となる。

(1)越中では十七世紀前半の石高増加はどの郡でも著しく、慶長から正保にかけて四郡で六万石も増加し、正保から明暦二年は婦負郡を除く三郡で一六万石以上という驚異的な拡大を実現。中でも新川郡の増え方は尋常でなく、慶長から正保の四〇年間でほぼ四万石の増加、正保から明暦二年の一〇年でその約二倍、七万石もの急拡大を示し、川西二郡をはるかに上回る石高拡大を達成した。

(2)能登は慶長・正保・明暦・寛文と年次をおって緩やかに増加した点が特徴である。改作法による明暦村御印高の増加がやや目立つが全体に新田開発のペースは低調で、小さな開発の積み重ねがあったと推測される。寛文に増加したのは長家領鹿島半郡が藩直轄となった延宝七年（一六七九）高で計算したためである。[7]奥郡（珠洲・鳳至）は蔵入地化政策が寛永以後なされたが、正保までの四〇年でさほど増加しておらず、元来新田による村高拡大が見込めない地域であった。農外諸稼や反収増を目指すことが課題であった。しかし、明暦二年に奥郡で一万石以上増加したのは改作法による増石強制が原因であろう。

(3)加賀では慶長から正保に二万石も減少した点が注目される。石川郡以外の三郡すべて減石し、石川郡も微増であるから、能登以上に新田開発に勢いがない。慶長以前に加賀四郡の耕地開発のピークは過ぎ、十七世紀の加賀は新田開発による石高拡大は限界に達していた。それでも改作法の政策目標として増石要求があり明暦に三郡で約三万石増加した。しかし、寛文には無理な上げ高の反動で減少している。

(4)加賀のうち能美郡では、慶長から正保に約二万石減少し、加賀藩領一〇郡のなかで石高減少が最も大きい。その後、改作法の強制で明暦二年に一万石以上盛り返すが、寛文にまた減少へ転じた。能美郡の郡高は慶長が最大で以後これを超えることはなかった。手取川という加賀最大の河川の流路変遷が正保までの石高減少の要因の一つと想定されるが、越中と好対照の開発余地の少ない地域といえる。しかし、土地生産性は前田領で一番高く基準石盛は一石七斗とされた点が特色といえる(8)。

(5)明暦から寛文十年の変化は、一転してどの郡でも微減か微増に止まる。とくに増加の大きかった越中二郡で減少に転じ、加賀・能登も実質横ばいである。明暦二年までの急激な上げ高の反動であろう。それゆえ寛文村御印を明暦村御印の延長上にある政策とみて、改作法の増徴政策は寛文十年村御印で完遂されるといった指摘は再考が必要であろう(9)。増徴の上限はあくまで明暦二年であり、寛文十年ではないからである。

表6－2から右のような所見を得たが、簡単にいえば、十七世紀前半の能登や加賀では新田開発の余地は小さく、越中では新田開発が旺盛に行われた。とくに改作法期に意図的な上げ高がなされた結果、明暦二年が増石・増徴のピークとなるが、寛文以降増加ペースは落ちたといえる。加賀・能登に越中ほどの新田開発の勢いはなかったが、改作法における手上高政策と新田高の免を村御印免に引き上げる政策が利常から同時に強制され、ようやく増石となった。手上高での増石と新田免の引き上げによる本高増大分のどちらが郡高拡大に貢献したのか、越中川西と新川で比べると、正保・明暦間の増石分に占める手上高の比率は、砺波郡一八％、射水郡九％、新川郡一一％となり、いずれも二割未満にとどまる。つまり越中三郡の急激な増石の八割以上は新田免の引き上げによって実現されたのであり、手上免とは異なる新田免引き上げ（村免引き上げすなわち本高化）がなされたことで、あれほどの郡高拡大が実現されたのである(10)。

新田開発の推進は天正検地以来、前田権力の一貫した増徴の基本政策であった。慶長国絵図や正保郷帳には、天正以来の村高拡大の成果がよく反映されており、また加賀・能登では正保段階でそれが限界に達していたこともわかった。しかし、改作法では従来低免に抑えてきた新開田畠を強引に本高に繰り込み明暦増石を実現したのである。手上高以上にこの新田免引き上げによる増石分が大きいことは旧著で詳細に指摘したことであった。[11]とくに越中三郡では新田免引き上げによる増石分は量的にも比率でも大きかった。そしてここで強調したいのは、新田免引き上げ策も広くみれば増免の一種であり、税率引き上げ策であった点である。新田免引き上げは郡高増石の重要要因であったが、これを実現するには新田地での反収増、すなわち集約技術の向上が不可欠であったことに留意しなければならない。

この新田免引き上げによる増石に加え、明暦二年に手上高という検地を伴わない上げ高、つまり課税対象となる耕地面積の確認を伴わない上げ高が実施されたのである。だが、手上高という村高拡大手法は、改めて考えると不可解な政策である。なぜこうした無理を村は受け入れたのか。また、利常はこれほど理不尽な増石をなぜ無理強いしたのか。領主側としては、そもそも村の正確な土地把握（検地）は難しいと匙を投げ、手上高で処理しようとしたのであろうか。開作地できめ細かく地域の実情に合わせて経営調査や適正な助成額の査定に神経を使ってきた利常の姿勢と齟齬する施策である。

手上高の起源について高澤裕一は興味深い指摘をしている。[12]寛永六～八年分の砺波郡戸出組の「古高・御新開・指上高物成御帳」を考察し、寛永八年に発した新開五ヵ年停止と「訴人地」五ヵ年停止を機に、「新開」記載が消え「指上高」が急増したとし、隠田地をめぐる村内対立を押さえるため「新開高」把握を「指上高」という手法に切り替えた可能性があるという。高澤は「新田自体の不安定性」「開発に伴う紛争」といったリスク回避の対応として指上高が登場したと示唆したが、これは手上高の淵源を考えるとき、きわめて重要な問題提起と解される。

利常は新開地や隠田・訴人地の帰属をめぐり村内で様々な対立や紛議が発生していたことを熟知したうえで、隠田・「縄伸び」といった村内の余禄を見逃す代わりに、自主的な手上高を村の総意として申告させたのであろう。つまり村内の対立を利用し、また村一統という団結を図るという名分のもと、村と際どい駆け引き（政治）を行ったのが手上高であった。立証の難しいことであるが、これを解明の糸口とし今後も検証を続けなければならない。また、加賀藩が主導し藩領に定着した田地割制度を考察するときも不可欠の論点となろう。

十七世紀前半に限定し、藩による新田開発の政策意義をあらためて体系的に考察する必要性を感じる。また、手上高方式の村高拡大に着目した髙澤裕一が、改作法期は「農業生産力の向上にとって新田開発などの耕地拡大方式が第一義的であり、集約化による反収増大方式は副次的であった」と述べ、利常の政策基調に新開奨励の面が濃厚であり改作法は「新田開発を著しく活発化した」と述べた点[13]については、若干の修正が必要である[14]。

表6－2からは新田による石高拡大が顕著であり、一見髙澤の指摘はより補強されたようにみえる。しかし、髙澤は改作法期の増石は大半が手上高という特殊な上げ高に拠ると理解しており、髙澤の耕地拡大方式という生産力拡大論も手上高を想定したものであった。髙澤は他方で手上免を行ったのは反収増加と集約化を目指す路線であると指摘したうえで、そちらへの生産力拡大方式転換の必然性を利常は認識できず政策化できなかったと論ずる。だが前記の通り髙澤が注目した石高拡大は手上高でなく、もっぱら明暦二年までの新田免を強引に引き上げたことが要因であった。これに手上免を上乗せして村御印免が成立したのである。したがって明暦増石という増徴の実質は大半が免（税率）引き上げだったのであり、反収増を意図して改作法の助成策もとられた。

とはいえ越中に限っていえば、新田拡大（耕地拡大）の勢いはやはり凄まじい。新開地や新田で農業生産を強化するというのは、砺波・射水両郡や新川郡の特色であった。加賀・能登では新田開発による生産拡大は限界に達し、むしろ不耕作地の大量発生に苦慮し、その解消が開作地で大きな課題であった。砺波・射水両郡では不耕作地を解消する一方で新田開発を進め、同時に新田免・本高免の引き上げに備え、農業経営の質向上、集約的農業にふさわしい技術体系や経営合理化を促すという両面の政策を進めたのである。

(二) 税率からみた能美郡・新川郡

郡高変遷の比較から、能美郡は新田開発の余地が少なく石高（本高）の伸びが低調な地域、新川郡は逆に大きな開発可能地を抱え顕著な郡高拡大を強制できた地域であったことがわかり、両者対照的であったことが浮かび出た。同じ利常隠居領なのに、なぜこれほど対照的な石高変化がおきたのか。数字の変化から出てきた対照性は表層的なことであり、その基層で何が起きていたのか考えてみる。

最初に能美・新川両郡の地理的特色を簡単に概観しておこう。まず能美郡のうち一七〇ヵ村におよぶ隠居領については、利常の居城小松城下を中心に能美郡南部平野および東部山地に展開する。隠居領で最大の河川は梯川で相当の暴れ川であるが、中世以来の開発で一定の制御はされてきた。小松城はその河口デルタに建設され、デルタの島々を浮島のごとく城域に取り込んだ城であった。東部山地は白山麓に属し、一向一揆時代から近世に至るまで篤信門徒がいた地域である。信長との石山合戦でも果敢に戦い、講和のあとも執拗に抵抗した鳥越城・二曲城がその中に含まれる。戦国期の能美郡には能美郡四講という一揆組織があり、近世になってからも親鸞・顕如の画像を本願寺（教如）から授与され、これを「郡中御影」と呼び讃仰し、本願寺直参門徒であるとの意識が強固な真宗篤信地域といってよい[15]。能美郡の北西部、日本海に面した地域約二万石（約四〇ヵ村）は富山藩領（前田利次領）で、郡の北端を東から西へ流下する加賀の大河、手取川沿岸の約四〇ヵ村は光高領（のち綱紀領）であった。ともに手取川下流に位置する水田平野であるが、当初は畑も多く、手取川の洪水と闘いながら河原跡を開発した地域といえる。

これに対し、新川郡は神通川以東の未墾の大地で、西から常願寺川・上市川・早月川・片貝川・黒部川など名だたる急流・大河が富山湾にそそぐ。雪解けの冷水が春先滝のように流れ込むので水田農業にとって過酷な土地であった。新川郡の西端に富山城下があり、利常死後その周辺はようやく一円的に富山藩領となったが、利常在世中の富山城周辺は利常領が広く展開し、富山藩領はわずか七ヵ村程度であった。富山藩領はほかに新川郡東部、黒部川流域の浦山辺にも配置されたが、領境はわかりにくかったようである。また、入膳付近に大聖寺藩領が数ヵ村あり、それ以外はすべて隠居領であった。

金沢城から遠く離れ、越後国境へと展開する新川郡と小松城膝下に置かれた能美郡隠居領では、歴史文化的背景、水田農業の基礎条件である気候風土・水利の面で相当の懸隔があった。また土地支配の根幹をなす検地時の度量衡も能美郡と新川郡では大きく異なっていた。耕地一反の歩数については加賀・能登は三〇〇歩制であったが、越中は三六〇歩＝一反とされ、基準斗代も能美郡は一石七斗、新川郡は一石五斗であったから、三ヵ国一〇郡のなかで両郡の農業生産性評価に大きな格差があった。新川郡では米一石の収量を得るのに平均二四〇歩の水田が必要と評価され、能美郡では平均一七六歩とされた。能美郡と同量の収穫を得るには新川郡では一・四倍の耕地をもつ必要があった。新川郡では反収の低い水田を大量に所持しないと能美郡に太刀打ちできない生産条件にあった。粗放的で大規模な水田経営に向かわざるを得ない新川郡に対し、集約的経営で反収増を実現し易い能美郡との格差は明瞭であろう。

かつて佐々木潤之介は、砺波型・能美型という二類型を十七世紀における農業生産力発展の基本類型に掲げ、幕藩制構造論の論拠の一つとし壮大な議論を展開した[16]。多くの批判をうけた[17]けれど、加賀藩領において能美郡と砺波郡・新川郡とは好対照の農業生産の環境にあったことは前記からも間違いなく、それを佐々木独自の理論で農業生産力発展の類型としたのが砺波型・能美型論であった。それは能美郡・新川郡という対照的な地域を取り上げても十分成り立つ議論であった。むしろ能美郡と新川郡を対比し類型化したほうが、格差はより明瞭となり比較類型としてより興味深いものになったように思う。このように生産基盤の面で大きな差違を抱えた二つの郡をあえて隠居領としたのは、利常なりの計算があってのことであった。

郡高変化の比較から浮かび出た能美郡・新川郡の特質を、税率変化の比較からも確認してみる。表6-3は、前田本藩領一〇郡を対象に年貢高と税率を一覧するが、慶長十年・正保三年の郡単位（範域）は表6-2と同じある。明暦村御印の郡単位は寛文十年村御印記載の高・免から算出したデータを掲げるので、村数でいえば能美郡で八ヵ村、新川郡で一〇〇ヵ村以上で領替・異動がおきている。しかし、他の七郡は領替がなく同一である。[18]

表6-3でまず注目されるのは慶長十年の税率で、郡ごと相当ばらつきがある点である。最も高免の石川郡四六%に対し、最低は砺波郡の二一%、次いで婦負郡二二%であった。概していえば、越中の低免（二八%）、加賀の高免（三九%）、そして能登（三〇%）はその間にくるというばらつきを指摘できる。これに対し、改作法の成果を示す明暦二年村御印の税率をみると、郡別のばらつきは解消され、新川郡の四二%から河北郡の五七%に幅は縮まり、越中四六%、能登四九%、加賀五一%となった。三ヵ国の税率格差が五%に縮まったのは刮目すべき変化といえる。そこに改作法の成果と狙いをみることもできる。とくに明暦二年の税率で注目したいのは、能美郡の四四%と新川郡の四二%である。隠居領のあるこの二郡を除くと、四八%〜五七%の幅におさまる。ということは、隠居領二郡は改作法の過酷な増免政策にもかかわらず、税率では一〇郡のなかで最下位であり、隠居領二郡以外は「五つ」前後もしくはそれ以上の税率を達成したのに隠居領では達成されなかったのである。

この二郡に隠居領をおいた理由は、税率の面で足取りの重い能美・新川両郡を他郡並みにもっていくことだったと直ちに主張するつもりはないが、利

明暦（寛文）村御印（綱紀領のみ）1656～70年	正保～明暦の増収額
大聖寺藩領	
5万2632石（44%）	9,447
9万4655石（53%）	12,962
4万7173石（57%）	7,667
＊19万4460石（51%）	30，076石
11万7447石（49%）	40,949
7万9018石（48%）	32,558
富山藩領	
9万9107石（42%）	27,660
＊29万5572石（46%）	101，167石
4万1271石（49%）	10,139
＊3万8866石	
3万1179石（54%）	5,584
1万5823石（50%）	4,896
＊12万7139石（49%）	＊20，491石
＊61万7171石（48%）	

年は「加能両国高物成帳」で加賀・能
のうち「越中国新川郡高物成帳」）か
島郡のみ誤記と推定される数値を黒田
センター紀要』10、2000年）の作成
明暦2年村御印の年貢高・税率は見瀬
のまま引用した（本文注18参照）。

表6-3 三ヵ国 郡別年貢高（税率）変化表

	慶長10年国絵図 1605年	正保3年郷帳 1646年	慶長～正保の 増収額 40年間
江沼郡	2万7038石（40%）	2万6983石（41%）	▲55
能美郡	3万8081石（29%）	4万3185石（37%）	5,104
石川郡	7万5979石（46%）	8万1693石（49%）	5,714
河北郡	3万3077石（43%）	3万9506石（53%）	6,429
加賀国小計	＊17万4175石（39%）	＊19万1366石（45%）	1万7191石
砺波郡	4万0240石（21%）	7万6498石（38%）	36,258
射水郡	3万5190石（27%）	4万6460石（36%）	11,270
婦負郡	1万2746石（22%）	2万7046石（37%）	14,300
新川郡	5万8559石（39%）	7万1447石（38%）	12,888
越中国小計	＊14万6778石（28%）	＊22万1450石（37%）	7万4672石
羽咋郡	2万2290石（28%）	3万1132石（39%）	8,842
鹿島郡	2万1729石（36%）	2万3911石（36%）	2,182
鳳至郡	1万4147石（28%）	2万5595石（49%）	11,448
珠洲郡	7139石（26%）	1万0927石（42%）	3,788
能登国小計	＊6万6008石（30%）	＊9万1568石（41%）	2万5560石
三ヵ国合計	＊38万6961石（33%）	＊50万4384石（41%）	11万7423石

（注）慶長10年は南葵文庫所蔵の慶長国絵図に記載された物成高、正保3
登8郡の物成高、「加能越三ヶ国高辻帳原稿」と「加・越国高物成帳」（こ
ら越中4郡の物成高を抽出し各郡の年貢高として税率計算を行った。鹿
日出男「南葵文庫の江戸幕府国絵図⑽」（『東京大学史料編纂所画像解析
表により正した。なお、正保3年データの典拠はすべて加越能文庫蔵。
和雄『幕藩制市場と藩財政』1998年所収の表36に示された定納高をそ

常は、この点に気付き何らかの手を打とうとしたと推定することはできる。能美・新川両郡での増徴をいかに達成するかという課題意識は、隠居した利常のなかに一貫して存在し、それが改作法実施のなかで取り組まれたとみてよかろう。

慶長段階は税率面で「二つ一歩」から「四つ六歩」までの幅があった前田領一〇郡であったが、改作法によって三ヵ国一〇郡でほぼ「五つ」レベル（四つ二歩～五つ七歩）になった。しかし、四捨五入すると能美・新川のみが「四つ」台にとどまり、その是正は明暦二年以後の課題であった。とはいえ越中で二八％から四六％へ、能登でも三〇％から四九％へ、ほぼ二〇％、免二つ分増徴したのは画期的で、加賀の一二％（免一つ二歩）増と好対照であった。改作法は結果として越中・能登に顕著な増徴を強いた政策であったといえる。(19)

また、慶長十年は越中の低免という特徴があったが、新川郡では三九％という高免であること、また高免の加賀の

なかで能美郡だけ二九％と能登並みの低免であることもイレギュラーであり、能美郡・新川郡の特色が出ている。新川郡のその後の税率変遷をみると、正保三年に税率は一％減少するので高免に苦しんでいたことが想定される。明暦二年にかけ四％の上げ免を達成したのは改作法の政策効果であろう。新川郡は前項でみた通り、慶長十年以来尋常ではないハイピッチで新田高の本高繰り入れがなされ、一一万石以上郡高が拡大するなか増免も要求されたのである。さきにみた新川郡の地理環境からみて、低免の新開地をそのまま本高に繰り込んだのだから税率は低迷せざるを得なかった。それゆえ利常の増免要求は、新川郡の百姓にとって極めて過酷な要求であった。それでも四％も上げたのは「鬼の清三郎」と呼ばれた郡奉行山本清三郎と十村らの働きによるものである。収奪の激しかった能登奥郡以上に過酷な増石と増免が要求されたから新川郡の苦境は深刻であったと推測でき、そこでの改作法の実態究明は大きな課題といえる。

これに対し、高免の加賀のなかで能美郡だけ異常に低免になっていたのは、戦国以来の一向一揆時代の伝統、あるいは豊臣取立大名村上氏・丹羽氏の支配の名残なのであろうか。即断はできないが、その能美郡で正保三年までに八％もの増免を実現したのは、利常が小松に隠居した理由にもつながる政策効果といえよう。寛永十六年の小松城隠居のねらいは、なかなか加賀藩の支配を素直に受け入れない能美郡百姓を利常の御意に従わせる所にあったのではないか。隠居領になってから能美郡の免は、新川郡や能登口郡のレベルに何とか引き上げられたが、他の加賀三郡と比べなお低かった。改作法期に七％というハイレベルの上げ免を行い四四％まで税率を上げたが、それでも石川郡の五三％、河北郡の五七％に遠く及ばず、能登三郡、越中川西二郡にも劣るレベルであった。

明暦二年の能美郡の税率が新川郡に近い数字になったのは偶然であろうが、能美郡では一石七斗の高斗代が障碍となり税率アップになかなか踏み切れなかったとみることもできる。能美郡の明暦二年税率が一〇郡のなかで新川郡とともに最も低い水準となった背景は、さらに具体的に検討する必要がある。

表6－3のみでいえば、能美郡は一〇郡のなかで最も優遇されていたと言わざるを得ない。新川郡の明暦の税率は最低であったが、もともと慶長十年が高免であったことや、膨大な新田高のことを考えれば、能美郡は恵まれていたといわざるを得ない。新川郡に対する過酷な上げ高・上げ免要求からみて、能美郡にも同様の要求があったと想定されるが、そのわりに結果が出ていない。同じ利常隠居領でありながら、優遇された能美郡と苦難を背負った新川郡という格差を感ずる。

また低免の越中のなかで、川西二郡と新川郡の税率変化が好対照であったことも注意しておきたい。川西二郡では二一～二七％という低免から正保三年までに九～一七％もの上げ免を実現し、改作法でも一一～一二％の増免を行い加賀との差を縮めた。新川郡は当初から高免であったことに加え、急激な村高拡大があったので川西二郡のような増免を行う余力はなく、明暦二年の増免は四％程度にとどまった。この増免の幅は北加賀二郡と比べ見劣りしない。しかし、達成できた税率でみると川西二郡に及ばないので、同じ越中のなかで新川郡と川西二郡の増徴策に若干の違いがあったとみることができる。両者とも新田高の本高繰り込みを基調にした年貢拡大に邁進していたが、増免の仕方は早期に高免に誘導しその後停滞した新川型と、当初の低免を寛永期から改作法期にかけ徐々に増免させていった川西型に区別できよう。

新川郡の手上免政策では、他郡と比べ目立った上げ免（増徴）はみられず[20]、むしろ強引に本高に繰り込んだ新田高の御印免と年貢完済をいかに維持するかが焦眉の課題であったといえる。以下では、こうした問題意識をもち検証する。

次に、加賀三郡、越中三郡、能登四郡に貸与された敷借米高を表6－4に掲げたが、ここでは、それだけでなく、周知の「改作以前跡貸物」「改作以前跡未進」の合計額を改作法開始時点の郡別の負債高を示すものととらえ、これを米高に換算（銀高集計は米一石＝銀三五匁で米高に換算）し、この仮の負債高（米高換算高）に対する各郡敷借米の比率

敷借米の負債リカバリー率

改作以前跡未進（米高：石）	改作以前跡未進（銀高：匁）	敷借米高（本米）	敷借米元利免除年次	敷借米の補填率（%）
293	204	6,920	明暦2・3年	519%
15,384	10,754	15,849	明暦2・3年	41%
4,905	2,633	5,907	明暦2年	53%
20,582	13,591	28,676		56%
2,237	1,258	8,931	明暦2年	147%
1,362	131	7,512	明暦2年	293%
5,815	1,781	13,653	明暦2年	110%
9,414	3,170	30,096		143%
678	*	5,314	明暦2年・万治2年	68%
361	*	2,727	明暦2年	328%
6,179	*	1,823	明暦2年・万治2年	16%
754	*	678	明暦2年	35%
7,972	0	10,542		48%
37,968	16,761	69,314		74%

定書 後編』巻14、石川県図書館協会、1981年再刊）による。
藩領・旧大聖寺藩領分3,479石（154村分）は除外。
の米価表」（高瀬保『加賀藩流通史の研究』桂書房、1990年、942・943頁）のう
の数値をもとに、仮に1石＝35匁とした。

を計算し掲げた。各郡の負債高に対し敷借米はどの程度負債削減に効果があったかを比較するための数値である。これを「敷借米の負債リカバリー率」と呼べば、リカバリー率一〇〇%は「改作以前跡貸物」「改作以前跡未進」の合計額と敷借米高がイコールである。一〇〇%以上であれば、相当手厚い救済になったと評価でき、一〇〇%未満とくに五〇%未満なら救済効果は薄いといえよう。

国別にみると越中のみ一四三%と一〇〇%を超えており、藩による救済は手厚かったといえるが、加賀・能登いずれも一〇〇%以下でリカバリー率は十分とはいえない。しかし、低い加賀のなかで能美郡だけ五一九%という突出した数値をみせる。能美郡に対する救済の厚さは意図的とみざるを得ない。これに対し能登奥郡は一六%、三五%と低く、救済面からみて冷淡であったようにみえる。また新川郡については、越中三郡のなかでは一番低い一一〇%であり、越中のなかでいえばやや冷遇とみえるが一概に冷淡ともいえない。こうした点は五節であらため

表6-4　郡別

郡名	改作以前跡貸物（米高：石）	改作以前跡貸物（銀高：匁）
能美郡	958	2,642
石川郡	22,309	15,984
河北郡	6,075	1,283
加賀３郡	29,342	19,909
砺波郡	3,583	7,189
射水郡	1,184	629
新川郡	1,508	175,722
越中３郡	6,275	183,540
羽咋郡	7,095	1,237
鹿島郡	388	2,918
鳳至郡	2,701	85,066
珠洲郡	325	29,609
能登４郡	10,509	118,830
三ヵ国合計	46,124	322,279

（注1）「改作被仰付候節諸事覚」（『加賀藩御
（注2）敷借米高には万治３年免除の旧富山
（注3）銀高の石高換算のレートは、「加賀藩
ち明暦・万治年中の１石20匁～56匁

て検討する。

二節　万治三年領替と富山藩の改作法

(一)　万治三年の「御開作」

新川郡の改作法分析におけるネックの一つは、万治三年に行われた利常隠居領の解体に伴う綱紀領・富山藩領の領替にある。万治元年の利常死去のあと、幕府は利常隠居領二二万石（実高二四万石）をそのまま綱紀領として引き継がせたので、前田本藩領は光高領にはじまる八〇万石余に利常隠居領を加え一〇二万石となった。ここで成立した綱紀領（前田本藩領）一〇二万石は基本的に明治維新、版籍奉還まで続くが、万治三年に富山藩（利次）にとって懸案であった新川郡の、利常隠居領（＝綱紀領）と富山藩領の入替が実現し、表高に影響が出ない範囲で領知所付の変更がなされた。簡潔にいえば、能美郡の富山藩領と新川郡に置かれた富山藩領のうち浦山辺の飛び地を綱紀領に引き渡し、その代わりに富山城下に近接した綱紀領の村々を富山藩領に組み込むという領替が実行されたのである。本書ではこれを「万治三年領替」と略称するが、万治三年領替で富山城下周辺の新川郡約一〇〇ヵ村が一円的に富山藩領となり、婦負郡とも連続し富山藩領の一円所領化が達成できた。また藩の首都にあたる富山城下も利常隠居領の借り物でなく、この時点で富山藩領となったので、万治三年領替は富山藩にとって念願がかなった重要事件であった。しかし、新川郡の富山藩領と綱紀領の境界に位置

する福沢・布目・黒牧など九ヵ村[21]は両藩領が入り組む相給村であったから、新川郡の綱紀領・富山藩領の村数をいうとき概数でしかいえない曖昧さは残ったままである。

綱紀の寛文農政が展開した新川郡の村々で改作法を論ずるとき、もともと富山藩領であった村なのか、利常隠居領であった村か確認しておく必要もある。また、富山藩領のなかに「利常の改作法」を経験した村が相当数含まれることも注意すべきこととなる。とくに問題となるのは、万治三年領替で新たに綱紀領に編入された村名や村数である。『富山県史 通史編Ⅲ・Ⅳ』では、「明暦二年村御印留帳」や正保郷帳「高付帳」などを利用し、この領替問題を解説し村名・村数等の変化を記述しているが、典拠史料のそれぞれが郡全体を網羅的に把握するうえで限界をもち、正確を期しがたい難問をいくつか内包するため、不十分たらざるを得ない面があった[22]。

周知の「御郡中段々改作被仰付年月之事」「敷貸本米高御赦免年之事」[23]には、万治三年領替を契機に、この年新たに綱紀領となった支藩領の村々を対象とし「御開作」が実施されたと述べ、「御開作」の村数を明示していた。新川郡の項目では「万治三年九月より改作被仰付　新川郡之内百八ヶ村淡路守様先御領分」「万治三年九月より改作被仰付同郡之内六ヶ村飛驒守様先御領分」と記されている。ここから新たに綱紀領に編入された旧富山藩領は一〇八ヵ村、旧大聖寺藩領は六ヵ村だとわかるが、これもこの時点で藩側が整理した村数であるにすぎない。旧大聖寺藩領については正保三年郷帳原稿の中の一本[24]において入膳村を加えた七ヵ村と記すので、以下ではこれを「入膳付近七ヵ村」と呼びたい。

逆に旧隠居領から富山藩領に変更された村数について、『富山県史 通史編Ⅲ 近世上』などは「富山近辺六八ヶ村」とするが[25]、村数の実数はもっと多い。その点はあとでふれるが、ここで注目したいのは、旧富山藩領一〇八村と旧大聖寺藩領（入膳付近七村）を対象に、あらためて「御開作」を「仰せ付けた」と記したことである。富山藩領・大聖寺藩領でも「御開作」仰付があったのなら、こうした命令は不要であったが、徴税の基礎となる明暦二年村御印を所持しないため、改めて改作法を命じたのであろう。

では万治三年領替に伴う万治三年の「御開作」仰付では具体的に何が行われたのか。「敷貸本米高御赦免年之事」に書かれた能美郡・新川郡に関する付記から万治三年領替で御開作地となった新たな綱紀領で敷借米免除が一斉になされたことがわかるが、(26)両支藩領から本藩領に編入された村々に残る寛文十年村御印をみても、敷借米貸与のことも万治三年免除のことも一切記していない。(27)いったい、どういうことなのか。貸与もしていない敷借米を万治三年にわざわざ返済免除したのであろうか。

能美郡の旧富山藩領四〇ヵ村で一八九八石余、新川郡の旧富山藩領・旧大聖寺藩領でもそれぞれ一三四五石余と二三四石余の敷借米があり、これを万治三年に免除したと記したのは、明暦二年までに富山・大聖寺の両支藩領で敷借米貸与を立証する確実な史料が確認できないことから、万治三年領替を機に本藩の責任で敷借米貸与が行われ、その年のうちに返済免除したと考えざるを得ない。

というのは領替に伴い万治三年までに各村が負っていた債務や未進の決済をしないと、領主間で未進年貢・未払債務をめぐるトラブルが発生するからである。能美郡の旧富山藩領約四〇ヵ村、新川郡の旧富山領一〇八ヵ村と旧大聖寺藩領七ヵ村が負担・清算すべき未進年貢高や借銀高等の調査が領替と同時に実施されたのではないか。そこで把握した未進・負債高を本藩の前田綱紀が肩代わりし、富山藩・大聖寺藩側（もしくは債権者）に返済したことが想定できる。この債務の肩代わり高が「敷貸本米高御赦免年之事」に書かれた敷借米高なのである。その結果、これらの未進・債務は綱紀による「御開作」（救済）の一環として、即時に返済免除されたので「万治三年　免除」とされたのである。(28)綱紀の決断は素早かった。このような救済措置が万治三年「御開作」の重要施策もしくは唯一の救済策であったのではないか。おそらく万治三年「御開作」では開作入用銀や作食米の貸与などはなく、それは寛文元年五月に再び置かれた改作奉行が主導した寛文農政の課題であった。

万治三年の「御開作」とは、このように領主間の領地替に伴う未進年貢清算の一環として行われた救済策（債務帳消し）であり、新たに綱紀領に編入された村々は旧支藩領時代の債務や未進高から解放され、綱紀の寛文農政に移行したのである。

(二) 富山藩の承応四年村御印

富山藩領の改作法に関しては不明な点が多く、どのような施策展開があったか具体的に語るのが難しい。明暦二年八月朔日付村御印が発給されていないことは周知のことだが、他方で承応四年（一六五五）四月二十一日付村御印が婦負郡で一斉に発給されており、これが富山藩の改作法実施を裏付ける、ほとんど唯一の証拠史料のようである。坂井誠一は、この富山藩の承応四年村御印の特徴として、村高のうち給人知行分は知行高・給人名をすべて記載したこと、蔵入地高も明記し小物成銀は一括計上し別の御印としたことをあげ、承応三年発給の「加賀藩の村御印は全く残っていないが、その書式は、この富山藩承応四年の御印と全く同一であった」と説明した。[29]だが、第三章でみたごとく加賀・能登の前田本藩領で承応三年・明暦元年に発給された村御印写はすでに数点確認されており、それらと富山藩承応四年村御印を比べると、小さいけれど微妙な違いもあった。承応三年発給の加賀藩領の村御印は、能美郡来丸《らいまる》村・石川郡部入道《ぶにゅうどう》村・同郡宮腰村・鹿島郡向田村のほか第三章でみた能登奥郡にも二点残っており、これらを通覧したうえで相互関係を論じなければならない。このような視点から長山直治は加賀藩の承応三年村御印が手本となり、承応四年に富山藩で村御印が発給されたと指摘している。[30]妥当な指摘といえよう。

承応三年九月の部入道村・来丸村の村御印[31]を、参考のため左に掲げたが、部入道・来丸の村御印は「本高分」のみの村御印であり「此外敷借・小物成別紙遣置」と記すので小物成分の村御印が別に発給されていた。このように村御印が本高分と小物成分に分けられた点は、承応四年の富山藩と同じであるが、一村平均免の実現という点では微妙な相異があり、あとで詳しくふれる。承応三年十・十一月発給の能登奥郡の村御印は、一村すべて蔵入地の村ばかりなので本高分・小物成分ともに一紙に記載され、一村平均免は当然達成されていた。[32]

[1]　石川郡部入道村承応村御印

石川郡不(部)入道村之事

一ヶ村草高

一、六百九十六石九斗六升内

六百五十石七斗三升　長九郎左衛門

免五ツ八厘

十九石七斗四升七合　村井兵部

免五ツ三歩

六石五斗八升二合　津田内蔵助

免五ツ三歩

四石七斗八升三合　菊池大学

免六ツ

八石一斗三升一合　佐藤小伝次

免六ツ

六石九斗八升七合　蔵入

免六ツ

右免付之通、並夫銀定納百石に付而百四十目宛、口米石に八升宛可納所、此外敷借・小物成、別紙遣置者也、

承応三年九月一日

石川郡不入道村
百姓中

［2］　能美郡来丸村承応村御印

能美郡来丸村

壱ヶ村之草高
一、五百八拾壱石弐斗六升九合

内

四百七石五斗四升弐合　　免三つ弐歩三厘　前田対馬

百七拾六石七斗弐升七合　　免三つ壱歩二厘　本多安房守

右免付之通并夫銀定納百石ニ付百四十目充、口米石ニ八升充可納所、此外敷借・小物成別紙遣置者也、

承応三年九月［　　］日

能美郡来丸村
百姓中

［3］　婦負郡松木村（本高分）村御印

越中婦負郡松木村

壱ヶ村高
一、三百三拾弐石八斗九升弐合内
　免三ツ六歩九厘四毛
百石　　　　　　　　　　　　沢田玄真
弐拾七石五斗三升　　　　　　岩田右兵衛
八石九斗四升　　　　　　　　佐脇数馬
八拾四石七斗弐升八合　　　　石黒平兵衛
百拾弐石壱斗四升七合　　　　蔵　入
　免三ツ七歩
内壱石弐斗五升　　免三ツ八歩
右免付之通并夫銀定納百石ニ付百四十目宛、口米石ニ八升宛可納所、此外小物成別紙遣置者也、
　承応四年四月廿一日　　御印
　　　　　　　　　　　　　婦負郡松木村
　　　　　　　　　　　　　　百姓中

富山藩領婦負郡に残る承応四年四月付村御印は、目下五五ヵ村分九一通[33]が知られ、その記載内容は表6－5に一覧した。本高分・小物成分両通揃う村は三六ヵ村、小物成分だけは五ヵ村あった。富山藩の一例として松木村の本高分村御印を右に掲げた。なお能美郡の富山藩領の湊村でも承応四年四月付村御印写が確認されているが、表6－5には除いた。三節㈢で紹介する。

富山藩領の承応四年村御印の第一の特徴は、富山藩主前田利次の御印を押印している点にある。[34]利常の改作法に影

	村名	本高分	小物成分（匁）	給人数	村免	蔵入地	免違い箇所	分類
44	嶋田	276.309		1人	3.53	0.692	なし	
45	下野	586.471		0	1.31	586.471	1	▽
46	熊野道	288.549	82	8人	4.49	13.028	なし	
47	余川	354.948	10.92	13人	2.34	51.199	1	◎
48	金屋	1073.449	248.71	13人	3.18	265.178	2	◎
49	沢田	44.6		1人	2.68	13.887	なし	
50	宿坊	282.991	93.81	1人	4.69	79.82	1	◎
51	鎌倉	81.378	70.4	2人	4.61	24.13	なし	
52	舟橋町	21.067	319.25	0	不記	21.067	4	▽
53	八尾	298.483	31.66	0	不記	298.483	4	▽
54	乗嶺	196.157		0	6	196.157	なし	
55	谷折	31.254		0	4	31.254	なし	

（注１）１～51は文久２年正月の富山藩による調査記録「承応四年・明暦二年 村々御印物等」（前田文書）による。他は個人蔵等。
（注２）免違いの蔵入地を所持する村のうち全村蔵入地には▽印、給人地との相給村には◎印を分類欄に付した。

響され、利次が村御印を発給したことは、富山藩主の改革意思を示すものとして重要である。大聖寺藩では、このように藩主御印を据えた年貢免状（村御印）の発給をみていない。知られる大聖寺藩の「村御印」というのは、すべて藩算用場が発給主体で、寛文以前のものは未だ確認されていない[35]。したがって富山藩主利次が、明暦二年の村御印成替より前に、利常の承応三年村御印に影響され、これと様式的によく似た村御印を婦負郡・能美郡で一斉に交付したことは特筆すべきことといえる。また、発給の順序からいっても利常の改作法の影響をうけたことは動かしがたい。

明暦元年以前、能登奥郡以外で利常が発給した村御印は、いずれも小物成分を別仕立にし発給されたが、利次はその形式を踏襲し富山藩村御印を発給した。表６－５の小物成分の欄に小物成銀高を記したが、それは別に出された小物成分村御印に書かれたものである。本高分の記載のある五〇ヵ村分を詳細にみていくと、綱紀領に属する来丸・部入道の承応村御印と重要な違いがあった。複数の給人知行地がある来丸・部入道では給人ごとに知行高と免を記し、記された免が異なるので一村平均免が実現できていないことがわかる。しかし、

表６-５　富山藩婦負郡　承応４年村御印一覧

	村名	本高分	小物成分（匁）	給人数	村免	蔵入地	免違い箇所	分類
1	蟹寺	92.816	58.07	0	銀納	92.816	なし	
2	片懸	251.608	85.37	0	銀納	251.608	なし	
3	加賀沢	54.055	1.54	0	2.05	54.055	なし	
4	牛嶋	487.657	104.57	8人	3.56	114.45	なし	
5	松木	332.892	1.73	4人	3.694	112.147	2	◎
6	山岸	124.566	10.4	0	2.92	124.566	なし	
7	本庄	38.425	6.92	0	2.83	38.425	なし	
8	宮尾	653.843	5.15	0	3.3	653.843	3	▽
9	四ツ屋	139.794	5.47	0	2.43	139.794	1	▽
10	窪	169.488	3.46	12人	3.07	14.412	なし	
11	見角	289.83	8.64	0	1.39	289.83	1	▽
12	坪野	275.842	25.6	8人	1.44	96.037	なし	
13	蔵島		3.1					
14	板倉	欠		6以上	欠	135.899	1	◎
15	海川原	136.135		8人	1.41	21.069	なし	
16	添島		35.25					
17	薄嶋	90.952	46.54	0	欠	90.952	2	▽
18	成子	164.416		0	2.33	164.416	なし	
19	中神通		28.57					
20	深谷	554.441	47.38	13人	4.05	124.417	2	◎
21	小長谷	647.567	22.42	7人	3.3	174.124	1	◎
22	村杉	79.4	7.33	7人	2.13	36.601	なし	
23	土	221.74	16.7	3人	2.97	61.369	なし	
24	北谷	105.714	8.77	4人	1.97	28.067	なし	
25	根上	74.086	8.54	3人	2.7	28.296	なし	
26	針原	842.302	44.16	0	3.09	842.302	2	▽
27	針原林新	13.763		0	0.8	13.763	なし	
28	花木新	36.126		0	2	36.126	なし	
29	百塚新		108.34					
30	打出	815.397	90.98	0	2.54	815.397	1	▽
31	練合	85.529	73.97	0	2.68	85.529	なし	
32	練合新	68.136		0	2	68.136	1	▽
33	高木	1606.004	95.58	19人	4.47	90.014	なし	
34	本郷	1273.681	5.25	27人	3.62	194.899	なし	
35	二ツ屋	101.071		9人	2.6	4.38	なし	
36	吉作	516.181	186.16	0	3.28	516.181	1	▽
37	栃谷	257.023	71.85	2人	2.66	226.619	なし	
38	杉谷	303.859	106.46	12人	3.35	58.548	2	◎
39	土代	151.798	103.83	0	2.7	151.798	2	▽
40	平岡	332.582		9人	2.1	179.188	1	◎
41	長沢新町		114.2					
42	葎原	209.125		4人	2.62	131.404	なし	
43	今山田	97.213	15.15	5人	4.78	17.644	なし	

婦負郡の承応四年村御印は、給人ごとの知行高は内訳として明示するが、それぞれの免は記していない。それゆえ冒頭に掲げた村高の脇に書かれた村免が平均免として各給人地に適用されたと判断できる。むろん、給人相互に免が違っていた可能性を完全に排除できないが、一村に大勢の給人がいても免記載が全くないので、給人免は村別に一本化されていたと判断せざるを得ない。

むしろ問題なのは蔵入地の免記載である。村御印免と一致しない蔵入地の免をあえて記入する例がかなりみられた。村御印免と蔵入地の免は一致するものと想定していたが、異なる免を記載する蔵入地がいくつも確認され、わざわざ免違いの蔵入地高と免を明記していた。表6-5の「免違い箇所」欄では、村御印免と異なる免を記す蔵入地の箇所数を掲げる。例示した松木村の場合、村御印免「三ツ六歩九厘四毛」を掲げたうえで、「三ツ七歩」と「三ツ八歩」の蔵入地があると記す。この限りでいうと四人の給人領と蔵入地では免が異なり、蔵入地の中でも異なる免の耕地があり、一村平均免は達成されていないとせざるを得ない。舟橋町や八尾村ではそのような免違いの蔵入地が四ヵ所もあった。

表6-5でみた限りすべて給人地という村はなく、二三ヵ村が全村蔵入地の村（給人数欄0と表記）で、二七ヵ村が蔵入地・給人地が混在する相給村であった。蔵入地で異なる免をもつ村は二一ヵ村、うち一二ヵ村は全村蔵入地、九ヵ村は相給村であった。このように全五五村の約四割の村で、蔵入地に異なる免付地が存在し一村平均免が阻害されていた。なぜ、こうなったのか。

綱紀領では宮腰村・向田村の村御印が全村蔵入地の事例にあたるが、向田村の場合、村高脇の御印免「四つ」の記載しかないので、小代官の管轄高に関係なく村免は一率であった。婦負郡でも蔵入地をもつ村の半数以上で一村平均免は達成されていたが、四割の村で右のようなイレギュラーが起きていた。蔵入地における免違い箇所を合計すると三六あったが、村御印免より高い免を付けた箇所は九ヵ所、低免を付けた箇所は一六ヵ所で不明は一一あった。低免地が多いが、高免箇所は古くから開発された安定耕地と目され、低免地は新開地もしくは生産性の安定しない土地とみられる。前田利次としては蔵入地であれば、低免地であろうと積極果敢に村高に組み込み将来の上げ免を目論んだのであろう。そこに、蔵入地高をできるだけ大きくし藩財政を強化したい意欲がみえる。高免の蔵入地を高免のまま把握し、平均免に還元しなかったのも同じ動機で、藩財政強化が理由であろう。高免の蔵入地と免の低い給人地を平均すれば、村免全体が高くなり、給人地では増免に結果し収入増となるが、蔵入地では免が低くなり減収となるので、これを避けたのであろう。富山藩では、まず給人年貢について平均免を実施し、蔵入地の免については一本化を遅らせたようである。

加賀藩領における給人平均免制の発生過程は、じつはそれほど明確ではない。若林喜三郎は、「承応三年に各郡の十村から提出させた給人知収納免帳に基づき、翌明暦元年に平均免詮議が行なわれ、その結果同二年越中知・能州知は四つ一歩、加州知は三つ六歩平均と定められた」と述べ、この給人平均免の大前提として各村の一村平均免と定免制が不可欠であるとし、明暦二年の村御印成替で一村平均免が実現し、新知行割がなされたことで給人平均免制が定まったと指摘する。(36) しかし、坂井誠一は主に越中の事例をあげ、寛永十六年の分藩を契機とする寛永十八年の「新知行出」が原因で「給人平均免の成立を招来」、これにより一村平均免と定免制の一般化が進展したと若林説と異なる見解を示した。定免制について、承応・明暦の改作法で初めて成立したものでなく、部分的には慶長期よりみられ、寛永期に漸次一般化し寛永十八年にほぼ全領にわたって完全に行われたとも述べ、給人平均免と村の定免制ともに寛永十八年が画期をなすと主張した。坂井が依拠した武部敏行の著作は、給人平均免・一村平均免に関し詳細に考証するが、ほとんど村宛の年貢皆済史料等に依拠した考察であるため、知行制の実態については不明な点や疑問も多い。(37) さらに知行所付等の史料収集を行い、給人平均免制の黎明期の謎を解明する必要がある。

明暦元年までに、周知の「加州知三つ三歩、越中・能登知三つ八歩」という給人平均免の基準は成立したが、実際の運用は見瀬和雄が論じたように小松家臣に能美郡三つ五歩、新川郡三つ八歩とした明暦元年の知行所付もあり[38]、実情はかなり複雑であった。

おそらく承応三年七月末の給人下代知行所派遣禁止令で給人による徴税支配権が大きく制限されたあと、明暦元年四月の村御印発給とこれに伴う新知行割替において、給人平均免「加州知三つ三歩、越中・能登知三つ八歩」が原則とされ一斉に新知行の所付が出た可能性がある。さらに明暦二年の手上免を加えた明暦二年村御印下付で、平均五歩の手上免のうち三歩は給人分とし、二歩は村方救済米の原資として藩が取ったので、給人平均免の水準が三％アップし「加州知三つ六歩、越中・能登知四つ一歩」となり、これが新しい給人平均免の基準となり以後踏襲された。若林の理解を平易にまとめたにすぎないが、明暦期の給人平均免の動向は仕上げ段階の動向であり、寛永期に給人平均免が部分的に実施されていた問題をここにどう組み込むかが課題である。

分藩による新たな知行割は給人知行制を抜本的に改革する絶好の機会であり、利常はこれを活かし、給人平均免制の骨格を作ったものと思われる。その適用範囲の拡大と斉一化は、改作法のなかで着実にすすめ、村御印の一斉発給のあった明暦二年は重要な到達点とみてよい。給人平均免制の要諦は、給人の知行高に対する年貢取り分率を、どの家臣も同一とする平準化にある。つまり給人個々の免決定権を否定することにあった。さらに知行地での徴税支配から締め出されたあと、個々の給人（知行取家臣）は村免と一切関係がなくなる。一村平均免や定免を必要としたのは、個々の給人に代わって村で給人年貢の徴税実務にあたった十村や村役人らであり、給人にとって村の免の動向はもはや何の関係もないことであった。村の税制と給人知行制が全く別物となり、それを結び付けるのは知行所付だけで、実際の年貢米の徴収・流通管理は村・十村・蔵宿に任された。そのような体制は、やはり改作法のなかで整備されたといえ、給人平均免の手法は寛永期およびそれ以前に採用されたが、体制として一般化するのは明暦期であろう[39]。

表6－5に掲げた承応四年村御印から、給人平均免制は富山藩でも導入が進んでいたと推定できたが、承応四年村

御印の発給月日と同一の四月二十一日付で、じつは富山藩主から知行所付も発給されていた。目下、加藤新八宛の知行所付一点のみ確認されているが[40]、おそらく同一日付で新知行の申し渡しが一斉になされたのであろう。つまり、富山藩家臣の知行割（所付）が明暦元年四月付の村御印と同時に刷新されたのである。加藤新八宛の知行所付には七ヵ所の知行高と村免のみ記し、給人平均免の記載はないが、七ヵ所の年貢合計は知行高（一五〇石）のちょうど三七％つまり三つ七歩となるので、富山藩では給人平均免を三つ七歩としていた可能性がある。しかし、所付の末尾に「右除山川竹木、全可令所務、収納之次第并未進方ニ召置奉公人給銀定、別紙頭へ渡置者也」と締めくくるので、給人知行所での「所務（徴税実務）」は藩によって容認されていた。さらに「収納の次第」（年貢算用原則）と「未進の形にとった百姓奉公人」給銀については藩で定め、各組頭から周知させると通知していた。この文言の限りで、給人の個別知行所での徴税支配権は、一定の規制が藩から示されているものの従来通り公認されていたといえる[41]。給人個々の税率決定権は認めず平均免で統一した点（給人平均免制）は本藩領に準拠していたが、給人が給地へおもむき徴税支配することは容認していた。本藩領で出された給人下代知行所派遣禁止令（承応三年八月令）は、富山藩領ではこの時点で適用されていなかった。

つまり富山藩は、給人平均免は採用したが給人個々による徴税支配は従来通り容認したとみられる。十村代官制や十村の徴税機能未熟が原因と推定されるが、今後検証すべき課題であろう。一方、蔵入地で多様な免を認め新開地の本高化を急いだのは、藩財政強化を目的にした富山藩主の意思と判断される。蔵入地における多様な免を一本化しなかったのは、富山藩独自の判断であり、富山藩なりの藩財政強化に向けた方策であった。ある意味、地域の実情に即した賢明な判断であった。能登奥郡のように全郡蔵入地化したうえで、すぐにも一村平均免を強行した地域もあれば、婦負郡で前田利次が行ったような対処もあったのである。利常の改作法の影響はあったとはいえ、その対処法は同じ前田領でも地域により一様ではなかった。

(三) 新川郡の万治三年領替

承応四年四月の村御印をもとに富山藩の改作法問題にいささか深入りしたが、富山藩領は周知のとおり新川郡にも分布していた。本藩から借り受ける形になっていた富山城下町および周辺七ヵ村と黒部川沿岸の「浦山辺三八ヵ村」と呼ばれる地域がこれに該当する。このうち「浦山辺三八ヵ村」は万治三年領替で綱紀領に編入されたので、寛文十年に村御印が交付されたが、その実数は一〇一ヵ村（旧富山藩領）ともいわれる。[42] しかし前述の通り「御郡中段々改作被仰付年月之事」には「新川郡之内百八ヶ村　淡路守様先御領分」とあるので、万治三年領替で綱紀領に繰り込まれた旧富山藩領は一〇八村とみる理解もあった。

ちなみに「正保三年高付帳」の新川郡分のなかで「松平淡路守領分」という肩書とともに「今程加賀守領分」と注記された「浦山辺三八ヵ村」の村名をてがかりに「寛文十年村御印写留」[43]をみていくと、明暦二年の手上高・手上免を記さず、小物成項目では敷借米を一切記載しない一群の村御印がある。寛文十年の高・免・小物成銀のみ記す特異な村御印で、同帳の巻二八（現黒部市）・巻三二（現入善町）・巻三五（現黒部市）に集中し掲載され、浦山辺三八ヵ村の分布域に重なる。その村数は、巻二八・三二・三五それぞれ七四ヵ村、三六ヵ村、二ヵ村で合計一一二村となる。その中には旧大聖寺藩領七ヵ村も含まれるのでこれを除くと一〇五村となり「御郡中段々改作被仰付年月之事」の一〇八ヵ村と近い数となる。万治三年領替で綱紀領に変化した旧富山藩領一〇八ヵ村とは、ほぼこの一〇五ヵ村と重なる村々とみてよい。[44] つまり「浦山辺三八ヵ村」というのは正保郷帳に即した表現であって、[45] 万治三年には一〇八ヵ村とされたが寛文村御印に即していえば一〇五ヵ村とすべきで、ほかに大聖寺藩領七ヵ村（入膳付近七ヵ村）も同時に綱紀領に編入されたのである。

この旧富山藩領・旧大聖寺藩領に対応する一一二ヵ村の寛文村御印の村高合計は二万四二〇九石であるが、これは

「正保三年郷帳」の「浦山辺三八ヵ村」村高合計一万四四二〇石と「入膳付近七ヵ村」合計四三二三石の合計と比べると約五五〇〇石大きい。この差は浦山辺の村高が正保から明暦に増石したことによるのであろう。こうした所領入替でわかりにくくなった明暦～寛文の新川郡の所領構成変遷をここで再確認する。まず明暦二年（～万治初年）の新川郡を構成する三分領について村高合計の推定値を示そう。

まず、①利常隠居領は「明暦二年村御印留（新川郡）」に掲載された九つの十村組七八四ヵ村の村御印高から、その村高合計は二三万二四一九石であった(46)。②富山藩領は明暦時点の村高合計は不明なので、「富山近辺七ヵ村」の正保三年高三一七六石と「浦山辺三八ヵ村」の合計と推定される「正保三年郷帳」に示された新川郡の富山藩領高二万五一〇八石（本田高一万七五九六石＋新田高七五一二石）を仮に使う方法もあるが、明暦の劇的な上げ高が示されず誤差が大きいので、浦山辺一〇五ヵ村の寛文十年村御印の村高合計一万九四五六石に「富山近辺七ヵ村」の正保三年高三一七六石を足した約二万三千石を明暦の富山藩領高とするのが妥当であろう。③大聖寺藩領「入膳付近七ヵ村」の村高合計は「正保三年郷帳」では四三二三石、「寛文十年村御印写留帳」で計算すると四七五三石であったが明暦二年高は不明である。このように明暦の旧富山藩領・旧大聖寺藩領分の村高合計は確たるデータがないが、ここでは、明暦二年の急激な増高を考慮し、旧富山藩領・旧大聖寺藩領に対応する一一二ヵ村の寛文村御印高合計二万四二〇九石に、ここに含まれていない「富山近辺七ヵ村」の正保三年高三一七六石を加えた二万七三八五石と①利常隠居領二三万二四一九石の合計二五万九八〇四石を、明暦二年時点の新川郡の推定郡高として表6‐2に掲げた。推定値なので、明暦の郡高は約二六万石という程度に理解されたい。

次に寛文十年の新川郡高は、万治三年領替後なので綱紀領と新たに編成された富山藩領の二つに分かれる。この二つの所領の村高集計の内訳をみておこう。

万治三年領替で浦山辺の富山藩領（一〇五ヵ村）と大聖寺藩領七ヵ村（四七五三石）は新たに綱紀（本藩）領となり利

常隠居領の大半も綱紀領となった。その結果、寛文村御印が残る八三二ヵ村、合計二一万九三八一石が綱紀領新川郡高であった[47]。これに対し、富山藩領の多くは、万治三年に隠居領から移管された富山近辺の村々であるが、その実数や村名・村高はなお不明とせざるを得ない。利常隠居領から富山藩領に移管された富山城下町周辺にあった利常隠居領約九〇ヵ村のほか、従来から変わらず富山藩領のままの「富山近辺七ヵ村」三一七六石（正保三年高）との合計が寛文の富山藩領高となるが、前者の正確な村数・石高は『富山市史 通史〈上巻〉』の指摘に従い、明暦二年村御印の「六九ヵ村」が該当と仮定すると村高合計は三万九〇五三石となる[48]。これに正保三年の「富山近辺七ヵ村」三一七六石を加えた高を仮に寛文十年の新川郡富山領高とみなし、綱紀領八三二ヵ村の村御印高合計との合計二六万一六一〇石を寛文十年郡高とし表6－2に掲げた。

さて、隠居領から富山藩領に変化した「六九ヵ村」の村高合計三万九〇五三石は、万治三年領替における綱紀領の減石分にあたり、これを補う増石分は浦山辺・入膳付近の一一二ヵ村（旧富山藩領・旧大聖寺藩領、寛文村御印高で二万四二〇九石）と能美郡の旧富山藩領高（寛文村御印高で二万二四一六石）を合わせた四万六六二五石であった。減石分と比べ約七六〇〇石程の差がでるが、富山藩に移管された旧利常隠居領の村数・村高がもっと正確に把握できれば、この差はもっと縮まる。

しかし、そもそも万治三年領替で村高合計を相互に等しくする原則をもって交換したかどうか不明である。領替にあたり年貢量の同一性を重視したかもしれないし、年貢高・村高以外の要素が重視された可能性もある。領地交換の基本原則が不明という現状で、村高合計の比較だけで議論することは得策といえない。けれども万治三年領替はおおむね対等な領知交換であったことは、以上の数字比較とその推定方法から納得できるのではないか。

富山藩領の承応四年村御印および万治三年領替で新たに綱紀領に移管された旧富山藩領の寛文十年村御印をみた限り、敷借米貸与の記録が全くなかった。前記の「敷借本米高御赦免年之事」にも婦負郡・江沼郡に関し記載がなく、両支藩では利常在世中に敷借米という救済策はなかったとみられる。おそらく作食米・開作入用銀の貸与も大聖寺藩領・富山藩領では実施されなかったのであろう。それゆえ万治三年領替を契機に、綱紀領に新加入した村々を対象に旧富山藩領時代の未進・債務を清算するため、敷借米貸与とその免除がなされ、これを「御開作」仰付と称したのである。利常在世中の「御開作」と比べ随分軽微な救済であるが、これも「御開作」仰付と称するので「御開作」語義の変容を象徴する一事例といえよう。

新川郡の旧富山藩領に出された寛文十年村御印一〇五通では、前述の通り手上高・手上免・敷借米に関する記述が全くないが、能美郡の旧富山藩領域で発給された寛文十年村御印三九点をみると、手上免記載が一〇ヵ村で確認できた。この手上免は特例的なもので、何か特別の事由があって、あえて手上免を申請させたのであろう。富山藩領の村々では明暦二年の手上高は実施せず、手上免も実施しなかったことが原則とみてよい。

したがって、万治三年領替までの富山藩領は婦負郡・新川郡・能美郡の三郡にまたがり分散していたが、婦負郡での徴税体制と新川・能美のそれは異なっていた可能性がある。利次が独自に承応四年村御印発給を決断したのは婦負郡・能美郡に限られ、新川郡ではいつどういう形の村御印が出たか不明である。発給しなかった可能性もあるので、初期富山藩の地方支配の分析でも、地域ごとの違いに留意した検証が必要であろう。

新川郡の奉行であった山本清三郎は、利常の命をうけ婦負郡に出張していたが、村々を「御見立いたさせ」、「御済候ハヽ、急御登り可被成候」という指示を明暦二年九月五日、小松の園田左七から受け小松に戻っている（別表Ⅳ26）。この婦負郡の村廻りという出来事も気になる動きである。山本清三郎から婦負郡御見立の報告を聞いた利常は、九月二十六日の御昼詰で、小松家臣の矢田次左衛門・中村次郎右衛門・三嶋彦右衛門を奉行とし「婦負郡下免・高免・出高御吟味」に行くよう命じた。この婦負郡の免・出高を調査する奉行三人に、利常は御供田村勘四郎はじめ石川・新川・砺波・能美四郡の十村に随行を命じた。新川郡からは黒崎村与二兵衛、能美郡から荒谷村少兵衛・金平村二郎兵衛が随行し婦負郡に赴いた（別表Ⅳ53・56）が、いずれも利常隠居領の十村であった(49)。

利常に支配権限のない富山藩領を対象に、こうした村廻りを実施した目的はいったい何なのか。山本清三郎が先行して婦負郡に出張した八月末～九月初頭は、新川郡や越中東部を襲った台風による風損査定が利常の関心事であったから、風損の被害状況を隠居領・富山藩領の別なく、新川郡と婦負郡の全容をみるためという可能性が想定される。しかし「下免・高免・出高の御吟味」という文言は風損調査の範囲を超えており、富山藩領の村免や検地出分高の実情を確認し、富山藩独自の農政改革の成果を見分するものとみることもできる。隠居領新川郡での手上免・手上高査定に役立てる意図をみてもよい。ただし、次男利次領を視察するにあたり、領主である利次に何か断りを入れたのであろうが、我がもののように富山藩領に家臣や十村を送り込み、内政に口出ししたような印象もうける。父親とはいえ迷惑なことと富山藩主利次は感じたに違いない。

三節　能美郡の改作法

能美郡におかれた旧富山藩領約四〇ヵ村が万治三年九月に本藩領に組み込まれたことは前述の通りである。この点を手がかりに、寛永十六年に四分割された能美郡前田領それぞれで、利常在世中「御開作」がどのように行われたのか、四分領の事情に即し個別にみていく。しかし依拠できる史料は限られる。これまで再三使ってきた「正保三年郷帳原稿（能美郡分）」「明暦二年村御印留（利常隠居領一七〇村分）」「寛文十年村御印写留（加能越三箇国高物成帳）」に「明暦元年加賀三郡高免書上(50)」という新史料も加え、村御印税制が確立した明暦二年時点の高・免の動向を能美郡の四つの所領別に確認し、能美郡改作法の特色に迫りたい。

まず「寛文十年村御印写留」に掲載する能美郡分二三八通の寛文十年村御印は、利常時代の区分でいえば①綱紀領三九ヵ村、②富山藩領三九ヵ村、③利常隠居領一六〇ヵ村に区別できる。万治三年領替でこれら二三八ヵ村すべてが綱紀領となり、いずれも綱紀発給の寛文十年村御印をもつことになったので、明暦二年時点の支配区分に戻すと、右の領主別区分となるのである。ここには当然のことながら大聖寺藩領は出てこないが、利常在世中の能美郡では、串村という一ヵ村のみが大聖寺藩領であり、利常死後もまた明治に至るまで一貫して大聖寺藩領なので、「寛文十年村御印写留」に串村は載っていない。

能美郡内の大聖寺藩領の動向については、あとで詳しくふれるが、万治三年領替で綱紀領（万治元年以前は利常隠居領）から大聖寺藩領に編入された八ヵ村のほかに、正保郷帳にみえない数ヵ村が同時に大聖寺藩領に移管され、寛永十六年以来の串村とともに能美郡大聖寺藩領となった。このほか寛文八年に綱紀領から幕領に切り替わった尾添・荒谷二ヵ村は明暦二年時点では利常隠居領であった。また江沼郡に存在した利常隠居領二ヵ村（那谷村と二ツ梨村の一部）も明暦二年時点は利常隠居領であり、「御開作」仰付の恩恵にあずかっているので、万治三年領替で大聖寺藩領になった八ヵ村ともども御開作地であったが、この点もあとでふれたい。また、「寛文十年村御印写留」は能美郡湊村の村御印を漏らすので[51]、これを追加する必要もある。このように能美郡の村高・村免を時期ごとに比較するとき根拠となる史料の不完全さ、作成目的の違い、領主支配の所属変更により、村数に異同が生じ、正確な比較が簡単にできないのが実情である。十七世紀中期特有の事情であり、複雑な説明にならざるを得ないことを断っておく。

(一)　綱紀領三九ヵ村

「正保三年郷帳原稿（能美郡分）」によれば、十村宮竹村次右衛門組所属の四三ヵ村が綱紀領で能美郡北端に位置し、全郡綱紀領の石川郡とは手取川の旧河道（北川）を境とする。現在の川北町・能美市（寺井町・辰口町・根上町）に属する手取川両岸の村々がおおむね該当する。「寛文十年村御印写留」収載の村御印でいえば三九ヵ村が該当し、その間に消えた村、新たに登場した村があり、わずか二五年間だが宮竹組の村構成に変動があった点に注意し表6－6を作成した。表6－6は寛永十六年の所領分割以後、綱紀領であった宮竹組の村々の村高を正保三年・明暦元年・寛文十年という三つの時点で比較した一覧であるが、消長の著しい一部の村は表示から除いた。

表6－6の典拠史料「明暦元年加賀三郡高免書上」は、明暦二年村御印発給直前になされた明暦元年の新知行割と連動した明暦元年五月発給村御印の高・免一覧と推認でき、開作地裁許人ごとに所轄の村名と高・免を記す構成をとっているので、明暦二年村御印発給直前の宮竹組（四三ヵ村）の高・免と「開作地裁許人」を知ることもできる。明暦元年までの北加賀二郡の「御開作」は、江守半兵衛・冨田内蔵允・伊藤内膳など改作法執行部の藩士ほか石川郡・河北郡の十村らも開作地裁許人（改作奉行）となり、八つに編成されたユニットごと「御開作」が実施された[52]。八ユニットのうち冨田内蔵允・伊藤内膳などが裁許する四ユニットに宮竹組の四三ヵ村が分散し記載されるので、能美郡宮竹組では石川・河北両郡と一体的に「御開作」が実施されたと了解できる。したがって綱紀領（宮竹組）での「御開作」執行体制は北加賀二郡と同じとみられる。

そのうえで若干の特色をいえば、手取川の流路変更による耕地流失が著しく、他方で流作場が新たに可耕地になるケースも多く、大きな新開地が出来る可能性ももっていた。それゆえ洪水・川崩れによる検地引高がなされる一方で、河原新開、流作場新開（再開発）による増石もみられた。このように相反する可能性を併存させた地域であり、村高増減の著しい村をいくつか抱え込んでいた。

そうした点に注意し正保三年と明暦元年・寛文十年という三つの時点で、綱紀領三九ヵ村の村高合計はどのような変化をみせたか確認する。

最初に正保三年と明暦元年を比較するが、明暦元年データを欠く徳久村は寛文十年村御印から明暦元年高を九八七石と推定し集計した。また明暦元年に新たに登場した二ヵ村のうち一村（岩内小新）はその後消滅するので集計から除外し表示も略した。その結果、正保三年の四三ヵ村の村高合計は一万九三二七石、明暦元年の四三ヵ村の村高合計は二万四一八七石となり四八六〇石の増加となった[53]。

能美郡全体の増石は約一万五千石（表6－2）だから、その三分一は綱紀領の貢献といえる。綱紀領は「正保三年郷帳」の能美郡高の一七％を占めるにすぎないが、増石の面で三割の貢献をしており[54]、利常の「御開作」と村御印税制の政策基調に沿った動きをしていた。

正保三年郷帳高から増加した四八六〇石の内訳をみると、正保三年郷帳作成時までに成立していた綱紀領新田高は二一二一石と想定できる。内訳は、正保三年郷帳に登載された二〇石以上の新田高九六四石と登載されなかった一一五七石[55]である。このほか表6－6の村高変遷を個別にみていくと村高が二倍に増石したと同時に免が約二分一に変更された村が四ヵ村あった。表6－6「免半分加工」の欄は正保三年の税率と明暦元年の税率（免）を比較したもので、〇・五とあるのは免が二分一になったことを示す。また「明暦元年高の増大率」は正保三年高に対し明暦元年高は何倍になったか示したものだが、二・〇というのは高が二倍になったことを意味する。免を半分とし高を二倍にしたことが明瞭なのは河原新保・竹蔵の二ヵ村で、与九郎嶋・赤井の二ヵ村でも同様の意図的な高・免変更があったといえる。この免半分加工の四ヵ村で九三二石の増石があった。正保三年新田高二一二一石と意図的な机上での増石九三二石を除く一八〇七石は正保三年から明暦元年までの新田を本高に繰り込んだものと推定できる。

また、綱紀領の手上高合計は六二四石であり[56]、これは明暦元年増石の翌年に実現されたものであった。この手上高の倍以上の新開が、手取川河口部で慶安・承応の一〇年に満たない時期になされたことは注目しておきたい。つまり明暦二年手上高実施直前の段階で、正保三年新田高二一二一石に正保三年～明暦元年までの新田一八〇七石と意図的な机上での増石九三二石を加えた四八六〇石の石高増加がすでに確定されていた。翌明暦二年に上乗せされたのは手

	正保3年村名	正保3年高	正保3年税率	明暦元年高	同免	免半分加工	明暦元年高の増大率	寛文10年高	御印免
43	三ツ口	600	3.52	600	3.17	0.90	1.0	516	3.6
44	宮竹新			600	*			635	3.2
45	三反田							302	3.8
	合計高	19,327石		24,187石				23,231石	

（注１）典拠は本文に示した「明暦元年加賀三郡高免書上」（後藤家文書）「正保三年郷帳原稿」「寛文十年村御印写留（加能越三箇国高物成帳）」（加越能文庫）。

（注２）「明暦元年高の増大率」とは、明暦元年高の正保３年高に対する増加率を示す。率が2.0前後の村では、免半分加工が予想されたので表示した。また「免半分加工」の欄の数字は、正保３年の村免に対する明暦元年の村免の比率を示すが、0.5であれば、そうした加工処理があったといえる。

（注３）明暦元年高欄では便宜上、宮竹村が２つ記載されるので「600石　免不記載」とあるのを新村と仮定し表示、岩内小新村（４石）は表示を略したがこれを合計に算入するなら24,191石となる。

上高六二四石と若干の新田に過ぎなかった。郡高の拡大において能美郡の低調さを特徴として指摘したが、正保高に対する明暦二年高の増加率は越中三郡・能登奥郡では二〇％を超え、能美郡など加賀三郡と能登口郡は二〇％未満で、能美郡の約一三％は高いほうになるが(57)、綱紀領に限っていえば、正保高の八％増、手上高分を除いても七％増なので能美郡増石の半分は綱紀領で達成したといわねばならない。それは隣接する富山藩領がほぼ横ばいであったのと対照的である。能美郡の郡高増加の低迷という特徴は、少なくとも明暦二年までの郡北端綱紀領ではあてはまらないと言わざるを得ない。

また机上操作の免二分一という処理で村高を倍にした理由も問わねばならないが、確たる根拠を得ていない。洪水等でしばしば大きな検地引高がおき郡高減少が目立ったことから、こうした処理で増石し郡高減少を抑制しようとしたのであろう。これも能美郡の郡高低迷を押さえる方策の一つであった。またこれだけ免を下げれば、将来の増免の上げ幅確保ともなった。ちなみに免二分一処理がなされた四ヵ村の手上免は他村と比べかなり大きかった。

次に明暦元年と寛文十年を比較する。明暦元年はさきに指摘したように徳久村も加えた四三ヵ村合計の二万四一八七石をそのまま使い、寛文十年村高の集計は村御印が残存する三九ヵ村で集計すると二万三

表６－６　能美郡綱紀領の村高

	正保３年村名	正保３年高	正保３年税率	明暦元年高	同免	免半分加工	明暦元年高の増大率	寛文10年高	御印免
1	河原新保	344	4.82	688	2.39	0.50	2.0	703	3.5
2	竹蔵	61	4.18	121	2.05	0.49	2.0	107	3.0
3	北市	390	3.80	391	3.76	0.99	1.0	404	4.2
4	徳久	987	3.07	＊987	×		1.0	1,007	3.7
5	火釜	573	3.22	574	2.98	0.93	1.0	582	3.4
6	湯屋	276	3.45	276	3.30	0.96	1.0	286	3.8
7	土室	708	2.79	1,462	3.90	1.40	2.1	1,550	4.5
8	土室新	44	2.00	38	3.20	1.60	0.9		
9	来丸	581	3.14	582	3.20	1.02	1.0	595	4.0
10	火釜新	6	2.38	10	3.11	1.31	1.7		
11	辰ノ口	610	2.82	610	2.83	1.00	1.0	625	3.4
12	出口	669	3.74	911	3.38	0.90	1.4	925	4.0
13	山田	507	3.19	515	3.21	1.01	1.0	528	3.6
14	徳山	655	3.68	656	3.69	1.00	1.0	671	4.0
15	下清水	795	2.64	785	2.62	0.99	1.0	243	3.5
16	与九郎嶋	121	4.70	321	2.42	0.51	2.7	330	3.8
17	田子嶋	973	2.69	1,093	2.82	1.05	1.1	1,108	3.8
18	壱ツ屋	536	3.20	545	3.55	1.11	1.0	529	4.0
19	山田先出(与助嶋)	232	2.74	231	3.59	1.31	1.0	342	3.9
20	山田新	47	4.60	95	3.38	0.73	2.0		
21	朝日	206	3.60	1,019	3.40	0.94	4.9	1,040	3.8
22	上清水	471	4.90	817	2.60	0.53	1.7	581	3.3
23	久五郎嶋	180	2.50	183	2.50	1.00	1.0	188	3.2
24	向河原	184	3.25	208	3.13	0.96	1.1	223	3.7
25	倉重	145	4.98	290	3.21	0.64	2.0	298	4.5
26	赤井	332	4.64	660	2.46	0.53	2.0	455	3.3
27	上清水新	16	3.40						
28	橘	1,233	2.90	1,554	4.00	1.38	1.3	1,574	3.6
29	橘新	137	3.20	419	2.50	0.78	3.1	426	3.5
30	吉原	726	2.70	749	2.10	0.78	1.0	614	3.3
31	福嶋	1,492	2.80	1,487	3.14	1.12	1.0	1,335	3.5
32	岩内	882	3.13	900	2.97	0.95	1.0	925	3.4
33	金剛寺	276	3.80	277	3.86	1.02	1.0	287	4.2
34	大口	465	3.68	465	3.78	1.03	1.0	391	3.8
35	岩内新	208	2.86	208	2.84	0.99	1.0		
36	萌生	140	2.80	145	2.79	1.00	1.0	155	3.3
37	灯台笹	555	3.37	619	3.33	0.99	1.1	662	4.0
38	岩本	240	3.23	245	3.23	1.00	1.0	250	3.8
39	和佐谷	304	2.97	313	3.15	1.06	1.0	232	3.6
40	三ツ口新	40	2.71	40	3.21	1.18	1.0		
41	長滝	330	3.64	331	3.70	1.02	1.0	340	4.1
42	宮竹	1,050	3.09	1,167	3.00	0.97	1.1	1,267	3.8

二三一石であった。寛文の集計高は村数が減ったこともあり九五六石の減少となった。全体として綱紀領の石高変化は横ばいかやや減少とみてよい。それは北加賀二郡でも起きていたことで、明暦二年が村高のピークとなる。

個別の村高を比べてみると一〇〇石以上減った村が五ヵ村（下清水・上清水・赤井・吉原・福嶋）あり、一〇〇石以上増えた二ヵ村を超えており、検地引高が新開上げ高を一一五一石上回った[58]。大幅減石の五ヵ村はいずれも手取川河口付近南岸に位置し、川筋の南遷に伴う洪水被害をうけたことが考えられる。増石した宮竹村は同じ南岸にあるがかなり上流にあり、開発可能地が生まれたのであろう。

さて明暦二年八月朔日の村御印成替で手上高・手上免が宮竹組の村々にも強要され、年貢皆済期限が迫る同年十月十六日、小松城で綱紀領宮竹組に属する四ヵ村の救済が検討され、以下のような助成策が決定されている（別表Ⅳ70）。

［4］一、能美郡四拾弐ヶ村之内川原新保村・上清水村・下清水村・竹蔵村へまし作食米、五石竹蔵村、弐拾石川原新保村、〆弐拾五石御借シ被成候、外入用銀弐百目川原新保村、三百目下清水村、四百目上清水村〆九百目増入用銀積り目録上申所ニ入用銀可被下之旨十月十六日之御夜詰ニ品川左門様御承ニ而被仰出、則四ヶ村之百姓被召出、右之通被仰渡候。

一、右四ヶ村手上免之内竹蔵村・下清水村・上清水村、此三ヶ村ハ一作三歩宛御用捨、川原新保村ハ一作四歩御用捨被為成御印成被遣候、

ここに記された一年限りの減免のことは寛文十年村御印も記しておらず、これまで紹介されていない事実である。年貢皆済期限が迫っていた十月中旬に指示された作食米貸与、入用銀貸与は、助成の趣旨からいえば時期外れである。本来なら手上免を撤回すべきなのに、一作限りの三歩・四歩の減免に抑え、それでも足りないときは追加貸与の作食米・入用銀をもって年貢納付に流用することを見越し助成したものと推定できる。つまり、手上免通りの年貢皆済を優先させると食用米や来年の作付準備に支障がでるから、こうした助成でカバーし、ともかくも御印免通りの年貢皆

済を迫ったのである。

のちに加賀藩の村救済策の重要な柱となった「変地御償米[59]」の先駆けとみてもよい。このような姑息な手段も用いて、明暦二年村御印通りの年貢皆済が領内全体で実現したという成果を誇示したかったのである。

(二)　富山藩領三九ヵ村

「正保三年郷帳原稿（能美郡分）」によれば、四つの十村組（高堂村次兵衛組・粟生村次郎兵衛組・寺井村八兵衛組・湯谷村宗左衛門組）に属する三六ヵ村が富山藩領とされており、これらを寛文十年村御印の高・免記載のある三九ヵ村に湊村を加えた四〇ヵ村と対照すると、村数に若干違いはあるが、正保三年の「淡路守領分」合計村高は二万二三九八石、寛文十年村御印高合計は二万二五〇三石であり、わずか一〇五石の増加でほとんど変化がなかった。寛文十年には浜拾六町・濁池・高堂新・下粟生新という四ヵ村、合計六〇三石が追加されているので、この四村分を除いて比べれば逆に四九八石減となる。その大きな要因は手取川下流南岸の下粟生村で、八三〇石もの検地引高があり、正保村高の八四五石は一九石に激減、村に壊滅的な打撃があったことである。下粟生新村六石は失地回復のための開発と思われるが焼け石に水であった。手取川の南遷のなかで起きた災害の一つであった。このほか三〇石以上の検地引高が手取川流域以外（仏大寺・下八里・高坂・下江）でも発生していた。三〇石以上の上げ高は数ヵ村で確認でき、また各地で一定の村高変動が起きていたが、結果として、ほとんど変化はなかった。正保三年から寛文十年までの村高変化が小さな村が（変化一〇石未満）一九ヵ村あり、それが、この地域の石高変化が小さくなった基礎要因といえよう。

利常による「御開作」実施期の能美郡内の富山藩領では、手上高は実施されず、手上免もさきに指摘したようにごく一部の村で実施されるにとどまった。前田利次が能美郡にある自領でどういう政策を実施したのか、ほとんど手がかりがないが、湊村に残る承応四年四月二十一日付村御印は、さきに紹介した婦負郡のそれと同一様式であり、数少ない証拠史料といえる。小物成銀の村御印と村高を定めたものの写が一通伝来するが、本高を定めた村御印(60)を左に掲げる。

［5］　加州能美郡湊村

壱ヶ村高
一、八百六拾八石三斗三升五合　　蔵入
内
七百三拾五石六斗九升
免弐つ壱厘
八拾弐石七斗壱升弐合
免壱ツ壱厘
四拾九石九斗三升三合
免壱ツ
右免付之通并夫銀定納百石ニ付百四拾目宛、口米石ニ八升宛可納所、此外小物成別紙遣置者也、
承応四年
四月廿一日　御印

表6－5に掲げた婦負郡の承応四年村御印のうち、全村蔵入地のうち免違い箇所のあるタイプ（▽印を付した一二例）に該当する。つまり湊村の八六八石余すべて利次の蔵入地であったが、大半は免二つ一厘の七三五石余が占めるが、ほかに免違い（低免）の二ヵ所があり、それぞれ免一つ一厘と免一つだったから新田高を強引に村高に組み込んだものといえる。湊村には明暦二年の村御印は残っていないので、能美郡富山藩領でも村御印発給は承応四年（明暦元年）

のみで終わり、手上高・手上免を一斉に実施する機会はなかった。また、前述の通り改作法期に敷借米貸与がなく、万治三年領替時になされた綱紀側からの敷借米による債務清算のみ記録に残る。

能美郡内の富山藩領でも確かに承応四年村御印は発給されたものの、富山城下から遠く離れ、また利常城下小松に近いということもあって、利次が積極的に何か救済策・増徴策を講じた気配はない。それゆえ利次領を継承した寛文十年村御印から、改作法期に特段の上げ高・上げ免を行った記載をみることができない。綱紀領での増石動向などからみて、富山藩領でも本高繰り込みが期待できる新田は二〇〇〇石程度は見込めるのに、そうした増石は起きていない。下粟生でおきたような検地引高が数ヵ村で生じ、わずかな新田高繰り込みによる増石分も相殺されてしまった。その結果、富山藩領は能美郡高の拡大にほとんど貢献することはなかった。これがわずかな史料から窺える能美郡富山藩領の改作法期の動きであった。

(三)　串村と大聖寺藩領

「正保三年郷帳」によれば能美郡内に所在する大聖寺藩領は串村（一一六一石余）のみであったが、利常隠居領一七〇村分の「明暦二年村御印留」をみると、大聖寺藩領の串村一一六一石余とは別に「串村」二〇石、「串新村」一八石という二点の村御印が発給されていた。串村一一六一石余は寛永十六年以来大聖寺藩所属であり、利常による「御開作」の対象外であった。しかし、これとは別に串村領の耕地の一部が対象となり利常の村御印が発給されたことから、串村本村から別れ出た百姓のなかに利常の支配をうける百姓がおり、串村の本村とは別の開発地について利常から徴税支配をうけたことがわかる。利常による串村領の一部田地の囲い込みがあり、利常の村御印が発給されたのであろう。

能美郡・江沼郡の境目に位置する大聖寺藩領については、この串村の事例のような説明しがたい現象がいくつも生じており、高・免データを集計するとき齟齬をきたす大きな要因となっている。串村以外の事例についても、万治三年の大聖寺藩領編入問題を整理するうえで必要なことと考え、些末なことながらここで解説しておく。

那谷村と二ツ梨村

この二ヵ村は江沼郡に属する村で「正保三年郷帳（高付帳）」では江沼郡の冊子に登載される。このうち那谷村は江沼郡内唯一の利常（肥前様）領であるが、二ツ梨は他の江沼郡の村々が大半そうであったように大聖寺藩領に属していた。利常は那谷村にある那谷寺観音に関心を寄せ、寛永二十年から正保年間に那谷寺の再興事業に多額の資金を出し後援したので、那谷村を利常領に繰り込んだのであろう。那谷村が利常領になった時期は明確ではないが、寛永十六年末から寛永二十年の幅で考えておけば問題はない(61)。

二ツ梨は本来大聖寺藩領であったから「明暦二年村御印留」に掲載されないはずだが、那谷村と並んで収録する。那谷村の村御印高は一二四五石で正保三年郷帳記載の一一四八石より九七石の増石となっていた。二ツ梨村の村御印高はわずか五三石で正保三年郷帳に書かれた三四一石（ほかに新開一二石）と異なる村高を記す。これは串村と同じ新田把握の事例で、二ツ梨村領内の新開地を所持する百姓が利常支配下に属したため、利常が別に村御印を発給したものであろう。このように大聖寺藩所属の村領において利常領に属する百姓の開発地があった場合、利常は積極的に村御印を発給し、これを自己の所領に組み入れていった。息子利治の領地であっても徴税可能な土地と判断できれば、村御印を出し利常支配下の課税地としていったのである。土地支配と税収に対する執念の強さをそこに認めることができる。したがって、明暦二年の利常隠居領一七〇ヵ村に発給された村御印のうち、那谷村のものは那谷村本体に対するものであったが、二ツ梨村の村御印は、大聖寺藩領の二ツ梨村とは別の、利常独自に把握した二ツ梨村新開地に対するものであった。

万治三年編入の一〇ヵ村と猿ケ馬場村

利常隠居領一七〇ヵ村に発給された明暦二年村御印のなかに、寛文八年の白山争論の結果、利常隠居領から幕領に移管された荒谷・尾添の二ヵ村が含まれ、ほかに万治三年領替で一〇ヵ村が大聖寺藩領に組み込まれた。この一〇ヵ村は、新川郡の大聖寺藩領七ヵ村が綱紀領になった見返り分であり、馬場・嶋・箕輪・猿ケ馬場・村松・松崎・佐美・日末の八ヵ村と串・串新からなる。串・串新は、前述の通り寛永十六年から一貫して大聖寺藩領の串の本村と異なる、新たな新開村なので注意すべきである。万治三年領替にあたり、混乱を避けるため大聖寺藩領に繰り入れ、串の本村と同じ所属としたのである。大聖寺藩は寛文二年時点で串村関係の村々を串・串新・串茶屋という三つの課税ユニットに分け掌握していたが[62]、万治三年に大聖寺藩領に移管された利常領の串・串新が、串新・串茶屋という名目の課税単位にまとめられたのであろう。

こうして万治三年に利常隠居領の中の一〇ヵ村（串・串新を除けば八ヵ村）が大聖寺藩領に移管されたが、猿ケ馬場村については一部が綱紀領として残された。猿ケ馬場村二二〇石が大聖寺藩領に移管されたあとも、綱紀領で猿ケ馬場六八石余の寛文十年村御印が発給されているからである。大聖寺藩領に移管した田畑とは別に六八石余を耕作する百姓が綱紀領に残ったので、こうしたことが起きたのであろう。したがって猿ケ馬場村は万治三年領替のあと、綱紀領と大聖寺藩にそれぞれ同名の村が存在することになった。

みてきたように串・串新、二ツ梨で起きたことは利常の「御開作」実施中の出来事であり、利常は大聖寺藩に属する村領であろうと、課税できる手がかりがあれば遠慮なく新村を立て利常領として徴税したが、そこに利常の徴税に対する本能的な貪欲さをみることができる。わずかの土地でも見逃さず村御印を発給する姿勢から土地課税に対する利常の異常な執念を感ずる。次は能美郡の利常隠居領に限定し、どのような「御開作」が実施されたのかみてみる。

四節　能美郡隠居領の「御開作」

能美郡は十七世紀初頭から村高拡大に勢いがなく、税率も低めに推移し明暦二年に至るも前田領で最低ランクにあったと一節で指摘したが、敷借米は負債高に対し五倍を超え、負債リカバリー率は一〇郡のなかでは飛び抜けていたことも判明した。こうした点から能美郡は、他郡と比べ優遇されていたのではないかと展望したが、この点を能美郡の七割を占める利常隠居領（一七〇ヵ村）に焦点を絞りさらに掘り下げたい。

前述の通り改作法期の能美郡は四つの前田領に分割されており、一節でみた能美郡の特徴は、利常隠居領の動向が大きな要因になったとみてよい。また前述の変化はどれも利常の治世中（一六〇五〜五八年）に起きたことであり、利常自身の采配が影響した現象とみてよい。それゆえ利常隠居領に限定し、優遇とみられる施策があったのか検証することは、すこぶる意味のあることといえる。

利常隠居領の「明暦二年村御印留」に記載された手上高・手上免・敷借米を詳細にみていくと、これらの記載を欠く村がかなりあり、先免からの減免や手上免の一年猶予を認めた村もあった[63]。そこで一七〇ヵ村の村御印のうち、年貢減免につながる注記に注目し、表6－7に一覧した。

利常隠居領一七〇ヵ村の村御印留を通覧すると、敷借米が記載されない村数が四三、手上高記載のない村が二九、手上免記載のない村が一三あったが、手上高なしがこれほどあるのは珍しい（表6－8）。村御印高に付記された手上高注記は通常「百姓方より上ルニ付無検地極」という定型文言で記され、手上高がなければ付記はない。ただし次の六ヵ村では定型文言でなく別文言でそれぞれの上げ高の事情を記す。「出分高」という注記がされた一ヵ村は、「無検

表6－7　能美郡隠居領の引免・減免20ヵ村の内訳

	村名	明暦2年御印高	手上高	御印免	手上免	減免区分	備考
1	安宅	240	13	5.4	0.32	手上減免	手上免の内2歩免除
2	神子清水	200	0	4.11	0.14	引免	手上免したあと引免1つ
3	五十谷	129	0	3.28	0.13	引免	手上免したあと引免1つ
4	西佐良	169	0	2.43	0	引免	当分引免1.17
5	三ッ屋野	271	0	2.68	0	引免	当分引免1.31
6	尾小屋	363	0	3.8	0	引免	先免より引免0.05
7	西俣	292	0	3.3	0	引免	先免より引免0.07
8	中峠	117	0	6	0	引免	先免より引免0.56
9	大杉	1,186	0	4.3	0	引免	先免より引免0.09
10	三ッ瀬	85	0	3.5	0	引免	先免より引免0.03
11	数瀬	166	0	2.6	0	引免	先免より引免0.13
12	阿手	243	0	2	0	引免	先免より引免0.32
13	河原山	524	0	3.1	0	引免	先免より引免0.2
14	仏師ヶ野	182	0	2.8	0	引免	先免より引免0.02
15	尾添	357	0	1.5	0	引免	先免より引免0.53
16	観音下	201	0	5.32	0.36	手上猶予	手上免0.36の執行1年猶予
17	岩上	192	0	5.19	0.65	手上猶予	手上免0.65の執行1年猶予
18	赤瀬	210	0	5.28	0.46	手上猶予	手上免0.46の執行1年猶予
19	渡津	241	0	3.08	0.64	手上猶予	手上免0.64の執行1年猶予
20	上吉谷	286	0	3.64	0.5	手上猶予	手上免0.5の執行1年猶予

地」ではなく新田検地を行い村高に加えたものと判断でき減免を意味しない。水害や山崩れの被害が大きく検地引高を行った村では「検地引高」と付記したが、能美郡では二ヵ村あった。いずれも他郡でも散見される付記である。あと二ヵ村（鍛治・向野柴山分）では、手上高の内「五石許之」などと何らかの上げ高をしたうえで、その一部または全部を用捨すると注記していた。これも減石による年貢減免である。

利常隠居領で注目すべきは、表6－7に掲げた引免・減免があった二〇ヵ村である。表6－7で「手上猶予」と区分した五ヵ村は、明暦二年手上免の執行を「当一作用捨」すなわち一年猶予したものである。減免はたった一年なので、寛文十年村御印では、明暦村御印と同じ手上免が記載され定免化していた。だが、たとえ一年でも村にとって救済になったのであろう。「引免」とした一四ヵ村のうち一〇ヵ村は、手上免がないだけでなく明暦元年までの村免（先免）から最大で五歩六厘、最低で二厘の引免を行った村である。しかも、この引免された村免は寛文十年村御印にそのまま引き継がれ

表6－8　明暦二年村御印における引免等減免記載の村数

	引免村数	手上免なし村数	手上高なし村数	引高・減石等村数	敷借米免除・敷借米記載なし村数	検討対象村数
能美郡	20（12%）	13（ 8%）	29（17%）	4（2%）	43（25%）	170村
羽咋郡	14（ 7%）	13（ 6%）	4（ 2%）		6（ 3%）	208村
砺波郡	4（ 1%）	21（ 4%）	12（ 2%）	20（4%）	50（10%）	511村
射水郡	7（ 3%）	26（ 9%）	7（ 3%）	13（5%）	36（13%）	277村
新川郡	14（ 2%）	97（12%）	5（ 1%）	8（1%）	183（24%）	778村

（注1）「明暦二年村御印留」（加越能文庫蔵）による。村数の左の（　）内は、各郡の村数に対する比率を示す。

（注2）敷借米免除は明暦2年利足免除と注記するもので、ほかにそもそも敷借米記載がないものがあり、ここではその両者の数を示す。なお、無高の町方・新町・新村は検討村数から除外した。

ているので、減免措置は永続的なものであった。他の「引免」四ヵ村のうち二ヵ村は、村免（先免）からの引免を「当分引免」として「一つ」以上の引免を行った村で、もう二ヵ村は手上免したあと村免から引免「一つ」を実施した村である。この四ヵ村の寛文十年村御印でも引免分をそのまま記すので、「当分引免」とあった村でも減免措置は寛文十年まで継続し、その後も継続・維持されたようである。「手上減免」の安宅村の場合、手上免三歩二厘のうち二歩は「水戸口普請人足」を名目に引免とされた。つまり梯川河口を塞ぐ砂泥除去の普請役に人足を出していることに鑑みて二歩減免するものであり、これも寛文十年村御印に引き継がれた。

　このように表6－7掲載の二〇ヵ村のうち八ヵ村は手上免を一応実施したうえで、引免（三ヵ村）または一年のみ猶予（五ヵ村）したが、他の一二ヵ村では手上免そのものが実施されず先の村免から引免を実施した。このような先免からの引免は他郡ではほとんどみることのない優遇であった。こうした減免措置は、能美郡の郡高低迷や税率の低さと関連するのであろう。

　表6－8は、能美郡でみられた減免事例を参考に「明暦二年村御印留」が残る四郡と引免状況を比べたものである。引免の村数・比率ともに能美郡が群を抜いて多い。他郡の引免事由の多くは「一作用捨」つまり一年限りの引免が多く、長期にわたり引免を認める例は僅少であった。手上免記載がない村数は新川郡が数・比率とも断然多い。これが新川郡の税率上昇を抑制した

原因の一つであり、新田村が多く、上げ免できない村が多かったのであろう。手上免なしの比率をみると能美郡・射水郡は新川郡に次いで多く、手上高なしは能美郡が圧倒的に数・率とも多い。敷借米記載を欠く比率は能美郡・新川郡が断然多い。こうしてみると能美郡だけが優遇されたわけでなく、利常は必要に応じ新川郡にも然るべき減免処置を行っていた。砺波郡・射水郡では検地引高の件数が多く、被害の実情に応じた減免処置がとられたこともわかる。とはいえ表6－7・表6－8をみる限り、能美郡への減免優遇は手厚いといわざるを得ない。

先にみたように能美郡の敷借米高は、村の負債額に対し相対的に恵まれていたが、総額は多くはない。負債が小さければ貸与の必要がなかったからともいえ、敷借米記載がないことは裕福さを示すとみることもできる。敷借米記載のない村を個別にみていくと、小松町組に属する八ヵ町ほか経済的に余裕があるため免除された村が間違いなく含まれていた。しかし、尾小屋・西俣・正蓮寺・荒谷・左礫・尾添など山方の村々の場合、敷借米利足を小物成の一種として減免したと明記する。これらは困窮ゆえの小物成減免の事例といえる。また三ツ瀬では「敷借并炭役令免除者也」とし、数瀬では「敷借并川役・漆役令免除者也」、河原山では「諸役先年赦免之敷借米、今令免許者也」、阿手では「敷借并炭役・川役令免除者也」、仏師ケ野では「敷借并山役・漆役令免許者也」と断り、手上免・手上高の免除と併用し救済につとめている。山方ではない小嶋では「敷借米当年より令免除者也」とあり、これは敷借米利足のみ明暦二年から免除したものである。

敷借米が実施されない村はどの郡にも一定数あり、能美郡内利常隠居領では四三村で、二五％という比率は最も高かった。そのなかに小物成減税の一環として敷借利足を免除すると明記した一二ヵ村が含まれる。そのほかは敷借米記載そのものがない村である。郡単位で敷借米元利共免除の御印が発給されたのは明暦二年・同三年・万治二年であり、明暦二年八月朔日付の村御印で敷借米「利足免除」と明記したのは、郡単位の免除令を先取りするものであった。換言すれば、大幅増税が達成できると見込めた明暦二年の九～十一月頃、それまでの個別村を対象にした利足免除から全郡対象の元利共免除へ、救済規模拡大を決断し免除令を発令したのである。敷借米の減免・赦免令はこのように、明暦村御印による年貢納入がまさに実施される最中に発令されたのであり、新村御印による増徴年貢皆済を促進させる効果は十分あったといえる。

さて「嶋尻村刑部旧記」の万治元年九月二十四日条に能美郡大長野村と野田村でおきた、明暦三年の年貢未進と百姓追出事件につき左記のごとき記述があった(別表Ⅳ98)。

[6]一、能美郡大長野村・野田村、明暦三年分御年貢米未進、百姓如何仕候やと被仰出ニ付、大長野より六人、野田村より弐人百姓追出し入替ニ申付候故、両村免上り過申ニ付、大長野村五歩、野田村四歩免引申旨申上候処ニ、引免不足ニ候者、今壱弐歩も引百姓力付、以来免上ケ可申か百姓ニ尋候へと被仰出、相尋候へハ、百姓申候ハ、今程之御免相ニて随分耕作仕り御皆済可仕と申事ニ候、然所ニ私ともへ之御尋、免相之極様ハ如何と被仰出候ニ付而、大長野村之義ハ、北南長キ定ニて、村ハ北ニ相立候故、村まわり田地能御座候、南方ハふけ候て地本あしく、其上村より手遠ニ仕、こゑまかし仕かね申候間、ふけニ水ぬきを申付候ハヽ、南方ニ家相立候ハヽ、以来田地もなをり可申と申上候へハ、其分ニ仕可然と被仰出候、

隠居領に属する大長野村・野田村では明暦三年分の年貢納入にあたり未進が生じ、「百姓どもは如何仕候や」と利常はこの不首尾を村方に追及したところ、村のほうから「大長野より六人、野田村より二人の百姓を追い出し入れ替えたため、この両村では免は上り過ぎ状態である。大長野村では五歩、野田村で四歩の引免が必要」と申し上げたところ、利常は「引免が不足というなら、さらに一歩でも二歩でも引き、村に力が付き次第、将来的に免を上げればよい」といい、この点を百姓共に直接聞いて判断するよう仰せ出られたので尋ねたところ、村方は「当面は現在の村免にて随分耕作に励み御皆済する」と応えた。また利常はこれに関連し、嶋尻村刑部ら十村頭に、これらの村の免の決め方は「いかがにて候やと」尋ねたので、村領北方に集落を構える大長野村の村柄を丁寧に説明し、村領南部に広が

る「フケ」の水抜きをし家も建てれば、将来的に南部の田地の土地生産性が向上すると返答したが、これに対し利常はそのようにすべしと仰せ出られたという。

この記述を裏付けるように「寛文十年村御印写留」の大長野村・野田村それぞれの御印免に「先免四ツ三歩内五歩万治元年引」「先免四ツ五歩内四歩万治元年引」という付記があった。つまり、利常による免詮議をうけ明暦三年の翌年から五歩・四歩の引免があり、この免引きした免が寛文十年の御印免になったのである。大長野・野田の明暦二年村御印の御印免はそれぞれ四つ三歩、四つ五歩であり、明暦三年はこの税率で徴税されたが、万治元年には村から申告した引免が認められ、寛文十年には御印免の改定となった。万治元年の引免は一時的な処置でなく、利常の御意をうけた御印免改定と理解されたのであろう。

ここで注意したい点は、年貢未進の原因を追究した利常がすんなり村方からの減免要求を聞き入れ、更なる引免が必要か村側に尋ねた点である。手上免・増免に対する利常特有のこだわりからすると、やや違和感がある。土目詮議や百姓の怠慢・わだかまりに対する詮索がもっと要求されてもよいのに、あっさり減免を認めたのは、隠居領の村々であるがゆえの優遇処置であったのか。万治元年九月二十四日は利常死去のわずか半月前のことであった。それゆえ利常が死の直前まで村御印免の是正もしくは再査定を意図していたことは、この一件からわかる。しかし、利常の真意は右の記述だけで判断しかねることも多い(64)。

大長野・野田で、先免としての御印免に引免があったことが具体的にわかったが、これも利常隠居領での優遇策の一つとみてよい。しかし、そこに利常なりの深慮が潜むので、もう少し史料を集め考察を掘り下げる必要もある。大長野・野田の引免の前提として、明暦以前になされた追い出し百姓の事実もあったので、これらも勘案すべきである。村御印にさりげなく書かれた引高・引免注記の背後に、村と利常の間で税率をめぐり相当のやりとりがあり、村の言い分を受け容れることもあったし、これを拒否し一層の勤勉を求め、怠惰な百姓の入れ替えを強行することもあったことを読み取らねばならない。

利常「夜話集」の一つ「拾纂名言記」に書かれた左掲の記録(65)は、能美郡利常隠居領での「御開作」の様相を、不正確な点も含むが実相に近いことも記し、表6-7で示した村の引免・減免策の意味や背景を読み解くうえで有益である。

［7］利常様常々被成御意は、家来侍ども何もすり切事は、北国米安き上に、百姓ども年貢不納仕故、勝手不成事不便に被思召也、内々思召御事有、百姓共の手前一人充被遂御吟味、押領者は夫々追出被仰付、手前不足の者には年々の御貸物御捨被成、其上にて作食被下て、米出来仕たらば奉行御付被成、村々免の高下御吟味被成、末代給人と百姓と出入もなく、未進も無之様に可被遊、先御心見に、かじけ百姓なれば、白山の麓山内三十一ヶ村被仰付御覧可被成とて、尾添・中宮より中の峠と申迄を被仰付、松崎三郎左衛門・園田左七・岡本小左衛門三人に与力両人・足軽三十人被仰付、御手初被成也、先年々御扱の敷借付、年々御収納未進、又給人の未進不残御捨、其上に借銀・質物等御穿鑿被成、其貸主御城江被召寄、奉行前にて証文為致御済被下也、扨人馬・喰物・似合の夏冬着物迄奉行人積て相渡、外費少も仕間敷とて証文為仕置也、其内積りに不成押領者をば追出百姓とて手と身計にて追出、御収納無滞御請合申百姓と御入替被成、十月には来春作食、村々作食蔵御立、作食奉行と申者御附収納置、来春取出し渡也、若違背者は則追出被成、又入替る、此通に被仰付、三十一ヶ村入用九十貫目余御蔵より出る、是にて山ノ内成就仕を御聞被遊、右三人之上に前田七郎兵衛を上奉行とは被仰ねども、惣て御改作の儀相談仕可得御意の由被仰付て、又御城下近郷右作法に被仰付無滞相済により、次第々々に右之格に被仰付、

右の傍線箇所によれば、利常は「御開作」を最初に行う試みの場として「白山の麓山内《やまのうち》三十一ヶ村」を選んだが、この三一ヵ村のなかに「尾添《おぞ》・中宮《ちゅうぐう》」「中の峠」が含まれていた。ここに挙げた村名については、「拾纂名言記」の著

者毛利詮益の思い違いもあるとみなければならないが、尾添・中峠は表6－7の引免村と一致する。ある程度正確な情報とみてよい。そこで白山麓「山内」という地名に注意し、表6－7で引免対象となった村名をみていくと、渡津《わたず》・上吉谷・西佐良《さら》・三ツ屋野《みつやの》・河原山・仏師ケ野《ぶしがの》・尾添の七ヵ村は河原山村十左衛門組、三ツ瀬・数瀬《かずせ》・阿手《あで》・神子《みこ》清水《しみず》・五十谷の五ヵ村は二曲《ふとぎ》村市郎右衛門組という十村組に属し、いずれも戦国期の山内庄エリアと重なることに気付く。また引免の恩恵をうけた表6－7の中峠・西俣・尾小屋・観音下《かながそ》・岩上の五ヵ村は金平《かねひら》村次郎右衛門組に属し、中世地名でいえば山内庄の西に位置する軽海郷の村々であったが、この地域も戦国期に「山内」と呼ばれた。瀬領村文兵衛組の大杉も山内のエリアに入る山方の村であった。

つまり、表6－7で利常から引免・手上免一年猶予、敷借米利足免除などの減免助成をうけた村々二〇ヵ村のうち一八ヵ村までが、戦国期の「山内庄」およびそれに近接した村々に属していた。利常が念入りに村の個別経営を査定し、無理な手上免を避け、むしろ減免・引免に誘導した村々が「山内庄」に偏っていたことは注目すべきことといえる。

毛利詮益は「かじけ百姓」に対する「御開作」の御試みとして、利常が「百姓共の手前一人ずつ御吟味」し、個別経営ごと農業生産の能力を見定めた点に注目している。そして、その百姓が「押領者」つまり農業への取り組みが甘く年貢未進を平気で言い立てるような者であれば「追出」し、入百姓と交替させたという。また、「かじけ百姓」の原因が「手前不足の者」つまり怠惰ではなく生産に必要な元手が足りず生産増に至らない百姓に対しては、「年々の御貸物を御捨なされ」「其上にて作食下されて、米出来たなら、奉行を御付なされ、村免の高下を御吟味なされ、給人と百姓が末代に至るまで対立することなく、未進無きようにした」と述べる。勤労意欲のある百姓には不足する作食米や耕作の元手金を助成し経営強化を図ったのである。

以上から承応元年十月に始まった能美郡「御開作」は、一般的にいえば利常隠居領一七〇ヵ村で実施されたが、なかでも力を入れ取り組んだのは表6－7に掲げた白山麓の旧山内庄に属する山方の村々であった。明暦二年の十村組でいえば、河原山村十左衛門組（一四ヵ村）、二曲村市郎右衛門組（一八ヵ村）、金平村次郎右衛門組（二五ヵ村）、瀬領村文兵衛組（一一ヵ村）の範囲に及ぶ[66]。合わせると六八ヵ村にまたがるが、とくに困窮著しい村々で経営強化に取り組み様々な経営助成を行った。そのうえで救済策の効果をまったが、明暦二年八月の村御印発給時点で、表6－7に掲げた二〇ヵ村で引免や手上免の猶予を行い、手上高の変更・削減も二ヵ村で行い、敷借米利足や小物成の減免措置は一〇ヵ村ほどで実施せざるを得なかったのである。

このような救済策を白山麓山内地区ですすめた奉行は、松崎三郎左衛門・園田左七・岡本小左衛門の三人であるとし、彼らは与力二名と足軽三〇人を引き連れ、年貢未進高、給人地年貢未進高などを調べ、敷借米をもって肩代りし未進を帳消しにしたほか、民間商人からの借銀・質物に関しては貸し主を小松城に呼びつけ、奉行の面前で借金証文を新しく書き換えさせ、債務から解放したと述べる。山内三一ヵ村に投入した改作入用銀は九〇貫匁に達し、小松城の御蔵から大きな出費を行い、「御開作」の救済資金としたことも注意すべき指摘であった。

利常隠居領のなかでも二曲組・河原山組・金平組・瀬領組など戦国期の山内庄と目される地域で引免・減免措置が集中し手厚くなされたことが、表6－7から明瞭にわかったが、この地域が戦国期加賀一向一揆のなかでもとくにめざましい働きをした山内衆という本願寺門徒の居住地であることに注意を払っておきたい。とはいえ、かつての一向一揆の精鋭部隊を輩出した山内の百姓たちを恐れる余り、あるいは一揆衆の伝統を抑圧し懐柔するため、こうした減免策を取ったとのみ判断するのは穿ちすぎで、こうした理解に特化すべきではない。

むしろ中世後期に一向一揆の精鋭を輩出した地域では、近世初頭になると経済的困窮が目立ち、平野部の村々の農業発展に追いつけず、藩の助成が必須となる環境におかれたと解釈することもできる。中世的生業の枠内で一定の経営基盤を持ち得た白山麓の山内地域であったが、河口平野部での水田拡大で米生産が大きく発展した十七世紀中葉、

表６-９　新川郡の年貢収納蔵一覧

設置場所	棟数	規模、屋根仕様など
草島	4	4 間×25間　明暦元年建
	5	4 間×20間　明暦元年建
	1	4 間×24間　明暦２年建
滑川	3	4 間×10間
	2	3 間×10間
魚津	3	4 間×12間
富山赤蔵	1	4 間×30間　こけら
富山材木屋	1	4 間×20間　こけら
富山塩蔵	2	4 間×10間　板屋
赤川	1	4 間×12間

（注）「嶋尻村刑部明暦年中手帳借用抜書留」（加越能文庫）による。

表６-10　新川郡の作食蔵一覧

設置場所	設置年	規模と屋根仕様など
黒崎村	明暦元年	3 間×10間　板屋
馬瀬口村	明暦元年	4 間×10間　板屋
上段村	明暦元年	4 間×７間　こけら
清水村	明暦元年	3 間×10間　板屋
町新庄村	承応元年	4 間×20間　板屋
米田村	明暦元年	3 間×10間　板屋
上市村	承応元年	4 間×15間　板屋
小出村	承応元年	4 間×８間　板屋
滑川町	承応元年	4 間×15間　板屋
魚津町	承応元年	4 間×15間　板屋
舟見村	明暦２年	3 間×５間　こけら
布市村	明暦元年	4 間×10間　こけら

（注）「嶋尻村刑部明暦年中手帳借用抜書留」（加越能文庫）による。

山内地域は農業生産増強において技術革新（イノベーション）が求められていた地域であり、地域産業の活性化にむけどのような転換が可能か模索していた時代といえる。

五節　新川郡隠居領の「御開作」

新川郡の利常隠居領で実施された「御開作」の様相をここで具体的にみる。対象となるのは明暦二年村御印が発給された七八四ヵ村であるが、これは新川郡の大半を占めるが全部ではない。郡の東端、黒部川沿岸の入膳・浦山付近に一〇〇ヵ村ほど大聖寺藩領・富山藩領の村々が存在し、城下町富山近辺に七ヵ村ほど富山藩領の村が存在するので、そこは対象外となる。なお、富山藩の首都というべき城下町富山は新川郡で最も大きな都市で隠居領に属していた。利常は次男利次の要望にこたえ富山城をつくらせ藩都とすることを容認したが、利常は新川郡経済の要衝地富山を隠居地支配の拠点として活用し会所や御蔵などを置いていた[67]ので、そうした面にも注意し新川郡での「御開作」の実施体制をできるだけ具体的に解明する。

新川郡の政治・経済の要衝地としては、富山城下のほか利家時代から城代が置かれた魚津があるが、ここは町奉行の支配地で「免八つ」という高免地であった。また東岩瀬・水橋・滑川・三日市・生地・浦山・入膳などは重要な宿駅として都市的様相を帯びた村であった。越後国境の境には口留番所と役人が置かれた(68)。また、新川平野背後の奥山域に「七つ金山」といわれた金・銀山が点在していたが、ここでは新川平野の新田開発に主に目を向け、改作法の実態に迫る。

(一)　山本清三郎と嶋尻村刑部

新川郡の「御開作」を担った人材として、辣腕の郡奉行山本清三郎および新川郡十村の筆頭として粉骨砕身した扶持人十村嶋尻村刑部が知られる(69)。

初めに山本清三郎の経歴を紹介し、彼の役割と新川郡の改作法との関わりを確認しておこう。林家本「三州十村物語」(70)のなかで、嶋尻村刑部は新川郡における改作法と免詮議は主に山本清三郎に主導され行われたと、次のように語っている。

[8]其上あの山本之鬼清三郎殿、改作之始、幾度も廻り、土に不応高免村々有之、其上殿様より慶安之末、月岡野領里子百人計新開被仰付、清三郎殿新庄より三里有之所ニ自身二月より七月まで之毎日〳〵被罷出、耕作情に入、秋ニ至仕廻被申候得共、下地故不宜、二ケ年にして止メ申候、右之首尾ニ付他郡より勝て追出ニ候得共(者)、入替百姓・走り百姓多有之所紛無之候、清三郎殿御郡ニおゐて御為夥敷被致候事、新開を初大分之儀中々人々及儀ニ而無之候、此人近江国山本村之土〔士〕百姓、寛永十七年行幸申刻、大津江被召出、微妙院様江御直々話被致、拾七歳ニ而被召出、明暦始迄段々御加増有之、五百五拾壱石被下、其働不及言語事ニ候由刑部申候事

「三州十村物語」は、石川郡の扶持人十村御供田村勘四郎宅に集った三ヵ国の主だった十村たちが、村御印成替に伴う免詮議に奔走していた明暦年中から、利常死後、改作奉行が再設置された寛文元年にかけて様々なことを語り合

ったときの記録で、筆録したのは勘四郎の息子土屋又三郎、のち『耕稼春秋』を著した文人十村であった。

この刑部の語りの末尾で清三郎の出自にふれ、近江国山本村の「土百姓」[71]つまり武士的な農民であったとする。一七歳の清三郎は寛永十七年、大津で利常と対面する機会があり、才覚を見込まれ利常側臣に召し出されたと述べる。利常は寛永十六年六月江戸で将軍家光から隠居を許され、同時に嫡男光高への家督相続、二男三男の分藩が認められた。そのあと半年ほど、利常は病に伏し江戸藩邸で養生、ようやく快復したのが寛永十七年五月頃であった。利常はおそらく同年六月には東海道経由で国元に帰るが、その途次近江大津に立ち寄り、そこで山本清三郎と出会い召し抱えたのである。

このように山本清三郎は、隠居後に利常に召し抱えられた新座者であったから、寛永十六年以前の侍帳や藩政史料に出てこない。利常は小松に帰国し、小松城普請と庭作り、城下町建設に邁進するが、清三郎は小松城内葭島園地に作った遠州座敷の造営にあたり抜擢されたことが『三壺聞書』巻十三に記される[72]。この逸話から清三郎は九里覚右衛門とともに作事担当奉行に抜擢され、毎日遠州座敷の普請場に出てくる利常の下で御用に励み利常の信任を得たことがわかる。承応元年のことであるが、この働きにより一〇〇石の加増があり、小将組二五〇石取になったといい、「明暦始迄段々御加増」あり「五百五拾壱石」拝領したと述べる「三州十村物語」の主張と矛盾はない。「古組帳抜粋[73]」に収録する承応二年「小松侍帳」は、五五一石取の御小姓として山本清三郎を載せるので、「三州十村物語」の記述に信頼をよせてよかろう。承応年間の清三郎は遠藤数馬・長谷川大学・永原内膳らと肩を並べる利常側近であったことは間違いなく、当時の禄高は五五一石であった。

「三州十村物語」の別箇所に、十村田中村覚兵衛・御供田村勘四郎の発言として「新川郡ハ、清三郎殿数年富山并新庄村ニ住宅被致、所々新開多被仰付、其上御郡夏秋度々村廻被致、土目宜所ハ不依何時、上高・上免被申付候得ハ、追而百姓かぢけ可申所も可有之候」という指摘もあり、これらも合わせると、新川郡「御開作」における清三郎の仕事ぶりと十村たちからの評価がわかる。「三州十村物語」に書かれた、新川郡の改作法における山本清三郎の仕事ぶりで注目したい点は次の通りである。

(1)「御開作」仰付の最初から清三郎は、新川郡の「村廻り」を再三行ったが、結果として地力に相応しない高免の村が多くなったと批判され、土目がよいと判断したら時を選ばず「上げ高」「上げ免」を申し付けたため、いずれ新川郡では百姓経営は行き詰まり破綻もあり得ると予想された。

(2)清三郎は慶安末年より、利常の命で里子一〇〇人を投入した月岡野新開の陣頭指揮をとった。清三郎自ら富山あるいは新庄村に住宅を置き、三里の道を半年間毎日通い指導したが、この新開地の地味は「下地」であり、耕作出精をもとめたが不首尾に終わり、二年で里子新開は中止された。それゆえ追出百姓が他郡と比べ多く入替百姓・走り百姓も多いと、清三郎の新開事業での失策と悪影響を刑部は冷静に指摘した。

(3)山本清三郎は、利常の「御為」と称し多くを成し遂げ、また「新開」はじめ大事業に率先し取り組んだことは尋常の人にはできないことと、刑部はその仕事ぶりを評価した。

このように十村刑部の目からみた清三郎評価は意外に辛辣で、増徴に邁進する利常の「走狗」という印象をうける。刑部と清三郎の間に身分の壁があり、新開政策や増徴について刑部には異なる認識があったようである。しかし、清三郎が新川郡「御開作」の重責を担う郡奉行として、富山城下や新庄村に仮屋を構え里子一〇〇人を投入した月岡野の新開地に六ヵ月にわたり出役し指揮にあたったという指摘は重要である。寛文元年再設置の改作奉行では考えられない仕事ぶりで、管轄の村々に果敢に接近し、現場の陣頭にたち「御開作」を推進したことが窺える。新川郡開作地で奔走した清三郎は、むろん「開作地裁許人」すなわち改作奉行の肩書をもっていたとみてよい。また清三郎は寛文元年五月に再設置された改作奉行四人の一人であり、寛文農政においても改作所生え抜きの農政官僚として活躍した。

次に扶持人十村、嶋尻村刑部の経歴を確認しよう。「貞享三年扶助人由来記」[74]等によれば、刑部の先祖が新川郡片貝川左岸の嶋尻村（現在の魚津市嶋尻）に移住したのは戦国末期のことで、以後歴代は刑部と名乗っている。利常から十村頭に取り立てられたのは三代刑部で、十村役に就いた最初は二代刑部（父）であった。三代刑部も慶安元年に十村役となったが、慶安三年、山本清三郎が推薦したためである。(75) のち扶持人十村、三州十村頭に抜擢された刑部は小松城に頻繁に出仕し、利常の諮問に答えた。

慶安四年から新川郡で「御開作」仰付が始まると、開作地の村廻りはじめ作食米・開作入用銀貸与など救済・助成の司令塔として、利常の御用に奔走した。扶持人十村となったのは慶安四年四月で、諸郡で「御開作」仰付がなされていた頃「図り等仰付けられ候所に、仕様宜しき旨仰出られ」扶持米一〇俵を下付されたという。さらに承応二年、開作地で「百姓中耕作仕様、其外心得能合点致させ候」と評価され、現米一〇俵に代え田地一町五反余を「所しまり」の扶持として拝領した。承応二年正月に扶持人十村の一斉任命があったから、これと連動し扶持人十村に改めて格付けされたものといえよう。取次は伊藤内膳と山本清三郎であった。また利常帰国時に信州まで迎えにゆく扶持人十村五人の一人となり、利常の命で信州・越後でも村柄見分を行い、見分結果を逐一報告した。明暦二年に刑部の扶持高は一町加増され二町五反余となった。また十村代官となっていた刑部は、明暦二年八月二十九日代官支配高が四千石に至り（別表Ⅳ15）、代官としての責務も大きくなった。

刑部は新川郡の御用だけでも多忙を極めていたのに、能登奥郡・川西二郡の村廻りや御用にも動員された（別表Ⅳ7）。その忠勤ぶりを示すため明暦二年～万治元年に限定されるが「嶋尻村刑部の動向等一覧」（「別表Ⅳ」と略記）を作成したので参照されたい。明暦二年八月二十八日に小松城に上がってから、その年末までほぼ小松にいて利常の諮問に応え、三ヵ国十村等に何かと連絡や指示を行った。

刑部は新田開発が課題であった新川郡にあって、開発可能耕地の調査を依頼されたほか、明暦期には舟見野新開、天神野開、大海寺野開、広野開などの御用にも関わった。(76) こうした働きぶりが認められ明暦元年、品川左門の取次で

表6-11　明暦2年の新川郡十村一覧

	十村名	村数	管轄地域・無高の村数・(主な在町)
1	嶋尻村刑部	70	魚津付近、天神野。無高2
2	江上村三郎左衛門	106	滑川付近、早月川下流。広野開
3	新庄村理右衛門	105	富山周辺。無高1（新庄新町）
4	下飯野村宗左衛門	48	富山北郊、東岩瀬など。無高1（東岩瀬浦方）
5	殿村四郎左衛門	62	入善・朝日付近。黒部川下流舟見野。無高1（赤川）
6	小出村作兵衛	112	船橋・海老江など。無高1（水橋浦）
7	柿沢村忠左衛門	108	経田・法音寺など。無高0
8	布市村源内	80	富山南東部、月岡野
9	黒崎村与次兵衛	93	富山周辺赤田・轡田など。無高0

(注)「明暦二年村御印留」(加越能文庫) による。

表6-12　明暦2年の三ヵ国十村人数

郡名	人数
能登奥郡	11
能登口郡	6
河北郡	5
石川郡	10
能美郡	8（9）
砺波郡	8（10）
射水郡	7（10）
新川郡	9
(合計)	64（70）

(注)「嶋尻村刑部明暦年中手帳借用抜書留」(加越能文庫)。(　) 内は、明暦2年9月9日付十村一覧（嶋尻村刑部旧記⑧）に記された数字である。

「三ヶ国十村頭」という名誉ある職についた。利常の「御開作」にかける意気込みを側近くで体感した扶持人十村の一人であり[77]、それゆえ刑部の動向・事蹟から利常の意図を探ることは意味のあることであろう。

表6-11に明暦二年の新川郡十村九人を一覧したが、このうち江上村三郎左衛門の経歴も併せてみておこう。三郎左衛門の父平次郎は寛永五年から二十年まで十村役をつとめ、十村在任中に広野村新開に尽くし、新開百姓の「仕居」と「御高出来」を見届け十村役を退いたという。父退任のあとしばらくあって、三郎左衛門が十村に抜擢されたのは承応元年のことであった[78]。山本清三郎の推挙をうけたためだが、利常が十村の人選に苦慮していた様子は能登奥郡（第三章）でみた通りで、新川郡でも十村役に適した百姓がいないか、利常は再三山本清三郎らに人材発掘を指示していた。

新川郡では十村役を世襲的に相続する事例は少ない[79]。三郎左衛門は御開作地の御用をよく理解し、村方に政策趣旨をよく合点させ御用に出精したので、承応二年に一町八反余の扶持高を拝領、刑部とともに扶持人十村に昇進した。寛文七年まで十村役をつとめ寛文十二年に病死、息子武右衛門が十村役と扶持高をうけ継職した(80)。嶋尻村刑部・江上村三郎左衛門の経歴から、山本清三郎が新川郡内で十村人材の発掘につとめていたことがわかるが、新川郡は能登奥郡に次いで引越十村が多く、明暦二年の新川郡十村九人のうち四人が引越十村であった(81)。

開作地支配の担い手となる有能な十村人材の不足については、利常みずから明暦二年九月三日の小松城御夜詰において「中郡（二塚村）又兵衛・（津幡江村）宅助同前之者、新川郡ニ弐人可被召置候間、内々左様之者居住仕村見立置可申候、右弐人之者、新川ノ内ニも可有之候や、是又見立可申候、若左様之者無之ニおいてハ他郡より可被遣候」（別表Ⅳ21）と述べたことから明瞭である。

利常の人材探しは十村に限らず、村肝煎についても、それにふさわしい人材リストをしばしば提出させ、不埒な村肝煎を追放・交替させた。また怠惰な百姓は「徒百姓」と蔑称し村から追放、勤勉な小百姓・頭振と入れ替えたが、入百姓の人材探しにも意を用い、嶋尻村刑部や十村中にその人選や名簿提出を指示した。「嶋尻村刑部旧記」にそうした動向を窺える記述が数例あったので紹介しよう。

(1)引越肝煎の事例。「新川郡村肝煎之内いつ方へ可被遣と被仰出、小松へ被召寄候人々之覚」という見出しで、小松に召喚された新川郡の村肝煎八人（黒牧村孫右衛門・押上村藤左衛門・田畠村忠兵衛・黒瀬村七右衛門・中田村三右衛門・友杉村作右衛門・山崎村喜兵衛・高畠村次兵衛）が列記されていた。このうちの一人、友杉村作右衛門は「能州大田村ノ村肝煎ニ被遣候、残テ七人追而御用次第ニ可被遣旨被仰出」とあり、能登の村肝煎として引越した。残り七人は小松往復の路銭を拝領し明暦二年十月九日に新川郡の村に帰った（別表Ⅳ64）。友杉村肝煎の能登引越は、引越十村ならぬ引越村肝煎の事例であり、私には初見であった。村肝煎についても利常は入替を果敢に行ったのである。能登大田村(82)では村経営が難しい事態に陥っており、利常は九月二十五日に肝煎ほか百姓数名を追出百姓にするという厳しい措置をとったあと、十月にこうした引越肝煎派遣を決めたもようである。

(2)不埒な村肝煎の入替。利常は明暦二年九月九日昼詰で、新川郡の「布市村きもいりとも不所存成者共ニ候間、おい出し入替可申候、重而被仰出候ハ、舟倉村ニハむかしより徒者有之所ニ候間、是又村肝煎其外不所存成者、刑部（嶋尻村）・三郎左衛門（江上村）致吟味、おい出し入替可申旨」中村久越をもって仰せ出られ、二日後の九月十一日夜詰で「布市村・舟倉村百姓不所存成所ニ候間、壱村肝煎弐人宛入替可申之旨」仰せ出られた（別表Ⅳ31・33）。またこれと同時に「村肝煎替り申所ハ何之わけヲ以かへ申と奉行へ理り申、覚帳仕置可申之旨」古市左近をもって仰せ出られた（別表Ⅳ34）。利常直々の村肝煎入替・引越は決して例外でなく、かなり広汎に実施されたこと、村肝煎の任免のあり方に疑問をもち実態把握に向かったことがわかる。

(3)今後取り立てるべき長百姓の書上げ。明暦二年九月二十五日利常から「新川郡長百姓書出シ可申之由被仰出ニ付而」新川郡西本江村徳兵衛など七人の長百姓を列記し「此七人之者書上申度候」と上申したところ、「郡々かきりものニて候間、以来取立申様ニ可仕候へと」仰せ出られた（別表Ⅳ52）。律儀な長百姓七名を書き上げたのは嶋尻村刑部で、今後取り立てる人材の推挙であろう。十村・村肝煎の入替に備えて、然るべき人材リストを刑部や二塚村又兵衛など信頼する扶持人十村に書き上げさせたことがわかる。改作法の一層の深化を目論み、利常自ら人材を渉猟していたのである。

(4)明暦二年の九月頃、利常は「在々慥成頭ふり有之候者、可申上旨并身代も能百姓、少高を持罷有もの、少高を持候てハ以来身代しそこない申事も可有之候間、左様之百姓ニハ御高をも増為御持（後欠）」と仰せ出られた（別表Ⅳ57）。ここから利常の人材探しは頭振層にまで広がっていたとわかる。つまり追出し百姓跡地に入植させるによき無高民を、刑部らに調べさせたのである。

(4)の後段は小高持の律儀百姓に関する指示であり、たいへん興味深い記述である。「身代もよき百姓」で少高を持つ小農民を念頭に、「少高を持候」ままでは将来「身代しそこない申事もある」と懸念し「さようの百姓には御高をも増し御持たせ」と命じた点が注目される。つまり、小高の身持よき勤勉百姓は、いつまでも小高持のままにしておけば、いずれ身代を失うことになるから、持高を増やすようにせよと指示したのである。ここから身持ちよき律儀百姓でも一定以上の持高をもって経営しないと行き詰まると、利常自ら新川郡の農業生産の実情をみて懸念し、勤勉な小農を高所持拡大で安定させようとしたことがわかる。

このように新川郡での農業経営の安定には規模拡大が不可欠という認識を利常はもっており、佐々木潤之介の砺波型論や高澤裕一の下人雇傭経営主力論[83]に若干修正を迫る証言ともいえる。利常は小農経営を無視し見棄てていたわけでなく、小農も経営強化するには一定以上の持高所持が必要と考えており、これを政策的に促進する意向を持っていた。この点が重要だと思う。これだけで利常の小農自立策を云々できないが、小農経営の強化・育成を明確に自覚していたことは間違いなく、下人雇傭の大経営優遇だけが利常の意図ではなかった。利常の小農育成論として、今後こうした利常の主張はさらに深く検討されるべきと考える。

以上の四事例から、利常は自身の農政理念に照らし、勤勉で年貢皆済に全力を尽くす十村ばかりでなく、勤勉な小百姓・頭振層にまで目を配り、その育成と登用に尽くしていたといえる。新川郡のような農業生産条件の厳しい所だからこそ、優れた人材が求められたのであろう。利常の目配りの広さ、深謀に驚かざるをえない。

(二) 新川郡「御開作」の原則

山本清三郎宛の承応元年十二月二十八日付利常印判状[84]（津田玄蕃・奥村因幡連署）は、新川郡御開作地の百姓救済について①「新川郡開作地入用銀并作食米、開作之内は利なしに可取立事」、②「開作地入用銀、死絶人於有之者、其者之当り分は引捨可申候、残百姓之手前にはかゝる間敷事」、③「作食米并敷借米は、田地に付候条、死絶人有之候はゞ跡田地請取作候百姓出し候様可相心得事」という三つの原則を示し、十村・肝煎・小百姓中によく申し聞かせるよう通達したもので、新川郡「御開作」の基本姿勢を告げる利常直々の触書であった。

新川郡の御開作地百姓に貸与された改作入用銀と作食米は、「御開作」期間は利足なしとし、元金のみ返済させるというのが①ヵ条目であり、他郡は二割の利足納付が原則であったから新川郡を優遇した規定といえる。②③ヵ条目では、改作入用銀・作食米・敷借米という御開作地助成の三本柱について次のように指摘する。改作入用銀は百姓個人に対する救済銀であり、作食米・敷借米は所持田畠（持高）を対象にした救済であることを前提に、改作入用銀を貸与された百姓が死去した場合、債務は消滅し残百姓に賦課しない（②）、作食米・敷借米は百姓持高に対する助成だから、借り受けた百姓が死去すれば、その持高を継承した百姓（持高を相続した子弟または入替百姓）が債務を引き受け返済すべき（③）と定める。改作入用銀は、春先に種籾・農具・肥料を調達するためのもので、大前百姓ならば農業奉公人の給銀にも充当した助成銀だから、借りた百姓の死去によって債務消滅と定めたことは画期的であった。利常は、家族・相続人に債務を引き継がせれば耕作放棄に結果し、せっかくの投資が無に帰することを懸念したのであろう。入用銀を投資した田畠の耕作が中断されることを避け、相続者が耕作を何とか継承すれば何らかの収穫が見込め、場合によっては年貢皆済につながるので、百姓経営にとっても領主にとっても都合がよいと判断し、債権放棄を選択したのであろう。このような判断の背景として、改作法前に広汎にみられた耕作放棄地の広がりがあった。石川郡の事例[85]で周知されているが、新川郡のような低免の新開地が多い所では、耕作放棄はより発生しやすい環境にあった。そのような目でみれば、この印判状は新川郡の実情を考慮したものといえる。

これに対し作食米・敷借米は持高を相続した者が債務も引き継ぐとしたのは、土地所持者・経営者としての責務を百姓に自覚させるものであった。高持百姓は土地持ちの経営者であり、持高に応じ作食米・敷借米という救済が藩からなされたという意義を村側に再確認したともいえよう。作食米は飯米不足の備蓄であり、新川郡では利足なしであったから、百姓にとって負担というより備荒貯蓄の救済策であった。また、敷借米も百姓自身の債務の肩代わりだから、これも恩恵的救済であった。高持として債権を引き受けるのは当然のことであった。しかも明暦二年に元利とも免除されたことは周知の通りである。

新川郡の敷借米合計高は一万三六五三石にのぼるが、その元利共免除の利常御印は十月晦日付で発給され、十一月八日の小松城御夜詰の場で嶋尻村刑部が拝領じた（別表Ⅳ75）。連絡をうけた新川郡の村々は早速各組から一人宛御礼の使者を小松に送った（別表Ⅳ76）。しかし、この一郡全部の敷借米返済免除指令に先立ち、一部の村で個別に利足免除の指示が出ていた。先に掲げた表6－8をみると、明暦二年村御印にすでに「敷借米利足免除」とされた村が相当数あったことがわかり、新川郡では数・率とも能美郡に並ぶ大きさであった。

このように敷借米利足免除は八月朔日の村御印で個別に指示されていたが、その後まもなく一郡全体の敷借米元利免除令へ進むと四節で指摘したが、その構想は明暦二年八月晦日すでに明確であった。「在々ニより敷借米御捨免為被成候所、借り主壱人之徳分ニ仕事ハ村中之たそくニも成申間敷候、此義如何ニ存候哉」と晦日の夜詰で利常は下問し、側近の中村久越が「敷借御捨免之所ハ、村中ノた足ニ罷成候様ニ下ニ而可仕と申上候」と刑部は記す（別表Ⅳ19）。ここから利常は敷借米の元利免除構想を八月末までに間違いなく抱いており、敷借米免除の余慶が村中に行き届くにはどうすればよいか、十村や村方に問題を投げかけている。元利免除が主たる借主である中堅以上の百姓の得分になるのは面白くない、小百姓も含めた村中の助けになるのかと疑問を発した点は注目すべきで、利常は小百姓の救済なくして村の発展はないとみていた。利常のこうした疑問に、刑部や二塚村又兵衛はどのような処方箋を出したか不明だが、十月晦日、敷借米元利免除の御印発給に踏み切ったのである（別表Ⅳ75）。

作食米に関し特段の史料は確認できなかったが、新川郡十村八人が作食米返済期限は十月十日頃になると予告し、嶋尻村刑部組では十月十六日に作食米（一五五〇石）返納を終えている（別表Ⅳ69）。年貢皆済のあと、作食蔵に各自の名札を付け作食米を納めたのである。

表6-13　新川郡明暦2年増収年貢の支出内訳

	項目	米高
収入	（手上高総高）	（1万0215石218）
	手上高定納口米高	4474石283
	手上免定納口米高	1万4796石841
	増収年貢合計	1万9271石124
支出	大坂登米・運賃共	1万0793石655
	給人中被下米	3762石612
	作食米に渡ル	3170石
	風損村御貸米	1400石
	銀子払米	5石437
	被下口米	142石156
	支出合計	1万9273石86

（注1）「嶋尻村刑部万治旧記」の万治2年3月11日付算用目録（皆済状）等による。
（注2）手上高総高は坂井著書では9794石と集計する。明暦3年分の算用では1万1095石余と記す。手上免の年貢高は坂井著書では1万4194石8斗とする。銀子払付米の代銀高は157匁67で、支出合計には「内2石736払過」と注記する。

明暦二年村御印による年貢皆済は、別表Ⅳ91に示した通り十二月十一日までに七四七ヵ村から皆済報告があり、残りは三六ヵ村となっていた。おそらく十二月中旬にはこれらも皆済となり、新川郡の村御印発給村七八四ヵ村すべて年貢皆済に至ったと推定できる。年貢皆済を見届けた利常は、翌年正月二十三日の印判状[86]で、前年の村御印に盛り込んだ手上高・手上免で得た増収分の一部を村に還元する措置をとっている（別表Ⅳ93）。

この正月二十三日付印判状は二通あり、一通では「明暦弐年分新川郡手上免米之内千四百石、去年新川郡風損村々為入用相渡者也」、もう一通では「明暦弐年分新川郡手上免米之内三千百七拾石、作食米相渡者也」と記し、宛名はともに嶋尻村刑部ら新川郡十村七人宛であった。明暦二年末に皆済された新川郡の手上高・手上免増収分全体の年貢算用は、利常死後の万治二年三月十一日付藩算用場奉行からの皆済目録で決済されたが、その算用結果は表6-13に示した。明暦三年正月に執行された作食米三一七〇石の追加支出と前年の風損被害村への助成貸付米一四〇〇石も計上され承認されている。

手上免・手上高の増収年貢高が明示され、その支出内訳を明確に書いた史料は、これまで知られていない。しかも村方救済に充当する作食米・風損被害貸付米に四五七〇石も支出したと記すので、注目すべき史料といえる。従来、明暦二年の手上免増徴分のうち五分一は村に返し、改作入用銀の返済に充当させたと指摘されてきた[87]が、ここでは作食米・風損被害救済に充当するという形で村に戻されたのである。これは新川郡に限った措置で、越中川西や北加賀では異なる対処をした可能性があり、他郡の事例をさらに探し出し比較検討する必要がある。

新川郡では、表6-13に示した明暦二年増収分算用に先立つ明暦元年分の手上免増収分（六八二九石余）の算用記録があり、そのうち約二〇％（一三六五石余）は「手上免仕百姓共ニ被下米」という名目で、手上免に応じた百姓に戻していた。(88)手上免の試行段階の承応三年・明暦元年には、手上免への反発を抑えるため、こうした「戻し」を行って、村側の反応を見きわめようとしたのであろう。石川郡では承応三年に口米八升という蔵入地の原則が給人知に一斉導入されたことに伴い、口米八升のうち五升は給人、三升は「残し口米」とし村に戻しているが、これも手上免増徴を緩和する措置の一つといえる。(89)

明暦三年正月に新川郡で断行された作食米・風損救済米は手上免増収分の三一％、手上高・手上免両方の増収高に対しては二四％となり、給人の取り分となった三七六三石（約二〇％）より多い点は、利常の増徴年貢の使いみちとして注目すべき量といえる。(90)

とくに風損救済米として支出された一四〇〇石は、額は少ないながら重要である。なぜなら、安永年間に改作奉行をつとめ、改作法について重要な指摘を行った高沢忠順が、彼の著作「改作枢要記録」(91)のなかで、手上免・手上高による増収年貢は、災害等による凶作・不作時に百姓救済の元手にするものと述べているからである。「改作枢要記録」は随所で利常の改作法を「御仁政」と称えるが、論拠が具体的に示されず半信半疑の面があった。しかし、表6-13に示された明暦二年増徴年貢の算用目録は、忠順の主張を裏付けるもので、その意味で重要な史料といえる。今後もこうした算用史料が確認されるなら「改作枢要記録」の史料価値は向上する。

「改作枢要記録」は、明暦二年村御印発給のあとも村御印の高・免に問題があれば是正する意図を利常はもっていたと述べるが、これを裏付ける史料もあった。

万治元年の刑部覚書に「九月廿七日之御昼詰ニ、免上下ケ・高過不足村々御印被成替可被遣旨被仰出候」とあり（別表Ⅳ100）、「仰出され候」と記すので「免の上げ下ケ、高過不足の村」に「村御印、成し替えられ遣さるべき」という意思は利常のものであることは間違いない。利常逝去の一五日前の出来事であり、利常は最期まで村御印の高・免に満足できないところがあり、すぐにも是正すべきと考えていたのである。更なる増徴を期しての発言と解釈することもできるが、村御印免では立ち行かない村、御印高に比べ土不足の村についても放置せず是正する意図を持っていたことは間違いなかろう。

このような利常の存念は明暦二年八月時点で「当年ノ見立一通りニ而、免あけ申義定而見違も有之、上ケ過申所も可有之候、又上りたり不申候所も可有之、此儀ハ来年ニ至る□も能見届、引へき所、可増所、全而可申上と、同御夜詰、左門様被仰渡候」（別表Ⅳ20）と表明されていた。「同御夜詰」というのは、前後から八月晦日の小松城御夜詰と判断できるが、それは明暦二年村御印成替の作業中もしくは終了直後であった。つまり十村七〇人ほか多くの藩役人（奉行・代官・横目・与力など）を動員し村御印成替を成し遂げたその直後、それでもなお今年行った「見立て」は通り一遍で手上免には「見違い」があるはずと指摘、上げ過ぎた高と免の査定、上げ不足の吟味を来年にむけ計画していたのである。

明暦三年四月に参勤した利常は、江戸で村御印通り年貢皆済できたことを幕閣に吹聴した。これをもって、これまで改作法成就とし、改作法の終期は明暦三年春とする見解が広く行われてきた。しかし、利常の心中を察するなら改作法はなお未完であり、さらに適切な高・免の設定にむけた努力が重ねられようとしていた。この点は別表Ⅳに掲げた、歩刈見立てや「改作入用図り」などの動きからもみて取れ、明暦二年村御印の高・免改定に向けた作業は、すでに明暦二年八月から始まっていた。

さて新川郡隠居領は能美郡隠居領と異なり給人地の割合が高いこともあり[92]、ことあるごと利常は給人年貢を蔵入地に優先し納付するよう指示し（別表Ⅳ41・72）、また川崩れ等で検地引高や見立てが必要なときは、十村から給人に直接通知せぬよう指示した（別表Ⅳ55）。十村代官・扶持人十村であろうと十村はあくまで百姓身分の行政官だから、武士である給人に直接連絡することは武士にとっては面白くないこと、面目を潰すと利常は認識し、こうした行為を禁じたのである。新川郡では給人と知行所との関係がなお強く残る村々がかなりあったことを物語る指令で、越中では給人支配の影響がなお根強く残っていた点に注意したい。

また、当初村御印発給を予定していた新村で、自立が難しく一村立てを取りやめ、のちの「変地御償米」「引免代御償米」[93]に似た救済を行った事例もあった。これは坪野新村・小川新村・四谷尾新村の三ヵ村でおきたことだが、「(三ヵ村を）本村へ入、をい付免当一作御赦免被為成分銀子拝領仕、請取申所、如件」と記し、引免年貢代償の銀子請取状三通（合計三四六匁）を提出していた（別表Ⅳ65）。

利常の新川郡御開作地での救済策の一端をみてきたが、飽くなき増徴主義のかたわら、必要な救済策をきめ細かく実施した様相を確認できたのではないか。

(三)　新田開発の推進

新川郡の石高拡大が三ヵ国一〇郡で最も大きかったことを一節で指摘したが、その主要因が新田開発であったことは旧著でも指摘したところである。[94]当たり前といえばそれまでのことだが、数少ない新川郡の新開史料を取り上げ、どのような形で、あれだけの郡高（本田高）拡大を実現させたのか、その実態や背景をもう少し具体的に読み解きたい。

慶長期までの新川郡での新開は利長発給の新開申付状等が数点知られ、慶長期から鋭意各所で新開が展開していたことはわかるが、[95]他郡との違いを論ずるほどの材料はなかった。

新川郡の新開の特徴は何といってもその規模にあるので、表6-2に掲げた慶長十年・正保三年・明暦二年それぞ

表6-14　新川郡高から推計した1年当たり新田高

	新川郡	修正に関する説明	1年当たり新田高
慶長10年～正保3年の増高	3万8177石		931石
慶長10年～正保3年修正増高(新田増高)	6万4351石	正保郷帳新田高2万6174石を加えた増高を当該41年間の新田とみて計算	1570石
正保3年～明暦2年の増高	7万1868石		7187石
正保3年～明暦2年修正増高(新田増高)	3万5479石	明暦増石から正保新田高分（2万6174石）と明暦2年手上高分（1万215石）を除いた増高を、当該10年間の新開増石分とみて計算	3548石

（注）表6-2に掲げた慶長10年・正保3年・明暦2年の郡高相互の差額に修正を加え、より実態に近い新田による増加高を推計した。

れの期間、一年あたりどの程度、新田開発による郡高拡大があったか表6-14に推定結果を示したので、そのスケールに注意し新開方法の特徴を考えてみる。

表6-14では郡高増加の要因である正保三年新田高と明暦二年手上高の役割を勘案し、年単位の増高を試算した。つまり正保三年新田高は正保以前の増高要因と理解し、正保三年までの増高に加え、明暦二年増高の要因から除外した。手上高も明確に新田による増加といえない面を含むので、これも明暦の増高要因から除外し、一年当たりの新田高を試算してみたのである。その結果、正保三年以後明暦二年までの一〇年間の増高は三万五四七九石と修正され、年当たり三五四八石の新田があったと推定できた。また慶長十年~正保三年の四一年間は年平均一五七〇石の新開があったと推計した。ここに示した年平均新開が実施されていないと表6-2に示した郡高拡大は実現できない。なぜなら、各村では検地引高などもなされたから、それを超える新開高の本高化がないと増高とならないからである。むろん郡高拡大を裏付ける新田開発の実情は年次ごとかなり変化に富んでいるが、年平均でみると正保以前なら一六〇〇石程度、正保以後なら平均三五〇〇石程度ないと、郡高拡大は達成できないと理解し、以下個別に新開事例をみていく。

「嶋尻村刑部旧記」の明暦二年九月十八日覚書（別表Ⅳ44）によれば「一、

四千石　舟見野開」「一、七百石　天神野開」「一、六百石　大海寺野開」とあり合計五三〇〇石の開発が進んでいたとわかる。おそらく明暦二年に始めた開発なので、本田高として年貢が取れるようになるのは数年後のことであった。舟見野開四〇〇〇石に関しては、開発が成就した寛文三～七年に村御印が発給されたので開発事業の結果がはっきりわかる。舟見野四〇〇〇石開によって舟見野一五ヵ村が生まれたが、村御印合計高は四五四〇石であった(96)。当初の計画より一割多く開田できたといえ、明暦二年に始まった三ヵ所での新開五三〇〇石は、おそらく六千石程度の本田高を生み出し寛文年間の郡高拡大に貢献したが、それに匹敵する検地引高があったので、寛文十年郡高はほぼ同一水準になったのである（表6－2）。

このように五年～一〇年の期間をおけば新田開発の成果は郡高拡大につながるが、他方で引高すべき所も多数発生していたので、新田高はつねに検地引高によって相殺され、その分郡高拡大は抑制された。したがって表6－2に示された郡高拡大は、検地引高分をカバーして余りある新田高を想定しないと実現せず、検地引高を抑えることも課題であった。

右記の「嶋尻村刑部旧記」明暦二年九月十八日覚書にはつづきがあり、新開所三ヵ所合計五三〇〇石のほかに、明暦元年開二〇〇〇石と広野村八五七石も追記されていた(97)。明暦元年開は文字通り前年の新川郡の開発高である。明暦元年の二〇〇〇石開から同二年の五三〇〇石開へと、利常は新川郡の開田事業を二・五倍に拡大したのである。広野村八五七石というのは、明暦二年村御印で八五七石（御印免二つ一歩）とされた広野村（滑川市）の開発および再開発に対する投資をいうのであろう。広野村の開墾と村立ては文禄年間に遡り、寛永十八年にも新田開発があり(98)「御開作」期間にも何らかの開発がなされたとみられる。

「嶋尻村刑部旧記」によれば明暦二年八月二十八日御夜詰で「広野之御尋御座候ハ、何とて地本能不被成候と被仰出候」（別表Ⅳ11）と利常は疑問をなげかけ、側近から「広野之義ハ百姓随分情を出シ申候へ共、地本もしかとなほり不申候、惣別野開之分ハ五年・七年ニ而ハよく不被成候と申上候」と返しているので、広野村では慶安・承応頃すでに新開事業が藩の助成のもと進められたことは間違いない。その成果が明暦二年の村御印高なのであろう。このように新川郡では明暦元年の二〇〇〇石開、同二年の五三〇〇石開というように正保末から一〇年間、開田事業を展開させ郡高拡大の基盤を作ったのである。村の本高に繰り込んだのは承応三年・明暦元年の村御印発給時であるが、新川郡で承応三年に村御印発給があった確実な史料は得ていない。しかし明暦元年村御印については「嶋尻村刑部旧記」にこれを証する記述があり、[99] 間違いなく発給され明暦二年成替で回収された。こうした上げ高要求の仕上げとして明暦二年の手上高と新田の本高化があり、冒頭でみた郡高拡大につながったのである。

ここで注目したいのは周知の「十二月四日付利常印判状」（年記不詳、山本清三郎宛）である。「農耕遺文」「改作方御定書」[100] など改作方旧記類にしばしば収録されるこの印判状での利常の主張は、文意を汲み取りにくい面もあるが左記の通りである。

[9]右如申遣、新川郡蔵入・給人地によらず二万石にても三万石にても、みたてにてつくらせ可申候、とりわきかぢけ候て、給人へも調もならず候はゞ、まづ公儀よりかして成とも、給人江すまさせ候様に可仕候、少も油断仕をそく候ては何之役にもたゝぬ事にて候、其上入用もいとひ候て、入用すくなく入候様に仕候ては、あともさきも用にたゝぬ事に成候間、為作候分は入用いとひ不申とも、ずる〳〵といたさせ可申候（後略）

注目すべきは傍線部の「二万石でも三万石でも見立てにて百姓たちに作物を作らせるべき」と指示した箇所である。とにかく耕作可能な土地があれば、蔵入地であろうと給人地であろうと耕営させることが重要、という利常の意図が明瞭である。農耕に百姓が立ち向かっていかないと収穫増はなく、年貢も取れないのであり、百姓たちが荒地や新開地に厭わず立ち向かうよう誘導せよというのである。ここに「御開作」すなわち「耕作」という言葉を指導理念とした改作法の真髄があるように思われる。

農民たちが新開地・荒地であろうと農耕に挑むには、給人地であろうと、まずは公儀として耕作用具・肥料・種籾・食用米などの助成は惜しまず先手をとって支出し、耕作意欲を喚起しないと収穫増は達成できない。また給人年貢を完済することもできない。後手ごての助成はせっかく支出しても役に立たないと、百姓助成の要諦を山本清三郎にむかって諭したものである。

利常が新川郡ですすめた新田開発は、印判状に述べた趣旨に則り進められたものと考えられ、明暦二年の五三〇〇石開、明暦元年の二〇〇〇石開も、こうした方針のもと、まずは荒起こしさせ、作食米・肥料代等は時期を失せず助成し、できるだけ早く開田地を本高に組み入れられるよう督励するものであった。そこに給人地が含まれていれば、給人から余計な干渉が入らぬよう、給人地の年貢皆済を優先し、蔵入地は後回しにしてよいというのである。利常は十月二十五日昼詰で「御公領米之儀ハおそく候而も、年中ニ計候へハくるしからす候、給人米早速皆済仕候様ニ可申付候、たとゑ御公領・給人入相う所々も、先給人米皆済いたさすへく候、左様ニ候へハ給人も百姓も埒明キ申事候」と指令する[101]（別表Ⅳ72）が、さきの利常印判状にも同趣旨の文言がみえる。

舟見野開・天神野開・大海寺野開・広野開のほか、慶安末年、月岡野村領で推進した里子を一〇〇人投入した新開事業のことは山本清三郎の経歴のなかで紹介したが、利常による新川郡新開の特色は舟見野開の中の今江村新開でより具体的にみることができる。能美郡今江村の百姓二〇人を舟見野の新開地に入植移住させたこの新開事業については、利常「御夜話集」などで伝説化されているが[102]、実情を物語る一次史料が少なく実態解明はむしろ今後の課題といえる。

「嶋尻村刑部旧記」に掲載する明暦二年十月三日付利常印判状（嶋尻村刑部宛）は、能美郡今江村百姓の入植を知らせる最も信のおける史料で、文面は「明暦弐年新川郡納米之内を以四拾三石、今江村より舟見野へ被遣候百姓弐拾人ニ相渡者也」とある（別表Ⅳ59）。ここから能美郡今江村から舟見野への移住は明暦二年五月の利常帰国以後のことと判断できる。周知の今江村民の入植逸話によれば、能美郡今江村の若夫婦二〇組を選び新川郡舟見野への入植計画を進めたのは利常自身であり、これに応じた小百姓二〇人を小松城に召し寄せ、御目見得の栄誉を与えたという(103)。利常の明暦二年の帰国は五月なので、今江の移住民と謁見した時期も明暦二年夏頃とみるのがよく、九月頃には移住し、入植早々の十月三日今江からの移住百姓二〇人に食用米として四三石を同年の年貢米の内から支給し、開墾・開田と翌年春の開作に備えたのである。彼らが舟見野の開墾地で米の作付けができたのは、早くても明暦三年春からで、寛文七年までに開田した約四二五石が、寛文七年村御印に高付けされている(104)。御印免は一つ五歩と低かったが、とりあえず新村として自立を果たした。

舟見野新開一五ヵ村のうち一三ヵ村では寛文三年に村御印下付をうけ、今江村・中野村の二ヵ村はそれより四年遅い。おそらく舟見野新開の大半は、今江村民が入植した明暦二年より早く始まっていたのであろう。舟見野新開の掉尾を飾ったのが今江村民の移住開墾であった。今江村は小松城の北、居城膝下の村で百姓数も多く、戦国以来広大な今江潟を埋立開墾してきた実績を買われたのかもしれない。

「嶋尻刑部旧記」によれば、明暦二年十月三日の米四三石下付に続き同月八日、二〇人に「木綿切物」上中下それぞれ三種類が下付された（別表Ⅳ59）。小松城に詰めていた嶋尻村刑部・二塚村又兵衛はこれを受け取り渡した（別表Ⅳ62）ほか、同月九日には刑部から新川郡の関係者にあてて、入植百姓らとよく相談し「可然所ニ家い《居》させ可被成候」、また「右材木之すへ木・枝木、右弐拾人百姓ニ御とらせ可被成候」、「わら・かや御かい候て御とらセ可被成候、かやノ儀者手前ニてかり候へハ一段ノ儀ニ候、わらノ義ハちとやすく御図り候て可被遣候」、「家作り申時分飯米なと無之と申候者、五石拾石ニても四郎左衛門殿より御かし可被成候」、「家仕ル五六日ノ間やちん被遣候間、弥家ふしんいそき申様」と指示した。山本清三郎配下の鉄砲衆を御奉行とし、送付した「家材木目録帳」をもとに里子五、六人を家作事に使役することも認め、縄が必要な入植百姓に里子衆が「ない置候縄」を使えるとも伝達した。刑部は利常の御意をうけ、今江村民が意欲をもって開墾・開田に邁進できるよう「此者共ノ儀ハ御意ニて被遣ル者ノ儀ニ候間、開所屋敷なとも可然所御渡し御尤ニ存候」と現地に下達し、入植者の住宅や開田準備にきめ細かく対処した（別表Ⅳ63）。利常による入植農民への気遣いは丁寧で、能美郡の今江村と全く異なる環境に移住した若き百姓らに、然るべき家屋敷を提供したことがわかる。彼らが利常の命日に供養したという逸話は利常の功績を誇張した作り話ではないようである。

さきに示した新川郡の五三〇〇石開、二〇〇〇石開については、総計八〇六石の作食米と四四石の肥料代が貸与されていたが、その内訳は左記の通りである。

・舟見野開四〇〇〇石↓作食米四〇〇石
・天神野開七〇〇石↓作食米七〇石＋屎代七石
・大海野開六〇〇石↓作食米六〇石＋屎代七石
・明暦元年開二〇〇〇石↓作食米二〇〇石
・広野村八五七石↓作食米七六石＋屎代三〇石

明暦二年九月十七日、新川郡新開地での作食米について、利常は見積り高を提出するよう指示しているが（別表Ⅳ42）、作食米は新開地入植農民への重要な助成策であった。同年九月二十三日、「黒辺川原、入膳あたりニ無地有之候間新開相望者ニ申付為開可申」と黒部河原・入膳付近の無主地で入植希望者を募り（別表Ⅳ47）、また「能美郡今井（江）村ノ少高百姓四五人、新川へ可被遣候間、舟見野・天神野・大海寺野三ケ所之内ニて土目能所ニおき開墾可為致之旨」が同日指示された（別表Ⅳ48）。舟見野への二〇人のほかに、他の新川郡新開所に四、五人今江村からの移住百姓がいたことがわかる。能登大田村の追放百姓跡の入替百姓の候補として今江村民を迎える話もあったから（別表Ⅳ49）、今江村からの入植百姓は舟見野だけではなかった。

舟見野の今江村民二〇人の新開地では、収穫したあとも食用米不足が深刻で、秋の作食米返納に苦しんでいた。明暦三年のことと推定されるが、春に借りた作食米高に相当する現米返済が困難ゆえ、雑穀による返納を願い出ている。利常はこれをやむを得ず認めたが、横目を通して上申されたことに立腹、こうした問題を横目任せにしていた山本清三郎を叱責した利常印判状もある。[105]

利常の新開地助成は、それなりに手厚いものであったが、決して十分であったわけではない。舟見野の入植農民は格別の支援はうけたけれど、過酷な環境にあったことは間違いない。しかし、利常としては相当の助成を行ったという自負があり、それに見合った手上高、新田の本高化、上げ免などができないのは、十村の怠慢であり、百姓の怠惰・無精が原因だとし、みせしめの「百姓追出」を声高に主張してもいた。[106]

明暦二年九月十五日、小松にいた刑部は新川郡の向新庄村善太郎宛に次の書状を送った。昨十四日の御夜詰で「向新庄村ハ野川原ニてひろき所ニ候間、手上高不申上候哉」と利常から下問があったからである。側近の竹田市三郎は「定而在所小百姓手前吟味仕り、追而可申上と申上候」と返答したうえで、「此被仰出之通、善太郎方迄拙子《（刑部）》ニ可申遣旨御意ニ候ニ付、為御心得如此申入候、百姓中手前御吟味被成、余田有之候者、書付被上ケ可然存候」と刑部に対応を迫ってきた。そこで竹田の意向をうけた刑部は、村肝煎と思しき善太郎に然るべき対応をとるよう連絡したのである。また最後に「頃而罷帰、以面上可申上候、恐々謹言」と記すので、刑部自ら向新庄村に下向し、実情を見分し具体的な対処法を指導する予定であった（別表Ⅳ37）。野河原開を背景にした手上高強制は、このように小姓衆・十村が利常の言葉に敏感に反応し、利常が激怒せぬよう、村々に対応を要請するという流れで実現されていった。つねに手上高の可能性を目ざとく注視していた利常の視線があったから、十村も村も手上高に応じざるを得なかったのである。この事例から領主からの手上高強要の手法が明確にみてとれる。

みてきた通り、利常が進めた改作法期新川郡の新田開発は、給人地・蔵入地を問わず、まず広大な野河原などで二万石でも三万石でも藩の手厚い助成のもと展開させたので藩営的色彩が濃い。開墾百姓は他郡からも動員するなど、利常と藩権力が前面にたって推進した点は越中独自の手法といえる。おそらく正保三年以後、こうした手法の新開事業が新川郡各地で実施されたため、年平均約三五〇〇石という驚異的な上げ高が達成でき、新川郡の村御印高合計およそ二六万石が明暦二年に実現されたのである。

おわりに

以上五節にわたり、能美郡と新川郡に分かれた利常隠居領で、利常みずからどのような「御開作」を実施したか検討を試みた。いくつか新たな史料も紹介し、旧来の史料に新たな意味付けもできた。できるだけ具体的に隠居領での「御開作」の実態に迫ろうとしたが、考察は史料の残存状況によって明暦年間の動向に偏り、課題を多く残している。今回十分言及できなかった点やある程度整理できた点を指摘し本論のまとめとする。

最初に、明暦二年村御印が達成した村免と村高から、利常隠居領の特徴を析出しようと様々な数値比較を行い、新川郡と能美郡が村高拡大や税率変化において対照的な関係にあることを確認した。隠居領のある二つの郡がこれだけ対照的であることは、これまであまり注意してこなかったことである。十七世紀における農業生産力の発展類型としての能美型と砺波型は周知であるが、隠居領のあった能美郡と新川郡も農業生産の在り方は対照的であり、今後とも注意すべき観点といえる。

利常隠居領での改作法研究のネックは、万治三年領替による所領変化にあったが、今回そのことによるデータ処理の整序にかなりエネルギーを注いだ。その結果、万治三年に新たに綱紀領となった村々での「御開作」仰付の内容を推認できた。また、利常隠居領と富山藩領の入替の様相を検討するなかで、富山藩領の村御印の特質に関し考察を加えることができた。十分ではないが、新川郡の富山藩領だけでなく婦負郡の富山藩領に利常が介入することもあり、利常は大聖寺藩領より富山藩領の動きに関心を寄せていたことも窺えた。利常は新川郡支配のため、利次がいた富山に会所・米蔵・土蔵などを設置し、新川郡隠居領支配の拠点とした点も今後さらに考察すべき課題といえる。

利常隠居領での「御開作」の実態分析は限られた分野にとどまったが、能美郡では、かつて一向一揆の精鋭が蟠踞していた山内地域で手厚い引免政策が展開されたことが判明した。新川郡では、慶長十年〜明暦二年にかけ異常ともいえる郡高拡大を達成した点に特徴があったので、郡高拡大の背景にある新田開発の手法、明暦年間の大規模新開の実情、十村・村肝煎など「御開作」を担う人材登用といった点に焦点を絞り考察を行った。また、改作入用銀・作食米貸与における新川郡独自の優遇策も再確認した。このような優遇を講じながら、新川郡にたいしても容赦ない増高・増免の要求があり明暦二年村御印発給に至るが、村御印成替の終了と同時に、さらに適切な高・免設定にむけ見直し作業が始まっていたことも指摘した。別表Ⅳに示した明暦二年〜万治元年の新川郡隠居領に関わる利常の行動から、改作法は終焉を迎えたという印象は全くなく、さらに村を強くするには、どのような高・免設定がよいのか、どのような救済・助成が効果あるのか、ますます農政に磨きをかけようとしていた。死去直前の利常の動向から、そのような印象をうけた。

改作法研究がすっぽり抜けていた利常隠居領（能美郡・新川郡）で、不十分ながら「御開作」の実態究明を試みたことは、今後につながるものと考えており、諸賢からの叱正や議論を期待したい。

注

（1）若林喜三郎『加賀藩農政史の研究 上巻』（吉川弘文館、一九七〇年）、坂井誠一『加賀藩改作法の研究』（清文堂出版、

一九七八年）。なお『金沢市史 通史編2 近世』（二〇〇五年）・『野々市町史 通史編』（二〇〇六年）で北加賀の改作法に関し新しい成果も加え概説している。

（2）能美郡については、最近『新修小松市史 資料編13 近世村方』（二〇一六年）が刊行され参考となる。新川郡に関しては『富山県史 通史編Ⅲ 近世上』（一九八二年）、『魚津市史 上巻』（一九六八年）、『入善町史 通史編』（一九九〇年）、『滑川市史』（一九八五年）などがあるが、改作法に関して新川郡の史料に即した検討は十分になされていない。史料に関しては『富山県史 史料編Ⅲ 近世上』（一九八〇年）が関係史料を多く載せる。

（3）黒田日出男「南葵文庫の江戸幕府国絵図⑽」（『東京大学史料編纂所画像解析センター紀要』10、二〇〇〇年）に慶長十年国絵図の郡高一覧を載せる。正保高は表6-1に示した郡高（加越能文庫の正保三年「加能越三箇国高付帳」の高）を使う。能登の正保高では土方領を除いた郡高に修正し、明暦・寛文の郡高との比較に齟齬がないようにした。なお加賀・越中の郡高は前田領（四分領）を対象とし幕領分は除いた。したがって、表6-2の郡高は前田領を対象にしたもので幕領・土方領等を除外する（鹿島郡の長家領は前田領の一部である）。なお、正保三年郷帳高については、三段階のレベルで七種類の帳冊が加越能文庫に所蔵される。第一段階の三種は原稿段階の「正保三年郷帳原稿」である。これを整序し提出した下帳は「正保三年郷帳下帳」もしくは「正保三年高物成帳」、さらに正保四年以後に作成された全郡が揃った「加能越三箇国高付帳」（六冊）については「正保三年高付帳」と略記してゆく。これら七種の正保郷帳史料リストは、拙著『織豊期検地と石高の研究』（桂書房、二〇〇〇年）の第六章で表6-1として掲げ、若干の解説を行っている。

（4）寛文十年前田領の郡高は江沼・婦負二郡を除く一〇郡分を表6-2に示すが、一〇郡のうち能美・新川・羽咋を除く七郡は刊本『加能越三箇国高物成帳』（金沢市立玉川図書館、二〇〇九年）の解説に掲げる郡別村御印高集計値を使った。羽咋郡は今回集計し計算したデータを示し、能美・新川については前田本藩領の合計高に大聖寺藩領分・富山藩領分を推計し掲出した。また明暦二年村御印高の集計については表6-2の注に記す。砺波・射水二郡の高は、『富山県史 通史編Ⅲ 近世上』（一一二四頁）に掲げる明暦二年村御印高の集計高であり、砺波郡高には五箇山分を含む。

（5）詳しい事情や背景は第五章に記した。

（6）明暦二年の能美郡・新川郡の郡高推算の基本は「明暦二年村御印留」である。能美郡の場合、隠居領一七〇ヵ村に限定されるが、そこに寛文十年までに幕領に移管した二ヵ村が含まれるのでこれを除き、大聖寺藩領・富山藩領・綱紀領に属する能美郡の村々の石高を推算し加えた。寛文十年高も同様に綱紀領に限定される「寛文十年村御印留」の村高合計に大聖寺藩領に属する能美郡分合計を加え郡高とし示した。新川郡でも同様の所領別の村高集計を行った。詳しい事情・背景はこのあと二節・三節に記す。

（7）本書第五章で指摘したように、長家領収公のあと寛文十二年の改作法で約二万石の増石をみた。

（8）能美・江沼両郡の検地石盛（基準斗代）一石七斗は正保郷帳に明確であり、以後の公式土地帳簿にも受け継がれる。寛文以後の十村手帳や旧記などに広く記載されるが（「斗代之事」『加賀藩御定書 後編』巻十四、石川県図書館協会、一九八一年再刊など）、その始まりは不明である。天正十九年（一五九一）能美郡長田村太閤検地帳では上田・中田・下田ともに一石五斗代であり、慶長三年南加賀検地でも一率一石七斗代という原則を看取できない。南加賀二郡が前田領になったあと元和二年（一六一六）惣検地時までに決まった基準斗代と推定しているが確証を得ていない。今後の検討課題である。

（9）表6－2は、手上高ほか村高と同一の免となった新田高が村高に加算（検地引高の減石分も含む）された趨勢を示す。村免より税率の低い新田高は村高・村御印高とは別に集計されたので、郡高に含まれない。明暦二年村御印作成時に、改作法以前の低免新田の大半が強引に村高に組み込まれたが、寛文以後の低免新田については、かなり長期間、本高に組み込まれず村高拡大に結果しなかった。それが寛文十年の郡高減石・停滞の要因の一つであった。それゆえ寛文村御印を明暦村御印と同じ増徴路線にあるとみる坂井説（注1著書）には賛同できない。明暦村御印の行き過ぎは明暦三年～寛文十年の間に検地引高などで是正、明暦の増徴主義に若干の変化が出ていることにも注意すべきである。この点は終章で言及する。

（10）注3拙著第五章、表5－8で明暦の増石分の内訳を「年次不明の新田高」・正保三年新田高・明暦二年手上高の三つに区分し掲げる。このうち正保三年新田高と「年次不明の新田高」が新田免引き上げによる増石分である。明暦増石のうち手上高の比率は表5－8に掲げた数字で計算すると本文に記した通りで、越中三郡では明暦増石の九～一八％、平均で一二％となった。なお、加賀・能登ではそれぞれ二九％・二八％であり越中の平均一二％より大きい。加賀・能登では明暦増石の三割は手上高に依拠しているが、越中では一割～二割しかなく、新田免引き上げや新開高繰り込みの割合が圧倒的に多かった。

(11) 注3拙著第五章。なお、同書表5-7、表5-8に掲げた明暦増石の数字は、能美郡・新川郡を除けば本書表6-2とさほど差異はない。二〇年前の旧著の集計は、利常隠居領・綱紀（光高）領を合わせた前田本藩領のみの集計をもって郡別データとしたため、能美郡・新川郡では一郡全体の石高を完全に示すものではなかった。それゆえ今回集計し直した。

(12) 高澤裕一「改作仕法と農業生産」（『小葉田淳教授退官記念・国史論集』一九七〇年、高澤『加賀藩の社会と政治』吉川弘文館、二〇一七年に再掲）。

(13) 栃内礼二『旧加賀藩田地割制度』（東北帝国大学農科大学内カメラ会、一九一一年。壬生書院、一九三六年再刊）、高澤裕一「割地制度と近世村落―割地制度研究に関する覚書―」（『金沢大学経済論集』六号、一九六七年。注12高澤著書二〇一七に再掲）。深沢源一「村の『田地ならし』と改作仕法」（『北陸史学』四七号、一九九八年）。

(14) 高澤裕一は、手上免という増徴手法には集約化を求める方向性が含まれると指摘するが、藩はその意義に気付かず政策配置をしなかったとみて、改作法は小農自立に貢献しなかったと一蹴した（注12高澤論文）が再考の余地はある。また、改作法期の新田高による郡高拡大を土屋喬雄『封建社会崩壊過程の研究』（弘文堂書房、一九二七年）に示された郷帳・高辻帳データに依拠した点も改めるべきことであった。

(15) 浅香年木『小松本覚寺史』（本覚寺、一九八二年）。

(16) 佐々木潤之介『幕藩権力の権力構造』（御茶の水書房、一九六四年）、同『大名と百姓』（中央公論社、一九六四年）。

(17) 切高仕法で小農経営が満面開花したとする佐々木説は、典拠史料の問題も含め、注12高澤論文・同「多肥集約化と小農民経営の自立」（『史林』五〇巻一号・二号、一九六七年。注12高澤著書二〇一七に再掲）などで批判をうけた。なお高澤論文によれば、十七世紀前田領に展開する農業経営は複合家族労働手作経営・下人雇傭手作経営・単婚家族手作経営の三つが基本であったが、改作法期は下人雇傭手作経営が主力であり、改作法でこれに対応した助成策が実施されたとする。

(18) 表6-3に掲げた明暦二年村御印の年貢高は、一村ごと村高に免を掛けて年貢高を計算しないと得られない数字であるが、見瀬和雄『幕藩制市場と藩財政』（巖南堂書店、一九九八年）所収の表36「明暦2年加越能3か国定納高」に依拠した。

見瀬作成の表36の典拠は『加能越三箇国高物成帳』（注４）とするので、数字の中味は寛文十年の年貢高と考えられる。しかし、『加能越三箇国高物成帳』記載の高免データから明暦二年高を推計することも可能なので、今回はそのまま転用した。同様の集計を村田裕子「『加能越三箇国高物成帳』にみる寛文十年村御印について⑴・⑵・⑶」（『石川県立歴史博物館 研究紀要』一〜三号、一九八八〜一九九〇年）も行っており、郡によって若干数字の異なる箇所もあるが大差はなかった。もし明暦二年の年貢高を厳密に集計し直すとなると、越中三郡と羽咋郡のみが可能で、他の四郡については寛文十年村御印高からの推計しかできない。見瀬作成表に依拠した明暦二年の年貢高は実態として寛文十年村御印の年貢高に極めて近いが、税率としてみたとき、さほど大きな相違は出ないとみて便宜的に活用した。それゆえ表６－３では寛文十年の年貢高の掲出は略した。なお、新川郡による領替異動は二節㈢でふれる。

⒆ 注１坂井著書第二編第二章に掲載する各郡の手上免年貢の明暦二年村御印高に対する比率（第11表、三四六・三四七頁）は、砺波郡九％、射水郡一〇％、羽咋郡七％であり、これと比べ、能美郡は五％、新川郡六％で隠居領の増徴年貢の比率は決して大きくない。地域ごとの増徴格差を知る手がかりとなる。

⒇ 五節で、利常は新川郡の免詮議はなお不十分と認識し、明暦三年にかけて手上免の見直しも考えていたことにふれる。したがって、増免という面では、明暦二年以前の新川郡に特筆すべき動きはなかったと判断される。

(21)「元禄十一年九月　富山藩領分郷村高辻帳」『富山県史 史料編Ⅴ 近世下』（一九七四年）の末尾に入会となった九カ村を載せる。しかし、郷村高辻帳という史料の性格からいえば、ほかにも入会村が潜むかもしれない。

(22)『富山市史 通史〈上巻〉』近世編第一章第二節（一九八七年）や『富山県史 通史編Ⅲ 近世上』第四章第二節では、正保郷帳の村付を主たる根拠史料として領知構成を解説するが、正保郷帳には村名省略があり記載村数は実態と異なる。明暦二年村御印留帳に拠ったときも、同一村名や村名変更の問題、村の新出・消滅が短期のうちに起きたことも想定され、正保郷帳の村名と確実に照合・比較ができないのが実情である。また郡単位の領主別石高は正しいが、個別の村高に関しては複数村を合計した例もあるので、村別の高・免比較にも注意が必要である。明暦二年村御印留帳と寛文十年村御印留を突き合わせるのが究極の点検作業であるが、それぞれの収録村数や範囲が万治三年領替による変更があるため、これも完全を期しがたい。こうした難点が多々あることを明記し、いくつかの仮定・条件のもとで推定できることを提案するしかないのが現状である。それゆえ市史・県史ではそのような課題を明記し解説するのが妥当だと思う。

(23) 注8『加賀藩御定書 後編』巻十四（四二九・四三〇頁）。

(24)「飛驒守様御領分高并免付之御帳」（『加越能三ヶ国高辻帳原稿』⑪、加越能文庫）。これは正保二年九月、十村入膳村兵左衛門から藩（渡部八右衛門）に寛永十七年時点の「高物成」を報告するものである。これによると新川郡の大聖寺藩領は入膳村・上野村・青木村・八幡村・道市村・目川村・君嶋村の七ヵ村で、合計四三一三石とされる。これが実態に近いので「正保三年高付帳（新川郡）」に依拠した六ヵ村説はここではとらない。

(25)『富山県史 通史編Ⅲ 近世上』第四章第二節（四五八頁以下）、『富山市史 通史〈上巻〉』近世編第一章第二節（六八〇頁以下）で新川郡の万治三年領替について詳述し、「富山藩領となった新川郡の村々は次の六八か村」などと説明するが典拠は「正保三年高付帳」である。

(26)「敷貸本米高御赦免年之事」（注8『加賀藩御定書 後編』巻十四）は藩から借りた敷借米合計高とその赦免年を郡別に記す（表6-4掲出）。能美郡については六九一九石余を明暦二年・三年「御赦免」とし、「同郡之内四十村淡路守様先御領分」一八九八石余は「万治三年御赦免」と記す。新川郡では一万三六五三石が明暦二年に返済免除（赦免）となり、「新川郡之内百八ヶ村淡路守様先御領分」一三四五石余と「同郡之内六ヶ村飛驒守様先御領分」二三四石余は万治三年に免除されたと付記する。ここから能美郡・新川郡内にあった旧富山藩・旧大聖寺藩領の敷借米本米の免除は、万治三年領替時に一斉に実施されたことがわかる。「御郡中段々改作被仰付年月之事」（注8『加賀藩御定書 後編』巻十四）の書き方もこの「敷貸本米高御赦免年之事」と同様であるべきなのに、能美郡内の富山領四〇ヵ村について触れないのは、おそらく単純な書き漏らしであろう。なお、能美郡の敷借米高六九一九石余は綱紀領の敷借米合計一三九七石（寛文十年村御印留）と利常隠居領の敷借米高合計四七三七石の合計高（明暦二年村御印留）に近いので、旧富山藩領分や旧大聖寺藩領分は含まれていないと判断できる。

(27) 注4『加能越三箇国高物成帳』の能美郡旧富山藩領と判断される三九ヵ村の寛文村御印をみていくと、すべて敷借米記載がなかった。新川郡の旧富山藩領（浦山辺三八ヵ村）と推定される寛文十年村御印留の一一二ヵ村分（㈢項参照）でも敷借米記載が一切なかった。つまり万治三年領替のとき「同郡之内四十村淡路守様先御領分」一八九八石余と書かれた敷借米は、寛文十年村御印調替にあたり全く捨象され記載から外されていた。なお、新川郡の旧大聖寺藩領とされる入膳付近七ヵ村でも六ヵ村に敷借米記載がなかった。

(28) 注26参照。なお、この逆に新たに富山藩領に繰り込まれた利常隠居領（約一〇〇ヵ村）が背負っていた敷借米については、すでに明暦二年、元利とも免除され清算済みだから問題ではなかった。元利免除以後、もし各村に債務や未進があったなら、それらは個別に処理されたのであろう。

(29) 注1坂井著書第二編第二章（三二二頁）。

(30) 長山直治「承応三年『能登奥両郡収納帳』について」（『北陸史学』二六号、一九七七年）。なお、向田村の村御印写は本高分と小物成分の写を同一紙面に転写したものと判断される。

(31) 注30長山論文、田川捷一「加賀藩明暦の村御印について」（『七尾の地方史』一八号、一九八五年。『加賀藩と能登天領の研究』北國新聞社、二〇一二年再録）は、ここに掲げた村御印について論ずるが、なお史料提示にとどまる。部入道村は『石川県史 三編』、来丸村は『奥能登時国家文書』（常民文化研究所）に掲載されるが原本の所在等は不明。

(32) 注30長山論文。本書第三章二節でもふれる。

(33) 「承応四年・明暦二年村々御印物等」ほか六点（『富山県史 史料編Ⅴ 近世下』六五二頁〜六八六頁）。

(34) 注33『富山県史 史料編Ⅴ 近世下』に載せる九一点のうち八五点は「承応四年・明暦二年村々御印物等」という文久二年（一八六二）の写本であるが、あと六点は原本で、そのうち八尾村・舟橋町・乗嶺村・谷折村の四点は承応四年四月村御印の原本であり、押された御印の印文は「利次」であった。

(35) 拙稿「大聖寺藩における改作法実施」（『北陸史学』六二号、二〇一四年）、山口隆治『大聖寺藩の村御印』（ホクト印刷、二〇〇七年）、同「大聖寺藩の村御印」（『えぬのくに』五七号、二〇一二年）。

(36) 注1若林著書一九〇〜一九二頁。

(37) 注1坂井著書第二編第一章、第二編第二章（三〇四頁以下）。給人平均免について若林喜三郎・坂井誠一両氏は武部敏行「御改作始末聞書」からの引用が多いが、給人平均免の始まりは明確ではない。「御改作始末聞書」の記述にあたり武部敏行は「三清村給人明細」（武部家文書）なども遺すので、今後こうした史料も検討すべきであろう。

(38) 注18見瀬著書第三編第二章で、承応四年四月十一日付の知行所付（遠藤数馬宛）（「神尾氏等判物写」加越能文庫）を紹介、明暦元年四月発給の村御印に依拠した知行割と給人平均免の証拠史料とする。
(39) 給人平均免の始まりについては、拙稿「前田利長の隠居領と給人平均免試行」（『富山史壇』一八八号、二〇一九年）で、慶長十五年の新川郡が最初であると新しい所見を示す。
(40) 加藤清信氏所蔵、『富山県史 史料編Ⅴ 近世下』六六頁。
(41) 知行宛行状の「全可令所務」という文言のみで給人徴税支配権の残存を主張するのは論拠として弱いが、天正十年～明暦二年の間に発給された前田家歴代の知行宛行状二一五点（岡嶋大峰氏作成データ）を概観すると、「全可令知行」「全可令領知」「全可令所務」という文言で給人支配権を表現する知行宛行状等が一八三点確認でき、発給期間は寛永十九年までであった。また、「全可有収納」「全可収納」と単に年貢収納権のみ示す文言で終わる知行宛行状等は三二点あり、発給時期は寛永十四年から明暦二年であった。つまり、寛永十四～十九年は両方の文言が併存するが、正保～明暦二年は「全可有収納」「全可収納」のみで、給人支配権の形骸化に伴い「全可令知行」「全可令領知」「全可令所務」から「全可有収納」「全可収納」に知行宛行状の文末表現は変化したといえる。なお利常死後、寛文以後の知行宛行状では原則「全可収納」が主体であるが、時折「全可令領知」「全可令領納」も散見される。このことの意義は別途考察を要するが、書式のうえでの便宜的例外と推定される。なお、知行宛行状データの閲覧利用を許していただいた岡嶋大峰氏に感謝したい。
(42)『富山県史 通史編Ⅲ 近世上』では、万治三年に綱紀領に追加された旧富山藩領の村数を一〇一とする（四七〇頁）。
(43) 注4『加能越三箇国高物成帳』。
(44) この村々は注42『富山県史 通史編Ⅲ 近世上』が指摘する一〇一村とおおむね重なる。
(45)「寛文十年村御印写留」における各巻ごとの「浦山辺三八ヵ村」の村数は、二七ヵ村（巻二八）、九ヵ村（巻三二）、二ヵ村（巻三五）である。ここから正保郷帳の「村寄加工」でいかに多くの村名省略があったかわかる。こうした村数の齟齬の原因は郷帳作成上の「村寄加工」だけでなく新田開発を背景とする新たな村立て、村名変更なども想定され、詳細な比較検討は難しい。

(46) 無高の六ヵ村を除く七七八ヵ村についての合計高（注1坂井著書三四七頁）。
(47) 注4『加能越三箇国高物成帳』。
(48)『富山市史 通史〈上巻〉』（六八三頁）で、万治三年に利常隠居領から富山藩領に移管された富山城下周辺の村、六八ヵ村（正保高付帳）を明暦二年村御印写留と照合し三つの十村組に属する六九ヵ村（明暦二年の黒崎組三七村・布市組二八村・新庄組四村）と比定するので、この六九ヵ村の明暦二年村御印高の合計を計算し三万九〇五三石を得た。しかし、この六九ヵ村の比定は正保郷帳（高付帳）をもとにしたものであり、明暦二年村御印写留と寛文十年村御印留を一村ごと点検すると、明暦二年村御印を得たことのある富山藩領所属村（万治三年以後）は九〇～一〇〇村程度と推定される。こうした再検証は今後の課題である。
(49)「嶋尻村刑部旧記」（伊藤聖比古氏所蔵文書）。章末別表Ⅳおよび五節参照。
(50)「諸事留書」（十村後藤家文書、石川県立歴史博物館蔵）に書かれた明暦元年の高・免記録。『野々市町史 資料編2 近世』（二〇〇一年）に翻刻掲載（一九一頁以下）する。
(51) 湊村が富山藩領であったことは「正保三年郷帳原稿（能美郡分）」から確認できるが『加能越三箇国高物成帳』（注4）に寛文十年村御印を載せていないので注意を要する。「加能越三箇国高物成帳」は文化年間に編纂されたもので、その時点の事情で少なからず漏れた村もあり、すべての寛文十年村御印を網羅するものと誤解すべきではない。
(52) 荒木澄子「『改作地裁許人』の役割について」（『市史かなざわ』二号、一九九六年）。
(53) 正保の合計では上清水新村が一村多く、明暦の合計では宮竹新村を追加するのでともに四三ヵ村となった。
(54) 富山藩領ではこの間、村高合計に大きな変化はなく（後述）、利常隠居領では正保三年の七万二三一五石（一五八ヵ村合計）から明暦二年の八万二三三三石（村御印一七〇ヵ村合計）へと一万石増石した。能美郡の一万五千石の増石分は、おおむね綱紀領での五千石と利常隠居領の一万石による。それぞれの増石比は綱紀領一・二五、隠居領一・一四なので綱紀領のほうが貢献度が高い。
(55) 能美郡綱紀領の寛文十年村御印に書かれた新田高を二〇石以上と二〇石未満に分けて集計すると、二〇石未満のほうが多くなり、二〇石以上の一・二倍となった。これを根拠に正保郷帳が登載しなかった二〇石未満新田の合計高を正保新田高の一・二倍と見込み推計値を掲げた。
(56) 注4『加能越三箇国高物成帳』(能美郡)。
(57) 正保三年高に対する明暦二年増石高の比率は注3拙著第五章表5-8に掲げる「明暦2年上げ高率」による。今回提示した表6-2に依拠し同様の計算もしたが、比率は旧著表5-8とほぼ同一であった。
(58)「寛文十年村御印留」によれば、綱紀領三九ヵ村で寛文十年までに検地引高が一二ヵ村で公認され、合計高は一三五二石、新田高の増加は一一ヵ村で合計二〇一石あったので、差引一一五一石の減石となる。
(59)「河合録」(加越能文庫蔵、刊本『藩法集6 続金沢藩』創文社、九五〇～九五三頁)。
(60) 白山市呉竹文庫所蔵。『湊村の歴史』(美川町、二〇〇四年)七二頁に写真掲載。なお、湊村の寛文十年村御印高は九〇〇石(御印免四つ四歩)で、外に同じ御印免が付いた寛文四年新田三三石もあったが、これらは綱紀の寛文農政による成果であった。
(61)『新修小松市史 資料編9 寺社』二〇一〇年。
(62) ここでの大聖寺藩領移管の村の動向は注2『新修小松市史 資料編13 近世村方』五章図表編の第2表による。また寛文二年の大聖寺藩領の高・免一覧は同書図表編第8表に掲げた。
(63) たとえば河原山村では村御印免三つ一歩の記載に「先免三ツ三歩之内弐歩明暦弐年ニ許之」という注記があり、渡津村では村御印免三つ八厘の下に「内六歩四厘明暦弐年より上ル、但同年令用捨、来三年より可納所也」とし、上げ免六歩四厘執行は明暦三年まで猶予している。
(64) 村の側からみると、領主が四～五歩という引免を認めた上で更なる引免の要望がないか村側に問い合わせたというのは、村方には不気味な圧力になったのではないか。これだけの減免がなされた以上、相応の耕作出精と年貢皆済努力が要求されることが予想され、減免の喜びと同時に今後の皆済責任を主体的に実感したはずである。百姓としては本来、年貢は外部から理不尽に一方的に搾取されると認識していたのに、利常のように減税幅をきかれると、村として皆済に主体的責任を感じざるを得ない心理になったのではないか。また、利常が死の直前まで村の現況に即した免相について考えていたこともまちがいない。

（65）『御夜話集 上編』（石川県図書館協会、一九七二年再刊）二九六・二九七頁。
（66）注4『加能越三箇国高物成帳』の能美郡河原山組・二曲組の村々に「遠奥山方」「遠山奥二十五ケ村之内」という呼称が付されるが、村支配にあたり配慮すべき環境にあったことを示す表記と思われる。
（67）表6‐9によれば富山に利常配下の米蔵が二棟、塩蔵が二棟あった。注49「嶋尻村刑部旧記」によれば、改定下付された村御印に誤りを見つけた新川郡七ヵ村から「御印少宛之相違御座候旨と山御会所江」連絡したとの記事（別表Ⅳ38）があり、「御横目木村善兵衛殿よりと山御会所山田弥市郎殿・笠間清兵衛殿被遣候状壱つ」（⑧‐90）「山田弥五左衛門殿より富山御会所山田弥市郎殿へ被遣候状」（⑧‐80）を刑部が預り届けたという記事も載せていた。富山御会所は新川郡の村々の行政窓口あるいは関係藩士の書状の受付場所であったことがわかる。なお山田弥市郎・木村善兵衛・笠間清兵衛の三人すべて「承応二年小松侍帳」（後掲注73「古組帳抜萃」）に載る下級藩士であった。山田弥市郎は二〇石の算用料もうける九〇石取御歩、木村善兵衛は一〇〇石取御歩、笠間清兵衛は五〇石取「組外・会所触口」とされる富山在住藩士三人の一人で、利常直轄の算用衆とみられる。富山御会所は、利常直属の算用関係者の様々な情報が交流する場であった。
（68）『富山県史 通史編Ⅲ 近世上』第四章第二節の「新川郡と魚津町」の項。
（69）保科斉彦「伊藤刑部―改作法の推進役をはたした三か国十村頭―」（田中喜男編『風のあしおと』静山社、一九八二年）。
（70）「明暦四年　改作草創之刻三州切之十村物語」（林勇蔵家蔵、『金沢市史 資料編9 近世七』二〇〇二年に収録）。これを、以下では「三州十村物語」と略称する。なお「三州十村物語」には数種の伝本があり、「加越能三州改作之初物語」（『日本農民史料聚粋 第四巻』、厳松堂書店、一九四一年）、「御改作草創之節三州御扶持人十村物語覚書」二点（加越能文庫、金沢市立玉川図書館蔵）などと比べると、ここで紹介した林家本は古い形態と推定される。なお「三州十村物語」伝本の系統研究は、これまで十分なされたとはいえない。
（71）「士百姓」は注70『金沢市史』（八〇頁）は「土百姓」と解読するが「士」としたほうがよい。村に土着した武士で当時は百姓をしていたという意味に解すべきと考え、史料8では「士百姓」と校訂した。
（72）森田文庫本「三壺聞書」巻十三「葭嶋御数寄屋之事」（『三壺聞書』金沢城調査研究所編、二〇一七年）によれば、「慶安五年の十月、改元有て承応元年に成けれハ、翌年慶安五年ハ承応元年也、此度江戸より御帰国之節、御大工伊右衛門を山崎へ被遣、遠州ノ指図ノ数寄屋を指図被仰付、御大工八右衛門を南都へ被遣、利休指図ノ数寄屋を写させ、直に上方ゟ小松へ帰着ス、此二ツの数寄屋を九里覚右衛門と山本清三郎に被仰付、其年秋中へ懸テ被為作、御横目ニ笹原大学を被仰渡、作事毎日見廻り被申、利常公毎日御出被為成、山崎松屋源三郎数寄屋と遠州座敷と申ける、其時ニ山本清三郎に百石の御加増ニて弐百五拾石ニ成、御小将組ニ被仰付」と記す。

(73)「古組帳抜萃」（加越能文庫蔵）。見瀬和雄「加賀藩改作法施行期の家臣団史料―「古組帳抜萃」―（一）」（『金沢学院大学紀要：文学・美術・社会学編』五号、二〇〇七年）にて翻刻する。

(74)「貞享三年加越能等扶助人由来記」（金沢大学・森田文庫など所蔵）。なお注1若林著書史料編五七七・五七八頁に掲載。

(75)嶋尻村刑部の来歴に関する古文書、あるいは寛永七年・二十一年に近隣の村々と刑部が対立した一件史料が存在するが、様々な背景がひそむ事件である。今回これらの紹介や考察はできないが、別の機会に果たすつもりである。

(76)本節㈢で詳しくふれる。

(77)刑部は万治元年十月の利常逝去まで東奔西走、利常死後も「御開作」の継承発展に尽くし寛文元年十村役を退いた。寛文七年に病死したので同年四代刑部が扶持高拝領を許され跡をついだ。しかし、江戸中期には同家は十村役から退いており十村家として幕末まで続いていない。表6-12に示した通り明暦二年の三ヵ国の十村はおよそ七〇名（組持十村六四人とその他扶持人等六人の合計）おり、刑部はその筆頭におかれたが、注79保科論文によれば子孫は明治まで十村役を継承できなかった。

(78)注74「貞享三年加越能等扶助人由来記」。注1若林著書五七七頁。

(79)飛見丈繁『越中の十村』（一九五八年）、保科斉彦「新川郡の十村」（『故郷』五号、一九八一年）、同「新川郡における十村の中絶」（『富山史壇』七七号、一九八一年）。保科によれば、新川郡十村は元禄〜宝暦年間に欠員補充されない時期があり、享保二年（一七一七）から九年まで組裁許十村が全くいない状態となり、その後徐々に任命があったが一三組すべてに十村が就任したのは宝暦四年（一七五四）であったという。この半世紀にわたる十村任命の異常事態のなか、改作法期に活躍した十村は皆無となり、改作法期以前に十村を経験した十村は天正寺村十右衛門家（金山家）のみとなった。新しく取り立てをうけた引越十村が徐々に増え、十村役の官僚化がすすみ、十村家の新陳代謝がすすんだという。

（80）注74「貞享三年加越能等扶助人由来記」。

（81）下飯野村宗左衛門は能美郡大嶋村から、新庄村理右衛門は射水郡鏡宮村から、布市村源内は射水郡三本松村から、黒崎村与次兵衛は砺波郡浅地村からの引越である（『富山県史 史料編Ⅲ 近世上』九二二頁）。

（82）能登大田村の所在地は、鹿島郡に一村、羽咋郡に二ヵ村あるので、この史料の限りでは、どの大田村か特定できない。「嶋尻村刑部旧記」には「能州大田村肝煎、石川郡より壱人、外三人小百姓同郡より、外四人能美郡今江村小百姓之内より〆八人ほと可被遣候」「大田村ニて小高ニ候者右おい出しノ外、重而五人ニ而も三人ニても追出シ、其者ノ高、右八人ニ可被下旨九月廿五日ニ可被仰出候」（別表Ⅳ49）という記事もあり、当初利常は大田村の追出百姓跡に能美郡今江村や石川郡の小百姓を入植させようとしていた。九月末には村肝煎も石川郡から引越しさせる予定だったが、結局は新川郡友杉村から呼んだ。追出百姓跡に入った新百姓八人の所持高が少なければ他の百姓を追い出し、その者の高を右八人に与えるとまで利常は厳命しており、大田村の百姓らに利常はよほど立腹していたと推定される。

（83）注16佐々木著書、注12高澤論文。

（84）「改作方御定書」（「加藩十二冊御定書」森田文庫蔵）から翻刻。刊本は注8『加賀藩御定書 後編』。

（85）慶安五年六月二十九日「石川郡十村等上申」（郡奉行・目安場宛一五ヵ条書）の冒頭で、近年の年貢未進と追出百姓のため各十村組に二千〜三千石程度の不耕作地が出来、十村組で耕作していると、石川郡の窮状を訴えていた（「日暦一」加越能文庫蔵）。『金沢市史 資料編9 近世七』、『改作所旧記』下編（石川県図書館協会、一九七〇年再刊）などに収録。

（86）「嶋尻村刑部万治旧記」（伊藤聖比古氏所蔵文書）。利常死後の万治の記録が主であるが関連文書として明暦期の算用状写を収める。原本は無題の帳冊だが、便宜のため付された仮題（富山県公文書館複写本）を掲げた。

（87）武部敏行著「御改作始末聞書」下巻の第七〇項（注1若林著書史料編六八七頁に収録）。

（88）注86「嶋尻刑部万治旧記⑩」に収める万治二年二月「明暦元年分新川郡手上免米之事」。

（89）注52荒木論文および注87。

（90）なお、明暦二年分増徴年貢の他の使途についていえば、五六％は大坂に廻米されている（万治二年三月十一日「明暦弐年分新川郡手上高手上免之事」嶋尻刑部万治日記⑩）。大坂で換銀されたあと、藩庫すなわち利常の御土蔵に入れたか江戸藩邸の経費に使われたのである。

(91)『改作所旧記』下編（石川県図書館協会、一九七〇再刊）。

(92)能美郡・新川郡の給人知行地率は第三章表3-10参照。能美郡の寛文十年は一五％、新川郡は文化十年、五六％であった。

(93)「河合録」（『藩法集6 続金沢藩』創文社、一九七〇年）で解説する。

(94)注3拙著第五章二八六～二八八頁。とくに表5-7、表5-8。

(95)『富山県史 史料編Ⅲ 近世上』の「新開と用水」の項目に前田利長発給の新開申付状を数点載せる。新川郡では慶長九年の新屋村のみで、ほかに元和三年の新川郡水落村の新開検地打渡状、同郡赤田新村・下飯野村・千原崎村宛の新開申付状（本多・横山両老連署状）も載せる。

(96)注4『加能越三箇国高物成帳』の新川郡巻三二。天神野開に関しては慶安二～四年の高円堂用水開削、承応元年からの開田・百姓入植で、明暦元年五二〇石、同二年二五石、同三年一五〇石という開発高があった（『富山県史 通史編Ⅲ 近世上』）。この合計はほぼ七〇〇石となり明暦二年に利常が掌握した開発高と矛盾しない。

(97)注49「嶋尻村刑部旧記」⑧では「明暦二年九月十八日覚」という文言で始まる文書が二つに分かれ、後半は別箇所に載る。後半部の「明暦元年開」と「広野村」の開高を記した部分は前欠文書のようにみえるが、両者まとめて一紙とみれば、後半部の開高合計とも一致する。「嶋尻村刑部旧記」には随所で錯簡があり、伝来過程で生じた齟齬を正しながら利用する必要がある。『富山県史 史料Ⅲ 近世上』はこの記事を抄録しているが錯簡は補正されていない。

(98)広野開については十村江上村三郎左衛門の由緒（注74「貞享三年加越能等扶助人由来記」）で寛永二十年までの開発に三郎左衛門父平次郎が尽力したと主張する。文禄の開発や寛永十八年という開発年次は『日本歴史地名大系16 富山県の地名』（平凡社、一九九四年）に指摘がある。

(99)明暦二年八月二十九日付および同月晦日付「刑部達書（算用場宛）」に「一、横枕新村高五石増減、御印帳之内ニ御座候、此高明暦元年五月廿六日之御印之内へ入申候、以上」、「一、拾八石七斗七升壱合岩竹村分、明暦元年五月廿六日之御印ニ[楊]平村へ入申候、以上」（別表Ⅳ18）と記すので、明暦元年五月廿六日発給の村御印の存在は間違いない。

(100)「農耕遺文」（森田文庫、石川県立図書館蔵）。「改作方御定書」は「十二冊御定書」（森田文庫蔵ほか）の一部を構成するもので、注8『加賀藩御定書 後編』に掲載。
(101)明暦二年九月十七日昼詰でも給人年貢の滞納なきことについて述べる(別表Ⅳ41)。
(102)山本基庸「微妙公夜話録」(加越能文庫、注65『御夜話集 上編』一七三頁)。
(103)同右「微妙公夜話録」によれば、江戸から小松城に帰った利常は「今江村の百姓子供二十より三十迄之者男女夫婦に被仰付、家二十軒のつもり、農具家財も被下候而、家作出来被遣候」という条件で舟見野に送り出したという。いよいよ明日、新川郡に出立という前日、小松城御居間の御庭に召し出され、利常は彼らの健康で丈夫そうな姿をみたうえで、城近くの村から国境の辺境地への移住を不憫と思い、彼らの御目見得を許したので一同感激の涙に濡れ、利常死後百姓らは祥月命日の毎月十二日、村中で精進し御茶湯の追悼を続けたという。
(104)注4『加能越三箇国高物成帳』。
(105)注100「農耕遺文」「改作方御定書」収録の「十二月八日付利常御印」。注8『加賀藩御定書 後編』では「明暦二年」と年記推定するが、明暦二年十月の家作準備指令から、舟見野への今江村民入植は明暦二年十月前後のこととみてよいので、この文書の年記は明暦三年とするのがよい。
(106)「申(明暦二年)九月四日付伊藤内膳達書」で「なまかてん仕者はおい出しに可被仰付候間」また「十村不裁許故に候」(別表Ⅳ24)と指摘するが、こうした意識が新開村支援の背後にあった。

別表Ⅳ　嶋尻村刑部の動向等一覧（明暦２年～万治元年）

	和暦	発信者	宛名	内容摘記・文書要旨	典拠
1	明暦２年５月29日	御印（利常）	嶋尻村刑部・新庄村理右衛門・布市村市郎兵衛	明暦元年分散小物成銀（33貫320匁余）皆済につき御印下付される。	①－29
2	明暦２年７月３日	中村久越（奉書）		小物成御印の奥書に「納所以前吟味可仕」と十村の職務内容を記すが、納所のあとも手透き時をみつけ吟味せよ。また散小物成に限らず定小物成の徴税取立人に扶持人を加え吟味を厳重にせよ。	①－30
3	明暦２年７月５日夜詰	中村久越（奉書）		度々仰出の通り百姓共の脇借を禁止する。もし入用に不足するなら十村に断り、公儀より借りるよう在々へ申し聞かせるよう仰出られた。	①－1
4	明暦２年７月７日夜詰	菊池大学（奉書）		脇借禁止の請書を出しながら、なおその上に脇借をすれば、借りた百姓のみならず村肝煎ともども火あぶりに仰付けると仰出られた。	①－2
5	明暦２年７月９日	（刑部覚書）		このあと御知行出があれば、給人からの断りをうけ御印（知行宛行状か）を拝見し、百姓を割り渡し十村として委細記録のうえ、近所の扶持人十村に報告せよ。	①－3
6	（明暦２）７月11日	嶋尻村刑部・二塚村又兵衛ら十村11名		小松材木町にて、三ヵ国十村共の詰め宿にする屋敷を利常から与えられたので、御礼の請書をだした。	①－4
7	明暦２年７月～８月	（９月６日夜報告）		新川郡十村４人の村廻り実施の報告覚。村廻りした十村は嶋尻村刑部（７月29日～８月17日新川、８月21～26日砺波）、下飯野村宗左衛門（７月20・21日、24日～８月17日新川、８月21～27日砺波）、黒崎村与次兵衛（７月19日～23日、同29日～８月17日新川、８月21～23日砺波）、江上村三郎左衛門（７月19日～８月17日新川、８月21～28日砺波）。	⑧－26
8	（明暦２）８月25日	（刑部覚書）		横江村・月岡新村などの風損の村々につき「上書可申覚」を川勝三右衛門殿へ書き上げる。	⑧－5*
9	（明暦２）８月25日	（刑部覚書）		試し刈の村書上ケ申候覚（新川郡で実施した上田所３ヵ村・中田所２ヵ村、下田所１ヵ村）を川勝三右衛門殿に書上げた。	⑧－5*
10	（明暦２）８月26日	伊藤内膳	嶋尻村刑部	御用あるゆえ、砺波郡戸出町より早々に小松に出仕せよ。28日の御昼詰に出座せよ。	⑧－1
11	（明暦２）８月28日夜詰	中村久越（奉書）		利常から新川郡での手上免の余地につき御尋あり種々返答。広野の新開地で地本の改善が進まないのはなぜかと御尋あり、百姓は随分出精しているが野開き分は５年、７年かけて良くなると返答。新川郡の風損につき御尋ねあり、富山周辺往還筋は風当らず、広野・大海寺野などは風当たり強く300～400石風損の見込みと返答。利常から新川郡のうち高免村、下免の村を10ヵ村ほど選び一歩刈を実施し米の出来具合を調べるよう被仰出。今後の心得にせよ。	⑧－2

	和暦	発信者	宛名	内容摘記・文書要旨	典拠
12	（明暦２）８月28日夜詰	中村久越（奉書）		滑川・魚津・赤川の収納御蔵の修理は当年公儀として藩直轄で行うが、来年からは百姓方より行うべし。給人知年貢の滞納につき給人方または百姓方より連絡があれば書面にて報告せよ。申分もなく滞納する者がいたら十村方より催促申し渡す。蔵入地の年貢は穿鑿せずとも皆済するのが筋であり、もし滞納必至ならば覚書を事前にあげるよう申し付ける。以上３件、仰出らる。	⑧－3
13	（明暦２）８月28日夜詰	中村久越（奉書）		給人年貢米の滞納があれば、給人方・百姓方それぞれより書付を取り立てよ。もし事前の申分なきまま滞納する者がいるなら、十村方よりきっと申し渡せ。	①－6
14	（明暦２）８月29日	中村久越（奉書）		新川郡内で御田地悪作り、さらに「肩さくり」にて滞納する村を二ヵ村か三ヵ村ほど見立てておくように。追って仰出があろう。	①－10
15	（明暦２）８月29日	嶋尻村刑部	寺西作左衛門・大平弥右衛門	嶋尻村刑部の管轄する代官地が増加され、都合４千石となるについて礼状・礼物送る。	⑧－4
16	（明暦２）８月29日	品川左門（仰渡）		当年暮の滑川・魚津・赤川御蔵の年貢米は、できるだけ年内に舟を押し立て草島御蔵に回漕させるように。	⑧－7＊
17	（明暦２）８月晦日	津田玄蕃	新川郡十村７人（嶋尻村刑部・江上村三郎左衛門ら）	新川郡の十村に滑川・魚津・赤川の３つの御蔵の破損修理、雪垣設置につき人足調達等を命じた。奉行として沢崎太左衛門を下向させたので、奉行の指示通り人足を提供し、普請終了後、出人足帳面を提出せよ。	⑧－6
18	明暦２年８月晦日	新川郡嶋尻村刑部	欠	明暦元年５月26日の村御印に岩竹村分の18石余を楊平村へ入れるよう上申します。	⑧－10
19	明暦２年８月晦日	（刑部覚書）		敷借米が御赦免となった村なのに、借主一人の徳分となり村中の助けになっていないと聞くが如何かと利常は中村久越に尋ねた。敷借米御赦免の村は、その利得を村全体の利益となるよう村中として工夫すべきだと返答したとのこと。	⑧－12
20	（明暦２年８月晦日）夜詰	（刑部覚書）		新川郡当年の見立について、きっと見違いもあろう。また見立所のうち一番に上申した分は「上りたり不申候」、太郎丸村はなぜこれほど上げ方が小さいのかと利常から品川左門に詰問した。左門は太郎丸村は一免上りの村より過分に上げ免可能であると思う、第一の土免所であると返答したとの由。	⑧－13＊
21	（明暦２）９月３日夜詰	（利常）		二塚村又兵衛、津幡江村宅助同前の者が新川郡にいないか。新川郡で新たに十村を２人取り立てたいが、そのような人材が居住する村を見立てておくように。もしそのような人材がなければ、他郡から遣わすことになろうと仰出られた。	⑧－19
22	明暦２年９月３日	竹田市三郎・山崎虎之助（奉書）		能登・加賀・川西の年貢米はすべて年内に二重俵に仕立てているのに、新川郡のみ３分１にとどまっているのは沙汰の限りのことである。今後は年内にすべて二重俵に致せ。	①－12

23	(明暦2)9月4日夜詰	(利常)		砺波郡石坂出村の改作入用図りについて、入用残り米を免に図るべしと仰出のところ、14免の有米から入用米を引いて5つ2分2厘と算定したが、これは有様の免図りである。手上免の通り4つ5歩に決めた。石坂村の吉兵衛は9月4日昼、耳鼻そいで追放とした。	⑧−21
24	(明暦2)申9月4日	伊藤内膳	三ヶ国十村	「今度田地に出来の米何ほと有之ものにて候哉、可被聞召上、願海寺村・今開発村、其外所々壱歩刈ヲ被仰付候所に、高免は其免に応シ、下免は其免に応シ、御納所の壱ばいに余り米有之候。然者百姓之手前不成、かじけ候者は皆々いたつら者にて、田地に情を不出、其上むさと酒なとをくらひたおれ申故に候間、与々ノ村中より不残壱人々々に為申聞かてん為致可申候、なまかてん仕者はおい出しに可被仰付候間、得其意、十村中より可申上候、与々ノ百姓ゆへなき事にかしけ候は、皆々十村不裁許故に候、如此被仰出上は、十村大事之儀に候間、能々可心得候、いたつら者有之者、かねて可申上候、以上」。	⑧−22*
25	(明暦2)9月5日	嶋尻村刑部	たうみ村又六郎・稲荷村六郎兵衛・赤田村与三兵衛・飯野村三助	新川郡村々の寛永19年以後の御収納米未進・作食米未進・小物成未進・給人上げ知未進を年次別に書上げ帳面にし提出せよ。新十村は詳細を把握できないだろうから先十村に尋ね、出仕をもとめ跡覚帳面なども引合わせ、大至急作成するように。	⑧−20*
26	(明暦2)9月5日昼詰	園田左七(仰渡)		山本清三郎は婦負郡御見立に従事しているが、済み次第、急ぎ小松に登るよう申遣す。	⑧−23
27	(明暦2)9月5日昼詰	中村久越(奉書)	(刑部)	諸百姓公儀御用のため小松に登るときは十村より触れ渡すが、自分の判断で登るときは事前に断ったうえで出るよう「小百姓中に可申付」と仰出られた。	⑧−23*
28	(明暦2)9月5日昼詰	御使横江兵助より伝達	(刑部)	砺波郡・中郡からの報告では、余田高は只今指上高とし御印を頂戴しているが、新川郡でも余田があるように内々、利常の御耳に入った。只今まで新川郡に手上高これなき儀は如何の仕合かと尋問され、「新川郡余田有之村々も御座候へ共、御検地御入ニ被成と百姓心得申候。川西手上高之様子申越し候間、急と手上高仕り、今明日之内ニ百姓罷登可申」と返答した。(それゆえ百姓を送れ)	⑧−24
29	(明暦2)9月7日夜詰	中村久越(奉書)	(刑部)	新川郡風損の村々、十村方に断ること。風損期日の書付を出してない村々は、「今度御見立免之通ニ可申付候事」、また「風損之書付出シ見立こい申村々ハ壱歩刈仕り、五歩ハ御公儀へ被召上、五歩ハ百性ニ可被下候、百性ニ被下候分四歩有之候者、御公儀より壱歩不足之分御捨免可被為成と」仰出らる。	⑧−28
30	(明暦2)9月8日	開発村源内・津幡江村宅助	嶋尻村刑部・二塚村又兵衛(小松滞在)	(風損被害確認)歩刈されないのは御意なのか、伊藤内膳宛に書状を送ったので上げてほしい。郡内に7ヵ村と同一免相の村で作毛が残る村があるなら連絡せよというが、大方刈じまい、そのような村はほとんどない。	⑧−88
31	明暦2年9月9日昼詰	中村久越(奉書)		新川郡布市村・舟倉村の村肝煎、不所存につき2人とも追い出し入替るべき旨仰出られた。	⑧−77*

	和暦	発信者	宛名	内容摘記・文書要旨	典拠
32	(明暦２）９月10日	嶋尻村刑部・二塚村又兵衛（小松滞在）	開発村源内・津幡江村宅助	９月６日付書状が９日に届いたので、伊藤内膳様に見せた。右７ヵ村では大方稲刈終了につき、一歩刈出来ないことは了解したが、稲刈未了の村があれば、どの村であろうと一歩刈せよと申渡すよう指示された。随分念を入れ対処するように。	⑧－78
33	(明暦２）９月11日夜詰	（利常）		新川郡布市村・舟倉村百姓に不所存あり村肝煎２人交替すべき旨仰出られた。	⑧－89
34	(明暦２）９月11日夜詰	古市左近（奉書）		村肝煎に交替があった村々ではどういう理由で改替したか奉行に断りを入れ、覚帳を作成しておくよう仰出られた。	⑧－89
35	(明暦２)申ノ９月13日	新川郡十村９人	欠	今度郡中に村御印下付につき、先年よりの引高の分吟味し、残らず書き上げた。度々の仰渡につき村々を改め上申した。ほかに引地高の書き漏らしが見つかったら、我々の越度である。	⑧－70
36	明暦２年９月13日	嶋尻村刑部・二塚村又兵衛など４人	福田八右衛門	小松の三ヶ国十村宿舎の屋敷瓦葺き料拝領につき請取状。ほかに家葺き料として銀拝領の礼状（十村８人連署）も送信。	⑧－82
37	明暦２年９月15日	嶋尻村刑部	向新庄村善太郎	幸便につき一筆啓上。先月から小松に登り昼夜城に詰めている。然らば分国中の余田ある村にて手上高を進めている。14日の御夜詰で利常から、新川郡百姓が手上高の申告のため小松に来ているが、向新庄村は広大な野河原があるのに手上高申告がないのは何故かと竹田市三郎を通し仰出られた。恐らく在所で吟味しいずれ手上高を申し出ることであろうと返答したあと、市三郎から、利常様からこのような発言があったことを向新庄村に知らせるよう指示があったので通知します。すぐに私も新川に帰り面談のうえ詳しく申し上げます。	⑧－83
38	明暦２年９月17日	嶋尻村刑部・江上村三郎右衛門	伊藤内膳	新川郡本江村・中村・竹ケ鼻村・三塚新村・浅生村・いもじ沢村など７ヵ村の村御印に少し相違があり、富山会所に百姓方より断り出たので吟味した結果、小松に訂正方の申告を行い、改訂村御印は５ヵ村の罷り出た百姓に渡した。残り２通は名代として受け取った十村から相違なく渡されると報告した。	⑧－92・87
39	明暦２年９月17日	嶋尻村刑部・江上村三郎右衛門	中青出村平三郎	利常より御用あるにつき中村久越をもって、夜通しに罷り登るよう通知。御郡廻り御用申付けゆえ気遣いなく来るように。	⑧－85
40	明暦２年９月17日	御印（利常）	嶋尻村刑部	「新川郡舟見野・天神野・大海寺野、右三ヶ所新開仕百姓中肝煎ニ舟見野村久兵衛申付候条、致其心得しまり可申付候、百姓共ニも其通可申聞候也」	「国初」23
41	明暦２年９月17日昼詰	中村久越（奉書）		三ヶ国にて手上高・手上免をこのように実施したが、給人年貢米は滞納していないか、小百姓に尋ねよといわれ、竹田市三郎は城中にいた小百姓どもに尋ねたところ、随分と給人年貢米皆済に努めていると答えた。もし納所に支障ある百姓がいたら急度吟味せよ。	⑧－86
42	明暦２年９月17日昼詰	中村久越（奉書）		新川郡新開所のうち、作食米を渡すべき所を見積もり提出せよ。	⑧－86

43	明暦２年９月17日昼詰	品川左門（奉書）		明暦２年の手上高・手上免を十村組単位で集計した帳面を作成せよ。もし相違が発見されたら、その帳面に引き合わせるよう仰出られた。	⑧−86
44	明暦２年９月18日	（刑部覚書）		新川郡の新開高（新開合計8,157石：内訳舟見野開4,000石、天神野開700石、大海寺野開600石、明暦元年開2,000石、広野村857石）と投入された作食米の合計の覚書。	⑧−78・93　＊
45	（明暦２）９月18日	嶋尻村刑部・二塚村又兵衛・田中村覚兵衛・御所村源兵衛・山岸村新四郎・熊木村太右衛門	欠	小松にて三ヵ国十村宿舎として埴田屋九郎右衛門の屋敷を拝領、その上、家修理のため闕所道具帳まで下され感謝し請書を出した。	⑧−79
46	（明暦２）９月23日	嶋尻村刑部・二塚村又兵衛	宮丸村次郎四郎・嶋村二郎右衛門・大白石村三郎右衛門	９月21日の御夜詰で宮丸など十村３人に、検地奉行の仕事ぶりは沙汰の限りと叱り、彼らの職務につき（十村方で）諸事吟味せよと仰出らる。随分精励するようにと連絡した。	⑧−68
47	（明暦２）９月23日昼詰	古市左近（奉書）		黒部河原、入膳辺りに無主地があるので、新開を望むものに開かせるよう仰出られた。	⑧−69
48	（明暦２）９月23日	中村久越（奉書）		能美郡今江村の小百姓４～５人を新川に入植させたので、舟見野・天神野・大海寺野の３ヵ所のうち土目よき所に配置し開墾させるよう仰出された。	⑧−69
49	（明暦２）９月25日	（利常）		能登大田村にて小高の者を追い出した。村肝煎は石川郡より１人入替、ほか３人の石川郡小百姓と能美郡今江村の小百姓４人をもって追出百姓と入替えよと仰出された。	⑧−71
50	（明暦２）９月25日昼詰	（利常）		砺波郡かじ新村（草高22石）の手上高１石は赦免された。	⑧−71
51	（明暦２）９月25日夜詰	（利常）		新川郡大永田村（草高673石）の百姓伝七跡（持高70石）に石川郡より１人入植させた。今江村百姓については、１人20石で入百姓せよと仰出られた。10月12日伝七の子八兵衛の籠舎は赦免され、伝七の田地・家・跡道具などは公儀の裁定で田伏村丹右衛門に下付された。奉行菊池大学から仰渡された。	⑧−73・56
52	（明暦２）９月25日夜詰	竹田市三郎（奉書）		新川郡長百姓のうち取立らるべき百姓７人を上申。今後取立てあるべしと仰出られた。	⑧−73
53	（明暦２）９月26日	二塚村又兵衛・嶋尻村刑部	田中村覚兵衛	26日昼詰で中村久越（奉書）より、婦負郡の下免・高免・出高吟味奉行（矢田・中村・三嶋）に随行する十村は、既定の６人（黒崎村与二兵衛・御供田村勘四郎ら）のほか田中村覚兵衛も加わるはずなので、すぐにも婦負郡に出役するよう勧めた。	⑧−54＊
54	明暦２年９月27日	（新川郡）十村８人	欠	新川郡の作食米は、来月10日時分に御蔵に返納したい。	⑧−41
55	（明暦２）９月27日昼詰	（小松昼詰の仰渡）		「三ヶ国共ニ川崩之村々、其外不足高有之所、検地之上ニても見立之上ニても引方有之所、十村方より給人ニ指図仕間敷候、見立奉行方より給人方へハ可申渡候、奉行より申付候とて十村方より給人へ申付間敷候」	⑧−42

	和暦	発信者	宛名	内容摘記・文書要旨	典拠
56	（明暦2）9月頃	（刑部覚書）	石村四郎左衛門・舟見久兵衛	婦負郡の（免など見立て）奉行として、矢田・中村・三嶋など小松家来および十村御供田村勘四郎・黒崎村与二兵衛ら6人を指名し上申（か）。	⑧－73
57	（明暦2）9月頃	（刑部覚書）		在々に確かなる頭振がいれば報告せよ。また身代よき百姓で持高が小さい者は、身代の仕損ないも想定されるので持高を増やすようにと仰出られた。	⑧－80＊
58	明暦2年10月2日	新川郡下飯野村三郎左衛門ほか他郡十村5人	欠	（清泰院葬儀参列のため）明日江戸に出立する十村6人（越中2、加賀2、能登2）に御香典860匁を郡打銀の内より立て替え、小松で受取った。新川郡十村9人は郡代表の十村に江戸路銀99匁を1人11匁宛負担し10月3日に渡した。	⑧－43・44
59	明暦2年10月3日	（利常）御印	嶋尻村刑部	新川郡の明暦2年年貢米のうち43石を能美郡今江村から新川郡舟見野に入植した百姓20人に渡すべし。ほかに今江村百姓への下され物（木綿の切物）あり。	⑧－44・47＊
60	明暦2年10月7日夜詰	品川左門（奉書）		手上高・手上免米の増収合計が新川郡で約2万石と見込まれ、各地の御蔵収納米高を見積もりした所、草島御蔵は4千石の蔵不足ゆえ富山での新御蔵建設を上申したが、利常は新蔵建設を否定。草島近所の蔵や富山の町蔵のうちよき所を選び納入せよと指示。	⑨－15
61	明暦2年10月7日	（刑部覚書）		新川郡に作食米御横目として、木村善兵衛・大瀬兵助・西坂猪ノ助・市川八十郎を派遣した。	⑨－15
62	明暦2年10月8日	嶋尻村刑部・二塚村又兵衛	青木与兵衛・福田八右衛門・谷与右衛門	能美郡今江村より舟見野へ遣さる百姓20人に下付された木綿切物60、私共が受取り渡したので、小松役人（小姓衆）に請取状出す。	⑨－16
63	明暦2年10月9日	嶋尻村刑部	（新川郡舟見野の関係役人）	「能美郡今江村より舟見野御開所へ百姓弐拾人被遣候、内々申進之申通、此百姓共と相談被成、可然所に家いさせ可被成候」と舟見野の役人たちに指示。さらに6ヵ条にわたり、材木の「すへ木・枝木」を20人に渡すこと、藁・萱を藩として購入し渡すこと、家作時の飯米なき者に5石でも10石でも貸与すること、家作中の家賃も支給することを指示し、いよいよ家普請を急ぐよう下達。	⑨－17
64	明暦2年10月9日	（刑部覚書）		新川郡の村肝煎のうち御用にかなう人材8人を小松に召し寄せ、御用あり次第何方なりとも派遣さるべしと仰出られた。8人のうち友杉村作右衛門は能登大田村の村肝煎として遣われ、残り7人は10月9日、新川郡の居村に帰った。	⑧－74
65	明暦2年10月11日	嶋尻村刑部	山本次大夫・今村権兵衛	新川郡坪野新・小川新・四谷尾新の3ヵ村（村御印発給なし）での一作引免につき、年貢免除となった定納口米高（約17石余×20匁）分を代銀で拝領（引免の代銀対応）。	⑧－76
66	明暦2年10月12日夜詰	中村久越（奉書）		三ヵ国の村肝煎の名前を十村1組単位で書き上げよ。昔よりの者か何年前から職にあるのか、交替は何年前かなど詳しく報告するよう命ずる。	⑧－55
67	明暦2年10月13日	（刑部覚書）		大海寺野の村廻りが長引き、同日追分村忠兵衛に伝言。	⑧－56

68	（明暦２年10月）	（刑部覚書）		村御印を収納する御印箱８つを所定の村（生地新村・大海寺村など）に渡した。	⑧－46
69	明暦２年10月16日	刑部	大瀬兵助	（嶋尻村刑部組）82ヵ村の作食米1,550石、当年春受け取り、只今蔵入したと報告。	⑧－61
70	明暦２年10月16日夜詰	品川左門（奉書）		能美郡42ヵ村のうち川原新保・上清水・下清水・竹蔵の４ヵ村に増作食米、増入用銀を見積もり上申したところ、入用銀の下付を利常様は認め、４ヵ村の手上免につき一作御容赦の御印も併せて下付した。	⑧－59
71	明暦２年10月18日	中村二郎右衛門・高橋作右衛門	菊池大学	新川郡横尾村にて引高検地を行い、検地結果を菊池大学に報告。先高600石のところ検地歩数は高554石余となり45石余の地不足（寛文村御印では「明暦２年検地引高45石」とする）。	⑧－60＊
72	（明暦２）10月25日昼詰	品川左門（奉書）	新川郡嶋尻村刑部・江上村三郎左衛門ほか砺波郡田中村覚兵衛など三州十村17人	蔵入地年貢米の皆済は年中であれば許す。まずは給人米の皆済を急げ。給人地・公領地入会の村では何より給人米皆済を優先せよ。さすれば百姓・給人ともに埒が明く。この奉書を請けた十村17人から組中へ確かに申付けると同日付で請書を提出。	⑧－37
73	明暦２年10月25日	（刑部覚書）		新川郡御収納方入米目録を小松まで持参の日用銀銭252匁（日用１人28匁×９）および十村９人の日用銀銭（紙代等）拝領の覚書。	⑧－65
74	明暦２年10月晦日夜詰	伊藤内膳		小松への路銀２枚、新川郡十村９人に、伊藤から拝領。11月朔日、両度にわたる拝領銀につき刑部と二塚村又兵衛から連判請書を上申。	⑧－61
75	明暦２年10月晦日	（利常）御印	新川郡百姓中	新川郡のうち利常隠居領分の敷借米１万3,653石、当年より元利共免除する。この免除の御印は11月８日の小松城御夜詰のとき拝領。	⑧－49
76	明暦２年10月晦日	品川左門（奉書）		敷借米元利免除の御礼につき、各村は小百姓中まで連署した請書帳面を作成し提出。各十村組から御礼人１人、小松に出仕。刑部も出た。免除御印拝領の請書も十村組単位で、十村廻り御請の様式で提出せよ。	⑧－50
77	明暦２年10月30日	（刑部覚書）		新川郡の増作食米目録（９組分2,330石＋新開分770石＝3,100石）を川西２郡分と合わせて品川左門様に上申。	⑧－75
78	明暦２年９～10月頃	（刑部覚書）		在々村廻りの十村19名に宿賃が利常から下付された。	⑧－67
79	明暦２年10月頃	（刑部覚書）		新川郡十村９人の帳冊・紙代等拝領の明細記録。新川十村９人など十村19人に在々村廻りの宿賃銀下付の明細記録（15匁～28匁）。	⑧－66・67
80	（明暦２）11月２日夜詰	品川左門（奉書）	山本清三郎	新川郡の桑畠新村から田地不足の申告があり、舟見用水の水下にて不足分田地を確保し検地打渡のうえ開発するよう、利常から指示した。品川から山本清三郎に申渡された。	⑧－32・39
81	（明暦２）11月５日	（刑部覚書・前欠）		金屋本江村長右衛門・犬丸村平左衛門ら長百姓への拝領銀合計537匁余を嶋尻村刑部・二塚村又兵衛が受取り、十村中に渡す。	⑧－90
82	（明暦２）11月６日	（刑部覚書）		嶋尻村刑部、褒美として絹２疋拝領。富山に届いたので一両日中に受け取るように。	⑧－90

	和暦	発信者	宛名	内容摘記・文書要旨	典拠
83	（明暦２）11月６日	（十村４人か）	菊池大学・伊藤内膳	今度百姓らの多くが手上免に応じたことを祝うにつき、津幡江村宅助・布市村源内・御供田村勘四郎には銀子200匁と浅草縞２反、下条村瀬兵衛に小判３両と浅草縞１反が与えられた。その礼状。	⑧－48
84	（明暦２）11月６日	（諸郡十村中か）	菊池大学・伊藤内膳	今度「在々百姓共手上免仕ル御祝」につき十村32名から御金銀拝領したことの礼状を出す。	⑧－62
85	明暦２年11月８日	三ヵ国散小物成取立人		小物成銀の徴収規定の覚書（『加賀藩史料』「上田村源助旧記」でも収録）。	⑧－63
86	（明暦２）11月日	上熊野村・千原崎・赤江・南八川・南保・田伏など９ヵ村	欠	新川郡敷借米（１万3,653石）元利免除、当年より実施との御印頂戴につき礼状（この敷借米免除御印は十村組につき１通ずつ下付ゆえ、各組から惣名代１人ずつ罷り登り拝領）。	⑧－64
87	（明暦２）11月頃か	（刑部覚書）		小松御夜詰仰出られ、褒美として刑部と二塚村又兵衛それぞれ銀子２枚拝領。最前は御道服、小判５両拝領しており重ねての褒美に畏まり御礼申し上げる。	⑧－91
88	（明暦２）申12月７日	御印（利常）	皆済村百姓中	新川郡783ヵ村のうち519ヵ村が当月５日、皆済となったことを喜び賞する。	⑧－64
89	（明暦２）12月９日	嶋尻村刑部		519ヵ村皆済を賞する御印拝領の礼状。	⑧－64
90	（明暦２）12月14日	御印（利常）	皆済村百姓中	519ヵ村に加え228ヵ村が皆済となったのは百姓中の心得がよく出精したゆえだ。当年は格別の手柄なり。	⑧－35
91	（明暦２）12月17日	嶋尻村刑部		新川郡783ヵ村のうち519ヵ村が12月５日に皆済となった。残り264ヵ村のうち228ヵ村が11日に皆済となり報告した所、皆済村へ皆済手柄の御印（14日付）を有り難く頂戴した。残りは36ヵ村である。	⑧－30・31・35
92	明暦３年正月17日	（刑部覚書）		「用水樋入用銀之覚」用水樋の普請にあたり負担割合は、郡打銀50％、水下村負担10％、出銀并御土蔵銀40％と定める（三州一統に下付）。	①－24
93	明暦３年正月23日	御印（利常）	嶋尻村刑部・布市村源内など新川十村７人	明暦２年分新川郡手上免米の内から作食米・風損村入用への支出を指示する。	⑩－7・8
94	明暦３年11月16日	田籾村九郎左衛門	嶋尻村刑部	明暦３年出来の漆役銀１匁を届出る。	⑨－8
95	万治元年９月21日	（刑部覚書）		利常、江戸より帰り小松城に入る。	⑨－1
96	万治元年９月23日御夜詰	中村久越（奉書）		十村代官分皆済につき利常から下問あり、新川郡十村代官分の年貢は登米支出が終わり、払残米の売上銀は富山御土蔵に納めたと上申したところ、急ぎ算用を〆め皆済御印を下付するよう仰出られた。	⑨－1

97	万治元年９月24日御昼詰	利常の仰出	山本清三郎	新川郡の前又新村弥三兵衛、これまで借りた岡本小左衛門裁許御城銀のうち946匁が未進と上申する。「改作百姓の儀に候間」山本清三郎・十村は取立て上げるよう仰出られた。山本清三郎は今年は少なくとも200～300匁は返納させると語る。	⑨－2
98	（万治元年９月24日）	（利常）仰出		能美郡大長野村・野田村で明暦３年分年貢に未進あり、減免を査定し村柄を聞き、更なる減免要求がないか尋ねる。	⑨－3
99	万治元年９月25日御夜詰			明暦２年・３年の手上免米の口米について、１升下付のことに関し利常の御意窺う。	⑨－4
100	万治元年９月27日御昼詰	（利常）仰出		「免上下ケ・高過不足村、村御印被成替可被遣旨被仰出候」	⑨－4
101	万治元年９月27日御昼詰	（利常）仰出		利常の御迎えに出た川越の者共に１人銀子200匁下付する。富山の土蔵にて銀子を請取、100人から請書を取るよう申付ける。	⑨－5
102	万治元年９月28日御昼詰	（利常）仰出		利常は、能美郡には石川郡のような松林はあるかと尋ねる。能美郡の松林の調査を命ずる。	⑨－8
103	万治元年10月２日御夜詰	中村久越（奉書）		「定小物成出来・退転有之候者、御断ハ申上候へ。御印不被改替候内ニハ出来・退転かまいなく、御印通取立可被申候、ちり小物成ノ義ハ十村取立人吟味仕り指引可仕旨被仰出候」	⑨－8
104	万治元年10月３日	（利常）仰出		明暦２年分御利足米と明暦３年分定小物成の算用が済み、皆済御印を利常が下付した。	⑨－7
105	万治元年10月８日	十村59名		利常帰国にあたり御迎に罷り越す十村共59名、金子・銀子等拝領の請取状を提出。	⑨－9
106	万治元年10月８日	（利常）仰出		「登米払残分、請取奉行ニ可相渡事遅々仕候者請取、奉行人請取間敷候、手前ニて払候間、代銀ハ高直ニ上させ可申候、登米相渡し申候て二日ノ内ニあまり米可相渡也」	⑨－10

（注１）発信者欄で「（利常）仰出」「（利常）」としたのは利常御意の筆録であり、「御印（利常）」は利常印判状写である。また「中村久越（奉書）」などとしたのは、「中村久越奉りにて被仰出」「中村久越を以て被仰出」などと記されるもので利常御意を伝達するものである。（　）書きは推定した発信人であり、(刑部覚書）としたのは発信・宛名がない刑部の覚書であることを示す。

（注２）典拠は新川郡十村嶋尻村刑部家に残された旧記やその抜萃写本などが主であるが、表示は以下のように略記した。「嶋尻村刑部旧記⑧」「嶋尻村刑部旧記⑨」「嶋尻刑部万治日記⑩」は単に「⑧」「⑨」「⑩」と略記し、ハイフンでそれぞれの記載順序を示した。「嶋尻村刑部旧記⑧」は162丁に及ぶ無題の冊子、「嶋尻村刑部旧記⑨」は「小松ニ而被仰出候覚書」という表題がある万治元年～２年の旧記、「嶋尻刑部万治日記⑩」は袋綴20丁の無題の冊子だが明暦３年から万治年中の算用状等を収める。ともに伊藤聖比古氏所蔵だが、『富山県公文書館文書目録 歴史文書四』では「嶋尻村刑部旧記抄」四－８、「小松ニ而被仰出覚書」四－９、「嶋尻刑部万治旧記」四－10とする。また加越能文庫蔵「嶋尻村刑部明暦年中手帳抜書留」（高畠厚定写）は「①」と略記しハイフンで記載順を示した。加越能文庫蔵「加藩国初遺文」は「国初」と略記し巻数を付記した。

（注３）典拠欄に付した＊印は『富山県史 史料編Ⅲ 近世上』に掲載されることを示す。

終章　アイデンティティーと地域多様性

はじめに

「改作法の地域的展開」という課題を掲げ、前田利常が進めた「御開作」の執行体制や実施手法は地域ごとに個性的であったことを、本書で具体的に示したつもりである。ただし、当然のことであるが、改作法が地域的に異なる相貌をみせるといっても、あくまでも地域の実情に応じた結果の相違であり、改作法の基本理念から逸脱するものではない。そういう前提で、地域的な相違は実施体制や推進手法の面でおもに現象すると、枠をはめ考察を重ねてきた。つまり「利常の改作法」という彼の構想する理念のもと、同一政策が加賀藩領一〇郡で原則実施されたと解し、その範囲内で相違を発見し指摘してきた。

しかし、このような前提や枠組みを嵌めたことは新たな議論を展開するうえで障碍となる。それゆえ、ここでは、これまで前提にしてきた、改作法は統一した理念・構想のもと実施された政治改革（もしくは農政刷新）という枠組み（定説）そのものに疑問の目をむけ、本書で確認した事象の新たな意味付けを試みたい。しかし、それは加賀藩の二七〇年にわたる藩政治や農政史の全体を展望したうえで検討しなければ十全なものとはならないし、幕府や諸藩の改革についても一定の知見をもち比較の視点を導入せねば発展的な議論はできない。万端の準備ができていない、いまの時点で、この作業を行うことは無謀というほかなく、史料の膨大さと先学による研究蓄積の深さを思うと、生涯かけても成し得ないことだと観念せざるを得ない。だが、それでは何も前に進まないと思い直し、あえて不十分を承知で、これまで得た史料の限りで右の視点から、改作法の根本的見直しを試みたい。見直しの論点は次の三点である。

改作法は利常死後、綱紀政権のもとで「改作方農政」として制度的に確立したことは周知の通りで、これを若林喜三郎は「改作体制」として詳細に論述したが、この改作方農政は、明治まで藩農政の祖法となり、藩政運営において藩「アイデンティティー」(1)の重要な一要素になったことをまず確認したい。つまり、本書で詳述した相違・偏差を含むデコボコの「利常の改作法」は綱紀時代のいかなる政治によって「改作方農政」へと磨きがかかったのか、「改作方農政」という藩アイデンティティーはどのような認識として加賀藩社会に定着していったのか、二、三の事につき所見を披露し問題提起したい。これが第一点である。

第二点は、「利常の改作法」で確認できた地域的相違を、加賀藩領一〇郡(一〇二万石、寛文十年実高で約一二五万石)のもつ地域多様性(ダイバーシティー)として積極的に評価し、そこに生活する人々の生業・産業に即した生活文化・風土を藩社会の構成要素として考察すべきことを提唱したい。この地域多様性の実態が具体的に把握できれば、改作方農政という藩アイデンティティーの存在意義はより明瞭になるし、改作方農政と地域多様性の相互関係を検討することも藩社会研究の課題として浮上しよう。つまり、加賀・能登・越中という北陸道の三ヵ国は慶長五年(一六〇〇)の関ケ原合戦から明治維新までの二七〇年間、加賀前田家という国持大名の統治下に置かれたが、慶長以前にはそれぞれ異なる歴史的環境のなかで、個性豊かな地域社会を形成していた。この三ヵ国の近世的支配のかたちは、大きな点で同一性をもつが、個別にみていけば様々な相違があり、個別対応していたことを見通す必要もある。

地域多様性への対処は藩の産物方政策のなかで典型的にみることができると想定しており、加賀藩の新産業育成事業が、明治以後の社会にどういう影響を与えたかという点も課題となる。能登塩業、五箇山の塩硝・生糸・紙、新川の鉱山業、小松の絹・畳表、金沢の工芸などにみられる明治以前の伝統産業の根強い生命力と伝統文化の変容過程を、地域に即し具体的に確認するには、加賀藩領三ヵ国一〇郡の藩領社会を同質のものとみるのでなく、本来きわめて多様な個性をもった地域であったことに目を向けることが肝要であろう。また、こうした多様性を前提におけば、これを一つに統合するため歴代藩主や藩権力が相当のエネルギーを費やしたことに気付き、その統御・統合の問題は藩政史の大きな研究課題ともなる。したがって、改作法の実施方法が地域ごとに異なっていたのは当然のことであり、改作法という一つの理念のもとに、加賀藩領一〇郡の村と百姓を服膺させることの困難さと限界を確認することも不可欠のことと考えている。それゆえ改作法がマニュアル通り実施されない地域があっても何ら問題はない。それはこの地域の多様性の反映であり、綱紀以後の改作方農政は、そうした地域多様性にどう対処したのか、むしろ積極的に地域多様性問題を考察すべきと考えている。(2)

第三点は、本書第三章〜第五章の考察で「利常の改作法」における「御開作」という史料用語は、村・百姓の救済・助成という意味で当初使われたと論じたが、利常が具体的な政策で示した百姓救済・助成という領主理念は、その後どのように展開したかという点である。そこで、まず想起されるのが、綱紀が寛文十年(一六七〇)に新設した「非人小屋」という救恤施設である。小屋に収容された飢民・乞食の多くは、改作方農政の下で破綻した農民たちであり、「非人小屋」は改作方農政がもたらした矛盾の受け皿であった。そのような「非人小屋」が改作方農政のシンボルともいえる寛文十年村御印の発給年と同年に設置されたというのは偶然でなかろう。丸本由美子の新著『加賀藩救恤考』(3)に触発され、「非人小屋」設置に象徴される綱紀の救恤理念と利常の百姓助成策との間にある大きな落差に気付いたので、その点に限定し所見を述べる。

1 「改作方農政」というアイデンティティー

綱紀時代以後に展開する所謂「改作方農政」が、加賀藩政の存続にかかわる「アイデンティティー」の一つとして機能したという私見は、第一章で改作法研究の足跡を検討したなかで取り上げ批判対象とした「広義の改作法」論を、逆に積極的に活かす視点であり、「広義の改作法」論は藩アイデンティティー論として論点整理することで新たな展開が可能と考えている。「利常の改作法」の影響力は寛文期までの十数年にとどまるものでなく、明治維新まで藩農政の祖法となり、同趣旨の農政が原則継続されたという理解は、戦前・戦後の改作法論の主潮流として確かに存在する。近世中・後期の農政を克明に分析した若林喜三郎『加賀藩農政史の研究』下巻・髙澤裕一「加賀藩中・後期の改作方農政」[4]などの労作によって、改作方農政がそれぞれの時代の要請にこたえ多様な政策を繰り出し、加賀藩政治の主流をなしていたことを知ることができる。それは改作方農政に藩政のバックボーンとなるべき要件が備わっていたからで、その要件の重要な一つに「祖法」「藩是」などとも呼ばれる藩アイデンティティーがあったと考えている。それゆえ、藩アイデンティティーとしての「改作方農政」という視点を提起したのである。

近世後期になると、歴史的事実としての「利常の改作法」からみて、若干違和感がある政策・農政であっても、改作法を継承するもの、また改作方農政の一環であると押し切って正当性が主張されていく事例をいくつも散見できる。こうした藩政の動きの背後に、藩アイデンティティーとしての改作方農政の働きがあるのであり、それは藩政の矛盾のあり方によって様々な相貌をみせる。改作方農政の時期ごとの変遷・変容を、藩アイデンティティーとしての動揺・変質・置換という視点から観察すれば、藩政史研究の新しい課題となろう。

とくに一二代藩主斉広がすすめた「改作方復古」・十村断獄・「郡方仕法」という一連の農政と、その後一三代斉泰が実施した天保期農政を概観すれば[5]、改作方農政が動揺し、祖法（古格）への復古↓祖法からの脱却（否定）↓祖法回帰・修正という変化に富んだ対応が確認され、藩政が揺れ動いたことが分かる。そのなかで藩主・年寄はじめ農政官僚・十村たちは、それぞれの立場や意図に即し「改作法」という言葉を都合よく使ったこともわかる。利常時代以前からあった「農耕・耕作」という意味、「利常の改作法」のなかで新たに付与された「農業経営の救済・助成、耕作奨励」という語義はもちろん、村御印税制・十村制度、「利常の改作法」・改作方農政などを包括した「広義の改作法」語義もあり、きわめて取り扱いの難しい用語に変質していたことに気付く。

言葉を変えれば、綱紀の寛文農政で確立した改作方農政は十九世紀初頭に危機に直面し、改作方農政という藩アイデンティティーは転換を迫られていた。だから、このような語義の多様化と動揺が起きたのであり、そこに藩政と藩アイデンティティー転換の兆しを読み取りたい。

改作方農政という藩アイデンティティーの形成を論ずる前に、変質を語りすぎたが、そのほうが改作方農政という理念の幻想的性質が鮮明にわかると考えたからである。

一二代斉広は、文政二年（一八一九）に断行した十村断獄という事件で知られるが、その直前文化八（一八一一）～十年には「改作法復古」を標榜し農政改革を行ったが数年で挫折、成果なく「十村断獄」という荒治療に向かった。文政元年・二年に斉広が取り組んだ一連の政策は長山直治によって詳細に検討され、これを「御国民成立仕法」と名付け論じられたが[6]、政策として継続性がなく特段の効果をみないまま文政四年放棄された。

ところで「十村断獄」の直後、文政四年に施行された「郡方仕法」と呼ばれる一連の改革に私は注目している。「改作御法、微妙院様（前田利常）御草創以来、百数十年を経、時勢も移替、古今のたがひ有之ニ付、此度御修補被仰付、御領国中百姓支配并御収納取納方之儀、十村役取差止、御郡奉行・改作奉行打込、百姓直支配被仰付候[7]」と斉広政権は、改作奉行の役名を廃し「御郡奉行改作方兼帯」と改めたほか、十村も廃止と宣言した。廃止理由は利常の草創から一六〇年もたち、時勢の変遷と時代の相違は覆いようがない所にきたから改作法を修補するのだという。改作法を廃止するとは述べていないが、改作奉行・十村の名称廃止や十村代官廃止は、とりようによっては改作方農政からの決別宣言にもみえる。しかし、その舌の根の乾かぬうちに改作方役所は残し、十村は代官職のみ取り上げ「惣年寄」「年寄並」という役名で残すと布令し混乱の回避につとめ、実態として改作方農政と十村制度は残された[8]。

斉広は文化八年三月には「改作方御法之儀、前々とは相違之品も有之候哉に付、追々復古之御詮議」を進めるよう年寄前田直方に仰せ渡しており、改作法本来の姿と相違していることを是正し本来の姿に戻す復古策を改作奉行と扶持人十村らに検討させたが[9]、やがて彼らに対する信頼は不信に変わり、十村処罰に走り、またその反省から改作奉行・十村を廃止し「御修補」に向かった。その間、藩社会を蝕んでいた格差拡大、貧窮民増大、藩財政悪化などの諸問題に何ら有効な対策が打たれず、矛盾は深刻化するばかりであった。政権側が復古・断獄・修補というように言葉を変え、政策の表層を塗り替え強権を発動しても、所詮うわべの対応に終わった観がつよい。

斉広は、百姓身分である十村を代官とし、農業生産の督励、徴税支配などあまりに多くの民政実務を所轄させていることが、上からも下からも十村が非難される根本原因であると指摘し、利権が十村に集中する実情とリスクを察知していた[10]。なぜ武士がつとめるべき代官職まで十村に任せたのか、斉広は疑問に思っていたのであろう。しかし、それは利常が苦心し創りあげた十村制度に対する無理解からくる疑念であった。利常が改作法と並行し十村改革を進め、なぜ十村を代官に取り立てたかは第三章・第四章で具体的に示したが、斉広は利常がなぜそのような十村制度をつくったのか理解できず、十村断獄・十村名称廃止という否定策をとった。だが、どれも成果がなく混乱を招き、結果として政権は再び十村制度依存に回帰していった。

斉広の論理でいえば、武士身分の郡奉行・改作奉行こそが民政官として十村以上の重責を担うべきであったが、一六〇年という長い時間、民政の根幹部分を十村に任せてきた結果、藩士の側にその気概は醸成されず人材も出てこなかった。「利常の改作法」の修補を叫んだのは法令の文言上だけで、実質的に転換も改革もできず、在地に混乱だけ与え一三代斉泰の治世に移った。

十村は名称を変えただけで改作方役所は実体として存続、従来の改作方農政はその後も続いた。そこに全く変化はなかったのか、この点は改めて検証すべき価値はある。また根本的な改革をみないまま、斉泰の天保改革そして復元潤色へと引き継がれるが、そこにどういう変化があったのか別途考えてゆくべきであろう。

次に指摘したいことは、綱紀による寛文農政の意義である。「利常の改作法」の継承・発展としての改作方農政は、綱紀の寛文農政でスタートするというのが、戦前以来の「広義の改作法」論の基本理解である。しかし、坂井誠一や原昭午は、綱紀の元禄期農政を象徴する切高仕法について、「利常の改作法」の継承ではなく転換であると指摘した（第一章）。改作方農政の中味を個別に時期ごと検討していくと、すべて「利常の改作法」の継承・発展といえない面があり、藩アイデンティティーとしての改作方農政というものの形成過程は決して平坦ではなかった。改作方農政が「古格」「祖法」と認識され畏敬されるのは、六代吉徳の時代、十八世紀中葉以後のことであり、綱紀時代は「利常の改作法」を修正・弥縫した時期、藩社会の変化に応じ多様な改定を試みた時代といえる。藩アイデンティティーとしての改作方農政というのは、「利常の改作法」をベースに綱紀時代に変容・多様化した農政を組み合わせたものと私は理解している。それゆえ「利常の改作法」と綱紀時代の改作方農政はどういう相違をもつのか、とくに綱紀の寛文農政でどのような変容がみられるのか検討する必要がある。元禄の切高仕法や元禄飢饉への対応のなかで、改作方農政に新たな面が出てきたことは、すでに指摘されているので（第一章）、ここではもっぱら寛文農政に焦点を絞り、「利常の改作法」との違いを確認し今後に備える。

なお、綱紀時代の改作方農政の多様性のなかには「利常の改作法」と相反する政策も含まれると想定しており、そうした全体を藩アイデンティティーとして継承していったのが、十八世紀中葉以後の藩農政だったとみている。

別稿で「利常の改作法」期に置かれた改作奉行（開作地裁許人）と寛文元年再設置の改作奉行の比較検証を行い、利常が設置した改作奉行は開作地裁許人とも呼ばれ、①十村も任命されたこと、②担当する開作地が指定され一年単位で職責を果たしたこと、③開作地での百姓救済・助成と農業振興を主任務としたこと、この三点に特徴をまとめ、③の特徴のみ綱紀が再設置した寛文元年の改作奉行に引き継がれたと指摘した(11)。また本書第三章・第四章・第六章において、奥郡・口郡・利常隠居領それぞれで改作法の執行体制にかなり偏差があったことも論証できた。よって、利常段階では改作奉行を軸にした統一的農政機関はまだ出来ていないというべきであろう。地域的に多様な執行体制が組まれており、統一的農政機関は、寛文元年の改作奉行再設置の後に確立したものと判断される。従来いわれる統一的農政機関の整備・確立という評価は、綱紀の寛文農政の成果とすべきなのである。

序論冒頭に改作法の主要政策や成果とされた事項を、1［知行制改革］、2［税制改革］、3［統一的農政機構の整備］、4［百姓の助成と選別］、5［高利貸支配の排除］という五つにまとめ掲げたが、このうち2［税制改革］・3［統一的農政機構の整備］は、寛文農政でむしろ確立し以後の改作方農政の根幹になったとみるべきであろう。1［知行制改革］については、寛文期に高免をなお維持していた八家など高禄家臣知行地にも給人平均免が導入され、禄制改革として新たな動向をみせるが(12)、こちらは継承発展とみてよい。

2［税制改革］の目玉は、何といっても村御印税制の確立と手上高・手上免による増税であるが、新田免引き上げによる本高化政策も重要な増徴策であったから、これも加え増徴三本柱としておこう。「利常の改作法」では承応三年（一六五四）・明暦元年（一六五五）・明暦二年と連年にわたり村御印が発給され、明暦二年の増徴三本柱を盛り込んだ村御印成替でいちおう完成したが、利常自身、免査定に不満をもっており明暦三年にも村御印改定を構想していた。第六章で指摘したことだが、利常は明暦二年以後も村御印の是正を意図しており、明暦二年村御印を完成であるとかゴールだと微塵も考えていなかった。村御印はさらに見直し、村や藩にとって、さらに都合よきものに変えるべきと考えていた。
しかし、綱紀は寛文十年に村御印改定を一回行ったあと、これを改定することなく固定化した。また、明暦村御印と寛文村御印を比較すると、様々な相違・変化もあり、承応〜明暦期に何度も改替された村御印と異なる点にもっとメスを入れるべきであろう。
寛文十年村御印の特徴として、①明暦二年以後の手上高記載が追記されたが明暦二年手上高のような集中一括性はなく件数も激減、他方で検地引高記載が急増した（郡高微減に）、②明暦三年以後の手上免記載の追記も激減し、他方で引免記載が増えた（上げ免も限界）、③村高記載が村御印高と万治・寛文新田高の二本立てで表記されたこと、以上三点を指摘できる。①②により郡レベルでみて村高・村免は明暦二年がピークで、以後は横ばいもしくは微減となり「利常の改作法」が達成した増徴はそのレベルで止まったことがわかる。[13] 利常の明暦村御印の増徴レベルを維持するのが精いっぱいという苦しい事情を寛文村御印から読み取れる。③は村高表記が、同一村免が付記された村御印高と「〜年新田高」と記された高の二つで掲載されたことをいうが、これは綱紀時代に新田高に対する考え方が従来と違ってきたことの表れと考えられる。[14]
その結果、村御印の役割にも変化が生じた。村高・村免の実勢は寛文村御印でなく別帳面にて掌握すればよく、藩主と村の納税契約の基本証文として役割を果せばそれで十分というのが綱紀政権の姿勢で、利常時代のように村の実勢を示す免状という側面は薄れた。藩主御印が押された免状を村として大切に保管しておればよく、具体的な納税額は別途把握した最新の村免・村高をもとに実勢にもとづいて行う方式に変更されたのである。寛文村御印は領主と村の納税契約の基本書面として象徴的意義をもつだけで、納税額は別に把握した実勢値で行うという形になったのが寛文農政であり、それが明治まで続く。寛文以後新田の種類は多様化し、新田担当の十村（元禄三年新設の新田裁許）が必要とされるほどであったから、村御印の記載事項だけでは税額計算はできず別の書類で行った。それゆえ村御印の免状としての本来機能は、原則を記した基本証文という程度に低下するが、なぜか村も藩も村御印を以後ますます大切にしていった[15]。

年貢算用上、寛文村御印は実質的機能をしだいに失ってゆくが、政治的役割は逆に高まっていった。その意味で寛文村御印は改作方農政という藩アイデンティティーを象徴する藩主印判状であったといえよう。

寛文村御印の改定理由は一般には、新京升に切り替えたことによる口米の改定、小物成の見直しなどを行い再発行されたと指摘されているが、それ以上に、藩主綱紀と領内三五〇〇の村々とが新たな納税契約を結んだ証文（印判状）であったことを重視すべきであろう。この年貢契約は、藩主御印によって公認されるので、寛文村御印の最も重要な価値は、綱紀の「満」印が押された点にあった。それゆえ村御印税制が完成したのは綱紀の寛文村御印だといって差し支えはないが、「利常の改作法」の明暦村御印をまっすぐ継承したものではなかった。

いっぽう4［百姓の助成と選別］、5［高利貸支配の排除］も、寛文農政が元禄農政へと継起されるなか「利常の改作法」から徐々に乖離し変質していった。その点はあとでまたふれるが、とくに5［高利貸支配の排除］の核心をなす脇借禁止の空洞化について、ここで一言しておく。

脇借禁止の空洞化とは、百姓相互の持高移動（売買）が実質的に深く広く村内を蝕んでゆくという村の構造変化をいうが、具体的にいえば、村御印の重税を負担できない農民が内密に持高を担保に借金（脇借）を重ね、年貢皆済の体面を取り繕っていたことをさす。このような動向は利常時代にも確実に存在したにもかかわらず、利常の独裁的な脇借禁止策によって封じ込まれ、改作法期、百姓の持高移動をめぐる問題はあたかも村内部に存在しないかのようにみえる。しかし、それは綱紀時代に先送りされたに過ぎず、寛文農政・元禄農政で表面化する。慶安以来の宿弊がその背景にあると私は推測している。

農民層内部の階層分解は近世農村困窮の大きな原因であるが、改作法は階層分解を防ぎ、強き百姓（律儀百姓）の創出と保護をうたうものであった。しかし、利常の百姓選別政策は、結果として凶作に負けない強き百姓の育成につながらず、百姓の貧窮分解を促進する面を合わせもっていた。村御印税制という年貢過重状態では、経営発展の機会は限られており、貧窮分解によって没落してゆく百姓は何らかの形で救う必要があった。綱紀が寛文十年に設置した「非人小屋」は、そのような寛文農政の構造的矛盾への対処でもあった。

2　地域多様性の行方

改作法実施過程で確認できた地域的相違は、利常死後どのような展開をみせるのだろう。あるいは、そのような相違を生じさせた背景はなにか。そもそも、こうした相違を問題にした研究はこれまでなかったので、こういう問い自体新しい提起である。それゆえ、ここで少し、従来の加賀藩研究の成果に照らし、こうした問いかけからどんな課題がみえてくるのか二、三論点の整理をしておく。

従来の「広義の改作法」論や中後期の改作方農政の展開に関する考察結果によれば、三ヵ国一〇郡で行われた農政は算用場という民政機関が担当部局となり、その下に置かれた改作方（改作奉行）・郡方（郡奉行）という二系統の支配ラインで統轄されたとされ（左図）、十村以下の在地の支配機構（十村代官・新田裁許・山廻り・村肝煎等）は、改作方・郡方が担当した民政の根幹部分を実質的に担っただけでなく、寺社奉行・公事場奉行・会所奉行・割場奉行・普請奉行・作事奉行等が所轄する行政のうち村方関係がすべて十村経由で一〇郡三五〇〇ヵ村に発令され、十村はその窓口となり膨大な庶務を担当した。本来なら改作方に特化し、村の農業経営強化に邁進すべき十村が、郡方の人別支配のみならず藩政全般の庶務遂行を期待されたので、改作方行政は次第に形式化していった。[16]寛文農政で確立した統一的農政機関には、このような瑕疵が内包されていたが、その形で法制化がすすみ、藩のもとめる統一的農政の推進機関になったと説明されてきた。しかし、地域的相違に目配りした多様な行政が改作方農政のなかで展開したことは無視され、改作方農政は三ヵ国で統一的になされたとの理解で済ませてきたように思う。(17)

寛文農政以後の諸郡農政を個別にみていけば、地域ごとに異なる対応がなされている。その地域独自の行政対応の実例を意識的に集め探っていく必要があり、その背後に、まだ知られていない地域多様性が隠されている、と確信している。

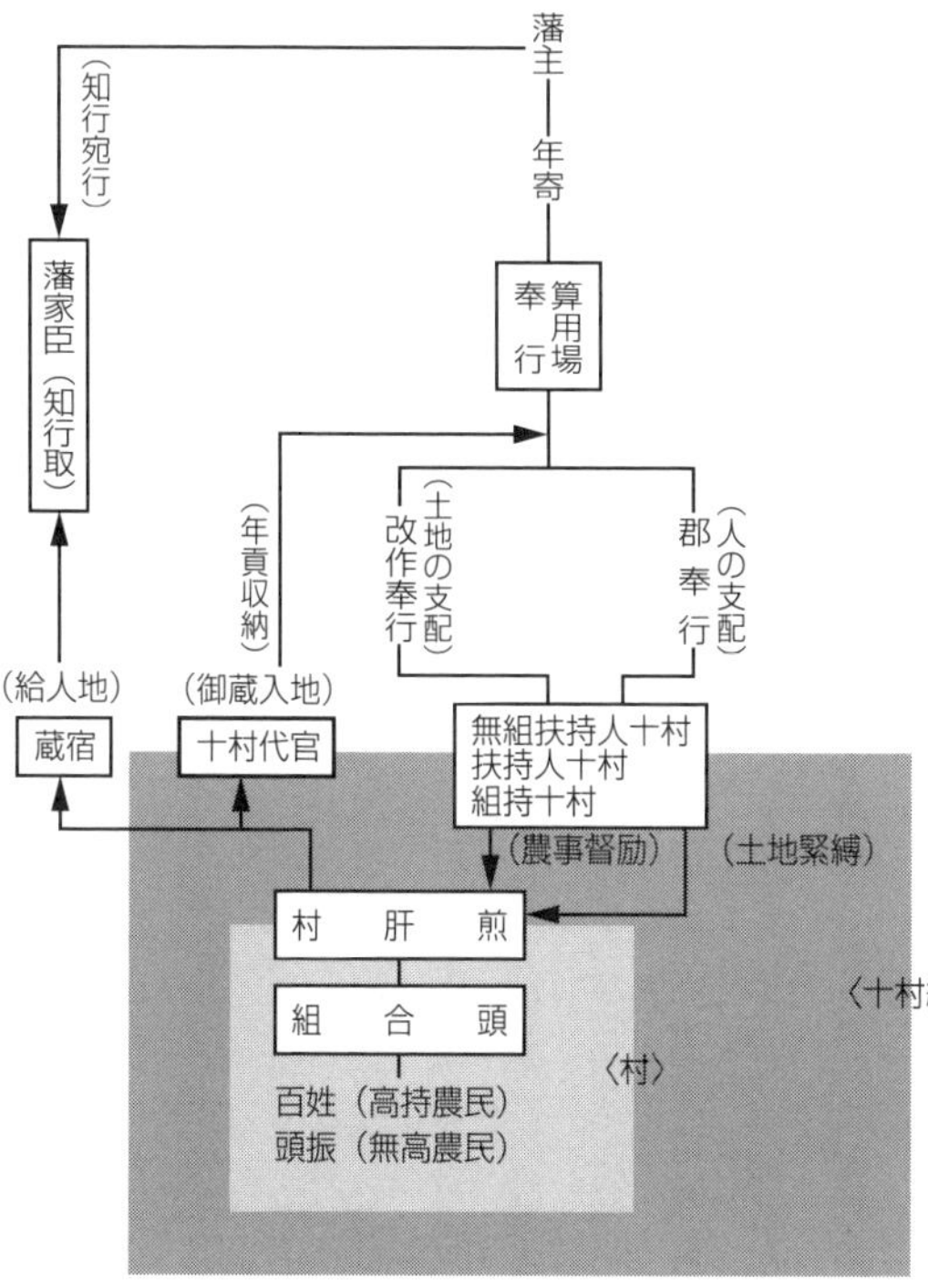

藩農政の支配系統（寛文以後）

その代表例としてまず挙げたいのは、砺波郡五箇山の七〇ヵ村である。五箇山の村々は水田農耕ができる土地は僅少であり、藩は当初から塩硝・生糸・紙などの特産品をもって年貢納入させ、のち検地を行い高付けしたが金銀納とした。(18)主に水田稲作の農地を増徴対象とし構想された改作法は、五箇山で実施されたのであろうか。かなり疑問のこる、特異な対応で済まされた印象があり、それゆえ本書で五箇山での「御開作」の考察は除外した。しかし、あらためて調べてみると「御開作」を窺わせる徴証があった。だが、砺波郡五一二ヵ村で行われた改作法と同様のものとは到底いえないものであった。それゆえ、この点をここで若干補足する。

五箇山七〇ヵ村で「御開作」が実施された徴証は「加能越三箇国高物成帳」に掲載される寛文十年村御印写から読み取れるが、他方でこれを打ち消すものとして寛文元年十二月に発給された篠島豊前の城ケ端町町人宛申渡書(19)がある。

まず五箇山の寛文村御印からみていくと、五箇山七〇ヵ村を一括し一枚の村御印にした点が特徴であり、七〇ヵ村全体の年貢高（金子一二〇枚七両余）を主文に掲げる。御印高を主文とする基本様式からみて特異だが、それは他の無高村でもみられる様式であった。この金子年貢高の肩書付記に五箇山「七拾ヶ村之草高五千八百六拾四石七斗八升五合」と記し、左脇に「内五枚六両余」は「明暦二年より上ル」と付記する。これは他村でいえば手上免記載にあたるものだが、この増徴年貢の注記から明暦二年手上免に連動し五箇山でも増税措置がとられたことがわかる。これにつづき基本年貢（金子一二〇枚七両余）とは別に小物成に相当する税目が四つ列記される。①塩硝役　金子八枚、②大牧村湯運上　金子一枚五両、③蝋・漆・蓑・紙役　金子七枚、④敷借米六〇石の利足一二石、の四つだが、このうち敷借米利足には「明暦三年ニ元利共取立(20)」と付記される。そのあと基本年貢と小物成三項目の金子高の合計高（一三七枚二両余）を記し、「右年々納所之時分如定笹嶋豊前かたへ可納所者也」と締めくくり年号・御印につづく。宛名は五箇山村の十村肝煎市助・太兵衛としていた。

ここから五箇山は藩直轄地で徴税は今石動在住の代官篠島氏に任されていたことがわかる。つまり改作法期の五箇山七〇ヵ村は全村蔵入地とみられ、その点では能登奥郡に通ずる面をもつ。給人支配の弊害排除は五箇山でも課題でなく、藩の搾取強化の是正が課題とみられる。

五箇山も敷借利足米を負担するので敷借米助成をうけたことがわかる。また寛文元年十二月十日付「五箇山十村等貸借願書(21)」（城ケ端町人宛）によれば、作食蔵への作食米納付を迫られていたことがわかり、五箇山でも作食米による救済・助成があったことも間違いない。しかし、作食米は来年三月までの借用とされ、返納米は代銀で納め、これを藩のほうで米に換え蔵に入れ置いたようである。現米が手元にない五箇山特有の事情の反映である。それゆえ借りた時の米代銀（相場代銀）に月「一歩七厘」の利足（年二〇・四％）を加えた銀高をもって作食米返済高とした。おそらく敷借利足米も金・銀で代納されたと推定される。

五箇山では明暦二年村御印が伝来していないが、寛文村御印の右のごとき記載から、ほぼ同形式の明暦村御印が下付されていた可能性はたかい。それゆえ五箇山でも何らかのかたちで「御開作」仰付があったと想定されるが、砺波郡の開作地村で広く貸与された改作入用銀の貸与などはなく、手上高・手上免もなかった。七〇ヵ村に対する救済の内容も、右のごとく敷借米貸与と作食米助成があったことしかわからない。作食米は寛永十九年（一六四二）以来なされたものの延長なのか、改作法期独自のものか検証する必要があるし、次に指摘するように脇借を容認されていた五箇山では、敷借米助成にどういう意味があったのか確認する必要もある。このような課題があるので特異な対応といわざるを得ない。

五箇山の改作法を考えるとき、五箇山では脇借禁止という改作法の大原則の一つが適用されなかったという問題をどううけとめるかが鍵となる。五箇山では塩硝・生糸・蠟・漆などが主産業であり、これを城端町の判方商人に売買し米・塩・雑穀等の必需品を得ていたので、五箇山村民にとって脇借は生存のため不可欠の行為であり、判方商人からの前貸しなど脇借は公認されていた。前掲の寛文元年十二月十日付「五箇山十村等貸借願書」と同年十二月九日付篠島豊前申渡書（城ケ端町町人宛）は、その数少ない証拠史料である。後者で篠島氏が「五ケ山之儀、当年より改作地ニ被仰付由、其町之者ともかね借方仕候事不成之旨申由ニ付而、五ケ山当御納所方滞申段、十村方より断之書付出候故、御算用場へ上候処、改作地と申儀ニハ無之候間、如跡々可申渡候旨御算用場被仰渡候条、得其意町人中へ急度可申渡候、以上」と下達すると、これをうけ、以前通り城端町判方商人と五箇山の村々は改めて前貸し取引の規定（覚書）を十日付で取り交わしたのである。

九日付申渡書からは、寛文元年の郡方への触書で脇借禁止の徹底など改作法徹底が布令されたことをうけ[22]、五箇山の金子年貢の納入が出来なくなると訴えられた篠島氏が、藩算用場に上申し五箇山は所謂「改作地」にはあてはまらない地域であり、従来通り脇借禁止は適用しないとの返答をもらい五箇山に下達したことがわかる。改作法期も含め寛文元年以前の五箇山は脇借禁止が除外された地域であり、それゆえ「改作地」ではないと下達されたことがわかる。ここから五箇山は改作法の適用地ではないとの認識が藩側（算用場）にあったことがわかり、寛文村御印から窺えた特殊事情がより具体的にわかる。

寛文元年は改作奉行が再設置された年であり、改作方農政がまさに始まろうとしていた矢先であった。綱紀の寛文農政が本格始動した時点で五箇山の位置づけを確認しあったのが前掲二通の文書であったが、これらの史料から五箇山の「御開作」は相当特異なものであったとせざるを得ない。とくに改作法の基本原則の一つ脇借禁止が五箇山では適用されず、それは寛文元年以後も続いたことに注目したい。五箇山では独特の産業構造ゆえ城端町人の前貸しがないと年貢納入できない環境にあり、藩もこれを容認し、金子年貢（銀納）という税制がとられた。五箇山の特殊事情ゆえの対応であったが、「利常の改作法」の下では、地域の特性に配慮しあえて原則をまげることもあったのである。脇借禁止が不要もしくは桎梏とみられる地域が五箇山以外にもあった可能性があり、この問題は五箇山だけの特殊な問題ではない。

寛文村御印の冒頭が「～郡～村物成之事」でなく「～郡～村小物成之事」とされ、村御印高・御印免がなく、いきなり地子銀や小物成銀を掲げる浜方や町方の無高村は五箇山以外にもあった[23]。また、多彩な小物成記載が数多くなされた町方・宿方・浦方・山方の村々では、多くの場合田畠も所持していたので、都市的な場であることや水田稲作以外の生業が主産業であることに気付きにくいが、これらの村も五箇山と同じ環境にあった。見瀬和雄は寛文村御印写留のなかにみられる石代納の村々に注目し、非農業的稼ぎで得た銀で年貢米を購入し納める村があったことを突き止め、そこでの改作法の意味を論じた[24]。しかし、こうした非農業的な村落や町場で行われた「御開作」の様相は、まだあまり解明されておらず、今後、改作法の多様性を確認するうえで不可欠の課題となろう。

利常が目指した「御開作」は、水田農業を営む百姓経営を強化させることを本旨としていたから、田畠以外から多くの利得を得ていた山村・漁村・浦方、鉱山などでは「御開作」の趣旨に従って繰り出された施策から、さほど恩恵を被らなかった。これを是正し、改作法の間口を大きくしたのが寛文農政・元禄農政であった。

なお五箇山の特性をもう一点追加すれば、一向宗が深く浸透し戦国期に一向一揆の精鋭を送り出した地域であったことである。加賀の山内地域も同様の特徴をもつ地域であったが、利常隠居領の能美郡一七〇ヵ村の中に含まれ、そこで改作法が実施されたことは第六章四節で指摘した。しかし、砺波郡の南端、国境の山方に位置する五箇山では能美郡の山内地域のような手厚い「御開作」はなされなかった。小松城から遠く離れた僻遠の地であったからなのか、こうした問題も別途考えるべき点であろう。

さて改定された寛文村御印に記載された小物成の種類は一三〇種におよぶ[25]。税収額として多いのは山役・櫂役・地子銀などであるが、安永期に始まる産物方政策は、小物成税目の拡大を目指すもので、多様な商品作物を新たな税源にすることが究極の目的であった。水田農業からの年貢搾取が行き詰まったなかで、米以外の税収の道を真剣に探し始めたのが産物方政策で、安永・天明期になってようやく藩の重要施策となった。文化年間以後も何度か集中的に取り組んだがすぐ挫折し、継続した政策とならず改作方農政の附録扱いされることが多かった。それは改作方農政の弊害の一つといって言い過ぎではない。

産物方政策は当初、元禄・享保の領内産物調査から始まり、算用場内に産物方役所ができたのは安永期・文化期・文政期で、そのあと天保改革においては物価方役所が算用場内にできたが、従来の改作方農政の延長のなかでしか産物方政策は位置づけされなかった[26]。そこに天保改革以前の加賀藩産物方政策の大きな限界があった。

領内各地で営まれる生業の地域多様性に注目しようと思えば、寛文農政の段階から可能であった。「利常の改作法」で十村は小物成徴税官として重要な責任を与えられたが、地域の多様な生業に精通していたからである。寛文農政でも十村は小物成徴税のキーマンであり、小物成の徴税官として改作法以前から大きな役割を果たしていた。彼らが多様な産業奨励・育成に十分エネルギーを注ぎ込めば産物方政策に新展開も見込めたが、改作方農政の主流は水田農業と新田開発であり、高方問題が混沌とするなか、十村たちは産物方政策に手が回らなかったようである。藩は十村の一部を改作方農政から完全に切り離し、産物方政策の専門官として位置づけ直す必要があったが、改作方農政という祖法の重しのため、そのような改革には踏み込めなかった。

享保以後の産物調査や、安永以後の産物方政策は間歇的で数年で取り組みを止めたが、産物方が休止された間、それらは改作方の下に置かれ後始末をしていた。改作方農政の責任を負っていた十村が産物方政策も担い続けることは矛盾が多く難しかったのであろう。また産物方と改作方農政では行政実務の専門性にも大きな違いがあり、近世後期ともなれば両者ともに担当することは無理があったと言わざるを得ない。小物成税制に精通していた十村に依存した産物方政策は、その意味で改作方農政の附録でしかなく限界があった。

しかし、改作方農政の呪縛のなかで始まった産物方政策が領内の地域多様性をどこまで掌握でき、それらの産業発展をどこまで支援できたか、新たな視点で考察することも課題であろう。

3　律儀百姓と「救恤」

救済としての「御開作」の実施時期や救済内容に関し本書第二章〜第六章で、詳しく論じた。「御開作」期間が一村ごと異なる北加賀では、個別経営ごと助成する貸米額査定を行っており、越中川西二郡でも十村（開作地裁許人）が中心となり貸与額査定を綿密に行った。それゆえ「御開作」という農村救済策は、個別経営や個々の村柄の評価をもとに実施したことが特徴といってよい。その地域で弱体と判断された百姓経営を特定し改作入用銀・作食米・敷借米という三つの助成を組み合わせ、脇借禁止、農作業の適時適切な督励などと合わせ政策を遂行した。

しかし、寛文農政では改作入用銀・敷借米の救済は実施されず、作食米のみ増額し定額化したうえで制度化し継続された(27)。また個別経営や特定の村を対象にした助成は影を潜め、改作奉行と十村が三ヵ国一〇郡全体へひろく改作方農政の原則を布令し、救済も徴税もほぼ同等にすすめた印象がつよい。「利常の改作法」にみられた地域ごと、村ごと、個別経営ごとという配慮は後景に退く。これに伴い律儀百姓と徒百姓の差別も時をおって薄れた。したがって改作法の基本政策の4［百姓の助成と選別］については、原則は存続したが百姓入替を発動することは稀となり、改作方農政独自の助成メニューが制度化されてくると(28)、敷借米や改作入用銀のことは忘却されていった。「利常の改作法」の本旨、基本的な精神は連続しているが、現実の施策は変質していった。

改作法の基本政策5［高利貸支配の排除］は、脇借禁止に代表できるが、五箇山で例外とされたように徹底が極めて難しい問題であった。貨幣経済・商業資本の村内浸透を禁止するなど、時代の趨勢をみれば、封建反動というべき逆行で、稚拙な農本主義政策であった。前述の通り、この政策が在地に定着していたと想定はできない。軋轢や矛盾を示す史料は寛文農政の時期に数多く出てくるが、詳細な検討は別に行いたい。

元禄六年の切高仕法は、改作法期およびそれ以前からの商業資本の村内浸透に対する、加賀藩なりの対応策の表明であり、村内は改作法前から階層分解と貨幣経済・商業的農業の波に晒されていた。利常の脇借禁止策は、その防波堤として一時的に役割を果たした面はあるが、藩主や奉行の目をかい潜り浸潤していたと想定している。したがって、改作法の基本政策5［高利貸支配の排除］は短期的に一定の効果を収めたとしても、長期的には無効となった。敷借米貸与と元利免除策を数年おきに実施するなら効果も持続したであろうが、それでは藩財政がもたず、出来ない相談であった。

敷借米による救済は寛永十四年に始まるが、ほぼ二〇年後の「御開作」で再編強化し、元利免除という空前絶後の救済で締めくくったことは画期的な助成策であった。しかし、村御印税制の重圧下では脇借禁止は画餅に過ぎず、商業資本の村内浸潤は食い止められず、階層分解・貧窮分解は徐々に村々に広まっていた。村内の階層分解は、まずは百姓個々の勤勉節約で解決しようと改作方から法令が出され、脇借禁止原則の一部緩和などで対処につとめたが、ついに元禄六年、村内に限定し高売買容認策を打ち出し、村方に大きな混乱を与えた。その意味で切高仕法は、改作法の基本政策の5〔高利貸支配の排除〕の撤回であり転換とみるのが妥当であろう。(29)

寛文農政以後の改作方農政は、このように改作法の趣旨を継承しつつも現実対応の面で変わっていったもの（4〔百姓の助成と選別〕、3〔統一的農政機構の整備〕）、また原則を撤回もしくは変更するもの（5〔高利貸支配の排除〕）など、「利常の改作法」と異なる面をもつが、基本を堅持したもの（1〔知行制改革〕、2〔税制改革〕）もあるので、それらと総合し「利常の改作法」の継承面を前面に押し出し、利常以来の藩政の大原則だと標榜した。それが改作方農政というアイデンティティーの内実であった。

最後に、丸本由美子著『加賀藩救恤考』に学び、綱紀が始めた新たな民衆救済策である笠舞「非人小屋」と利常の「御開作」という救済策を比較してみる。利常の「御開作」という用語の淵源を追究し、「百姓助成」という救済策が根底にあることを本書でつきとめたが、綱紀が実行に移した「非人小屋」の発想とは相当懸隔があった。祖父と孫という関係にある二人ではあるが、「領主のつとめ」という視点からみて、救恤に対する発想は対照的といわざるを得ない。利常の場合、封建領主という存立基盤の限りで最大限救済策を構想し領主としての責務を具現したといえるが、綱紀の「非人小屋」政策の場合、領主の理想がまずあり、その延長上で生まれた「理念としての救済」が実行に移されたという印象がつよい。つまり現実にすすめている改作方農政と一歩距離をおき、結果として生じた飢民の救済に身分・地域の枠を超え、ともかく生命を救済することに徹した面があり、封建領主の責務という狭い枠から一歩超え出た新しさが認められる。それは利常・綱紀という二人の藩主が抱く民衆観の違いによるともいえる。

綱紀が寛文八・九年飢饉を契機に、城下町郊外に新設した笠舞御小屋は、当時から広く「非人小屋」と呼ばれ、飢饉・凶作等で居村・居町を離れ流浪する飢人・乞食（非人）・行倒人を救済する施設であったが、人別確認などは後回しにし、小屋に収容した飢民に一日三～二合の飯米ほか衣類等を提供し、病者には医療をほどこし、ともかく生命をつなぐことを第一に対処した。次の段階で身元調査を行い、帰るべき場所のあるものには居村・居町、親族のもとに返し、帰るべき場所や家族のない者は小屋に常住させ、職業訓練や仕事の斡旋を行った。当初の非人小屋の支配は算用場奉行・金沢町奉行が管轄し、与力四人と藩医四人を専属の担当官として配置した。与力はのち「非人小屋裁許与力」と呼ばれ、その下に足軽や小者が置かれ監査役の横目なども付置された。注目されるのは、寛文十年に創設され廃藩までの二〇〇年間継続した常設の困窮者救済施設であった点であり、収容した飢民のうち身寄りのない者を常住させ生活支援を続けたことである(30)。

飯米ほか衣類等を提供し、飢民を村・町の生産者として回復させる役割を果たしたので、丸本は「困窮者の生活の扶助・再建を目指すのみならず、藩の生産力を保持するための政策意図を帯びた施設」（『加賀藩救恤考』七二頁）と評価する。しかし、それ以上に驚くのは、健康回復したものに職業訓練をおこない、小屋内で生業を営むことや屋敷奉公に出ることも認め、出替奉公にでるときの身元保証を御小屋が藩として行ったことである。

幕藩制のもと幕府・諸藩が行う飢饉対策としての飢民救済は、飢饉ピーク時に飢民に食料・医療を提供し、居村・居町に戻すことで終わるというのが一般的対応であり、飢饉が終わったあとも救済施設を残し、身元引受人のいない飢民の面倒を見続けた事例は、管見の限り綱紀の非人小屋制度しか知らない。十九世紀になれば類例はあるかもしれないが、綱紀の非人小屋は稀有の事例といえよう。とくに非人小屋に残った者の人別を原籍から切り離し、藩の機関である非人小屋を新たな原籍とした点は画期的であった。藩の人別支配の都合でこのような手続を取らざるを得なかったのであろうが、藩が一時的救済だけで済まさず、飢民のその後の生活再建を実質的に支援し続けたことは、近代公権力による救貧政策に匹敵する面があり特筆してよい。丸本の解明した多くの興味深い事実のなかでも、非人小屋が収容者の身元保証機関になっていた事実は、とりわけ重要な意味がある。

この身元保証制度が綱紀時代に確実に始まったかは明確でないが、十八世紀後半には間違いなく機能しており、この点は近代的な救恤の萌芽、公権力が行う社会政策に通ずるものといえる。寛文の非人小屋が常置の機関として二〇〇年続き、藩士や藩医が配属されていた点とともに、その意義はさらに強調できる。藩財政が悪化した近世後期に最初にリストラされそうな機関なのに、ともかく続けられたことは奇跡であろう。

丸本の関心は、非人小屋収容者の側の「スティグマ（負い目・屈辱）」や非人小屋の劣悪な環境問題にも広がり、非人小屋を忌避する飢民たちの意識や「非人」という言葉が次第に差別用語に変質した社会変化にも注目した。天保の飢饉の際、藩は従来の非人小屋とは別に、ほぼ同様の役割を担う「御救小屋」という新たな救済施設を城下に三ヵ所新設したことを明らかにした丸本は、なぜ「非人小屋」とは別に「御救小屋」を新設しなければならなかったのか追究し、「非人」という言葉の差別用語化を確認し、非人小屋入りを忌避する窮民の意識（スティグマ）を発見した。こうした議論は近代の社会政策にも通ずる重いテーマであるが、そこから逆に、非人小屋のもつ「近代」的側面をみることもできる。綱紀が寛文に創設したとき、「非人」という呼び名を忌避する飢民はほとんどいなかったが、十九世紀になると、そのような意識も生まれ、救恤をめぐる藩の議論は次元を高めた。

非人小屋について、さきに村御印税制を継承した寛文農政の構造的矛盾の所産、改作方農政がもたらした弊害の受け皿と述べたが、非人小屋収容者は、村からの飢民にとどまらず金沢町など町方の窮民、他国からの飢民・行倒人もいた。以上を踏まえると、改作方農政と非人小屋との関連を、藩政の矛盾の受け皿というような指摘で済ますわけにはいかない。寛文十年の時点で、ここまで窮民・飢民に手厚い救済を無差別に実施したことは、利常の「御開作」とは次元が異なるので、ここでその違いについて一言したい。

利常の「御開作」は、窮乏農民の救済は自力救済の延長で対処するというのが原点で、自助努力をしないものは徒者であり、差別され排除されるしかなかった。自助・自力救済という前提があってはじめて敷借米・作食米等の助成は効果を発揮し、農事監督の村廻りや脇借禁止も生きたものとなり、弱体な経営を強化できるというシナリオであった。そこに飢民を差別なく救済するという姿勢はない。個別経営に関心を寄せたのは自力救済能力をみるためで、経営が破綻すれば怠惰であったからと切り捨てる面があった。

綱紀の農政では個別対応に深入りせず、結果として発生した飢民・乞食を救うことに専念したが、困窮者を生み出した改作方農政への反省や検証にむかうことはなかった。飢民救済と藩政・農政とがどう関連しているのか、寛文農政を今後検討するときの重要な課題であろう。正徳一揆での綱紀の対応は強権的であり、自らの藩政や農政の失態であるとの自覚は薄かった。しかし、目前に出来した貧民・飢民は何としても救うのが「領主のつとめ」と考えていたことは間違いなく、「御開作」のおかげで藩財政に余裕もあり、自己の信念を無難に政策化できた。しかし、村御印税制で得た増徴年貢は利常の構想では、不特定多数の貧民・飢民救済でなく、生産者農民を対象にした減免や作食米助成などに支出されるべきものであった[31]。

綱紀が笠舞「非人小屋」を立ち上げた背景は、その安定した継続性や御救小屋を派生させた点などを勘案すれば、さらに詳細な政治史的分析が必要である。綱紀という一人の領主の資質による面はあるとしても、そこに議論をとどめることなく、律儀百姓の創出を目指した「利常の改作法」から、非人小屋を創設した改作方農政へと藩政が転換してゆく大きな過程を今後一層掘り下げる必要がある。その際、四代光高の果たした政治思想史的役割も無視できない[32]。

こうした検討を進める前提として、右のごとき所見を述べた。これをベースに第一章に掲げた初期藩政改革の批判的検証という、次の課題にも挑むつもりである。

注

(1) 高野信治「『藩』研究のビジョンをめぐって」(『歴史評論』六七六号、二〇〇六年)、同「大名と藩」(『岩波講座 日本歴史』11、岩波書店、二〇一四年)、同『大名の相貌』(清文堂出版、二〇一四年)などで、藩アイデンティティーについてふれ、近世後期の領民統合(藩国家への帰属)に果たした役割を論ずる。加賀藩の動向については、大名権威を核にしたアイデンティティーの扶植という文脈で評価している。

(2) 拙稿「巨大藩領のなかの『境』と『間』」(『地方史研究』三八二号、二〇一六年)で、巨大な藩領を抱える前田領での地域多様性研究の必要性を問題提起した。

(3) 丸本由美子『加賀藩救恤考―非人小屋の成立と限界』桂書房、二〇一六年。

(4) 若林『加賀藩農政史の研究 下巻』(吉川弘文館、一九七二年)。高澤「加賀藩中・後期の改作方農政」(『金沢大学法文学部論集』史学篇二三号、一九七六年。『加賀藩の社会と政治』吉川弘文館、二〇一七年に再録)。

(5) 注4若林著書ほか。

(6) 長山直治『寺島蔵人と加賀藩政』(桂書房、二〇〇三年)、同「文政二年十村断獄事件について」「奥村栄実の加賀藩政復帰の背景について」(『加賀藩研究を切り拓く―長山直治先生追悼論集』桂書房、二〇一六年。初出は一九九三年・一九九六年)ほか。

(7)「諸事要用雑記」(加越能文庫)、『加賀藩史料 一三編』七三頁。

(8)「御郡方御仕法一件」(加越能文庫)、『加賀藩史料一三編』八六～八八頁。この文政四年七月の触書で藩は十村役を差し止め、郡奉行直支配としたが、「改作方法之儀は、都而可為在来之通候」と令し、惣年寄・年寄並の苗字・帯刀や詰番について具体的な指示を下す。

（9）文化八年三月「改作奉行触書」（「御郡方御仕法一件」のうち「郡方御触：九ノ抄」）、文化九年二月「改作法復古の説諭」（「復古方御用留」）（いずれも加越能文庫、『加賀藩史料　一二編』）。

（10）文政四年五月二十七日斉広は主立った扶持人十村を二の丸御殿に呼び出し、十村の身分の軽さと職務の多さ、職責の大きさとの不釣り合いを指摘し、それが十村の不正疑惑の原因だと述べる（「十村役風俗之儀に付御内密被仰出之御書立等」『加賀藩史料　一三編』五四〜五六頁）。

（11）拙稿「改作奉行再考―伊藤内膳と改作法―」（加賀藩研究ネットワーク編『加賀藩武家社会と学問・情報』岩田書院、二〇一五年）。

（12）知行一万石以上の高禄家臣に対し、改作法期に制定された給人平均免が実施されず、二割程度収入額が多い特典が認められていた。これを高禄者の「高免」と呼んでいたが、綱紀は延宝八年（一六八〇）の年寄横山忠次（左衛門）死去を契機に、高免の特権廃止に取り組み、順次高禄者知行の収入を給人平均免に平準化していった。これを「高免」廃止の禄制改革という（近藤磐雄『加賀松雲公　上巻』一九〇八年、二四〇〜二四六頁、「一見備忘編」所収の延宝八年御親翰写、『金沢城代と横山家文書の研究』石川県金沢城調査研究所、二〇〇七年）。

（13）第六章表6－2に示した郡高変化から、寛文村御印で郡高拡大は頭打ちとなり停滞したことがわかる。年貢高については村田裕子の寛文村御印の高・免を全村で計算した結果（「『加能越三箇国高物成帳』にみる寛文十年村御印について」『石川県立歴史博物館研究紀要』一〜三号、一九九八〜二〇〇〇年）があるので、表6－3の明暦二年と比べると、加賀・能登では微減、越中で一万六千石程度の年貢減少となった。また明暦三年〜寛文十年の間の、郡別の新田高・手上高・検地引高の内訳は、拙著『織豊期検地と石高の研究』（桂書房、二〇〇〇年）第五章、表5－7の「寛文10年村御印高」の内訳欄に示す。越中三郡の新田高は約一万石だが検地引高合計は約三万石にのぼっていた。

（14）明暦三年〜寛文十年の間、三ヵ国一〇郡各村で多くの新田開発があり、新たに村立てした所や御印高が増えた内訳を出来るだけ寛文村御印面に記すようつとめたことが寛文村御印写留から窺える。新田免が増免され村免と同じになれば村高は拡大するが、そのつど改定された村高・村免を藩主の印判状で通達することは次第に煩雑となり、村御印に最新の村高・村免を記録することはもとめないのが寛文農政であった。また、新田免を性急に村免まで引き上げた利常の政策原則をあらため、村免まで引き上げない新田高を容認したことも寛文農政の特徴であった。村免より免一つ下げた状態におかれた「一免下がり新田」や「図免新田」が登場するのは寛文農政からであった。村御印高を毎年のように調べ直し、新田を村高に取り込むことに邁進した利常の手法と大きく異なり、それが村御印の固定化につながる要因となった。

(15) この点は注13拙著第五章の最後で、石高のもつ想像的かつ幻想的性質として言及する。

(16) こうした点は高沢忠順「改作枢要記録」(刊本『改作所旧記』下編、石川県図書館協会、一九七〇年再刊)や注10の文政四年五月二十七日付前田斉広仰出でも鋭く指摘され、近世後期には関係者の間で広く認識されていたが、何ら有効な対策が打たれなかった。

(17) 藩が発令する諸法令も三ヵ国一〇郡全体を対象にしたものが増え、「三州」「十村・扶持人中」という宛名が多くなる。やがて、こうした宛名すら略した法令写留(御用留)がたくさん残され、考察の障碍になっている。こうして領国一円、均質的な改作方農政でカバーされていたという錯覚が醸成されたのであろう。

(18)『富山県史 通史編Ⅲ 近世上』(一九八二年)第四章第五節、『五箇山平村史 上巻』(一九八五年)。なお、五箇山の最初の検地と高付は元和五年(一六一九)であった。慶長十年の越中西三郡惣検地は五箇山で実施されなかった。

(19)『富山県史 史料編Ⅲ 近世上』一六〇頁。

(20) 砺波郡の敷借米は明暦二年に元利とも免除されたが、五箇山では「明暦三年ニ元利共取立」というのは理解に苦しむ。「取立」の文字は「差留」と記したようにも読めるので誤写の可能性もある。これが誤写でないなら、明暦三年に限定し敷借米利足を取り立てたと記す意味を別途考える必要がある。脇借禁止が適用されていない五箇山では、敷借米助成は本来必要なかったが、明暦三年になって急遽、泥縄的に形だけの敷借米貸与を行ったということであろうか。砺波郡では明暦二年末には敷借米は終わっていたので、異例の処置と言わざるを得ない。

(21)『富山県史 史料編Ⅲ 近世上』一六一頁。

(22) 寛文元年十二月九日付篠島豊前申渡書の冒頭で「当年より改作地ニ被仰付由」と述べたことからの推測であるが、これが具体的に寛文元年発給のどの法令か突き止められていない。

(23)『加能越三箇国高物成帳』(金沢市立玉川図書館、二〇〇一年)によれば、河北郡の白尾村など一四ヵ村、砺波郡の福光新町など数ヵ村が「小物成之事」を標題にした無高村の村御印であるが、全体的に無高の村数は多くない。

(24) 見瀬和雄「近世前期における石代納と百姓」(『北陸史学』四三号、一九九五年。「加賀藩前期の石代納」に改題し『幕藩制市場と藩財政』巌南堂書店、一九九八年に再録)。見瀬論文によれば寛文村御印で石代納が公許された村は一五九ヵ村(能美郡三八、石川郡五九、河北郡四二、砺波郡二、新川郡一八)あり、加賀が多かった。また石代納の始まりは明暦二年村御印発給の直後であったこと、松任町の石代納村御印の発給年が明暦三年二月であったことなど指摘する。

(25) 注13村田論文で郡別・国別の小物成銀高の集計も行っており、各国それぞれ五〇～六〇種類の小物成税目を掲げる。類似の税目を統合すると一〇〇種以下となるが、名称の違うものをそのまま数えていくと約一三〇種となる。このほか村御印に登載されない散小物成なども数えると、もっと増える。領内農村の多様な生業が、これらを一覧するだけで概観できる。

(26) 産物方政策の推移については注4若林著書、田中喜男『近世産物政策史の研究』(文献出版、一九八六年)が詳しい。

(27) 「河合録」(『藩法集6 続加賀藩』(創文社、一九六五年)の作食米の項目(九四五頁)で寛文期の動向に言及する。

(28) 「河合録」によれば、寛文農政以後の農村助成は、定作食米・夫食貸米・変地償米が基本である。しかし、夫食貸米・変地償米の発生経緯は必ずしも明確でなく、「河合録」からは十八～十九世紀の動向が知られるのみである。

(29) 第一章でみた坂井誠一・原昭午の所説。

(30) ここに紹介した非人小屋・御救小屋に関する事項は注3丸本著書による。典拠史料も同書に詳細な説明がある。

(31) 注16高沢忠順「改作枢要記録」。なお、第六章五節でこの点に若干ふれる。

(32) 拙稿「前田光高の学識を探る」(注6『加賀藩研究を切り拓く』)。

図　表　一　覧

巻頭

第二章

第三章

第四章

第五章

第六章

終章

あとがき

本書を計画したのは二五年以上も昔、一九九〇年代初頭のことである。桂書房の勝山敏一さんからお誘いをうけ、「加賀藩改作法の年代記的研究」をまとめたいと申し出たのが、本書の原点であろう。石川県立金沢錦丘高校に在職中の頃であり、このテーマに沿って寸暇を縫って史料調査に出かけ、相当量の史料筆写を積み重ねた。とくに金沢市立玉川図書館には毎年夏休みを中心に足繁く通った。自由闊達な校風が幸いしたといえるし、高校時代の恩師である長山直治先生からの叱咤もあって、なんとか継続できたように思う。

長山先生とは、その頃金沢錦丘高校の同僚となり「少しでも余暇があれば、玉川図書館、近世史料室へ通うべし」と繰り返し聞かされ、これを励みとした。その頃筆写した史料原稿が本書の史料的なベースとなっている。今回新たに調査したのは時間の制約もあり、尾間谷家文書と伊藤刑部文書くらいにとどまった。北加賀や砺波郡・射水郡については史料リストをまとめきれなかった。次の課題となる。

こうして一九九四年三月、金沢錦丘高校を去る日がきたが、その際、六四頁に及ぶ長編「加賀藩改作仕法の基礎的研究（慶安編）」を職場の『紀要』第二二号に掲載できた。これが、私の改作法研究の最初の成果公表となった。

この長編の基礎研究は二つの章から成り、一章は「改作仕法直前の前田利常と金沢年寄衆」という論文で、二章は「改作仕法編年史料集成（一）—慶安年代記—」と題した編年史料集で、これに三九頁もの紙数を費やした。「年代記的研究」の第一弾というつもりであったからだ。続いて「承応年代記」「明暦年代記」をまとめる予定であったが、史料数の膨大さと同種史料の重複・複合、また収集史料の選択基準の問題などに直面し、しばらくして挫折してしまった。

改作法に関しては、若林喜三郎氏、坂井誠一氏の大著があり、坂井氏の著書にたいしては僭越ながら書評も行い、『日本史研究』（二〇七号）誌上に載せた。一九七九年のことなので、その頃から若林氏・坂井氏の改作法論にたいし、新しい視点から切り込む道はないものかと考えていた。ところが、同じことを企てていた原昭午氏は一九八一年、加賀前田領をフィールドとし「幕藩制国家成立史論」とうたう著書を刊行された。藩研究に国家史的視点を導入したモノグラフであり、学界に新風を吹き込んだ秀逸な成果であった。先を越されたと実感しながら書評を書いたが、改作法に関しては、以後徐々に遠ざかった。原氏の新著が示した高みにたどり着くには、相当の研鑽が必要と思われたからである。

原氏とは、金沢で開催された地域史の研究会に足を運ばれた折、とても懇意にしていただいた。そのたびに史料博捜の幅広さと読みの深さに圧倒された。本書では原氏が研究対象とされなかった能美郡・新川郡などに目をむけてみたが、果たしてどういう点数をいただけるのか。

さて挫折した「改作法年代記」に代わって公刊したのが旧著『織豊期検地と石高の研究』（桂書房、二〇〇〇年）であった。これは私の学位論文でもあり、高校教員在職中の出来事だったから、やや肩身の狭い思いもしたが、三鬼清一郎氏の書評（『歴史評論』六五四号、二〇〇四年）で想定外の好評価をうけ、地域史研究の大きな推進力になった。その頃高澤裕一先生からお誘いをうけ、本書第二章の原作「前田利常と『御開作』仰付」を執筆した。金沢桜丘高校から現在の金沢城調査研究所に異動した直後のことで、高志書院から加賀前田家に関する論文集（高澤編）刊行の計画があり、これに応じて用意したものである。高澤先生から久しぶりに懇切に指導いただき、訂正指示もうけ校正を進めたが、事情は不明ながら突如企画中止となった。それで『北陸史学』五五号（二〇〇六年）に投稿し直した。その『北陸史学』五五号も相当に発刊が遅れ奥付より二年遅れで、やっと日の目をみた。薄氷を踏みながらの公刊であった。

公刊したあとも苦難は続き、高澤先生から上記論文にたいし研究会の檀上から疑義が示された。できたばかりの加賀藩研究ネットワークの例会での発言であったと記憶している。先生は北陸史学会の現状を憂い、私など金沢大学卒業生の不甲斐なさに警鐘をならす意味で、不満を述べられたのだと解している。拙論への批判については、思い当たる節もあったので今回、研究史部分は大きく改めた。

先生の批判のなかには、私の本意が十分理解されていない所があると感じ、その研究会にて僭越ながら先生の改作法理解について質問も行った。そのやりとりのなかで、先生も元和・寛永期の利常政治まで「改作法」の一環と考えていたことが察知され、「改作法」語義の拡散・多様化の現実を改めて思い知った。「改作法」用語の意味変容については、史料に即し語義を明確にする努力が必要であると痛感した。これをきちんとしないと先生からの理解は得られにくいと考え、以後何度も構想を練り直してみた。

改作法を「御開作」という史料用語から読み解く試みは、これまでなかったことであり、二〇〇六年論文の核心部であったから、理解不足や不備を補うため、最近五年の間に第三章から第六章の新稿をおこした。利常の実施した改作法は「御開作」という用語に凝集されること、またこれを綱紀時代以後の改作方農政と区別することは成立期の藩政史研究にとって有益なことであることは、なんとしても先生に理解していただきたい点であった。しかし、先生は二〇一五年十二月逝去された。本書をお見せできなかったのは、とても残念でならない。

生来スローなほうだが、急ぐべき時は急ぐべきであった。石川県金沢城調査研究所に移ってから一八年たつが、農村史料から遠のき、城郭史と城下町研究の解明に多くの時間をとられた。数年前ようやく大きな宿題があったことを思い出し、二〇一二年十月、加賀藩研究ネットワークの大会報告を引き受けた。「加賀藩における統治の理念と民衆の要求」をテーマに、第一報告は丸本由美子氏が担当、私は第二報告を行った。そこで改作方農政の成立を展望するという意図をもって「『利常の改作法』から『綱紀の改作法』へ」という表題で問題提起を行った。その延長上に成ったのが本書である。

その間、職場の同僚として種々迷惑をかけている石野友康氏・大西泰正氏には、ときに怪しげな着想の聞き役になっていただき助言も賜った。中野節子氏を中心に結成された加賀藩研究ネットワークに集う方々からは例会にて大きな刺激をうけた。また尾間谷家文書の写真帳閲覧などで畏友見瀬和雄氏から助勢をいただいた。史料閲覧に際し金沢市立玉川図書館近世史料館の担当者から協力を得た。あらためて皆様に感謝申し上げたい。

本書にいまだ不十分な点が多いのは承知しているが、ここで一区切りし、次のステップに向かいたい。前著『日本近世の村夫役と領主のつとめ』（校倉書房、二〇〇八年）で標榜した「領主のつとめ」論の基盤は、少しはできたように思うので、これを起点に核心に迫っていきたい。先学が大きな足跡を残した北加賀二郡と川西二郡における「御開作」仰付の実態と動機を、本書で主張した視点から深読みすることも宿題である。その前に「御開作」編年史料の整理も済ませておきたいと思う。

本書では、旧著に続き今回も藤野良子さんの手を煩わせた。最初の読者として、また厳格・緻密な校正者として、査読していただいたことに篤く御礼を申し上げたい。

二〇一九年三月吉日

木越隆三

木 越 隆 三（きごし りゅうぞう）
1951年　石川県河北郡（現金沢市）生まれ
1976年　金沢大学大学院文学研究科（修士）卒業
2002年　金沢大学より博士（文学）授与
現　在　石川県金沢城調査研究所所長
　　　　金沢工業大学客員教授

〔主な著書・論文〕
『織豊期検地と石高の研究』（桂書房、2000年）
『銭屋五兵衛と北前船の時代』（北國新聞社、2001年）
『日本近世の村夫役と領主のつとめ』（校倉書房、2008年）
「改作奉行再考―伊藤内膳と改作法―」（加賀藩研究ネットワーク編
　『加賀藩武家社会と学問・情報』岩田書院、2015年）
「前田利長の隠居領と給人平均免試行」（『富山史壇』188号、2019年）

加賀藩改作法の地域的展開
―地域多様性と藩アイデンティティー

2019年5月10日　初版発行

定価　本体4,200円＋税

著　者　木越隆三
発行者　勝山敏一

発行所　桂書房
〒930-0103 富山市北代3683-11
Tel 076-434-4600
Fax 076-434-4617

印刷／モリモト印刷株式会社

地方・小出版流通センター扱い
ISBN978-4-86627-061-6